3 操作方法

1.光盘自动运行后，会自动播放一段片头，单击即可跳过片头进入光盘主界面，如下图所示。

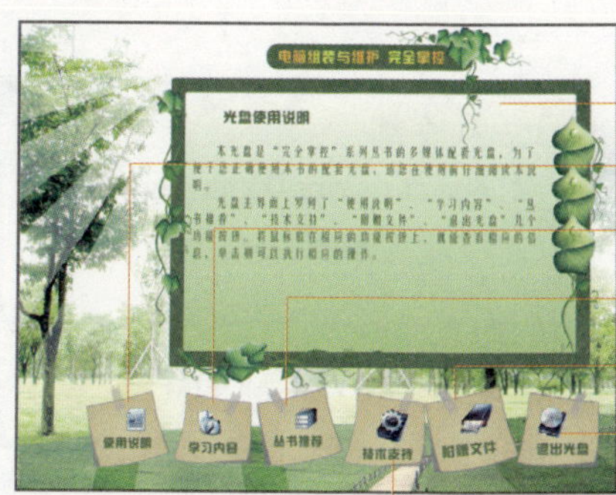

显示各按钮的作用

可查看光盘使用说明

单击可选择学习内容

单击可打开“丛书推荐”窗口

单击可打开“附赠文件”窗口

单击可退出学习软件

可查看技术支持信息

2.单击“学习内容”按钮，会弹出所有需学习的版块标题列表；移动光标到版块标题上，会弹出各小节内容，如下图所示。

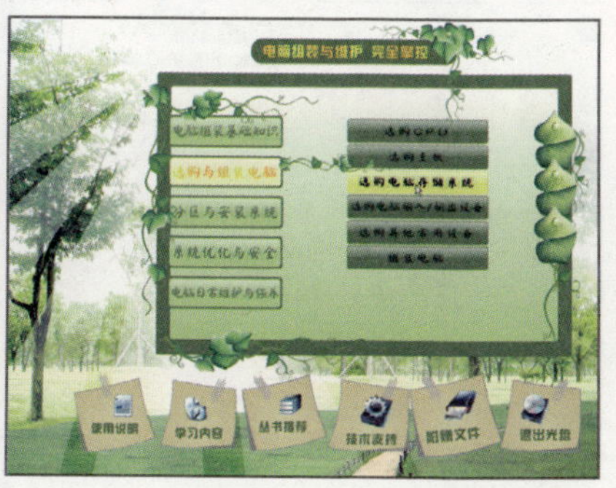

3.单击小节内容，即可进入“播放界面”学习，如下图所示。单击其下方的播放控制按钮，可以实现暂停、上一节、快退等操作。

4.单击“播放界面”上的“学习内容”按钮，可重新选择小节内容进行学习，如下图所示。单击“音量控制”按钮，可调节解说音量、背景音乐音量大小。

5.单击“播放界面”上的“边学边练”按钮，可进入“边学边练”模式，如下图所示。用户可以根据讲解，进行边学边练操作；单击“返回”按钮，可返回播放界面。

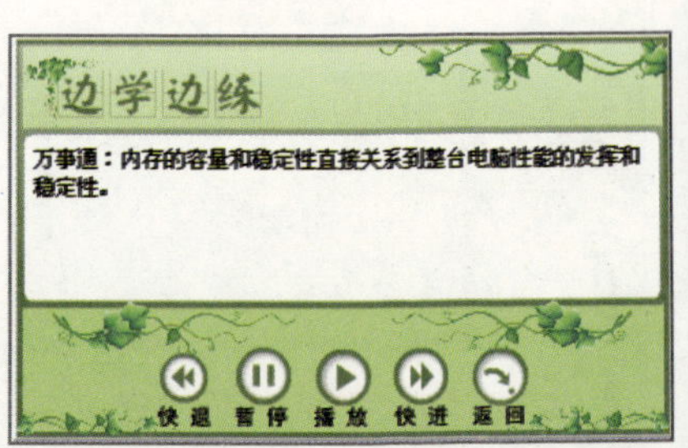

6.单击“播放界面”上的“返回”按钮，可返回到主界面。单击主界面上的“丛书推荐”按钮，可阅读电子书，如下图所示；单击“退出”按钮，可关闭电子书，返回到主界面。

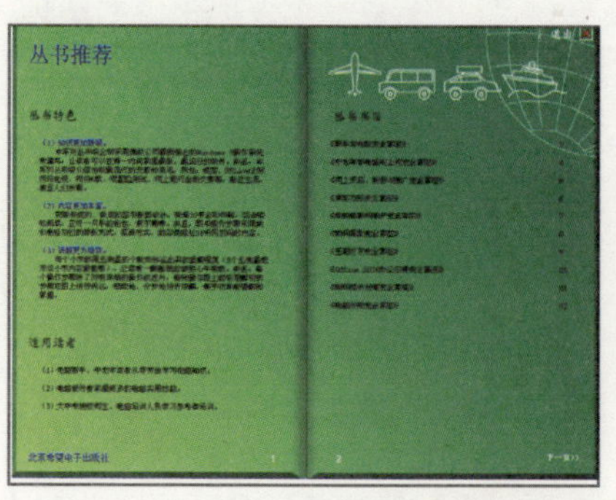

7.单击主界面上的“退出光盘”按钮，弹出“您确定要退出吗？”对话框，如下图所示；单击“确定”按钮，即可退出学习。

电脑组装与维护

完全掌控

丁永平　朱俊　编写

北京希望电子出版社
Beijing Hope Electronic Press
www.bhp.com.cn

内 容 简 介

这是一本简单易学、丰富实在的超值实用手册，它涵盖了电脑组装与维护的常识、实例和技巧，可以快速指导您全面掌控电脑的组装与维护技能。

本手册方案详尽、实用性强，共分 14 章，详尽地介绍了电脑组装基础知识、选购电脑核心部件、选购电脑存储系统、选购电脑输入/输出设备、选购其他常用设备、组装电脑、BIOS 设置、分区与格式化硬盘、安装电脑软件系统、系统测试与优化、加强系统与文件安全、备份与还原系统、电脑的日常维护与保养、诊断与处理电脑常见故障等等，每个章节都有精彩详实的内容。

精心制作的高清晰多媒体教学光盘，适用于电脑新手、电脑爱好者和各行各业需要学习电脑的人员，也可作为大中专院校学生的学习辅导和参考必备。

另外，光盘还免费赠送了《电脑入门新手指南针》与《操作系统安装与重装新手指南针》多媒体教学。

需要本手册或技术支持的读者，请与北京清河 6 号信箱（邮编：100085）发行部联系，电话：010-62978181（总机）转发行部、010-82702675（邮购），传真：010-82702698，E-mail：tbd@bhp.com.cn。

电脑组装与维护完全掌控 / 丁永平，朱俊编写. —北京希望电子出版社，2011

ISBN 978-7-89498-124-9

Ⅰ. 电… Ⅱ. ①丁… ②朱… Ⅲ. 电脑硬件—技术手册

责任编辑：刘 芯 / 责任校对：方加青

责任印刷：天 时 / 封面设计：叶 晶

北京希望电子出版社 出版

北京市海淀区上地三街 9 号金隅嘉华大厦 C 座 611

邮政编码：100085

http://www.bhp.com.cn

北京天时彩色印刷有限公司印刷

北京希望电子出版社发行 各地新华书店经销

*

2011 年 1 月第 1 版 开本：889mm×1194mm

2011 年 1 月第 1 次印刷 印张：9.25（全彩印刷）

印数：1—4 500 字数：251 千字

定价：28.00 元（1 张 DVD）

前言 Preface

电脑技术的飞速发展，带来了一次新的科技革命。如今，电脑已成为千家万户不可或缺的“家用电器”，组装和维护电脑，也成为广大用户的电脑基本技能之一。

实际上，因为电脑硬件的标准化模块设计，使得用户可以轻松方便的购买各种零部件来组装电脑。本手册将带您一起分享电脑组装与维护的方法和技巧，让组装电脑就像搭积木一样，变成一件非常简单的事！

关于本手册

本手册内容丰富新颖、讲解细致周到。全手册共分为14章，全面介绍了：电脑组装基础知识、选购电脑核心部件、选购电脑存储系统、选购电脑输入/输出设备、选购其他常用设备、组装电脑、BIOS设置、分区与格式化硬盘、安装电脑软件系统、系统测试与优化、加强系统与文件安全、备份与还原系统、电脑的日常维护与保养、诊断与处理电脑常见故障等各个方面的内容。

除此之外，本光盘包含精心制作的多媒体教学。光盘内容实惠超值，人物对话风趣幽默，让您像看动画片一样快乐地学习，从而快速、轻松地实现从新手到高手的飞跃！

适用读者

本手册及多媒体光盘适用于：

- ★ 电脑新手、中老年读者从零开始学习电脑知识。
- ★ 电脑爱好者掌握更多的电脑实用技能。
- ★ 大中专院校学生、电脑培训人员学习参考和培训。

交流感谢

本手册由刘菁策划，丁永平、朱俊编写，参与本手册创作、排版、审校的人员有汪伟、张义萍、杨敏、冯婉燕、陈杰英、陶静静、杨章静、王俊来、罗冰、潘小凤、陈锦屏、薛振华、陈长伟、谷秀凤、马海平、邵夫林、岳江等。

为了方便广大读者，在使用本手册时，如果您有任何有疑难问题，可以通过直接加入QQ群：109933970与我们直接联系，或者将问题直接发送至电子邮箱109933970@qq.com，我们将尽全力进行解答。

感谢您对我们的信任和支持！由于作者水平有限，手册中内容难免会有一些疏漏和不足之处，恳请广大读者和专家不吝赐教。

编者

目录 Contents

第9章 安装电脑软件系统......127

第14章 诊断与处理电脑常见故障......250

本章学习要点

初识电脑
了解电脑的组成及原理
认识电脑硬件
了解电脑的性能指标
电脑的使用环境

第1章 电脑组装基础知识

随着因特网的普及，电脑在人们日常生活、学习中的应用越来越重要，越来越多的用户开始学习使用电脑。为此，本书将为大家介绍如何购置、组装电脑，下面先为大家介绍电脑组装的基础知识。

本章重点实例展示

Chapter 01

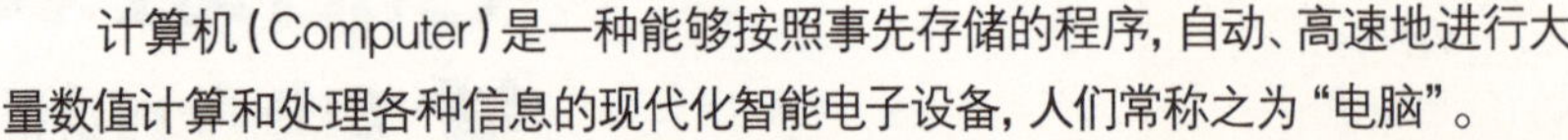

1.1 初识电脑★★

计算机(Computer)是一种能够按照事先存储的程序，自动、高速地进行大量数值计算和处理各种信息的现代化智能电子设备，人们常称之为“电脑”。

1.1.1 电脑的诞生

世界上第一台电子计算机是由美国爱荷华州立大学的物理系副教授约翰·阿坦纳索夫和其研究生助手克利夫·贝瑞于1939年10月制造的ABC(Atanasoff-Berry Computer，阿塔纳索夫-贝瑞计算机)(由于阿坦纳索夫并未重视自己的重大发明“ABC”，也没有申请专利，因此，很少有人知道此项发明)。

被很多人认识的ENIAC(Electronic Numerical Integrator And Computer，电子数字积分计算机)电子计算机，其实是世界上第二台电子计算机，它于1946年2月15日由美国宾夕法尼亚大学研制的，该电子计算机使用了约18000个真空电子管，耗电约150千瓦，占地170平方米，重达30吨，每秒钟可进行5000次加法运算或者300次阶乘，如下图所示。正是这样一台笨重的庞然大物，以当时的运算速度、精确度和准确度震惊世界，并确定了计算机发展的基础。

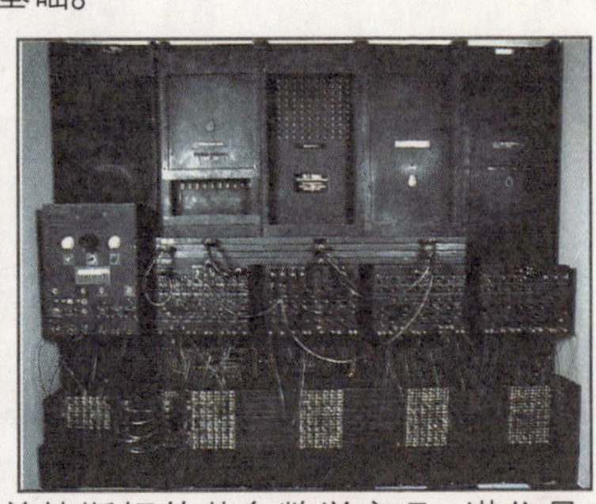

在ENIAC诞生不久，当时任教于美国普林斯顿的著名数学家冯·诺依曼对其进行了改进，并提出了两个重大的改进方案：一是采用二进制输出和运算，二是采用“存储程序”方式工作。被命名为“冯·诺依曼”体系电脑，现在的电脑都是由“冯·诺依曼”体系电脑发展而来的，因此冯·诺依曼被西方科学家尊称为“电子计算机之父”。

1.1.2 电脑的发展

自从第二台真正意义上的电脑被发明以来，电脑经历了电子管、晶体管、集成电路和超大规模集成电路4时代，发展成现在的微型计算机。

1. 电子管时代

电子管计算机时代(1946—1958)以电子管为基本部件，运算速度一般是每秒数千次至数万次，体积庞大，耗电量大，散热量大，稳定性差。这一时期的计算机和现在的电脑相差甚远，主要是为了军事领域的需要，但客观上却为计算机的飞速发展奠定了基础。软件方面确定了程序设计的概念，使用机器语言和汇编语言，出现了高级语言的雏形。

2. 晶体管时代

1956年诞生了世界上第一台晶体管电脑Lepreachaun，它是由美国贝尔实验室研制而成的，以晶体管代替电子管作为基本电子元件，该时期便称为电脑的“晶体管时代”。这时电脑的体积、重量、功耗都大大地减少，计算速度达到了300万次每秒。

3. 集成电路时代

1962年，由美国得克萨斯公司与美国空军共同研制出了第一台采用中小规模集成电路的电脑。当时的电脑大都以集成电路为最基本电子元件，其体积、功耗都进一步减少，可靠性进一步提高，运算速度达到了4000万次每秒，这个时期便被称为“集成电路时代”。由于电脑采用了中小规模集成电路，因而集成度较高、功能增强，价格却更便宜，使电脑的应用范围变得更为广阔。

4. 超大规模集成电路时代

随着科学技术突飞猛进的发展，20世纪70年代后，各种先进的生产技术广泛应用于电脑制造，这使得电子元器件的集成度进一步加大，出现了大规模和超大规模集成电路。电脑以大规模和超大规模集成电路作为基本电子元件后，使得体积更加小型化，功耗更低，价格更便宜，这为电脑的普及铺平了道路。这时微型机应运而生，为电脑的普及以及网络化创造了条件。

1.1.3 电脑的未来展望

随着科技的发展，计算机已由军事应用走向大众化、实用化的发展道路，并逐步向生物、物理等其他领域发展。下面就目前正在研制的几种新型计算机，简单介绍一下计算机的未来发展方向。

1. 光子计算机

光计算机是利用光作为信息处理的载体，靠一系列逻辑操作来处理和解决问题。由于激光束的特性，在极小的空间内开辟平行信息通道的密度大得惊人，且对信息的处理速度至少能够提高1000倍。

2. 神经元计算机

神经元计算机是一种仿真人脑神经网原理的一种新型计算机。其设计方案则设想利用多个处理器并行连接方式，来加速计算机的信息处理能力，使之接近于人脑的功能。实践证明，这种设想是可行的。

3. 气体计算机

德国化学家发明了一种可用氮气和二氧化碳开关的分子，这种分子遇到氮气就会发出荧光，遇到二氧化碳又会恢复原来的状态，由此可以作成由气体驱动的分子逻辑门，进而可以制造气体计算机。气体计算机中的分子流连十亿分之一米还不到，可使电脑的体积大大缩小。

4. 生物计算机

生物计算机采用了不同于现今电子元件的技术，提出以生物电子元件构建计算机。比如用蛋白质分子作元件制成的生物芯片，它的一个存储点只有一个分子大小，所以它的存储容量可以达到普通电脑的10亿倍。而且其运转速度加快，大大超越了人脑的思维速度。

利用蛋白质、DNA等制成的生物芯片在传递信息时阻抗小，能耗低，又具有生物自我组织自我修复的特点。同时它可以与人体及人脑结合起来，与人脑信号一体化指挥，从人体中吸收营养。

1.2 了解电脑的组成原理★★★

一台计算机系统主要由硬件和软件两大部分组成，硬件是指组成电脑的物理实体，如CPU、主板、内存等；软件是指运行于硬件之上具有一定功能，并能够对硬件进行操作、管理及控制的电脑程序，它依附于硬件，两者是不可分割的。

1.2.1 硬件系统

微型电脑和大型电脑都是以“电子计算机之父”冯·诺依曼所设计的体系结构为基础的。因而可以说电脑的硬件结构主要有运算器、控制器、存储器、输入设备和输出设备等几部分组成。

1. 运算器和控制器

运算器用于完成数据的算术运算和逻辑运算，控制器用于发布系统的命令，它们两个组合在一起，作用就相当于人的大脑，指挥电脑中所有部件协同工作。

运算器和控制器合称为中央处理单元，英文名为Central Processing Unit，简称CPU。

2. 存储器

存储器是电脑存放数据的仓库，存储器分为内存储器和外存储器。内存储器又叫内存或主存，其容量较小，但速度快，用于存放临时数据；外存储器是辅助存储器，简称外存，其容量较大，但速度较慢，用于存放电脑暂时不用的数据和程序。

3. 输入设备

输入设备是将控制信号、图像、声音等其他信号传递到电脑的设备。常见的输入设备有键盘、鼠标、扫描仪和数码相机等。

4. 输出设备

输出设备是用于将电脑处理后的数据以人们可视和可听的方式表达出来。常见的输出设备有显示器、打印机和音箱等。

1.2.2 软件系统

只有硬件而没有安装软件的电脑被称为“裸机”，“裸机”并不能正常工作，还需要操作系统等系统软件和应用软件的支持，电脑才能发挥其作用。其中，系统软件是负责对整个计算机系统资源的管理、调度、监视和服务；应用软件是指各个不同领域的用户为各自的需要而开发的各种应用程序。

1.3 认识电脑硬件★★★★

从外观上看，电脑由主机、显示器、鼠标、键盘和音箱等设备组成，为了更好地了解电脑，下面带领大家详细认识电脑各个组成部件。

1.3.1 看图识中央处理器（CPU）

CPU（Central Processing Unit，译为“中央处理”）是电脑的核心部件，主要负责数据的运算及处理，通过对指令译码并执行，如左下图所示。

1.3.2 看图识主板

主板在电脑中起着举足轻重的作用，是电脑最重要的部件之一，主机里面几乎所有的设备都会和主板有关联，如右下图所示。

从外观上看，一块方形的电路板上布满了各种电子元器件、插槽和各种外部接口，其中有北桥芯片、CPU插槽、显卡插槽、鼠标和键盘接口、电源插座等。

1.3.3　看图识内存

内存是电脑中的关键部件，是电脑中各部件与CPU进行数据交换的中转站，用于存储CPU当前处理的信息，能直接和CPU交换数据，如左下图所示。电脑没有内存将无法运行。

1.3.4　看图识硬盘

硬盘是电脑中较重要的存储设备，在其中存放着电脑正常运行需要的操作系统和数据。从外形看颇似一个四四方方的金属盒子，如右下图所示，底层控制电路板裸露在腹部，尾部是与电脑主板连接的信息接口、电源接口和设置属性的跳线。

1.3.5　看图识光驱

光驱是电脑中最普遍的外部存储设备，如下图所示。由于各种操作系统和软件都是二进制数据，为了方便这些数据的存放和传播，便将其刻在光盘上，为了电脑能够直接读取这些数据，就在电脑中增加了光驱这一外设。

1.3.6 看图识显卡与显示器

显卡又称显示器适配卡，是目前大家最为关注的电脑配件之一，如左下图所示，其作用是将主机的输出信息转换成字符、图形和颜色等信息，传送到显示器上显示。显示卡插在主板的ISA、PCI、AGP扩展插槽中，也有一些主板是集成显卡的。

显卡与显示器共同组成了电脑的显示系统，是电脑的输出设备。显示器的主要作用是将显卡传送来的图像信息在屏幕上显示，它是用户和电脑对话的窗口，它可以显示用户的输入信息和电脑的输出信息，如右下图所示。

1.3.7 看图识声卡与音箱

声卡与音箱组成了电脑的音效系统，它们也是电脑的输出设备之一。声卡的作用和显卡类似，用于声音信息的处理、输入和输出，如左下图所示。

音箱用来进行声音的输出，如右下图所示为多媒体音箱。

1.3.8 看图识键盘与鼠标

自从人们摆脱了手工的数字输入后，键盘则成了必不可少的输入设备，如左下图所示。输入各种数据都需要键盘，它是人类和电脑之间重要的沟通工具。

鼠标是随着图形操作界面而产生的，如右图所示的是三键鼠标。使用鼠标可以准确、方便地移动光标，从而实现精确定位。

1.3.9 看图识电源与机箱

电源也称为电源供应器，电源是电脑的心脏，如左下图所示，它提供了电脑正常运行时所需要的动力，各种设备的运行都需要电源提供动力。

机箱是安装放置各种电脑设备的装置，如右下图所示，它将电脑设备整合在一起，起到保护电脑部件的作用，此外也能屏蔽主机内的电磁辐射，保护电脑使用者。

1.3.10 认识其他外部设

除了上面介绍的电脑必不可少的设备外，还可以为电脑添加各种外设。如用于文字或图形打印的打印机，如左下图所示；用于扫描文字和照片用的扫描仪，如右下图所示。

1.4 了解电脑的性能指标★★★

一台电脑性能的优劣，要由多项技术指标来综合评价，不同用途的电脑强调的侧重面也不同。对于大多数普通用户来说，可从以下几个指标来大体评价计算机的性能。

1. 字长

字长是指电脑内部参与运算的数的位数，它直接反映一台电脑的计算精度。微型机的字长通常为4位、8位、16位、32位、64位，目前高性能电脑通常是64位。

2. 主存容量

主存容量是指主存储器所能存储二进制信息的总量。微机的主存容量一般以字节（Byte）数来表示，每8位（Bit）二进制为一个字节，每1024个字节称为1KB（1024B=1KB），即千字节；每1024KB为1MB（1024×1024KB=1MB），即兆字节；每1024MB为1GB，即千兆字节。目前，微机的主存容量通常为1GB。主存容量越大，软件开发和大型软件的运行效率就越高，系统的处理能力也就越强。

3. 运算速度

运算速度是衡量电脑性能的一个重要指标，在硬件一定的情况下，运算速度快慢与电脑所执行的操作及主时钟频率有关，执行的操作不同，所需要的时间不同，其运算速度也不同；执行同一种操作使用同一计算方法，电脑的主时钟频率不同，运算速度也不同。现在普遍采用单位时间内执行指令的条数作为运算速度指标，并以MIPS作为计量单位。例如某微处理器在某一时钟频率下每秒执行100万条指令，则它的运算速度就为1MIPS。目前高档微机的运算速度已达400MIPS~1000MIPS。

4. 时钟频率（主频）

时钟频率是指CPU在单位时间（秒）内发出的脉冲数。通常，时钟频率以兆赫（MHz）为单位。时钟频率越高，电脑运算速度就越快。

5. 可靠性

电脑的可靠性是一个综合的指标，应由多项指标来综合衡量，但一般常用平均无故障运行时间来衡量。平均无故障运行时间是指在相当长的运行时间内，用电脑的工作时间除以运行时间内的故障次数所得的结果。它是一个统计值，此值越大，则说明电脑的可靠性越高，即故障降低。目前微型机的平均无故障运行时间可高达数千小时。

6. 性能价格比

性能价格比是电脑性能与价格的比值，它是衡量电脑产品性能优劣的一个综合性指标。这里所说的性能除包括上述的几个方面外，还应包括软件功能（如高性能操作系统、各种高级语言和应用软件配置）、外设的配置，可维护性和兼容性等。显然，性能价格比的比值越大越好。

1.5 电脑的使用环境★★★

电脑使用环境是指电脑对其工作的物理环境方面的要求。一般的电脑对工作环境没有特殊的要求，通常在办公室条件下就能使用。但是，为了使电脑能正常工作，提供一个良好的工作环境也是很重要的。下面是电脑工作环境的一些基本要求。

- 环境温度：电脑在室温15℃~35℃之间一般都能正常工作。但若低于15℃，则软盘驱动器对软盘的读写容易出错；若高于35℃，则由于电脑散热不好，会影响电脑内各部件的正常工作。在有条件的情况下，最好将电脑放置在有空调的房间内。
- 环境湿度：放置电脑的房间，其相对湿度最高不能超过80%，否则会由于结露使电脑内的元器件受潮变质，甚至会发生短路而损坏电脑。相对湿度也不能低于20%，否则会由于过分干燥而产生静电干扰，引起电脑的错误动作。
- 洁净要求：通常应保持电脑房的清洁。如果机房内灰尘过多，灰尘附落在磁盘或磁头上，不仅会造成对磁盘读写错误，而且也会缩短电脑的寿命。因此，在机房内一般应备有除尘设备。
- 电源要求：电脑对电源有两个基本要求，一是电压要稳；二是在电脑工作时供电不能间断。电压不稳不仅会造成磁盘驱动器运行不稳定而引起读写数据错误，而且对显示器和打印机的工作有影响。为了获得稳定的电压，可以使用交流稳压电源。为防止突然断电对电脑工作的影响，最好装备不间断供电电源（UPS），以便断电后能使电脑继续工作一段时间，使操作人员能及时处理完计算工作或保存好数据。
- 防止干扰：在电脑的附近应避免干扰。当电脑正在工作时，还应避免附近存在强电设备的开关动作。因此，在机房内应尽量避免使用电炉、电视或其他强电设备。

1.6 上机实训

为了巩固和拓展本章所学的内容，下面就来实战演练，自己操作一下。

实训1. CPU主频、外频、倍频之间的关系

外频是CPU的基准频率，单位是MHz。外频是CPU与主板之间同步运行的速度，而且目前的绝大部分计算机系统的外频也是内存与主板之间的同步运行的速度

倍频系数是指CPU主频与外频之间的相对比例关系。在相同的外频下，倍频越高CPU的频率也越高。

主频也叫时钟频率，单位是MHz，用来表示CPU的运算速度。CPU的主频=外频×倍频系数。

实训2. 一键锁定电脑

在Windows 7操作系统中，如果要锁定电脑，通常有两个方法，分别如下。

- 同时按下Ctrl+Alt+Del快捷键，然后在打开的界面中单击“锁定电脑”按钮。
- 一般是在电脑桌面上单击“开始”按钮，然后在打开的菜单中单击向右的三角按钮，然后在展开的菜单中选择“锁定”命令，如下图所示

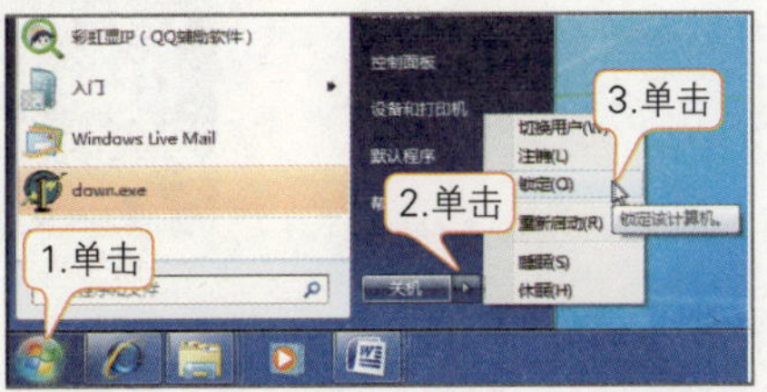

除此之外，还可以创建锁定电脑快捷方式，以后双击该快捷方式即可锁定电脑了，具体操作步骤如下。

步骤1 打开“创建快捷方式”对话框。

在桌面空白处右击，从弹出的快捷菜单中选择“新建”/“快捷方式”命令，打开“创建快捷方式”对话框，如右图所示。

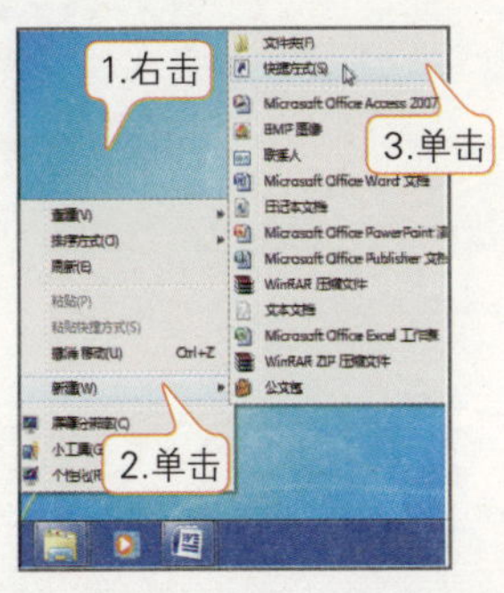

步骤2 选择要创建快捷方式的对象。

在“请键入对象的位置”文本框中输入“rundll32.exe user32.dll,LockWorkStation”，然后单击“下一步”按钮，如下图所示。

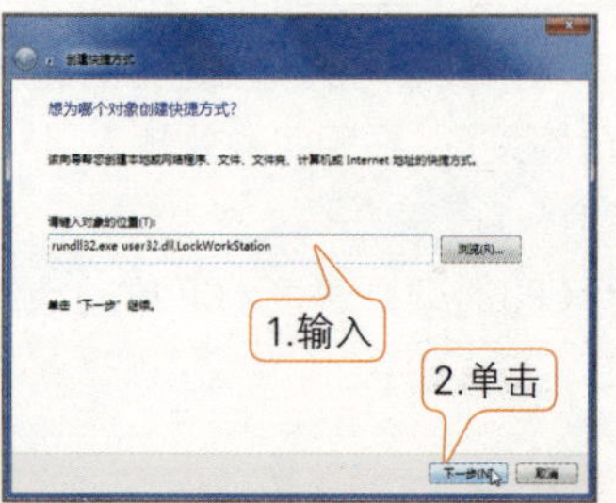

步骤3 命名快捷方式。

进入“想将快捷方式命名为什么?”对话框，然后在文本框中输入快捷方式名称，再单击“完成”按钮，如下图所示。

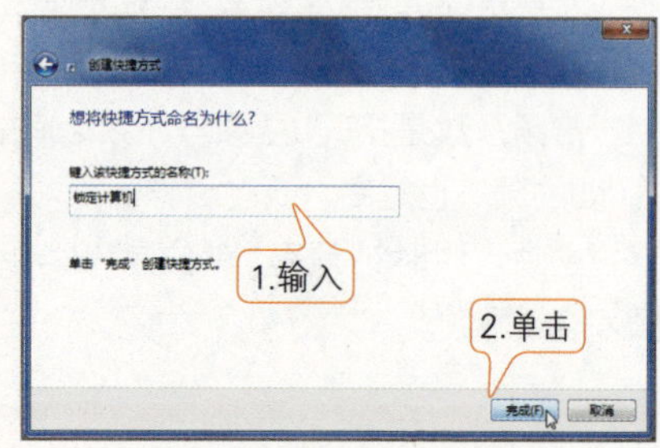

步骤4 双击锁定计算机。

这时将会在电脑桌面出现新创建的锁定计算机快捷方式，双击该快捷方式就能将电脑锁定，如右图所示。

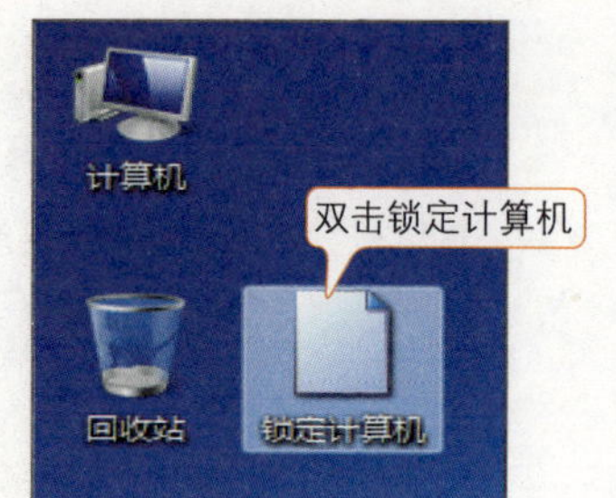

本章学习要点

选择合适的CPU

选择适合的主板

第2章 选购电脑核心部件

中央处理器是完成各种运算和控制的核心，是计算机的心脏；主板则安装了计算机的主要电路系统，并具有扩展槽和插有各种插件的功能，是计算机电路系统的主要载体，下面就来为大家介绍一下如何选购电脑的核心部件——中央处理器和主板。

本章重点实例展示

2.1 选择合适的CPU★★★★★

CPU是整个电脑系统最高的执行单位，它包括逻辑单元、存储单元和控制单元，是整个系统的核心。

2.1.1 了解CPU的作用

CPU的全名是Central Processing Unit，即中央处理器，又叫微处理器。从开机的那一刻起，CPU即开始由BIOS读取计算机基本控制程序、启动指令和数据，经过内部算术及逻辑运算器计算后，再由控制器将结果送到内存及各部件，因此，CPU的工作速度快慢直接影响到整部电脑的运行速度。

CPU随着制造技术的进步，在其中所集成的电子元件也越来越多，同性能的CPU体积做得越来越小，随着CPU的整体性能飞速发展，直观地说，CPU的速度变得越来越快，也使精细的高科技高性能产品，显得非常高深莫测。其实CPU的内部结构大致可分为控制单元，逻辑单元和存储单元三大部分。

2.1.2 CPU的主要性能指标

CPU的性能基本反映了所配置的微机的根本性能，因此CPU性能指标十分重要，CPU主要的性能指标有以下几点。

1. 数据总线宽度

数据总线用于传送数据信息。数据总线既可以把CPU的数据传送到存储器、I/O接口或其他部件，也可以将其他部件的数据传送到CPU。数据总线的位数是微型计算机的一个重要指标，通常与微处理的字长相一致。数据总线负责整个系统的数据流量的大小，而数据总线宽度则决定了CPU与二级高速缓存、内存以及输入/输出设备之间一次数据传输的信息量。

2. 主频、外频和倍频

主频即CPU的时钟频率，它用来表示在CPU内数字脉冲信号振荡的速度。通常所说的3.2GHz、2.0GHz等就是指它CPU的主频。一般说来，主频越高，CPU在一个时钟周期里所能完成的指令数也就越多，CPU的运算速度也就越快。

外频是CPU与主板之间同步运行的速度，当CPU的外频提高时，内存与CPU之间的传输速度也就提高了。CPU外频一般是133MHz。

倍频是指CPU主频与外频之间的相对比例关系。在相同的外频下，倍频越高，CPU的频率也越高。但实际上，在相同外频的前提下，高倍频的CPU本身意义并不大。这是因为CPU与系统之间数据传输速度是有限的，并不一定能够满足CPU运算的速度。

CPU主频的高低与CPU的外频和倍频有关，其计算公式为主频=外频×倍频。

3. 内存总线速度

内存总线速度又称系统总路线速度，一般我们放在外存（磁盘或者各种存储介质）上面的资料都要通过内存，再进入CPU进行处理的。所以CPU与内存之间的通道的内存总线速度对整个系统性能就显得很重要了。

由于内存速度的发展滞后于CPU的发展速度，为了缓解内存带来的瓶颈，所以出现了二级缓存，来协调两者之间的差异，而内存总线速度就是指CPU与二级（L2）高速缓存和内存之间的通信速度。

4. 地址总线宽度

地址总线是专门用来传送地址的，它的宽度决定了CPU可以访问的物理地址空间，简单地说就是CPU能够使用多大容量的内存。

5. 缓存技术

CPU的缓存分为一级高速缓存（L1 cache）和二级高速缓存（L2 cache）。

一级高速缓存也称为内部缓存，它容量和结构对CPU的性能影响较大，不过高速缓冲存储器均由静态RAM组成，结构较复杂，在CPU管芯面积不能太大的情况下，L1级高速缓存的容量不可能做得太大。

二级高速缓存又称为外部缓存。Pentium Pro处理器的L2和CPU是运行在相同频率下的，其成本昂贵，所以Pentium II运行在相当于CPU频率一半以下，容量为512K。为降低成本Intel公司曾生产了一种不带L2的CPU名为赛扬。

6. 工作电压

CPU电压指的是CPU正常工作时所需的工作电压。工作电压越低，CPU的发热量就越小，CPU的寿命也就能得到相应的延长。

7. 协处理器

协处理器又称数学协处理器，主要功能是负责浮点运算，现在一般的CPU 都内置了协处理器。不过，在486以前的CPU里面，是没有内置协处理器的。

8. 制造工艺

制造工艺指在硅材料上生产CPU时，内部各元器的连接线宽度常以蚀刻芯片的光波波长微米（μm）来表示，通常所说的0.09μm制程，就是指制造工艺。微米值越小制作工艺越先进，CPU可达到的频率越高，集成的晶体管就越多。虽然精细的工艺可以使得原有晶体管门电路更大限度地缩小，能耗也越来越低，CPU也就更省电，但是随着制造工艺接近于纳米级别，很多物理特性也会随之产生变化，当然目前通过不断的更新技术，市场上的产品还没有听闻由此引发的不良影响。

9. 指令集

CPU是依靠指令来控制整个计算机系统的，每款CPU在设计时就规定了一系列与其硬件电路相配合的指令系统。所以，指令的强弱也是CPU的重要指标，指令集是提高微处理器效率的最有效工具之一。

指令集是一组程序代码集合，是为了完成某一方面的功能而特意开发的一组程序。通常所说的MMX、3DNow!指的就是CPU指令集。

2.1.3 主流CPU介绍

目前市场上流行的CPU主要由Intel、AMD两家公司提供，它们的产品几乎占据了CPU市场的全部份额。

1. Intel处理器

英特尔（Intel）公司自1984年成立以来，就开始了半导体存储等产品的开发，目前已成为世界最大的CPU生产厂商，占据70%左右CPU市场份额。市场上常见的Intel CPU有Celeron（赛扬）系列、Pentium（奔腾）系列、Conroe（酷睿）等型号，下面进行简单的介绍。

（1）Celeron系列

Celeron（赛扬）是Intel在低端市场推出的产品，是将原有Pentium处理器内核进行简化（去掉一半全速二级缓存）。目前市场上比较常见的Celeron处理器有Celeron 4和Celeron D两种，如下图所示。

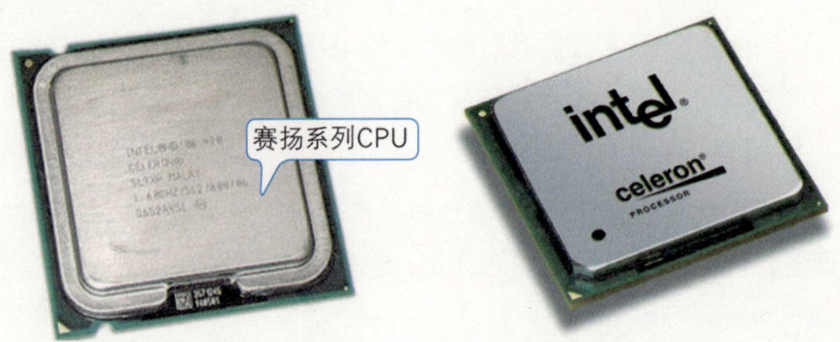

（2）Pentium系列

Inter公司在1993年推出的全新一代的高性能处理器Pentium，比较常见的是Pentimu Pro和Pentimu IV两个品牌，如下图所示。

(3) Conroe系列

2006年7月27日，Intel全球同步正式发布了代号Conroe的新一代桌面、笔记本和工作站处理器，包括Core2 Duo和Core2 Extreme两个品牌，如下图所示。

2. AMD处理器

目前使用的CPU除了Intel公司的产品外，最有力的挑战者就是AMD（超微）公司。目前常见的AMD CPU有Athlon XP和Athlon 64等，如下图所示。

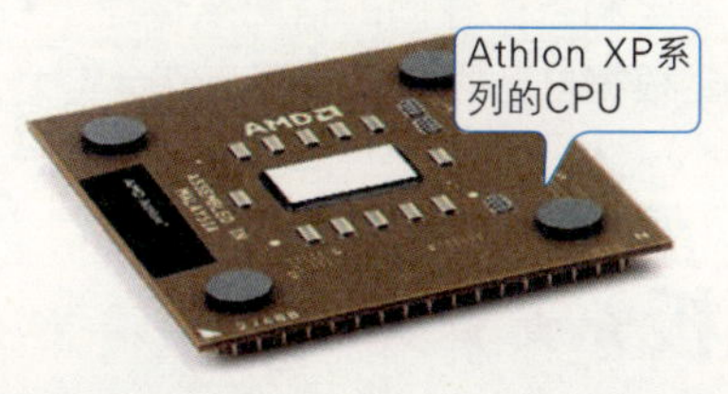

(1) Athlon XP

Athlon XP是目前AMD为了和竞争对手Intel抗衡所推出的一款面向中低端的CPU。目前Athlon XP CPU大多采用Barton核心和0.13um制造工艺，具有128KB L1Cache和512KB L2 Cach。

(2) Athlon64

AMD Athlon64 AM2 X2 3800+，CPU核心类型为Windsor，接口类型为Socket AM2，针脚数目为940pin，制造工艺为90纳米，处理器频率为2GHz，处理器倍频为

10，HT总线为1000MHz，支持指令集包括3DNow!、SSE、SSE2、SSE3、x86-64，一级指令缓存为256KB，二级缓存容量为2×512KB，工作功率为65W。

2.1.4 CPU散热器

随着CPU主频的不断提升，其发热量也不断增大，如果散热降温措施无法适应现在CPU的发展速度，有可能造成CPU的烧毁。因此选购CPU时，要为其配备散热器即CPU风扇。目前市场上的常见的散热器有风冷散热器（如左下图所示）、水冷散热器（如右下图所示）、热导管散热器3种。

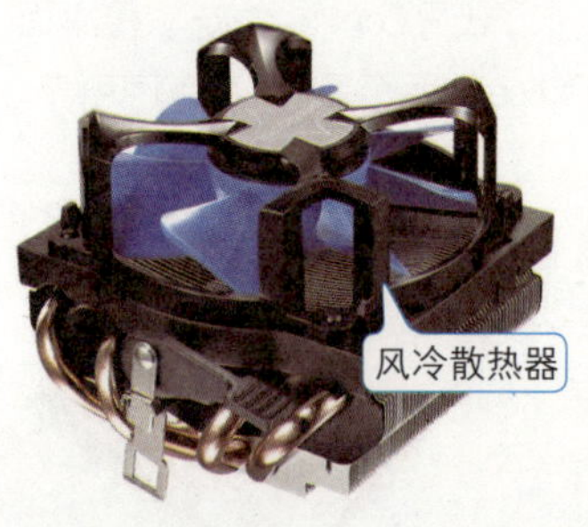

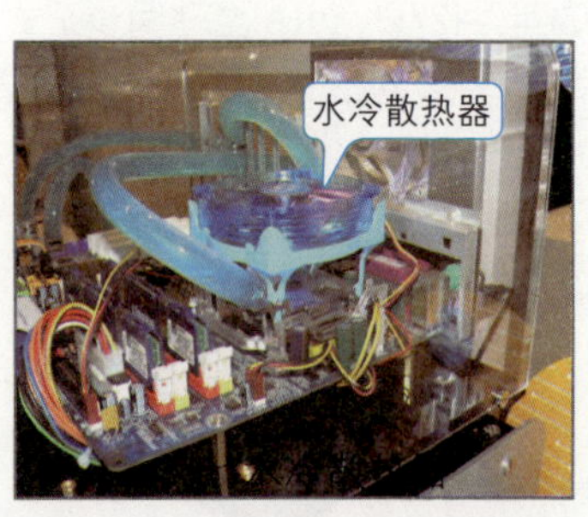

2.1.5 CPU选购技巧及注意事项

选购CPU，首先考虑的是CPU主频，然后考虑CPU的生产厂家、性价比、包装方式以及超频能力等，当然最注意的是CPU一定要与主板的插槽相匹配。

购买CPU时还要注意一点，注意电脑各配件间的搭配要合理、性能均衡才能发挥最佳效果。在选择CPU时，要根据自己的实际需要及资金实力合理进行选择。

2.2 选择适合的主板★★★★

主板（Main Board）又称母板（Mother Board），是多媒体计算机系统中最重要的部件之一，控制多媒体计算机的运行。

2.2.1 看图说主板功能

虽然目前市场上销售的主板类型多种多样，大小尺寸也各不相同，但其组成基本一致。主板是机箱内最大的一块印刷线路板。一般来说，主板由CPU插槽、控制芯片组和BIOS芯片等部分组成，如下图所示。

1. CPU插座

主板上的CPU插座用于安装与之配套的同类型的CPU。由于CPU种类不同，所以其插座也不同，主要有以下几类。

- Slot插座，该类型主要包括Slot 1插座和Slot A插座两大类，它们分别对应于不同的CPU产品，上个世纪90年代末就已经被淘汰。
- Socket插座，根据对应CPU针脚数目不同，Socket插座分为Socket 7插座、Socket 370插座和Socket A插座几大系列。

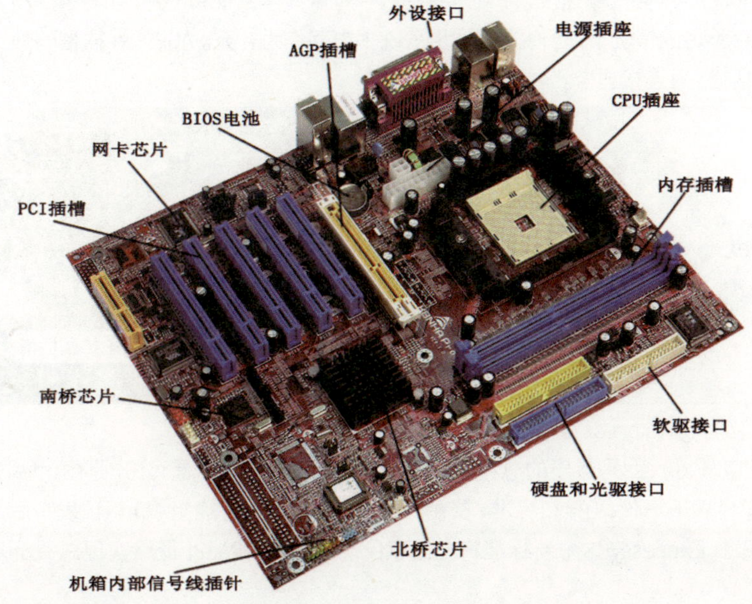

2. 扩展槽

扩展槽是现代计算机中一种很重要的接口，在扩展槽中可以插装各种标准部件，如显示卡、声卡、解压卡、保护卡和调制解调器等。扩展槽可以为主机增加视频、音频和网络通信等功能。

扩展槽的种类包括：ISA扩展插槽、MCA扩展插槽、PCI扩展插槽、AGP/PCI-E扩展插槽和内存扩展插槽等。

（1）ISA插槽

ISA（Industry Standard Architecture，即工业标准体系结构）插槽一般在PCI插槽的下方，该插槽颜色为黑色，一些较老的设备，如ISA声卡、解压卡和网卡等都插在ISA插槽中。目前ISA总线扩展槽已经被淘汰。

(2)PCI扩展插槽

PCI(Peripheral Component Interconnect,即外部设备互连总线)总线插槽是Intel公司推出的一种局部总线,是为PCI显卡、声卡、网卡、电视卡、Modem等设备提供的连接接口。PCI插槽是主板上数目最多的插槽,通常为白色,如左下图所示。

(3)AGP扩展插槽

AGP(Accelerated Graphics port)扩展插槽是由Intel开发的提高视频性能的接口,让视频处理器与系统主内存直接相连,避免经过PCI总线而造成的系统瓶颈,增加3D图形数据传输速度,而且系统主内存可以共享给视频芯片,如右下图所示。在显存不足的情况下,可以方便调用系统主内存作为补充。AGP扩展插槽一般为棕色短插槽,只连接显卡。

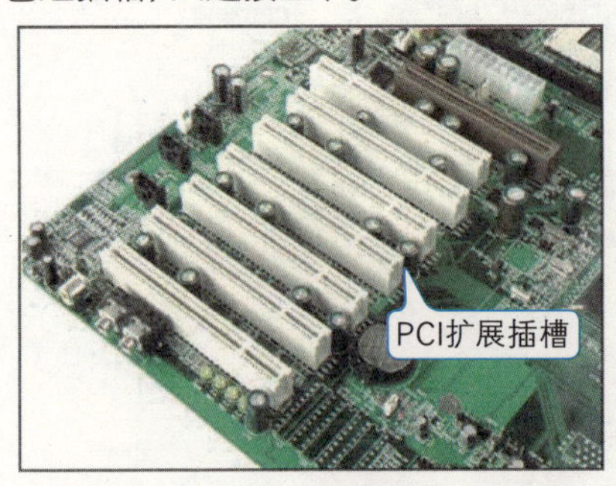

(4)PCI Express插槽

PCI Express是最新的总线和接口标准,它原来的名称是3GIO,是由Intel公司提出,代表下一代I/O接口标准,交由PCI-SIG(PCI特殊兴趣组织)认证发布后才改名为PCI Express,这个新标准将全面取代现行的PCI和AGP,最终实现总线标准的统一。

PCI Express属于串行总线,点对点传输,每个传输通道独享带宽,其主要优势是数据传输率高。

(5)内存插槽

内存插槽是主板上用来安装内存的插槽,如图4-6所示。由于主板芯片组的不同,其支持的内存类型也不同,内存插槽类型也就不同。目前内存有SDRAM、DDR SDRAM和DDR2 SDRAM,所以主板就提供了对应这3种主流内存的插槽

3. 主板接口

这些接口包括PS/2接口、IDE接口、SATA接口、串/并口、USB接口和电源接口等。

(1)PS/2接口

PS/2接口(如下图所示)位于主板背面的最上面,共有两个,采用圆形接口,一

般用来连接键盘和鼠标。其中，那个蓝色接口一般用来接键盘，旁边的绿色接口用来接鼠标，如左下图所示。

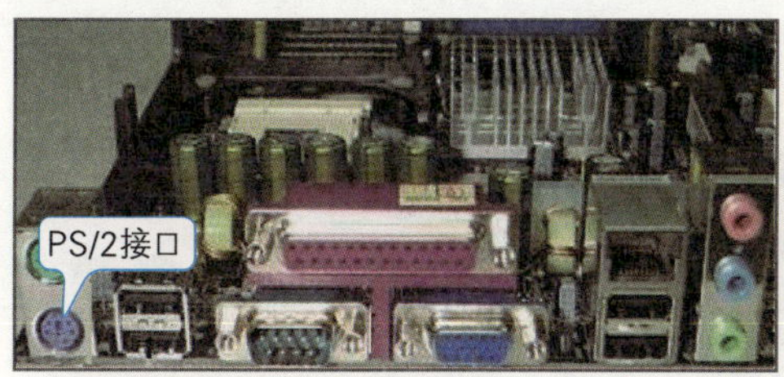

(2)IDE接口

IDE接口一般用来连接硬盘和光驱。在两个IDE接口的旁边，一般都会标注该接口的序号。IDE1一般用来连接硬盘，IDE2用来连接光驱，如右上图所示。

(3)SATA接口

SATA接口采用的是串行连接方式，具有结构简单、支持热插拔、传输速度快的特点，该接口能对传输指令进行检查，如果发现错误会自动矫正。SATA硬盘改用线路相互之间干扰较小的串行线路进行信号传输，工作频率得到大大提升，数据传输性能也有很大提高。

(4)USB接口

USB(Universal Serial Bus)即通用串行总线接口，通常呈扁平状，该接口真正实现了"Plug-and-Play"(即插即用)和热插拔功能，并具有速度快、连接简单、耗电量较低、兼容性好等特点。

(5)IEEE1394接口

IEEE1394又称FireWire(火线)，是Apple(苹果公司)开发的一个名为"FireWire"的高速、实时串行标准。与USB一样，该接口也支持热插拔和即插即用。

(6)串/并口

串口(即Serial Port)也称通信口(COM Port)、并口(即Parallel Port)也称打印口(LPT、PRN)是用来连接一些外部设备的接口，并口通常用来连接打印机，串口通常用来连接外置式Modem等。

(7)电源接口

主机电源通过它与主板相连，为主板的工作提供动力。电源接口通常位于CPU插座或内存插槽附近。

4. 芯片组

芯片组(Chipset)是主板的核心组成部分，按照在主板上的排列位置的不同，通常分为北桥芯片和南桥芯片。

◆ 北桥芯片：北桥芯片是主桥，如左下图所示，它供对CPU的类型和主频、内存的类型和最大容量、ISA/PCI/AGP插槽、ECC纠错等支持，通常在主板上靠近CPU插槽的位置，由于此类芯片的发热量一般较高，所以在此芯片上装有散热片。

◆ 南桥芯片：南桥芯片主要用来与I/O设备及ISA设备相连，并负责管理中断及DMA通道，让设备工作得更顺畅，其提供对KBC（键盘控制器）、RTC（实时时钟控制器）、USB（通用串行总线）、Ultra DMA/33（66）EIDE数据传输方式和ACPI（高级能源管理）等的支持，在靠近PCI槽的位置，如右上图所示。

5. BIOS芯片

BIOS是被固化在电脑主板ROM芯片中的一组程序，保存了电脑的基本输入输出程序、系统信息设置、开机自检程序和系统自举程序，为电脑提供最低级、最直接的硬件控制和支持。BIOS芯片如下图所示。

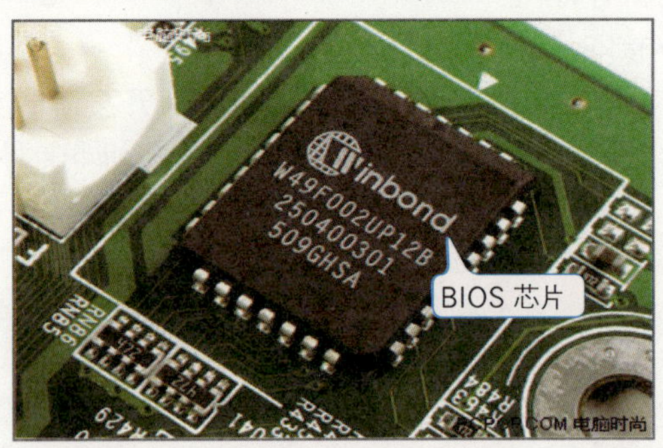

6. 电源插座

主板、键盘和所有的接口卡都要由电源插座来供电。传统的主板使用的是AT电源，而现在的ATX主板使用的是ATX电源。ATX主板的电源插座是20芯双列插座，具有防插错结构。在软件的配合下，ATX电源可以实现软件关机以及通过键盘、调制解调器远程唤醒开机等电源管理功能。

2.2.2 主板与CPU的搭配

在配制电脑时，首先选购的不是主板，而是根据自己的需要确定的CPU，然后再根据选择的CPU来选购主板。

目前市面上的主板产品根据支持CPU的不同，其使用的CPU插座也不同，主要分为Intel、AMD两大系列。如果只是用来处理一些日常文件、办公娱乐，建议选配AMD系列的主板搭配性价比较好的AMD的CPU，否则，可以考虑Intel系列的主板搭配Intel的CPU，当然也不是说AMD就代表着低端，其实AMD代表的是性能和价格的综合考虑，如何以低廉的代价获得不菲的性能，就可以考虑AMD，而Intel则要昂贵的多，当然贵有贵的道理，根据用户的需求决定。

2.2.3 主板的性能指标

主板的性能指标主要包括支持的CPU的最高频率、前端总线频率（FSB）、支持最高内存、内存的工作频率等。

1. 主板支持的最高频率

主板支持的最高频率一般用MHz表示，支持的频率越高，说明该主板将来升级的范围越宽。

2. 前端总线频率

前端总线频率越高则说明主板CPU、内存之间的工作速度越快，数据的传输率越高。

3. 支持的最大内存

支持的内存越大，说明主板理论支持的物理内存容量的范围越大。

4. BIOS技术

BIOS是集成在主板CMOS芯片中的软件，主板上的这块CMOS芯片保存有计算机系统中最重要的基本输入输出程序、系统CMOS设置、开机上电自检程序和系统启动程序。在主板选购上应该考虑到BIOS能否方便地升级，是否具有优良的防病毒功能。

2.2.4 主板BIOS

BIOS是集成在主板上的一个ROM芯片中，该芯片中保存着POST自检和系统自举、基本输入输出程序等最基本、最重要的参数，BIOS功能的强大与否直接关系到主板性能先进与否。

BIOS芯片非常重要，由于它需要保存一系列数据，所以还有一个纽扣式电池为它提供电源支持。

现在市场上的主板使用的主要是Award、AMI、phoenix几种BIOS，早期主板BIOS采用EPROM芯片，一般用户无法更新版本，后来采用了Flash ROM，用户可以更改其中的内容以便随时升级，但是这使得BIOS容易受到病毒的攻击，而BIOS一旦受到攻击，主板将不能工作，于是各大主板厂商对BIOS采用了种种防毒的保护措施。

2.2.5 主流主板产品介绍

市场上的主板品牌很多，目前排在前三名的是华硕、技嘉和微星，下面简单了解一下。

1. 华硕主板

华硕（ASUS）是全球第一大主板制造商，也是公认的主板第一品牌，做工追求实而不华，超频能力很强；同时他的价格也比较适中。如左下图所示的是华硕P5KPL-AM SE主板。

2. 技嘉主板

技嘉（GIGABYTE）主板一贯以华丽的做工而闻名，但绝非华而不实，超频方面同样不甚出众，中低端型号与微星一样缩水，因此也经常受到假货的困扰。如右下图所示的是技嘉GA-MA785GT-UD3H主板。

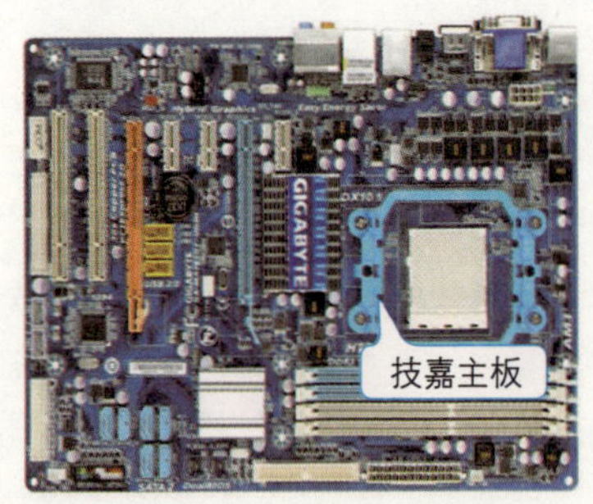

3. 微星主板

微星（MSI）主板主要是附带功能齐全且豪华的附加工具，其超频能力不算出色。如下图所示的是微星H55M-E33主板。

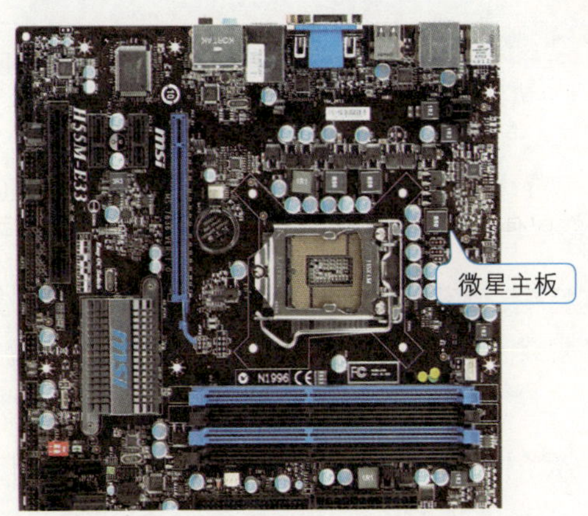

2.2.6 主板选购技巧及注意事项

1. 品质

品质是指主板的质量及稳定可靠性指标。品质不仅和主板的设计结构、生产工艺有关，也和生产厂家选用的零部件有很大关系。一块品质好的主板可以保证在各种情况下，例如温湿度变化、电场扰动等，并获得稳定可靠的工作状态。用户在购买时，可以从产品外观、生产厂家背景以及返修率等方面考虑。一般来说，知名大公司在设计及生产工艺和原材料选用等方面比较严格，品质都很好，但价格也略微高一些。

2. 兼容性

兼容性是选购主板时必须考虑的问题，有些主板在设计上存在问题，导致与一些硬件不兼容，兼容性好的主板可以便于以后的升级，兼容性较差的主板不容易与外设配套，一些性能不错的板卡如果主板不兼容，会导致系统功能和性能降低而成为无用之物。

3. 性能

速度指标也是大家购买时普遍关心的一个性能指标。各个厂家生产的主板速度有差异主要是因为采用的芯片组（CHIP SET）不同，高速缓存的设计及容量不同，线路设计与BIOS设计最佳化不同，原配件或材料选用品质不同。速度指标可以用测试方法得到，一般取相同配置的主板（如芯片组相同、二级缓存相同），在相同配置（同样的CPU、内存、显卡、硬盘等）下用专业的测试软件测得。

4. 升级扩展性

计算机技术日新月异，要考虑主板升级扩展性。主要包括以下几方面：CPU升级余地，支持哪几家公司的产品等；内存升级能力，有多少个DIMM（168线内存插槽），最大内存容量；二级缓存速度及容量；有几个PCI和ISA插槽；BIOS可否升级等。

5. 售后服务

售后服务包括产品保修、技术支持情况，能否获得最新的BIOS升级等。用户应从信誉好的商家和正规渠道的分销商处购买，以免买到水货或假货，损害自己的利益。

6. 价格

市场上的主板价格从几百元到几千元都有，主要由于以下几点造成：主板的应用范围和配置不同；相同市场定位的主板配置不同；各厂家选用材料不同；主板是进口的还是国产的以及是否为正规渠道的代理产品等，都会造成一定的价格差异。

2.3 上机实训

为了巩固和拓展本章所学的内容，下面就来实战演练，自己操作一下。

实训1. 辨别真假CPU

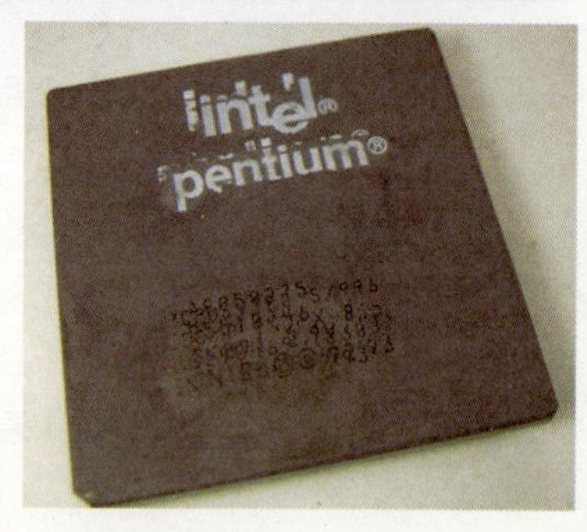

CPU没有真假之分，只是奸商Remark或者以旧充新。Remark就是超频后，打磨一下散热片上的参数，没有打磨过的CPU表面是光滑的好像毛玻璃的样子（当然有些划痕是避免不了的，那完全是运输过程中造成的），而打磨过的CPU表面有很明显的一条一条的痕迹，好像被切掉了一层。辨别新旧更简单，CPU散热片表面有一个小孔，用户看看孔的内侧有无残留的导热硅脂，因为安装过的CPU，该位置的导热硅脂是擦不掉的。右图所示为一块很明显经过打磨的CPU。

实训2. 鉴别主板质量

主板的好坏直接影响机器的整体性能，因而主板的选购不容忽视。主板品种繁多、更新换代速度很快，鉴别主板质量显得尤为重要。

1. 主板电池

电池是为保持CMOS数据和时钟的运转而设的。“掉电”就是指电池没电了，不能保持CMOS数据，关机后时钟也不走了。选购时观察电池是否生锈、漏液。若生锈，可换下电池；若漏液，则有可能腐蚀整块主板而导致主板报废，这样的主板当然不能选择。

2. 芯片的生产日期

主板的速度不仅取决于CPU的速度，同时也取决于主板的套片（芯片组）的性能。如果各芯片的生产日期相差较大，则要小心。一般来说，时间相差不宜超过三个月，否则将影响主板的总体性能。如其中一块芯片的生产日期为0652（06年第52个星期），另一块芯片的生产日期0750（07年第50个星期），生产时间相差大约一年，因此，可判断此主板的质量较差，不宜选购。

3. 扩展槽插卡

一般来说，PCI扩展槽的问题不多见，ISA扩展槽则要认真检查。不过ISA扩展槽比PCI扩展槽更易观察。方法是先仔细观察槽孔的弹簧片的位置形状，再把ISA卡插入槽中后拔出，观察现在槽孔内的弹簧片位置形状是否与原来相同，若有较大偏差，则说明该插槽的弹簧片弹性不好，质量较差。

4. 察其外表，掂其分量

首先，看主板厚度，两主板比较，厚者为宜。再观察主板电路板的层数及布线系统是否合理。把主板拿起来，隔主板对着光源看，若能观察到另一面的布线元件，则说明此主板为双层板。否则，主板就是四层或多层板，选购时就该选四层或多层板。另外，布线是否合理流畅，也将影响整块主板的电气性能，这主要靠第一眼的感觉。当然这种感觉是建立在对一般主板布线相当了解的基础之上的。

5. 摇跳线

仔细观察各组跳线是否虚焊。开机后，轻微摇动跳线，看微机是否出错，若有出错信息，则说明跳线松动，性能不稳定，此主板不在选购之列。注意，摇的时候用力不要过大过猛，这样容易摇坏跳线，好主板也会被摇成坏主板。

6. 软件测速

推荐的测速软件是SPEED系列测速软件和SST系列测速软件，不同主板间的横向比较会给你一个准确的结论。如果不愿意自己测试的话，权威性报刊、杂志的评测报告也是很好的参考。

本章学习要点

√选择合适的内存
√选择合适的硬盘
√选择合适的光驱刻录机
√选择合适的U盘和移动硬盘

第3章 选购电脑存储系统

一台功能齐全的电脑，离不开一套完善的存储系统。那么，电脑的存储系统都包括哪些部件呢？如何识别购买需要的部件呢？这就是本章要介绍的内容，下面一起来看看吧。

Chapter 03

本章重点实例展示

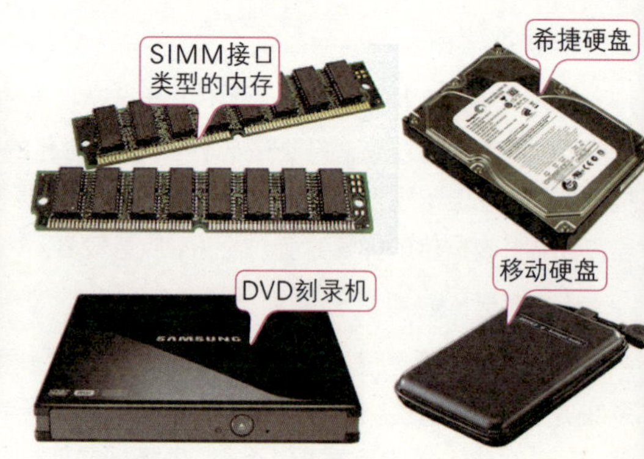

3.1 选择合适的内存★★★★★

内存是计算机系统中存放数据与指令的半导体存储单元，是计算机最主要的部件之一，其容量和稳定性直接关系到整台电脑性能的发挥和稳定性。

3.1.1 了解内存的作用

内存是主板上的存储部件，可以和CPU直接沟通，并用其存储当前正在使用的（即执行中）数据和程序，它的物理实质就是一组或多组具备数据输入输出和数据存储功能的集成电路，内存只用于暂时存放程序和数据，一旦关闭电源或发生断电，其中的程序和数据就会丢失。

内存是存储程序以及数据的场所，系统运行时，将所需的指令和数据从外部存储器（如硬盘、软盘或光盘等）调入内存，运行完后如果要存盘，内存中的数据会被存入硬盘等外存储器中。

在电脑的运行过程中，内存是快速存取数据的临时仓库，其存取速度决定着系统运行的速度，内存运行的稳定程度也决定了系统运行的稳定程度。

3.1.2 内存的种类

1. 按内存的工作原理分类

按工作原理可将内存分为只读存储器ROM（Read only Memory）和随机存储器RAM（Random Access Memory）两种。

- ROM：ROM的内容只能读取，不能随意更改，断电时信息不会丢失，ROM主要用于存放固定不变的信息。在微机中主要用于存放系统的引导程序、开机自检、系统参数等信息，如主板BIOS。
- RAM：RAM就是平常所说的内存，系统运行时，将所需的指令和数据从外部存储器（如硬盘、软盘或光盘等）调入内存。RAM的内容随时可读、可写；RAM只能用于暂时存放程序和数据，一旦关闭电源或断电，其中的数据就会丢失。

2. 按功能分类

按照功能可以将内存分为主存、高速缓冲存储器以及映射存储器3大类。

- 主存：主存是指计算机中用于存放程序和数据的RAM，一般容量较大，通常由DRAM构成。
- 高速缓冲存储器（Cache）：是位于CPU和主存储器之间的规模较小但速度

很高的存储器，通常由SRAM组成。Cache存储器系统由一组SRAM静态存储器芯片和Cache存储器控制电路组成。

◆ 映射存储器Shadow RAM（也称影子内存）：影子内存实质是计算机主存的一部分，即从768KB~1MB范围内的存储器。这部分存储器通常不能被直接访问，只能在计算机启动时把各种ROM BIOS的副本存放在其中，以供随时进行访问。

3. 按内存接口分类

按照内存接口可以将内存分为SIMM、DIMM、RIMM等3种接口类型。下面就是内存接口的详细介绍，这里就不再赘述。

3.1.3 内存的接口类型

内存与内存插槽之间是通过内存上的“金手指”相接触的，通常把相接触的“金手指”的数目称为“线数”。不同线数的内存，接口也不同。

1. SIMM接口

SIMM（Single Inline Memory Module）即单边接触类型，如下图所示，是指内存条与内存插槽之间靠一侧的引脚相接触来完成电路的连接。早期的30线和72线内存采用SIMM接口。

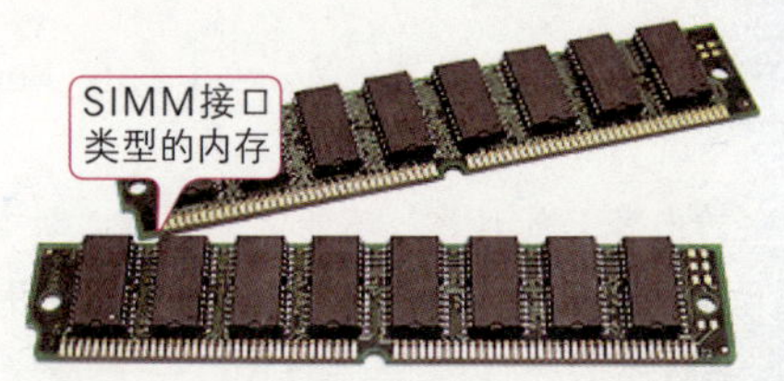

2. DIMM接口

DIMM（Dual Inline Memory Module）即双边接触类型，是指内存条与内存插槽之间靠两侧的引脚相接触来完成电路的连接，如下图所示。

3. RIMM接口

RIMM是专为Rambus公司生产的RDRAM内存设计的接口，如下图所示。

RDRAM内存通过184针与接口相连，是Rambus公司开发的从芯片到芯片接口设计的新型串行结构的DRAM，它能在很高的时钟频率范围内通过一个简单的总线传送数据。

3.1.4 内存的性能指标

评价内存条的性能指标有以下几点。

1. 容量

容量是内存可以存放数据的空间大小，通常以MB为单位，单根内存容量是越大越好。目前常用的内存容量为256MB、512MB、1GB、2GB和4GB等，早期还有128MB、64MB、32M和16MB等产品。

2. 封装

随着光电、微电制造工艺技术的飞速发展，电子产品始终在朝着更小、更轻、更便宜的方向发展，因此芯片元件的封装形式也不断得到改进。芯片的封装技术多种多样，经历了从DIP、TSOP（如左下图所示）到BGA（如右下图所示）的发展历程。芯片的封装技术已经历了几代的变革，性能日益先进，芯片面积与封装面积之比越来越接近，适用频率越来越高，耐温性能越来越好，以及引脚数增多，引脚间距减小，重量减小，可靠性提高，使用更加方便。

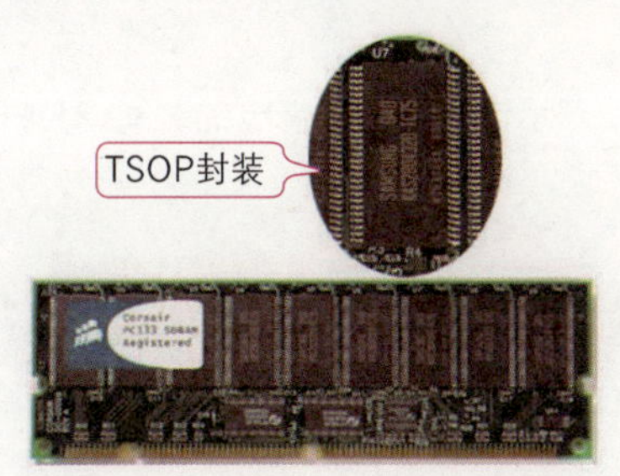

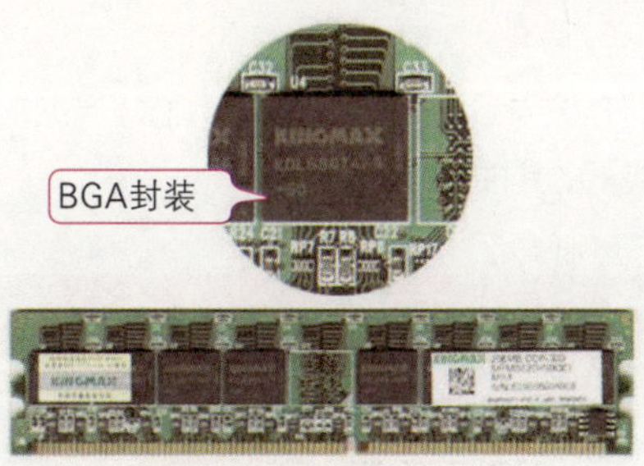

3. 存取周期

内存的速度用存取周期来表示。存储器的两个基本操作为读出与写入，是指将信息在存储单元与存储寄存器（MDR）之间进行读写。存储器从接收读出命令到被读出信息稳定在MDR的输出端为止的时间间隔，称为取数时间TA；两次独立的存取操作之间所需的最短时间称为存储周期TMC。单位为ns(纳秒),这个时间越短,速度就越快,也就标志着内存的性能越高。半导体存储器的存取周期一般为60~100ns。

4. 内存的电压

早期的FPM内存和EDO内存均使用5V电压,SDRAM内存一般位用3.3V电压。

5. SPD

SPD(Serial Presence Detect)是1个8针的EEPROM芯片,容量为256字节,里面主要保存了该内存条的相关资料,如容量、芯片的厂商、内存模组的厂商、工作速度、是否具备ECC校验等。SPD的内容一般由内存模组制造商写入。支持SPD的主板在启动时自动检测SPD中的资料,并以此设定内存的工作参数,使之以最佳状态工作,更好地确保系统的稳定。

6. CL

CL指CAS Latency,CAS等待时间。意思是CAS信号需要经过多少个时钟周期之后才能读写数据。这是一定频率下衡量支持不同规范的内存的重要标志之一。目前PC-100 SDRAM的CL有2和3,也就是说其读取数据的等待时间可以是两个或三个时钟周期,标准应为2,但为了稳定,降为3也是可以接受的。在同频率下CL为2的内存较为3的快。

7. 系统时钟循环周期Tclk(TCK)

内存的运行频率(TCK)表示内存所能运行的最大频率,该数字越小则内存芯片的运行频率就越高。

8. 存取时间TAC

TAC(Access Time from CLK)存取时间,表示访问数据所需要的时间,存取时间越短,其性能越好。

3.1.5 内存品牌介绍

1. 金士顿

作为世界第一大内存生产厂商的Kingston,其内存产品在进入中国市场以来,就凭借优秀的产品质量和一流的售后服务,赢得了众多中国消费者的心,如左下图所示。不过Kingston虽然作为世界第一大内存生产厂商,然而Kingston品牌的内存产品,其使用的内存颗粒很多是其他公司生产的。

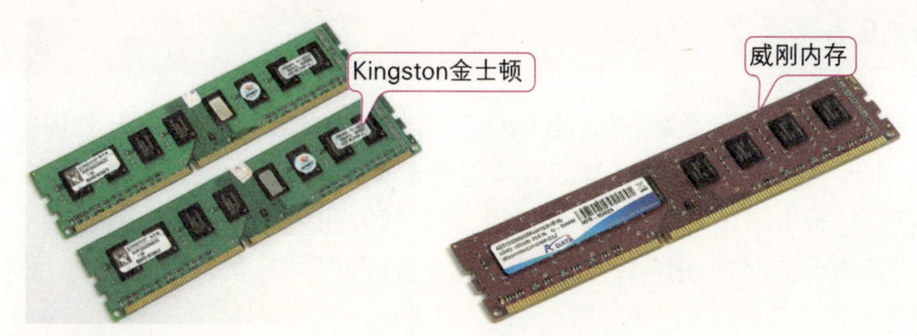

2. 威刚

威刚内存在电脑内存行业中目前已位居全球第二，威刚内存从工业设计、生产制程与品质检验，皆通过威刚专业人员最严密的执行与检验，以保证产品质量，如右上图所示。

3. 宇瞻

宇瞻科技（Apacer）公司成立于1997年，其内存产品添加有防伪标识，价格相比金士顿内存较便宜，如下图所示。

3.1.6 内存选购技巧及注意事项

内存是电脑中最关键的部件之一，其质量和稳定性直接影响着电脑的工作，在了解内存的基本知识后，下面介绍一些在内存选购时应注意的问题。

1. 看外观

选购内存时，要查看其外观，看其做工，观看其表面是否光滑、整洁，金手指是否颜色鲜亮，富有光泽。

（1）字迹和标号

正品内存表面字迹印刷和内存芯片表面上字体的标号很清晰，没有任何磨过的痕迹，即使用橡皮擦也很难擦掉。如果金手指暗淡无光，则至少说明该内存条积压时间较长，这样的金手指很容易造成接触不良，另外，如插拔痕迹严重，说明内存很可能是返修货。

（2）颗粒和定位孔

观察内存条的颗粒，定位孔应该是发亮的，颗粒表面给人以磨砂的感觉，而且内存右侧有CRL全国联保标签。

(3)电路板

最后仔细察看电路板，电路板的做工要求板面光洁，色泽均匀；元件焊接要求整齐划一，绝对不允许错位；焊点要均匀有光泽；金手指要光亮，不能有发白或发黑的现象；板上应该印刷有厂商的标识。常见的劣质内存经常是芯片标识模糊或混乱，电路板毛糙，金手指色泽晦暗，电容歪歪扭扭如手焊一般，焊点不干净利落，这样的产品多半是水货或者返修货。

2. 与主板插槽要兼容

内存的优劣是决定电脑性能的另一个重要指标。品质优异的内存稳定性好，与主板兼容性好，可以长时间运行不死机，运行大型软件或3D游戏也相当流畅(在保证一定容量的情况下)，因此一根与主板匹配的内存是配置一台好电脑所必须的。

之前的SRAM已逐渐被淘汰，目前装机首选的基本上是DDR和DDR2内存，市面上有PC2700、PC3200等DDR SDRAM内存。这几种规格的内存价格没有太大的差异，为了便于日后的升级和扩充，应选择高带宽的内存，但需要注意的是，在选购前最好先查看一下主板说明书，确定主板是否能支持。

3. 内存速度要与CPU相匹配

存取时间(TAC)代表着读取、写入的时间，而时钟频率则代表内存的速度。内存速度有时以兆赫(MHz)来计算，或以存取速度(送出资料所需的实际时间，单位为ns)计算，不管是兆赫或是奈秒，内存速度代表内存模组在收到要求时送出信息的速度。

内存与CPU的匹配，主要是指内存的频率和CPU的外频相比较，同步或者异步。如果是相同的即是同步，不相同的是异步，比如C4的外频是400，相对应的内存最好是DDR 400的。现在高端的P4的外频是800，应该用双通道的DDR 400才能满足同步的需要。那更高端的P4的外频有1066，因此就至少需要DDR 533的内存或是DDR 2533的内存频率。

4. 看编号

从PC100标准开始内存条上带有SPD芯片，SPD芯片是内存条正面右侧的一块8管脚小芯片，里面保存着内存条的速度、工作频率、容量、工作电压、CAS、tRCD、tRP、tAC、SPD版本等信息。当开机时，支持SPD功能的主板BIOS就会读取SPD中的信息，按照读取的值来设置内存的存取时间。内存技术规范统一的标注格式，一般为PCX-XXX-XXX，但是不同的内存规范，其格式也有所不同。

3.2 选择合适的硬盘★★★★

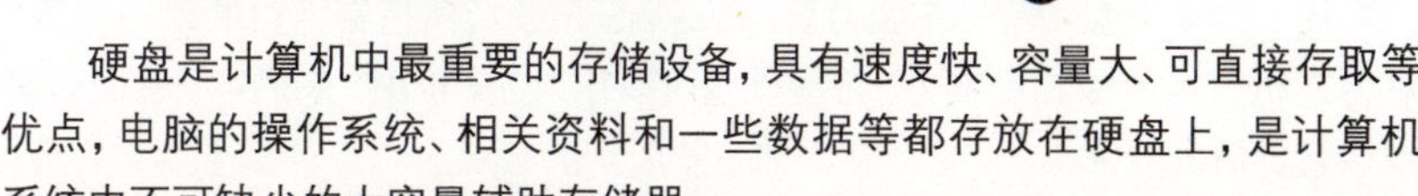

硬盘是计算机中最重要的存储设备，具有速度快、容量大、可直接存取等优点，电脑的操作系统、相关资料和一些数据等都存放在硬盘上，是计算机系统中不可缺少的大容量辅助存储器。

3.2.1 了解硬盘的工作原理

硬盘的存储介质是若干个刚性的磁盘片，目前硬盘主要由记录数据的刚性磁片、马达、磁头及定位系统、电子线路等组成。磁片被固定在马达的转轴上，由马达带动其转动。每个盘片的两面各有一个磁头，磁头负责读出或写入数据，磁头与盘片并不接触。

当硬盘工作时，主轴电机将带动硬盘盘片一起转动，盘片表面的磁头在电路的控制下进行移动，并将指定位置的数据读取出来，或将数据存储到指定的位置。

3.2.2 硬盘的接口类型

硬盘的接口是硬盘与主机连接的关键性部件，它的性能如何直接关系到硬盘的容量、速度等指标，所以不同的硬盘所采用的接口标准是不一致的。目前，硬盘接口主要有以下几种。

1. IDE接口

IDE接口即电子集成驱动器接口，是台式电脑使用的接口类型，又称为PATA接口，它是一种并行连接方式。IDE接口的硬盘通过专用的数据线连接到主板的IDE口上。

2. SCSI接口

SCSI接口即小型计算机系统接口，该接口硬盘CPU占用率低、数据传输速度快且支持热插拔，一般用于网络服务器、工作站和小型计算机系统。

3. SATA接口

SATA（Serial ATA）即串行ATA，是一种完全不同于IDE接口的新型硬盘接口，具有结构简单、支持热插拔、传输速度快的特点，随着高速CPU的普及，SATA接口的硬盘也逐渐流行。

3.2.3 硬盘的品牌与编号

目前硬盘品牌主要有Seagate（希捷）、三星、WD（西部数据）、日立、东芝等。

1. 希捷(Seagate)

希捷一向是硬盘业界的中坚力量，在高端SCSI领域保持着绝对的领先优势，同时在台式机市场也极具影响力，希捷硬盘可以用“物美价廉”来形容，希捷公司是当前硬盘界研发的领头羊，希捷硬盘如下图所示。

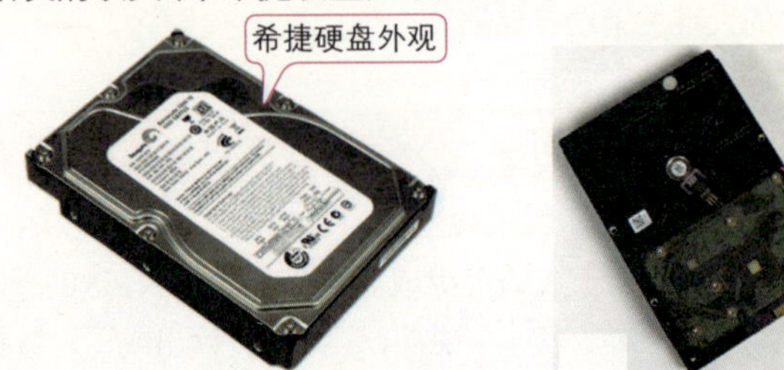

希捷硬盘的编号比较简单，其识别方法为：“T+硬盘尺寸+容量+主标识+副标识+接口类型”。为了让大家容易理解，简单的表示形式为：ST “X，XXXX，XX，XXX”，也就是说其硬盘编号可以分为4部分。

2. 三星(SAMSUNG)

三星硬盘具备目前较先进的液态轴承马达FDB技术，ImpacGuard磁头防震，SSB抗震外壳和NoiseGuard抑噪技术等等，用于提高产品综合性能，如下图所示。

目前三星硬盘均属SpinPoint系列，此系列又分为P和V两大类。编号标注形式为“系列型号+转速+容量+缓存+磁头数目+接口类型”。亦可以简单的表示为“X，X，XXX，X，X” 5部分。其中，第一部分的“X”表示硬盘产品系列；第二部分的“X”表示三星硬盘各系列不同转速的产品；第三部分的3个“X”表示硬盘容量；第四部分的“X”表示硬盘磁头数；第五部分的“X”表示硬盘的接口类型。

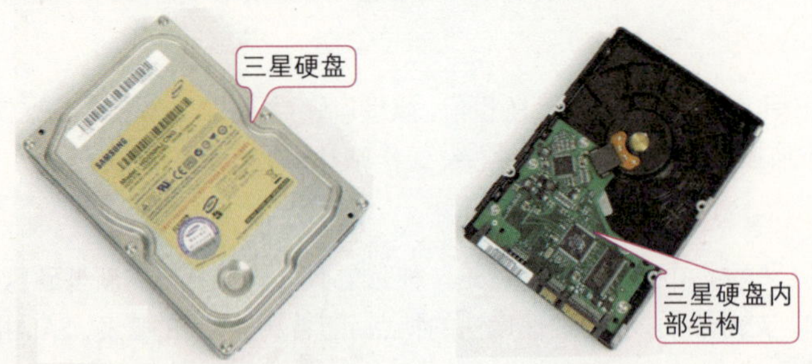

3. 西部数据(Westem Digital)

西部数据(Westem Digital)公司成立于1970年，最初专门从事半导体制造，80年代后期进入硬盘制造领域。

西部数据是全球几大硬盘生产商之一，其产品一般面向中高端用户，西部数据硬盘如下图所示。

3.2.4 硬盘的主要技术指标

硬盘有各种性能指标，了解和掌握其性能指标可以更全面的了解硬盘、更深刻的认识硬盘，从而为日后硬盘选购打下基础。

1. 硬盘的容量

硬盘容量用来描述硬盘能存储数据的多少，通常以GB（1GB=1024MB）为单位。影响硬盘容量的两个因素是单碟容量和碟片数量。

单碟容量指的是硬盘内单独一张碟片容量的大小。单碟容量的提高不仅可以提高硬盘的总容量，而且可以降低寻道时间，从而进一步提高硬盘的性能。

硬盘容量计算有2种，一种是硬盘厂商的计算方式：1GB=1000MB=1000×1000KB；另一种是计算机系统的计算方式：1GB=1024MB=1024×1024KB，由于这两种计算方式存在细微的差异，这就导致硬盘厂商公布的硬盘容量和用户实际可用容量存在出入，即在操作系统中看到的硬盘容量总比硬盘厂家的标签值要小。

2. 转速

转速是指硬盘主轴电机的转动速度，单位为r/min或rpm，即每分钟硬盘片转动的圈数，它直接影响硬盘的数据传输率，转速越高，单位时间内传送的数据越多，硬盘的读写速度越快。目前市面上主流的IDE硬盘转速有5400rpm和7200rpm两种。

3. 缓存（Cache）

硬盘缓存的作用与主板Cache的作用差不多，都起数据缓存作用。它的用途主要是提高硬盘与外部数据的传输速度。它的大小与速度也有一定的关系，一般越大越好，目前的硬盘缓存容量多为2MB、4MB或8MB。

4. 平均寻道时间

平均寻道时间是指在磁盘面上移动磁头到所指定的磁道所需的时间。它也是衡量硬盘速度的重要指标。硬盘的这项指标都在9~10ms左右。

5. 数据传输率

硬盘的数据传输率是指硬盘读写数据的速度，单位是MB/s，它包括内部数据传输速率和外部数据传输速率两种。

- **外部数据传输速率：** 又称突发数据传输速率，指硬盘缓冲区向外输出数据的速度，它与硬盘的接口类型及硬盘缓冲区的容量密切相关。
- **内部数据传输速率：** 即硬盘从盘片上读取数据的速率，它是影响硬盘整体速度的关键。

6. 接口类型

接口是硬盘与主机系统的连接模块，其作用是将硬盘中的数据传输到电脑主机内存或其他应用系统中。

硬盘接口包括电源接口和数据接口两部分。电源接口与主机电源相连，为硬盘工作提供电力保证。数据接口是硬盘数据和主板控制器之间进行传输交换的纽带。根据其连接方式不同，可分为IDE接口、SCSI接口和SATA接口等。

3.2.5 硬盘选购技巧及注意事项

硬盘选购应从容量、速度、接口、稳定性、缓存大小、售后服务等多方面考虑。

1. 容量

硬盘容量是电脑配置初期就应该确定的，随着技术的发展，硬盘的容量做得越来越大，体积做得越来越小，但是用户并不一定要购买超大容量的硬盘，因为新技术总是有一定风险的。

2. 速度

硬盘的转速对计算机整体性能的提高是息息相关的，更高的主轴速度可以缩短硬盘的寻道时间并提高数据传输率。因此，购买硬盘时应考虑购买转速高的硬盘。

3. 接口

购买硬盘时必须考虑到主板上为硬盘提供了何种接口，否则选购的硬盘由于与主机接口不符而不能使用。以前硬盘的接口都是IDE类型的，现在很多是SATA甚至更新技术的接口。

4. 稳定性

硬盘的容量增大了，转速加快了，稳定性的问题尤其重要。选购硬盘之前要多参考一些权威机构的测试数据。而在硬盘的数据和震动保护方面，各个公司都有一些相关的技术给予支持，如DPS数据保护系统、SPS震动保护系统等。

5. 缓存大小

缓存是硬盘与外部总线交换数据的场所，硬盘的读过程是经过磁信号转换成电信号后，通过缓存的一次次填充与清空、再填充与再清空才一步步地按照PCI总线周期送出去，所以在价格差距不大的情况下建议购买更大缓存容量的硬盘，现在市场上很多硬盘的缓存已经达到8MB左右。

6. 售后服务

由于硬盘内保存的数据相当重要，加上硬盘读写操作比较频繁，所以保修问题等售后服务尤为突出。

3.3 选择合适的光驱★★★★

光驱是光盘驱动器的简称，是计算机中较为重要的外设。通过它，我们可以大量的获取和传输各种资源。

3.3.1 光驱概述

光驱采用光盘作为存储数据的介质，光盘是用光学方法读写数据的一种信息记录媒体，具有经济实惠、使用方便等优点，如今光驱已是多媒体系统必备的硬件之一。

光驱是对所有的光盘驱动器的统称，以前专指CD-ROM，而随着技术的发展，出现了DVD-ROM、CD-R、CD-ROM、CD-RW、DVD-RW以及具备CD/DVD读取能力CD-R/RW刻录能力的COMBO（康宝）等类型。

3.3.2 光驱的种类

光驱的种类也很多，下面就一起来看看光驱的分类。

1. CD-ROM驱动器

随着光驱技术的发展，CD-ROM驱动器越来越少。所谓CD光驱就是能读CD和VCD以及CD-R、CD-RW格式的光盘，具有价格便宜、稳定性好等特点。如左下图所示就是CD-ROM驱动器。

2. DVD-ROM驱动器

目前的市场上主流的光驱就是DVD光驱，DVD光驱不仅能读DVD格式的光盘，也能兼容CD光盘。DVD盘片的容量为4.7GB，相当于CD-ROM光盘的7倍。DVD盘片可分为：DVD-ROM、DVD-R、DVD-RAM和DVD-RW。如右下图所示就是DVD光驱。

3. DVD刻录机

DVD刻录机就是能够刻录和读取DVD格式光盘的光驱，并且向下兼容CD光盘，是目前的主流光驱，如左下图所示。

4. COMBO

COMBO（康宝）是一种特殊类型的光盘驱动器，它是集DVD和CD-RW的复合一体机，不仅能读取CD和DVD格式的光盘，还能将数据以CD格式刻录到光盘上，如右下图所示。

5. BD-ROM

BD-ROM（又称为“蓝光光盘”）为Blu-ray Disc的只读光盘，是DVD之后的下一代光盘格式之一，用以储存高品质的影音以及高容量的数据储存，如下图所示。

3.3.3 光驱的性能指标

1. 数据传输速率

光驱的数据传输速度是衡量光驱性能的最重要指标。对于只读光驱，只有读取速度；而对于有刻录功能的光驱，除了读取速度，还有写入速度和擦写速度，写入速度是比较重要的指标。

读取速度是从光盘上读取数据的速度，写入速度是直接向空白光盘上刻录数据的速度。擦写速度是向可擦写的光盘中刻录数据时，对数据进行擦除并刻录新数据的最大刻录速度。通常所说的速度都是“多少倍速”，“倍速”的概念是相对于单倍读取速度来说的。只读CD光驱的单倍读取速度是150KB/s，而只读DVD光驱的单倍读取速度是1358KB/s。只读CD光驱（CD-ROM）目前所能达到的最大读取速度是56倍速。而只读DVD光驱（DVD-ROM）目前所能达到的最大读取速度是16倍速。

2. 多格式支持

多格式支持是指DVD光驱能支持和兼容读取碟片的种类，是DVD驱动器的一个重要特征。一款合格的DVD光驱除了要兼容DVD-ROM、DVD-Video、DVD-R、CD-ROM等常见格式外，对于CD-R/RW、CD-1以及其他的格式都应给予充分的支持。DVD光驱能支持的格式越多越好。

3. 数据缓存

光存储驱动器都带有内部缓冲器或高速缓存存储器。这些缓冲器就是存储芯片，安装在驱动器的电路板上，它在发送数据给电脑之前缓存，以提高数据传输的稳定性和速度。

CD/DVD驱动器一般的缓冲器大小为128KB，不过具体的驱动器可大可小。可刻录CD或DVD驱动器一般具有2MB到4MB大小的缓冲器，用于防止缓存欠载错误，同时可以使刻录工作平稳、恒定的写入。一般来说，驱动器越快，就有更多的缓冲存储器，以处理更高的传输速率。

4. 纠错能力

光盘上光驱激光头读取数据的那一面很容易被划花，而且也容易染上尘埃或杂物，当光盘被划花或染有尘埃或杂物时，就会对原有的数据造成破坏或者错误。而且光盘的使用和保存都是有损耗的。如果光盘长期使用或者长期存放不用，就可能存在损伤。

一碟光盘错误数据的多少通常取决于其损伤的面积及程度，损伤的面积越大、程度越严重错误数据就越多。光驱纠错能力就是将这些错误的数据纠正过来，使它们还原成原来正确的数据，以便光驱识别出来。光驱的纠错能力越强所能读出数据有误的光盘种类就越多。

5. 平均寻道时间

平均寻道时间是指激光头从原来位置移到新位置并开始读取数据所花费的平均时间。平均寻道时间越短，性能越好。

6. 刻录机工作方式

通常刻录机有两种工作方式：恒定线速度（CLV）和恒定角速度（CAV）。

恒定线速度表示刻录机在整个读写盘的过程中速度都是稳定的。由于技术上的限制，在恒定线速度的前提下，刻录机不能达到更高的读写速度，因此就产生了恒定角速度的工作方式。显然，在这种方式下，刻录机在光盘的中心和边缘的读写速度是不相同的。如果以边缘的速度来计算刻录机的读写速度，得出的值会更高。在前面提到的32倍速刻录机，事实上，只有在刻录光盘的外圈时，才能达到这一标准速度。刻录开始，即在刻录光盘的内圈，其刻录速度也就在10倍速左右。

7. 刻录机的防刻技术

刻录机在刻录数据时，先要将待刻录的数据放入缓存，然后一次性地将数据不间断地传送给激光头进行刻录。也就是说，激光头的工作是连续的。如果缓存中的数据空了，后面的数据又没有及时补上来，出现缓存欠载现象，就会造成刻录失败，刻录盘片将报废。刻录机的数据写入速度不断提高，缓存欠载的现象也越来越严重。在刻录机的刻录速度较低时，通常通过增加刻录机的缓存来解决这一问题，但成本非常高。

3.3.4 光驱刻录机选购技巧及注意事项

在购买光驱时，除了应选购速度快、兼容性好和缓存大的DVD-ROM外，还应注意以下几个问题。

- 面板否是具有播放音乐CD的功能：有了面板播放CD的功能，当想听音乐的时候就可以使用此功能播放音乐，而不需要开启播放程序而占用系统资源。
- 数字音效输出：有数字音效输出的DVD，就可将高品质的音乐由此输出到声卡，而获得纯净的音质。
- 噪音问题：倍速越高意味着马达的转速越快，相对的噪音也就越来越大。为此，有些厂商会使用一些抗震的方法来减少抖动，这在购买时应该注意
- 配件和说明书：购买时应注意驱动程序、DVD播放软件及IDE接口线是否齐全。另外，速度虽然不能盲目地追求高倍速，但8倍速以下的产品已被淘汰，应购买16倍速以上的产品。

3.4 选择合适的U盘和移动硬盘★★★

U盘和移动硬盘是常用的移动存储器，可以复制和移动数据或文件，给工作、学习带来了极大的方便。下面将简单介绍如何选购U盘和移动硬盘。

3.4.1 选购U盘

U盘即USB盘的简称，是一种用于存储数据文件，并可在电脑之间交换数据的移动存储产品。U盘采用闪存存储介质（Flash Memory）和通用串行总线（USB）接口，使用时只要将它与电脑的USB接口相连，即可进行读写、拷贝文件等操作。U盘的外形如右图所示。

与其他外存储设备相比，U盘具有无需驱动、存储容量大、携带方便、使用范围广、存储速度快和可靠性高等优点，受到众多用户的青睐。

3.4.2 选购移动硬盘

移动硬盘顾名思义是以硬盘为存储介质，强调便携式的存储产品，具有容量大、读写速度快、支持热插拔等特点，移动硬盘外形如右图所示。

移动硬盘大多采用USB、IEEE1394等传输速度较快的接口，可以以较高的速度与计算机系统进行数据传输。

3.5 上机实训

为了巩固和拓展本章所学的内容，下面就来实战演练，自己操作一下。

实训1. 测试内存性能

内存一般采用半导体存储单元，包括随机存储器（RAM），只读存储器（ROM），以及高速缓存（CACHE）。用户可以借助下述软件来测试内存的性能。

1. Windows Memory Diagnostic

这是微软推出的免费内存诊断测试工具，可以诊断内存是否有问题。这个诊断工具包括了一系列的内存测试。如果在运行Windows时出现了问题，它直接可以帮助你判定是否为内存所造成的；此诊断工具可制作成软启动盘或光盘启动盘。

2. RightMark RAMTester

RightMark RAMTester内存测试工具有别于以往的内存测试工具必须在DOS模式下运作的限制，而是改采更人性化的操作接口，让使用者能够直接于窗口环境下运行，让内存测试工作变得更加方便。

3. MemScan

MemScan是一款内存检测工具，它不但可以彻底地检测出内存的稳定度，还可以测试记忆的储存与检索资料的能力，从而掌控目前机器上正在使用的内存到底可不可信赖。

实训2. 测试新硬盘性能

HDTune是一款小巧易用的硬盘工具软件，主要功能有硬盘传输速率检测，健康状态检测，温度检测及磁盘表面扫描等。另外，还能检测出硬盘的固件版本、序列号、容量、缓存大小以及当前的Ultra DMA模式等。其测试方法如下。

步骤1 启动HDTune程序。

这时将会在电脑桌面出现新创建的锁定计算机快捷方式，双击该快捷方式就能将电脑锁定，如下图所示。

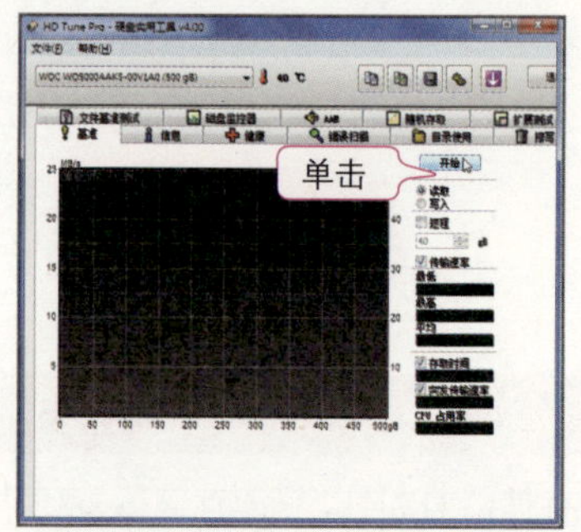

步骤2 开始检测硬盘。

开始检测硬盘，如下图所示。

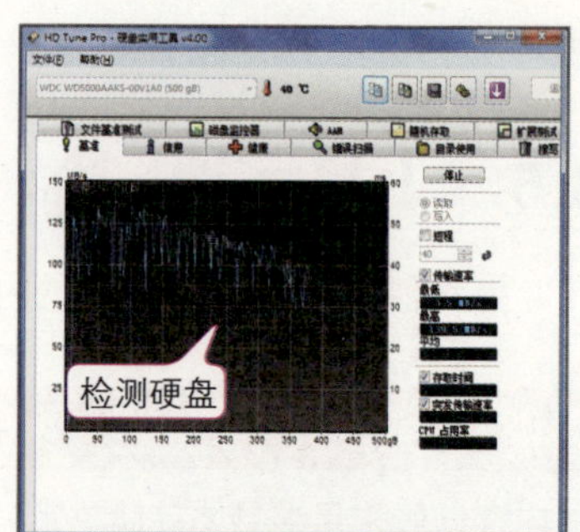

步骤3 检测完成。

硬盘检测完成后，将出现如右图所示的检测结果。

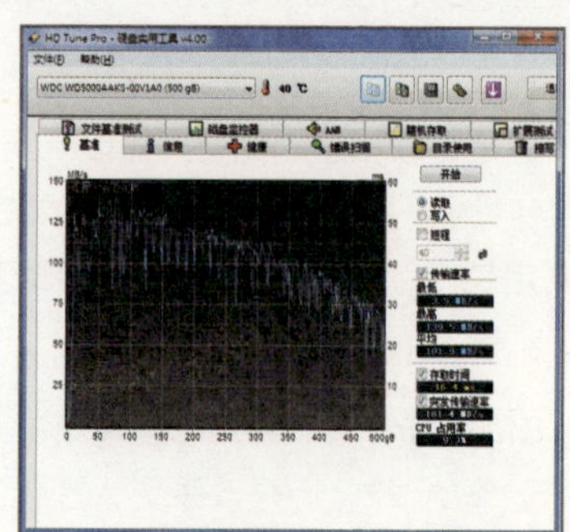

本章学习要点

选择合适的显卡
选择合适的显示器
选择合适的键盘
选择合适的鼠标
选择合适的打印机

第4章 选购电脑输入/输出设备

输入/输出设备（Input/Output，简称“I/O”）是指对将外部信息发送给计算机的设备和将计算机处理结果返回给使用者的设备的总称。这些返回结果可能是作为使用者能够视觉上体验的（例如通过显示器进行显示），或是作为该计算机所控制的其他设备的输入。为此，下面将为大家介绍几款常见的输入/输出设备（包括显卡、显示器、键盘和鼠标等）的识别及选购。

本章重点实例展示

Chapter 04

4.1 选择合适的显卡★★★★★

显卡又称为视频卡、视频适配器、图形卡、图形适配器和显示适配器等。它是电脑的重要组成部分，没有显卡电脑将不能正常工作。

4.1.1 了解显卡的作用

显卡是显示器与主机通信的控制电路和接口，是控制电脑图形输出的部件，如下图所示。

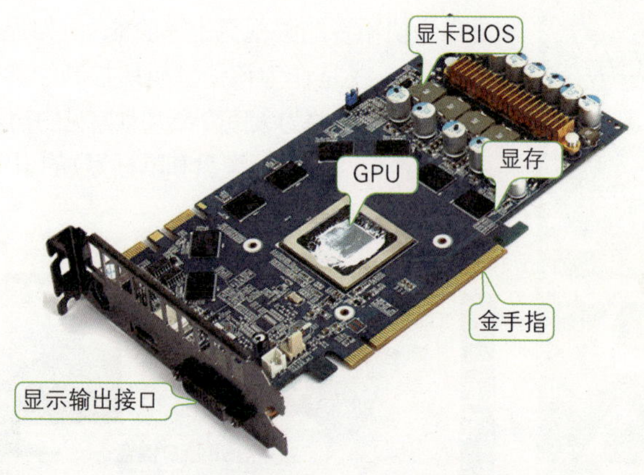

显卡控制显示器的显示方式，是联系主机与显示器的纽带，它负责将主机发出的待显示信号送给显示器，显示器经扫描电路、视频放大电路和显像管等一系列处理后，将信息显示在屏幕上。

显卡的主要作用是对图形函数进行加速，在程序运行时根据CPU提供的指令和有关数据，将程序运行过程和结果进行相应的处理并转换成显示器能够接受的文字和图形信号后，通过屏幕显示出来。换句话说，显示器必须依靠显卡提供的显示信号才能显示出各种字符和图像。没有显卡，电脑就不能显示和正常工作，是显卡让五彩缤纷的世界在电脑上重现。

4.1.2 显卡的接口类型

显卡从早期的ISA总线，发展到目前的PCI Express总线，中间经历了PCI总线、AGP总线（它仍是目前部分显卡的主流）。相应地，显卡的接口类型也有与之相对应的ISA、PCI、AGP和PCI Express接口。

1. ISA接口

ISA总线是8/16bit的系统总线，最大传输速率仅为8Mb/s，它允许多个CPU共享资源，兼容性好，不过基于传输速率低、CPU占用率高、占用硬件中断资源等不足，ISA显卡已被淘汰，如左下图所示。

2. PCI接口

PCI总线定义了32位数据总线，且可扩展为64位，支持突发读写操作，总线接口的工作频率为33MHz，最大传输速率可达133Mb/s，具有与处理器和存储器子系统完全并行操作的能力，可同时支持多组外围设备。采用PCI总线接口的显卡即为PCI显卡，如右下图所示。

PCI总线属于并行总线，由于PCI总线无力应付高速设备，不能适应显卡高速带宽的传输需求而成为系统的性能瓶颈，被AGP显卡所取代

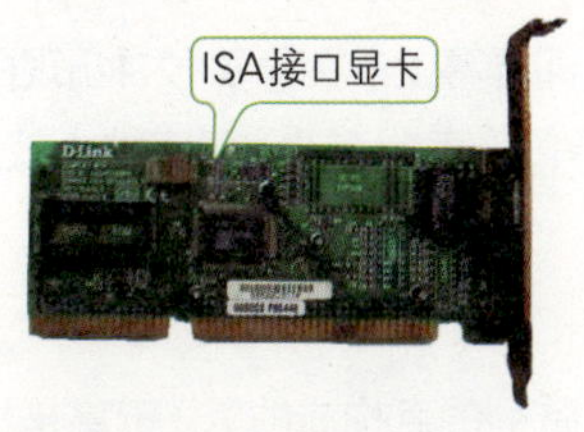

3. AGP接口

AGP图形加速端口是在PCI接口基础上发展而来的，但它与PCI接口的不同之处在于它完全独立于PCI总线外，直接把显卡与主板芯片组连在一起。采用AGP接口的显卡即为AGP显卡，如左下图所示。

4. PCI Express接口

PCI Express（称3GIO，即3rd Generation I/O的简写）总线采用设备间的点对点串行连接，允许每个设备都有自己的专用连接，并不需要向整个总线请求带宽。

同时，利用串行的连接特点能轻松地将数据传输速率提到一个很高的频率，达

到远超过PCI总线的传输速率，相对于传统PCI总线在单一时间周期内只能实现的单向传输，PCI-Express的双单工连接能提供更高的传输速率和更好的质量，如右上图所示。

4.1.3 显卡的主要性能指标

评价显卡性能的主要指标有显示芯片、刷新频率、显存容量等。

1. 显示芯片

显示主芯片的性能直接决定显卡性能的高低。显示芯片是显卡的核心部件，是显示加速性能的动力源泉，通常其又被称为GPU（Graghics Processing Unit，图形处理器）。

2. 刷新频率

刷新频率是指图像在屏幕上更新的速度，即屏幕上的图像每秒钟出现的次数，单位是赫兹（Hz）。刷新频率越高，屏幕上图像闪烁感就越小，稳定性也就越高，换言之对视力的保护也就越好。

3. 分辨率

由显卡输出到显示器的可视信号，是由一系列的点构成的。分辨率是指显卡在显示器上所能描绘的点的数目，通常以“水平行点数（线数）*垂直行点数”来表示，分辨率越高，显示的画面越细微越清晰。若分辨率为1024×768，即该图像由1024个水平点和768个垂直点组成（这是因为显示器呈长方形，所以一般来说水平点数大于垂直点数）。

4. 色深

色深指显卡在一定的分辨率下，每一个像素点可以有多少种色彩来描述，它的单位是“bit”（位）。色深的位数越高，能显示的颜色就越多，屏幕上所显示的图像质量就越好。

5. 显存

显存担负着系统与显卡之间数据交换以及显示芯片运算3D图形时的数据缓存，显存决定显示芯片处理的数据量，直接决定显卡的性能指标。

6. 位宽

显存位宽是显存在一个时钟周期内所能传送数据的位数，位数越大则瞬间所能传输的数据量越大，这是显存的重要参数之一。目前市场上的显存位宽有64位、

128位、256位和512位几种，人们习惯上叫的64位显卡、128位显卡和256位显卡就是指其相应的显存位宽。显存位宽越高，性能越好价格也就越高，因此512位宽的显存更多应用于高端显卡，而主流显卡基本都采用128位和256位显存。

7. 显存频率

与图形处理器GPU一样，显存工作在一定频率速度下，以兆赫（MHz）来测量。同样地，提高显存频率能够明显地提高显存性能。从这个角度，显存频率速度的数字，能够用来比较显存效能。

4.1.4 主流显卡芯片介绍

1. nVIDIA系列芯片显卡

nVIDIA是图形显示芯片领域当仁不让的老大，在芯片研发速度和市场占有率方面居于前列。为了尽可能的占有市场，nVIDIA在低中高端领域都有数款不同的显示芯片。

目前，七彩虹、影驰、微星等品牌的显卡多是采用nVIDIA系列芯片，如下图所示。

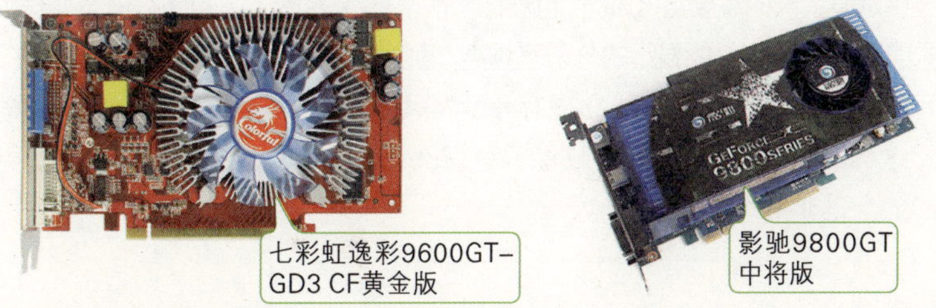

七彩虹逸彩9600GT-GD3 CF黄金版

影驰9800GT中将版

2. ATi Radeon系列芯片显卡

ATI是唯一一家有实力和nVIDIA抗衡的显示芯片研发公司。ATI在显示芯片领域也有多款产品。目前，双敏、迪兰恒进、昂达、华硕等品牌的显卡多是采用ATi Radeon系列芯片，如下图所示。

迪兰恒进HD5770

双敏无极HD5750 DDR5大牛版

4.1.5 选购显卡

显卡作为电脑显示性能最重要的配件之一，其性能直接影响主机的性能，其质量好坏直接关系到电脑的稳定性，关系到能否正常运行软件和游戏，因此选购显卡要注意以下几个方面。

1. 按电脑用途购买

显卡的作用不同，产品不同，价格更加不同。所以，选购显卡时，要从实际需求出发，首先应该确定用户电脑的用途，然后再按显卡高中低市场的划分进行选购，否则多么炫酷的显卡也只能等待着被埋没。

2. 依据整合性能的需求选择

在CPU、内存和主板相同的情况下，不同的显示卡对整机的性能有较大的影响。为了能够将CPU、内存和主板的性能发挥得淋漓尽致，因此最好为它们配备一个合适的显卡。

3. 注意显存的大小

显存是显示卡的重要组成部分，也被称为帧缓存，它实际上是用来存储要处理的图形的数据信息。显存越大，能显示的分辨率越高，颜色数越多，同时刷新速度也会加快。

有的厂家使用256MB的独立显存作为卖点来吸引顾客，但是显存的位宽只有64bit，这样的显卡性能非常低，性能只有128bit的128MB显存的60%左右，购买这种显存的显卡是非常不划算的。

4. 数据传输带宽（显存带宽）

数据传输带宽指的是显存一次可以读入的数据量，这也是影响显示卡性能的关键，它决定着显卡可以支持更高的分辨率、更大的色深和合理的刷新率，在选购时应选择带宽大的产品。

5. 选择刷新频率高的产品

刷新频率是指影像在屏幕上的更新速度，即影像每秒钟在屏幕上出现的帧数，它的标准单位是Hz。选择时应选择刷新频率高的产品，此值越高，画面就越稳定。目前显卡的刷新频率都达到85HZ以上。

6. 品牌和售后服务

选购时应注意选购有研发能力的产品，选购名牌公司的产品，同时显卡的售后服务也是选购显卡的一个重要指标。名牌产品在产品质量和售后服务方面都有保障，建议尽量买名牌大厂生产的显卡。

4.2 选择合适的显示器★★★★

显示器又称监视器（Monitor），是电脑最主要的输出设备，是用户和电脑交流的重要途径。下面一起来学习如何选购显示器。

4.2.1 显示器的分类

显示器主要用来将电信号转换成可视的信息。通过显示器的屏幕，可以看到计算机内部存储的各种文字、图形、图像等信息。它是进行人机对话的窗口，其主要部件是显像管，称为CRT（Cathode Ray Tube，阴极射线管）。下面简单了解一下显示器的分类。

1. 按显示色彩分类

按显示色彩分为单色显示器和彩色显示器。单色显示器已经成为历史，目前的显示器都是彩色显示器。

2. 按屏幕尺寸分类

按屏幕尺寸，显示器一般可分为15英寸、17英寸、19英寸和21英寸等。目前常见的是19英寸显示器。

3. 按工作原理分类

按原理或主要显示器件分为阴极射线管显示器（CRT）、液晶显示器（LCD）和等离子显示器（该屏幕上的每一个像素都由少量的等离子或者充电气体照亮，有点像微弱的霓虹灯光），如下图所示。

提示：CRT显示器与LCD显示器对比。

如今市场上的CRT显示器几乎都是纯平的，纯平显示器已经成为CRT显示器的绝对标准。但是，LCD显示器也因为其技术的特征，在显示快速变化的图像时会有残影现象，色彩表现能力也不如CRT纯平显示器。

4. 按屏幕分类

早期的显示屏幕多是球面的，屏幕好像是从一个球体上切下来的一块，图像在屏幕的边缘会变形，已被淘汰。现在的显示器大部分采用平面直角，图像十分逼真。还有一部分显示器采用柱面显示管，屏幕表面像大圆柱体的一部分，看上去立体感较强，可视面积也较大。

5. 按显示模式分类

按显示模式有CGA、EGA、VGA和SVGA等显示器。在VGA显示器出现前，曾有过CGA和EGA等类型的显示器，它们采用数字系统，显示的颜色种类有限，分辨率也较低。现在普遍使用SVGA显示器，采用模拟系统，分辨率和显示的颜色种类大大提高。

由于CRT显示器和LCD显示器的工作原理不同，其性能指标也不相同，下面分别进行介绍。

4.2.2 CRT显示器的主要技术参数

CRT显示器的基本技术参数比较多，主要有以下几方面。

1. 显示器尺寸

显示器尺寸具体表现为显像管的对角线长度，单位为英寸，显示器的尺寸越大越好。

2. 分辨率

分辨率是显示器屏幕上水平方向和垂直方向所显示的像素。分辨率越高，屏幕上显示像素越多，图像就越精细，单位面积内能显示的内容也就越多，但显示的图像和文字越小。

3. 刷新率

显示器荧光屏的电子打到屏幕上后自左向右、自上而下为一次完整的扫描，刷新率是指每秒扫描的次数，单位是Hz（赫兹）。刷新率越高，图像的闪烁和抖动越小，画面越稳定。

4. 点距

屏幕上相邻两个同色点间的距离称为点距，点距越小，显示出来的图像就越细腻，在高分辨率下就越容易得到清晰的显示效果。目前主流显示器的点距在0.24mm以下。

5. 色深

色深(Color Depth),也称为色位深度,在某一分辨率下,每一个像素点可以有多少种色彩来描述,单位是bit(位)。深度数值越高,可以获得更多的色彩。

典型的色深是8bit、16bit、24bit和32bit。具体地说,8位的色深是将所有颜色分为256(28)种,那么每一个像素点就可以取这256种颜色中的一种来描述。

6. 扫描方式

显示器的扫描方式分为隔行扫描和逐行扫描两种。隔行扫描的显示器比逐行扫描闪烁感强,眼睛容易感到疲劳。现在显示器一般都采用逐行扫描。

7. 带宽

带宽是电子束每秒扫描屏幕上像素点的个数,是反映显示器性能的综合指标,单位是MHz,带宽值越大,显示器性能越好。

8. 可视面积

显示器的四周不能显示图像,因此可视面积往往比显示屏的实际面积小,选购时应选择可视范围大的显示器。

9. 环保认证

显示器工作时会产生辐射,长期辐射对人体危害较大。因此各厂商都在开发新技术以降低辐射,国际上也有一些低辐射标准,由早期的EMI到现在的MPRII、TCO,如今显示器都通过TCO99标准,有一些还通过更严格的TCO03标准。

4.2.3 LCD显示器的主要技术参数

液晶显示器的主要技术指标有以下几点。

1. 显示尺寸

显示大小同样是用户选购LCD最着重考虑的方面。由于CRT四周有被包住的部分,所以同尺寸的LCD比CRT要大0.9~1.4英寸。

2. 显示的颜色数

LCD色彩较丰富,一般有16位64K种颜色和24位16M种颜色,彩色十分鲜艳。

3. 响应时间

响应时间是LCD的一个重要技术参数,指一个亮点转换为暗点的速度,单位是ms(毫秒)。响应时间过长,则会看到显示屏有拖尾的现象,从而影响整个画面的显示效果。

只有响应时间很短，拖尾现象才会消失，从而有效保证显示质量。现在市场上主流LCD的响应时间都在25ms以下。

4. 可视角度

可视角度指站在位于屏幕边某个角度时仍可清晰看见屏幕影像时的最大角度，可视角度越大越好。

5. 分辨率

LCD分辨率与CRT显示器不同，一般不能任意调整，它是厂家设置的。现在LCD分辨率一般是800点×600行的SVGA显示模式和1024点×768行的XGA显示模式。

6. 刷新率

LCD刷新率是指像素在一秒内被刷新的次数，与屏幕扫描速度及液晶材料的响应速度有关。由于液晶材料的响应速度不是很快，所以即便刷新率较低也不易感到画面闪烁或抖动。

7. 亮度与对比度

亮度用来表示光源通过液晶透射出的光强度，单位是cd/m（流明），亮度越高，画面显示的层次越丰富，画面的显示质量也就越高。

对比度是同一屏幕上最亮处与最暗处亮度的比值，对比度越高，图像的锐利度越高，图像也就越清晰。

8. 坏点

LCD上的某一点或像素会永远显示同一种颜色，这些点称为坏点，坏点分为亮点和暗点两类。

9. 宽屏

一般把屏幕宽度和高度的比例称为长宽比。宽屏的特点是屏幕的宽度明显超过高度。目前标准的屏幕比例有4：3和16：9。

4.2.4 选购显示器

显示器性能不仅影响显示效果，也影响用户健康，因此在选购时更应该小心谨慎，用户需要注意以下几方面。

1. 性能指标

确定显示器类型后，再对照CRT和LCD的各项性能参数，结合各方面参考因素，就能购买到自己所需的显示器。

2. 用途

不同的用户需要考虑使用不同的显示器类型。

- 专业制图用户：对显示效果有很大要求，通常要求色彩效果好，可以考虑购买CRT显示器，并选择大尺寸的显示器。
- 游戏用户：对显示器的显示性能有较高要求（如分辨率、刷新率和响应时间），但对屏幕尺寸和显示效果无太高要求，可以考虑购买CRT显示器，而LCD显示器由于有明显的延时，一般不在考虑之列。
- 办公用户：由于长时间使用电脑，因此健康很重要，LCD具有不闪烁、无辐射等特点，非常适合办公人员使用。
- 家庭用户：通常用来娱乐，因此选购CRT和LCD显示器均可，但从家庭环保、占用空间、美观和功耗来说，通常选购LCD。

3. 显示器认证

显示器认证是指显示器通过某些检测而获得的认证证书。目前最有影响的是TCO认证，只要显示器带有此认证，表明该显示器通过严格的质量、辐射、安全性等方面的检测。

4. 品牌和售后服务

品牌和售后服务也是购买显示器时需要考虑的重要因素。一流的品牌意味着一流的质量和一流的服务，如显示器在1年内包换、全国联保等，这会为显示器出现故障时的检修带来很多方便，选购时不可忽视。

4.3 选择合适的键盘★★★

键盘（Keyboard）是电脑最基本、最重要的输入设备，通过键盘，可以将字母、数字、标点符号等输入到电脑中，从而向电脑发出命令、输入数据等，实现人机对话。

4.3.1 键盘的分类

计键盘的种类很多，按照不同的标准可将键盘分为不同的类型。

1. 按接口分

按键盘接口可分为PS/2键盘和USB键盘。目前大多用户使用PS/2键盘，但随着

USB接口的流行和普及，USB键盘日渐盛行，如下图所示。

2. 按键盘结构分

按键盘结构可将键盘分为机械式键盘和电容式键盘两类。

- 机械式键盘：在击键时需要使用较大的力，手指很容易疲劳，这种键盘已被淘汰。
- 电容式键盘：是目前主流的键盘类型，这种键盘具有手感好、击键灵活的特点。

3. 按键盘外形分

按键盘外形可分为标准键盘和人体工程学键盘。

- 标准键盘：最普通最常见的键盘类型，但长时间使用后容易感到手腕疲劳。
- 人体工程学键盘：该键盘能有效地降低左右手键区的误击率，同时减轻由于手腕长期悬空导致的疲劳。

4. 按键盘键位分

按键盘键位可分为101键键盘、104键键盘和107键键盘。

- 101键键盘：早期的一种标准键盘，该键盘有101个标准按键。
- 104键键盘：从101键键盘升级而来，比101键键盘增加了开始键和左右键等。
- 107键键盘：从104键键盘升级而来，比104键键盘增加了WakeUp键、Sleep键和Power键，是目前常见的键盘类型。

5. 按键盘连接方式分

按键盘连接方式可分为有线键盘和无线键盘。无线键盘与微机间没有直接的物理连线

4.3.2 选购键盘

键盘是最主要的输入设备之一，其可靠性比较高，价格也比较便宜，由于要经常通过它进行大量的数据输入，所以一定要挑选一个击键手感和质量较佳的键盘。在选购时应注意以下几方面。

(1) 键盘布局

不同厂家的键盘，按键的布局不同，在选购时要注意选择符合自己使用习惯的键盘。

(2) 外观

从外观看，键盘布局应合理、美观大方、面板颜色清爽、字迹显眼。

(3) 手感

好的键盘应手感舒适、击键灵活，无迟滞感，并且按键弹性大、按键无松动、灵敏度高，无手感沉重或卡滞现象。

(4) 性能

键盘属于易耗品，因此键盘的性能应着重考虑，好键盘击键寿命长，并且按键符号上的颜色不易褪色，键盘应具有防水功能。

(5) 品牌

品牌键盘的做工和质量都能得到保证，在选购时应多考虑主流品牌，常见的品牌键盘有Logitech (罗技)、Microsoft (微软) 和BenQ (明基) 等。

4.4 选择合适的鼠标★★★

鼠标 (Mouse) 是控制计算机光标移动的输入设备。随着图形界面操作系统Windows的普及，鼠标已成为微机系统必配的设备，鼠标的出现使计算机操作变得更为简单。

4.4.1 鼠标的分类

鼠标可按接口、按键数目、工作原理等进行分类。

1. 按接口分

鼠器与电脑连接接口有串行口 (COM口)、PS/2口和USB口，如下图所示。

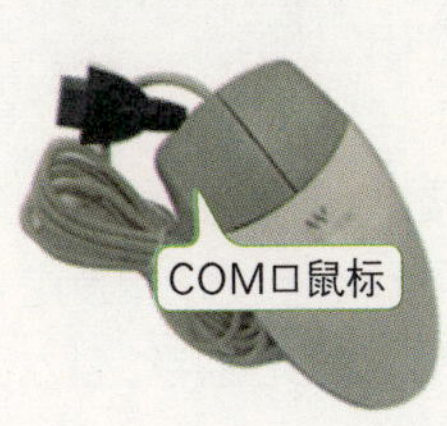

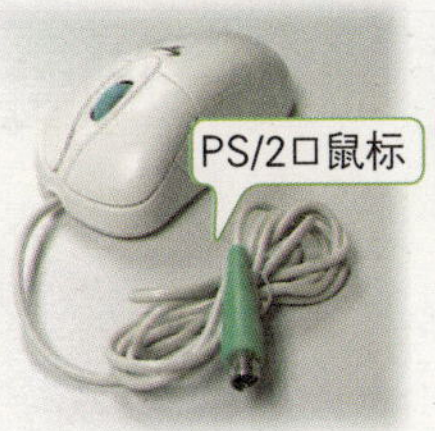

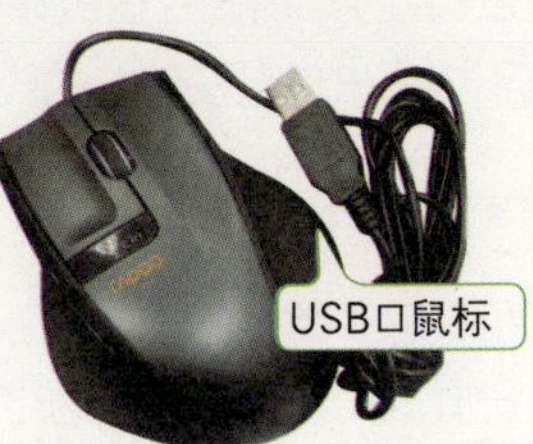

◆ 串行口 (COM口)：鼠标与电脑早期的连接方式。

- PS/2接口：作为固定接口直接集成在主板上，目前鼠标大多是通过该接口与电脑连接。
- USB接口：USB接口鼠标是近年来随USB接口的普及而出现的，符合PNP规范、支持热插拔，使用起来很方便。

2. 按按键分

按鼠标按键的数目，可分为双键鼠标、三键鼠标和多键鼠标。

- 双键鼠标：又称MS Mouse，微软的定义标准，具有左右两个键，是最基本的鼠标类型。
- 三键鼠标：又称PC Mouse，在双键鼠标的中间增加了一个功能键。
- 多键鼠标：又称Net Mouse，是顺应网络发展而兴起的新一代智能鼠标，是在多功能应用领域产生的新一代鼠标。

3. 按工作原理分

按鼠标工作原理，可分为机械式鼠标、光电式鼠标和轨迹球鼠标。

- 机械式鼠标：是最早出现的一种鼠标，渐渐遭淘汰。
- 光电式鼠标：通过发光元件发出的光线进行鼠标定位，定位正确，是目前最流行的鼠标类型。
- 轨迹球鼠标：依靠手拨动轨迹球来定位，应用于特定场所。

4.4.2 选购鼠标

鼠标虽小，但它与日常操作紧密相连。由于现在大量的应用都要通过鼠标来完成，所以若设计不合理，不仅会带来使用时的不便，还会让使用者肌体容易疲劳，长此以往会给身体健康造成不必要的伤害。因此，选择鼠标时要注意以下因素。

（1）符合人体工程学

人们在使用鼠标时，通常是以手腕作为支撑点，如果长期操作，就容易使腕部的肌肉疲劳。因此在购买鼠标时要选择迎合手掌弧度，使人在点击鼠标时既不费力也不容易出现误按情况的鼠标，这对于长期使用是非常有好处的。

（2）接口标准

鼠标有两种接口标准，一种是串口，另一种是PS/2接口。购买时要弄清自己的计算机是哪种类型的接口以便正确选择。目前PS/2接口的鼠标性能较好，因为它不占用串行口，可以避免发生中断请求（IRQ）和地址的冲突，所以应优先选用PS/2鼠标。

（3）功能

使用3键或带滚轮等功能强的鼠标进行网页浏览、滚动显示或其他一些特殊应用时非常方便，因此普通3D鼠标就能满足大多数用户的使用要求，而如果用户是专业的使用者，则再根据需要进行选择功能更强的鼠标。

(4)品牌

品牌鼠标的做工和质量都能得到保证，因此选购鼠标应多考虑品牌，鼠标常见品牌有罗技、双飞燕、BenQ、Acer、微软等。

4.5 选择合适的打印机★★★

打印机的重要性越来越明显，越来越多的用户都配置了打印机。下面就向大家介绍一些打印机的相关知识。

4.5.1 打印机的种类

打印机并不是PC机的常配设备，打印机的总量可能不足PC机的15%，但它的作用却是众人皆知的。除像银行这样的特殊营业场所使用的专业票据打印机外，常见的打印机有针式打印机、喷墨打印机和激光打印机3类，如下图所示。

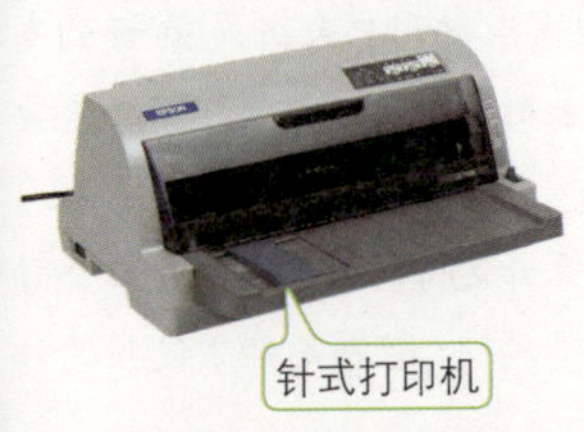

针式打印机

喷墨打印机

激光打印机

1. 针式打印机

针式打印机是通过打印针对色带的撞击而成像，因此打印针数直接关系到打印的效果。目前的针式打印机打印针数多为24针。

针式打印机由于打印速度慢、精度低、噪音大、针头故障率高，而被逐步淘汰。但是，针式打印机由于耗材成本低、能多层套打，使其在银行、证券等领域有着不可替代的地位。

2. 喷墨打印机

喷墨打印机是通过喷墨头喷出墨水实现打印，它具有打印清晰、购机成本低、打印介质多等优点。但是，喷墨打印机打印速度低、一般不适合长时间、大工作量、有高速要求的打印业务。

3. 激光打印机

激光打印机是利用激光束进行打印的一种新型打印机，激光打印机以其优异的打印效果、低廉的打印成本、优秀的打印品质逐步成为市场的热点。

4.5.2 选购打印机

目前打印市场可供选择的空间很大，不管是家庭、办公或商务活动都可根据实际需求选择合适的打印外设。下面简单介绍一下如何选购合适的打印机。

1. 明确应用需求

在选购打印机之前，首先需要明确打印机的用途，下面先来看看3种打印机的优缺点吧！

- 针式打印机：由于打印速度慢、精度低、针头故障率高、噪音大，已逐步被淘汰出市场；但针打耗材成本低、能多层套打，使其在银行、证券等领域有着不可替代的地位。
- 喷墨打印机：具有打印清晰、购机成本低、打印介质多等优点。相比激光打印机，喷墨打印机有打印色彩、打印介质、打印幅面等方面的优势，绝大多数可以打印彩色图像或文本，这对于有彩色输出需求的用户来讲是最好的支持；但喷墨打印机打印速度较慢，一般不适合长时间、大工作量、有高速要求的打印业务。
- 激光打印机：具有打印速度快、分辨率高、噪音低并支持网络打印，是办公领域的首选，如果经常需要输出文档，由于它输出速度快，能满足经常使用的作业负荷。

2. 耗材

喷墨打印机、激光打印机的打印性能虽好，但耗材价格较高，喷墨式打印机需要更换喷头或墨盒细嘴，对所用的墨水和打印纸要求较高；激光打印机则要更换硒鼓或墨粉，同样对打印纸的要求也较高；而针式打印机的耗材价格相对来说要低得多。所以，如果不考虑以后耗材费用，可以选喷墨式打印机和激光打印机；反之，则应以针式打印机为主要选择对象。

3. 日常维护和出故障后的检修

喷墨打印机和激光打印机对打印环境的要求较高，要求打印环境的相对湿度不能太高，通风性能好，灰尘不能太多；相对来说，针式打印机对打印环境的要求及日常维护要简单得多。出现故障后，喷墨式打印机和激光打印机的故障检修困难，而针式打印机检修方便，故障容易排除。

4. 货比三家

在市场经济下，由于各经销商的进货渠道不同，对于同种打印机，不同的经销商会有不同的价格。所以，选购时应货比三家，尽量做到价廉物美。

5. 选择经销商

选择经销商，除了考虑价格因素外，还应考虑其售后服务的能力。在电脑硬件中，打印机是故障率相对较高的一种外部设备。如果经销商没有一定的售后维修服务能力，则购买后出现故障时，容易带来较多的麻烦。

6. 开机检查

开机检查时，应注意以下几点：

- 包装是否完整。
- 操作手册、必备的配件是否齐全。
- 打印机表面是否有明显的划痕、裂痕、污垢。
- 通电检查，应该能够进入自检状态，且打印出来的字符无缺、漏现象。
- 打印过程中声音应正常，各运转部位均运转灵活、正常。

4.6 上机实训

为了巩固和拓展本章所学的内容，下面就来实战演练，自己操作一下。

实训1. 解决显示器偏色的问题

偏色问题说起来其实很简单，就是计算机屏幕的色调永远都无法准确显示。虽然很多厂商已致力发展最新的校色技术，例如苹果的Coloursync、Kodak的PRECISION等，不过至今显示器仍然未能显示100%准确的颜色。如今市面上已经有一些专业的显示器可以做到自动侦测色调和调校色值，虽然仍未可以完全做到百分百所见即所得（WYSIWYG）。当遇到显示器偏色问题的时候，我们可以通过以下两步进行检查。

首先，应检查显卡及显示信号线。很多时候信号线接触不良将导致显示器出现偏色的问题。可以调出OSD菜单看看，如果OSD菜单也同样缺色，那故障是显示器的尾板电路有问题。如果OSD菜单颜色正常，而图像颜色缺色，那就是信号线中有断线，信号插头有断针或短针情况。个别情况也可能是色温调整不当所致。

其次，使用或保养不当可能导致显示器出现偏色的现象。大多数情况是显示器被磁化所致。CRT显示器会被有强磁场的东西所磁化而出现偏色现象，如未经磁屏蔽的低音喇叭等，一般较好的显示器开机后能自动消磁，或具备手动消磁功能，但显示器自身的消磁功能是有限的，如果显示器被磁化得比较严重的话，仅利用本身的消磁功能可能无法完全消磁，这时你需要用专门工具（比如消磁棒）来消磁了。

实训2. 辨别内存的真伪

目前有留意内存市场的朋友会知道，几乎所有品牌的内存都出现有假货和水货，特别是一些品牌内存的假货，与其知名度、销量几乎成正比，在正规产品销量高的同时，假货的销量也跟着上升，令消费者头痛不已。

提示：常见的内存造假方法。

常见的内存造假方法是用劣质货冒充名牌产品。某些不法商家采用Remark手段打磨内存芯片标识，再经过改写电子擦除存储器的某些内容等技术处理，抬高价格出售牟利。

购买内存时，首先要看内存芯片的标识，真品芯片标识则一般都用激光蚀刻，刻痕较深；而打磨过的内存芯片的表面往往比较光滑，且表面标识多为印刷上去的。其次，内存条装机后，应让机器运行一些内存密集型的应用程序，如3DS、AutoCAD等。如果内存芯片是假冒的，可能会出现一些异常错误。

本章学习要点

- 选购声卡和音箱
- 选购网卡
- 选购Modem（调制解调器）
- 机箱电源选购指南
- 摄像头选购指南

Chapter 05

第5章 选购其他常用设备

除了前面介绍的各种部件外，一台功能完善的多媒体电脑，还需要配置声卡、网卡、音箱、电源、摄像头等常用设备，下面一起来看看如何识别、选购这些常用设备吧。

本章重点实例展示

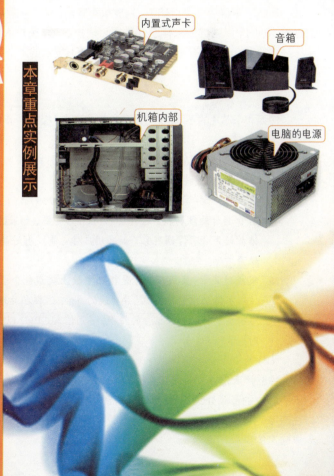

内置式声卡

音箱

机箱内部

电脑的电源

5.1 选购声卡和音箱★★★★

声卡是构成多媒体计算机的基本部件，它的发展很快，产品和品牌也很多；而音箱是声卡的负载，它的好坏将直接影响声音的质量。因此，对声卡和音箱的选购也非常重要。

5.1.1 选购声卡

声卡是最早发明的多媒体设备之一，主要用于娱乐、学习、编辑声音等。

声卡从话筒中获取模拟信号，通过模拟转换器（ADC），将声波振幅信号转换成一串数字采样存储到电脑中。当重放声音时，将这些数字信号送到一个数模转换器（DAC），以同样的采样速度还原为模拟波形，待放大后送到扬声器发声。这一技术也称为脉冲编码调制技术（PCM），PCM技术的两个要素是采样速率和样本规模。

1. 声卡分类

按照声卡芯片的不同，又可以分为集成声卡（板载声卡）和独立声卡。

（1）集成声卡

集成声卡是在主板上集成处理音效的声音芯片，按照有无音频处理芯片可分为集成软声卡和集成硬声卡。

- 集成软声卡：集成软声卡是指没有数字音频处理芯片，完全靠CPU对音频信号进行处理转换，这样会占用CPU资源，如果CPU比较繁忙时就会使播放的声音有停顿现象。如果用户对音质没有过高的要求，可以选择板载软声卡。
- 集成硬声卡：集成硬声卡是指在主板上集成包含音频处理芯片和CODEC（数字模拟信号转换）芯片功能的声卡，这样在处理音频信号时，集成硬声卡将负责一切音频信号的转换，不用依赖CPU，以保证声音播放的质量，同时也节约了成本。

（2）独立声卡

独立声卡是独立安装在主板的ISA或PCI插槽上的声卡，如左下图所示。独立声卡有独立的音频处理芯片，负责所有音频信号的转换工作，从而减少对CPU资源的占有率，并且功能更强大。目前音质效果好的声卡都采用独立声卡，适合对音质要求较高的用户。

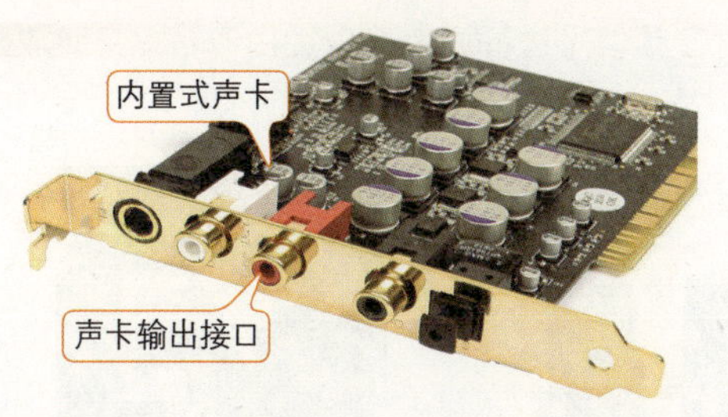

另外还有一种外置的独立声卡，可通过USB接口与系统相连，如右上图所示。USB声卡便于携带和安装，但使用时需占用一个USB接口，且必须安装相应的驱动程序。音质上与传统的独立声卡相比还有一定差距。

2. 选购声卡

选购声卡时应注意以下几点。

(1)按需选购

现在声卡市场的产品很多，不同品牌的声卡在性能和价格上的差异很大，所以在购买前要搞清楚自己用声卡来做什么，要求有多高。

一般来说，如果只是普通的应用，如听听音乐，看看影碟，玩简单游戏，所有的声卡都足以胜任，主板载集成声卡也能完全满足；如果用来玩大型3D游戏，就要选购带3D音效功能的声卡；如果对声卡的要求较高，如音乐发烧友或个人音乐工作室等，这些用户对声卡都有特殊要求，如信噪比不能太高，失真度不能太大等。

(2)了解声卡所使用的音效芯片

在决定一块声卡性能的诸多因素中，音效处理芯片所起的作用是决定性的。所以当大致确定了要选购声卡的范围后，一定要了解一下有关产品所采用的音效处理芯片，它是决定一块声卡性能和功能的关键。

(3)注意兼容性问题

声卡与其他配件发生冲突的现象较为常见，不光是非主流声卡，就连名牌大厂的声卡都有这种情况发生，所以要在选购之前先了解自己机器的配置，尽可能避免不兼容情况的发生。

(4)观察做工

选购时要注意观察设计和制造工艺，除此之外，还要用耳去听去感受。

5.1.2 选购音箱

音箱指将音频信号变换为声音的一种设备。通俗地讲就是指音箱主机箱体或低音炮箱体内自带功率放大器，对音频信号进行放大处理后由音箱本身回放出声音。音箱的外形如下图所示。

选购一对好的音箱对用户来说是一种莫大的享受。选购音箱时应注意以下几方面。

(1) 价格

价格不是选购优质音箱的唯一标准，用户应该重点考虑音箱的音质。一些音箱外表虽不奢华，但音质一样可达到动人的效果。

(2) 材料

很多用户喜欢选购原木做外壳的音箱。其实，这只是人们追求高材质的象征。原木的音箱在稳固箱体中起到良好的作用，但是，因为原木板有谐振的性质，音箱工作时原木本身会产生声音，从而影响音箱的效果。

(3) 功率

在选购音箱时，不一定要选高功率的音箱，应该看清说明书上的功率是何种功率。通常，RMS功率在2×15W左右的音箱就可以产生相当出色的音响效果了。

(4) 音箱喇叭

不一定要选口径大的低音喇叭。因为，低频的效果与多种因素有关，如喇叭的纸盆、磁铁的强度、音箱内的空间等，不能单纯的看其中一点去判别，因为任意改变其中一点，都会使喇叭发出不同风格的音响效果。

(5) 体积

在选购音箱时，不一定要选体积大的音箱。其实，大小无防，关键要看“分量”。

5.2 选购网卡★★★★

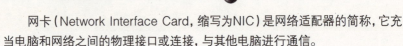

网卡（Network Interface Card，缩写为NIC）是网络适配器的简称，它充当电脑和网络之间的物理接口或连接，与其他电脑进行通信。

网卡是电脑用于联网的网络设备，通过网线连接网卡，可将多台电脑连接起来组成一个网络。网卡通常插在电脑主板的扩展槽中，通过网线与网络共享资源和交换数据。目前常见的网卡有无线网卡和网卡（需要网线连接）两种类型，如下图所示。

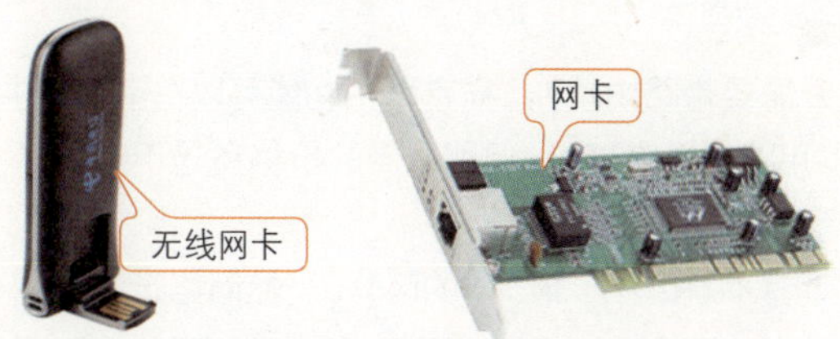

网卡的选购可从传输速率、网络传输介质等方面进行考虑。

（1）传输速率

若网络中经常需要进行大容量的数据传输，那么可考虑100M或10/100M自适应网卡，甚至是1000M的网卡，因为只有这样的网卡传输速率才能达到要求。

（2）网络传输介质

如果采用双绞线作为传输介质，那么网卡可达到100M的传输速率，因此可考虑100M或10/100M自适应网卡，而同轴电缆由于技术限制，最高只能达到10M传输速率，因此只需要考虑10M网卡。

（3）品牌

品牌是选购网卡的一个重要因素，选择品牌厂家的网卡即保证了质量。现在网卡市场比较有名的厂商有：3COM、Intel、金浪、D-Link、TP-Link和Topstar等，这些品牌的网卡做工、性能优良，兼容性较好，有良好的售后服务和技术支持，其中3COM和Intel的网卡价格稍高，如果经济许可，完全可以选择。

5.3 选购Modem（调制解调器）★★★

Modem即“调制解调器”，俗称“猫”，是一种窄带网络连接设备，通过Modem，可将电脑拨号连接到Internet。

Modem是电话线拨号上网不可缺少的设备。由于电脑处理的数字信息是二进制的数字信号，电话线上传输的是载波形式的模拟信号，Modem负责将这两种信号进行转换，其中调制是将数字信号转换为模拟信号，解调则是将模拟信号转换为数字信号。Modem的外观如右图所示。

Modem的性能直接关系到联网后信息传输的速度，目前一般用户的ADSL猫都是由网络运营商提供的，因此都是质量一般的产品。如果用户需要自己购买，则选购时要注意以下几个方面。

(1)按需购置

用户的猫是否需要带路由功能，猫带路由功能可以在家中提供多个用户同时上网，当然用户可以用路由器来架设，但路由器的价格还是不菲的。

(2)网速因素

现在的ADSL网速有1M、2M、3M、4M的区分，当然网络运营商提供的猫都声称是可以应付这些速度的，但是用户还是应当根据自己的套餐速度，购买口碑好的能胜任的产品。

(3)接口类型

现在的Modem接口方式有以太网、USB和PCI三种。USB、PCI适用于家庭用户，性价比好，小巧、方便、实用；外置以太网口的产品只适用于企业和办公室的局域网，它可以带多台机器进行上网。有以太网接口的ADSL Modem同时具有桥接和路由功能，这样就可以省掉一个路由器，外置以太网口、带路由功能的产品支持DHCP、NAT、RIP等路由功能，还有自己的IP Pool可以给局域网内的用户自动分配IP，方便网络的搭建。

(4)支持协议类型

ADSL Modem上网拨号方式有3种：专线方式(静态IP)、PPPoA、PPPoE。普通用户多是采用PPPoE、PPPoA虚拟拨号的方式来上网。一般的ADSL Modem厂家只给PPPoA的外置拨号软件，没有PPPoE的软件，会给用户带来许多麻烦。

(5)品牌

品牌产品要相对成熟，做工、质量、性能有保证，且有国家信息产业部的入网许可证。

(6)售后服务和技术支持

售后服务和技术支持是不能指望经销商的，由厂商提供的服务是最保险的。相比之下，全向、实达、联想这样的国内Modem厂商服务做得比较好，也更为本地化。

(7)产品附加值

现在很多MODEM厂商为了吸引消费者，纷纷在MODEM中附赠各种上网、应用软件、ISP上网时间，甚至电子信箱、主页空间等。选购时要注意买附加价值高的产品。

5.4 机箱电源选购指南★★★

组装主要用于保护电脑的核心部件，屏蔽电脑运行时产生的电磁辐射；而电源则是电脑工作的原动力。

5.4.1 机箱概述

机箱是一台计算机的外观，也是主架，用来放置和固定各电脑配件（如主板、CPU、各种I/O卡及软驱、硬盘、光驱、电源等），屏蔽掉外界电磁场的干扰。机箱的外观如下图所示。

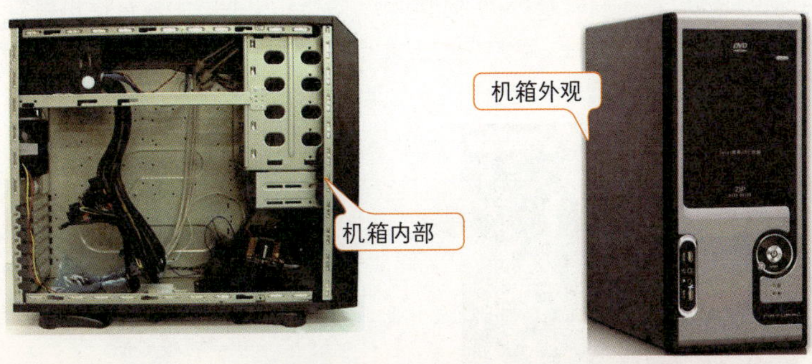

5.4.2 机箱选购

选购机箱需要考虑以下几个要点。

1. 散热问题

机箱的散热很重要，有些机箱虽然迷你可爱，但是散热效果却很差，容易导致硬件烧毁。

2. 电源质量

机箱有单独卖的，但是大多是和电源一起销售的，机箱中的电源要注意是否和机箱是同一档次，防止被商家以次换好。

3. 扩展性

过小的机箱升级空间不够是个问题。而且，机箱体积小，即使解决了散热问题，不至于产生烧毁硬件的后果，但是还是会影响将来的升级，所以最好选购体积稍大的机箱。

4. 静电问题

质量一般的机箱，往往会导致机箱“电人”，因此这点很值得用户的注意，电了机箱中的硬件也就是损失钱，电到人损失就大了

5. 坚固性

在考虑外观的同时，应考虑机格的坚固性，重点在机架的材质上。要有刚性（有一定的厚度），不能一受外力就变形，影响一些板卡在机箱上的固定效果，由于变形可能导致板卡与主板接触不良而引起故障。当然，好材质的机箱价格要稍高一点。

5.4.3 电源概述

电源也称为电源供应器（Power Supply），为机箱中的各个设备提供电力，使设备能正常工作提供动力保证。电源功率的大小、电流和电压是否稳定，将直接影响计算机的工作性能和使用寿命。电源的外形如下图所示。

5.4.4 电源选购

电源好坏直接影响电脑的使用寿命，品质不好的电源不但会损坏主板、硬盘等部件，还会缩短电脑的正常使用寿命，因电源质量问题造成系统不稳定、无法启动甚至配件的烧毁时有耳闻。因此，选购电源时应注意以下几方面。

1. 电源质量

在选购电源时应注意选购通过安全认证的电源。一般来说，选比较重的电源，因为较重的电源内部使用了较大的电容和散热片；查看电源输出插头线，质量好的电源一般肯定会采用较粗的导线；插接件插入时应该比较紧，因为较松的插头容易在使用过程中产生接触不良等问题。

2. 电源的功率

选购电源时，首要考虑其功率，而用于有效衡量电源的参数是额定功率，额定功率是指电源在稳定、持续工作下的最大负载，额定功率代表一台电源真正的负载

能力，但不能单纯以电源的型号来辨别其额定功率。

如果普通用户电脑设备不是很多，不一定要追求高功率电源。如果电脑内设备比较多，要选择300W以上的电源

3. 电源风扇的燥声

选择电源时还应注意电源盒中的风扇噪声是否过大，转动情况是否良好，千万不能容忍有卡扇叶的情况出现，否则轻则烧毁电源，重则损坏系统。

4. 电源接口

供电接口设计是2.0与1.3版电源所不同的地方之一，是为了满足大功率供电需求，ATX12V 2.0主供电接口在1.3版的20Pin设计上进行增强而采用的是24Pin接口，但为了照顾旧平台用户，市面上大部分2.0电源主供电接口都采用“分离式”设计或附送一条24Pin→20Pin的转换接头，这样设计非常体贴。

2.0版电源上一般都带有多个IDE设备供电接口（硬盘、光驱、AGP显卡辅助供电等）和2-4个SATA硬盘供电接口，现在SATA规格已经成为硬盘主流；很多电源上依然保留了软驱供电接口，另外部分电源产品还配置有6Pin显卡辅助供电接口，以方便用户在使用高端PCI-E显示时进行辅助供电。

5. 品牌的选择

现在市场上产品品牌众多，以性价比而言，长城、酷冷至尊等值得推荐，其他还有世纪之星、金河田、九州风神等品牌。

5.5 摄像头选购指南★★★

摄像头(CAMERA)又称为电脑相机、电脑眼等，是一种视频输入设备，被广泛运用于视频会议，远程医疗及实时监控等方面。下面来了解如何选购摄像头。

5.5.1 摄像头概述

摄像头（CAMERA，又称为电脑相机、电脑眼等）利用光电技术采集影像信息，再通过专用电路把这些信息转换成能够被电脑设备识别的数字信号，是一种视频输入设备，被广泛的运用于视频会议，远程医疗及实时监控等方面。有了摄像头，普通的人也可以彼此通过摄像头在网络进行有影像、有声音的

交谈和沟通。另外，人们还可以将其用于当前各种流行的数码影像，影音处理。摄像头外形如右上图所示.

5.5.2 选购摄像头

由于摄像头品牌众多，产品性能也参差不齐。因此，如何选购摄像头成了人们关心的话题。下面给出一些摄像头选购依据供用户参考。

1. 成像质量

摄像头工作时应颜色真实、色彩鲜艳、还原性好、画面稳定。色彩还原性和画面稳定性是衡量摄像头品质的关键所在。

2. 画面的层次感

好的摄像头能够还原出非常丰富的色彩层次以及被摄范围的距离感。

3. 操作性和兼容性

操作性和兼容性对于新手来说非常重要。摄像头安装过程和操作是否简单、软件界面是否合理、软件功能是否强大都是需要考虑的因素。

4. 安全性

通常品牌摄像头产品都具有相关软件的网络安全支持，确保了一定的安全性和私密性。

5. 接口

USB接口产品一向以即插即用、使用方便而乐于被广大电脑用户接受。采用USB接口，不仅使得摄像头的硬件检测、安装比较方便，更主要的是由于USB数据传输的高速度决定摄像头的具体应用，较好地打破了影像文件大量数据传输的瓶颈，使得电脑接收数据更迅速，动态影像的播映效果更平滑、流畅。

6. 品牌和售后服务

选择有信誉厂家的产品。品牌产品享受到的不仅是优质的产品品质，还有周到的售后服务、体贴的质量保证，真正让用户享受到摄像头带来的精彩生活。

总之，在购买时最好现场试用样品，做到了然于心。

5.6 上机实训

为了巩固和拓展本章所学的内容，下面就来实战演练，自己操作一下。

实训1. 解决键盘无法插入主板接口问题

刚组装的电脑，键盘无法接进主板上键盘接口，有时可以接入，但很困难。可能是由于接口大小不匹配，主板太高或太低，个别键盘接口外包装塑料太厚等问题造成的。一般需要检查接口是大是小，如果新的主板使用小接口，可以购买转接头。

如果是同样的接口，注意检查主板上键盘接口与机箱给接口留的孔洞，看主板是偏高了还是偏低了，个别主板有偏左或偏右的情况，可能要更换机箱，否则，更换另外长度的主板铜钉或塑料钉。塑料钉更好，因为可以直接打开机箱，以手按主板键盘接口部分，插入键盘，解决主板偏高的问题。

实训2. 解决鼠标指针不能灵活移动的问题

90%以上的故障为断线、按键接触不良、机械(光学)系统脏污造成。少数劣质产品也常有虚焊和元件损坏，其中元件损坏以发光二极管老化、晶振、IC损坏最为常见。如果涉及到硬件的损坏而用户又没有相关维修经验，建议直接更换新鼠标。造成鼠标指针移动不灵活的原因可能是如下3种。

(1)机械鼠标里面的塑胶圆球和滚轴过脏，使它们之间的摩擦力变小，造成圆球滚动时滚轴不能同步转动，导致鼠标指针移动不灵活。只需拆开鼠标底盖，取出塑胶球，用无水酒精将塑胶球和滚轴清洗干净即可。

(2)如果鼠标指针只在一个方向上移动不灵活，则很有可能是鼠标受到了强烈振动，使红外发射或接收二极管稍稍偏离原位置造成该故障，只需拆开鼠标底盖，轻轻转动滚轴上的圆盘，调整圆盘两侧的二极管，进行测试，直到光标移动自如为止。

(3)购买新显示器、增大Windows桌面分辨率后，鼠标在新显示器上移动不灵活。这是鼠标自身的分辨率(DPI)光学扫描频率的问题，为了大屏幕高分辨率液晶显示器着想，我们最好拥有一只分辨率不低于1000DPI、光学扫描频率不低于每秒6000次的光电鼠标。

本章学习要点

√准备装机工具
√了解电脑组装的注意事项
√组装电脑

Chapter 06

第6章 组装电脑

在选购了需要的电脑部件后，还需要将各部件组成一台完整的电脑才能发挥各部分的功用。下面将对电脑的组装进行详细讲解，让读者对电脑有更深一步的认识。

本章重点实例展示

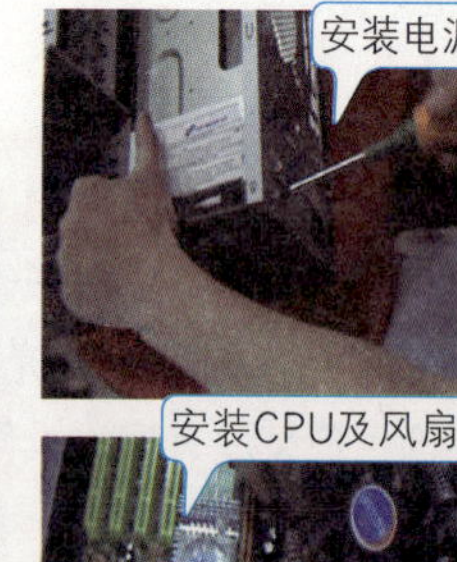

6.1 组装电脑之前的准备工作★★★

在组装电脑之前，需要准备一些常用的工具软件，切勿匆忙上阵，以免组装时手忙脚乱，引起不必要的失误。

6.1.1 准备装机工具

为了正确组装电脑，建议用户在装机之前做好充分的准备工作，这些准备工作包括以下内容：

(1) 按事先拟定的配置方案购买所有的配件。

(2) 检查各配件外观是否有损，尤其是盒装产品，一定要检查是否已拆过封。

对于电子元件，一点小小的损伤，如电路板上有划痕、碰伤、松动等问题，都可能出现不稳定的现象，因此，不要买外包装被拆开的产品。另外，一定要注意看看相应的配件是否齐全，如硬盘与软盘驱动器的排线（数据信号线），各种用途的螺钉、螺栓、螺母、螺帽是否齐全，如果可能的话，这些东西可以向商家多要一些，以备后用。组装前尽可能仔细阅读所有部件（如主板和各个板卡、内存条、磁盘和光盘驱动器、显示器等）的说明书。

(3) 准备好安装场地。

安装场地要宽敞、明亮，桌面要平整，电源电压要稳定，接地线可靠。

(4) 准备好装配工具。用户需要准备以下常用工具。

- 带磁性的“十”字形和“一”字形螺丝刀各一把。一般来说计算机中大部分配件的安装都需要用螺丝刀。

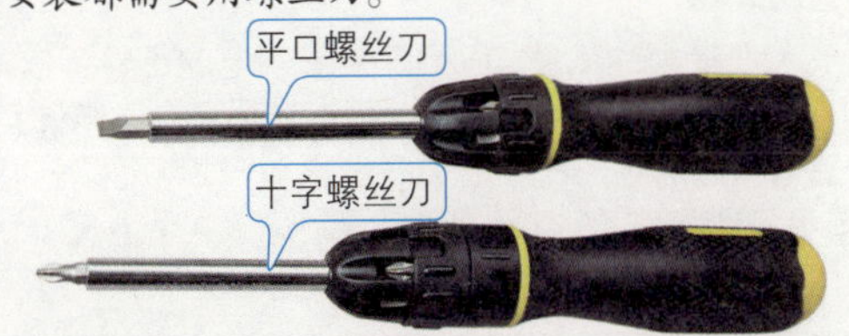

- 橡皮擦，可用来擦掉CPU、显卡芯片表面及散热风扇上残余的劣质导热硅胶，用它擦除电脑元件生锈氧化的“金手指”（显卡、内存条等配件的电路接口，一般镀铜或镀金，所以叫“金手指”）。
- 尖嘴钳一把，用它来扳掉机路上的金属挡板、固定铜柱等。
- 剪刀一把，用它来剪断导线等。
- 测电笔、万用表等电子仪表，用来检查电压、导线通断等，帮助解决组装过程中遇到的问题。

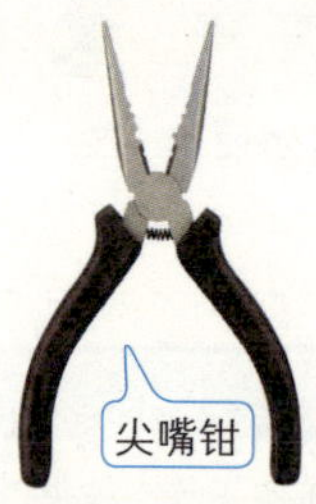

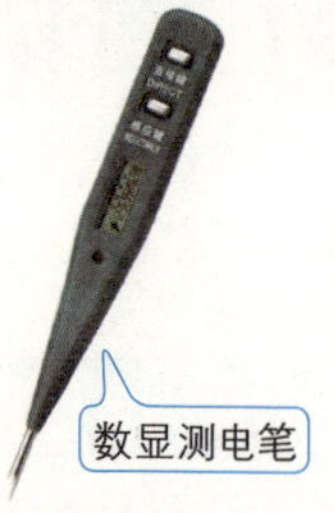

- 镊子一把，用来拿取细小物品，如跳线之类的东西，或者夹出掉进缝隙里的螺丝。

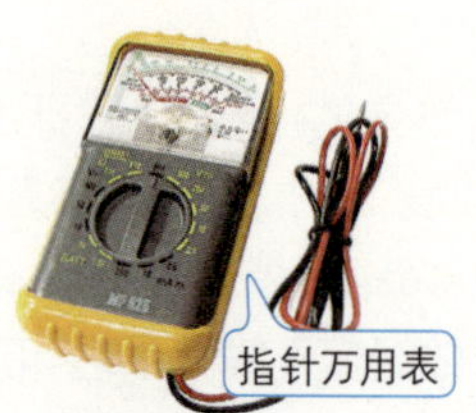

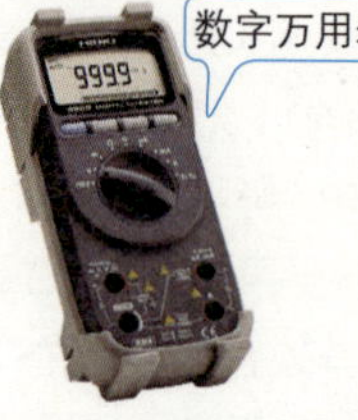

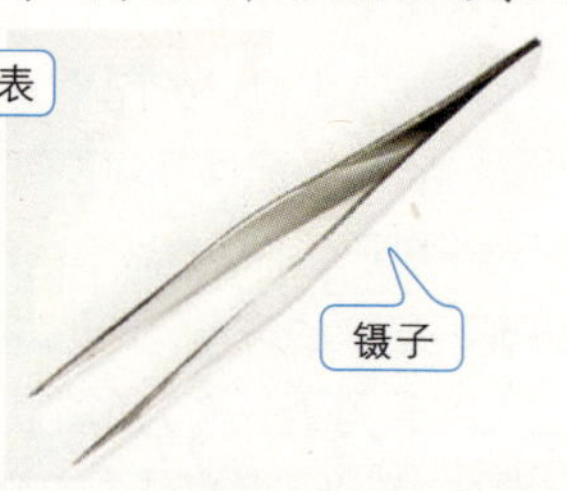

- 尼龙扎带若干，在计算机组装完成后，用它来整理主机箱内部数据线和电源线。

6.1.2 电脑组装的注意事项

在电脑组装过程中，需要注意以下事项。

在安装前，先释放静电，防止静电对电子元器件造成损坏。

注意：释放静电。

静电是电子元件最大的威胁，它不仅会影响电脑部件正常工作，还可能击穿CPU、内存这些相对较脆弱的部件，静电甚至还会影响硬盘的正常运行。因此在组装电脑之前应先将手上的静电释放，如用手摸一摸自来水管等接地设备；或者用清水洗手；如果条件允许，可以在手上戴上防静电环，再进行组装操作。

- 严禁带电插拔硬件，装机过程中不要连接电源线，不要在通电后触摸机箱内的硬件设备。
- 安装螺丝时，要全部安装，不能偷工减料。主板、光驱、软驱、硬盘这类需要很多螺丝的硬件，应将其固定在机箱中，再对称将螺丝拧紧。在拧螺丝时，不要太用力，适当拧紧即可，避免出现“滑丝”现象。
- 轻拿轻放硬件，尤其是硬盘，不要碰撞。
- 使用正确的安装方法，不可粗暴安装。安装过程中要注意正确的安装方法，对于不清楚的地方要仔细查阅说明书或向其他用户请教，不可强行安装。

- 插板卡以及跳线时不要碰到主板上的小元件。
- 主板上螺丝的垫板要放上去，这样可以防静电。
- 不要触摸主板线路板

6.2 组装电脑★★★★★

接下来可以组装电脑了，一般按安装电源、安装主板、安装CPU及散热风扇、安装内存、安装驱动器、安装显卡声卡、连接键盘和鼠标、连接显示器的顺序组装电脑。

6.2.1 安装电源

安装电源的方法如下。

步骤1 拆开机箱。

首先拆开机箱，如下图所示。

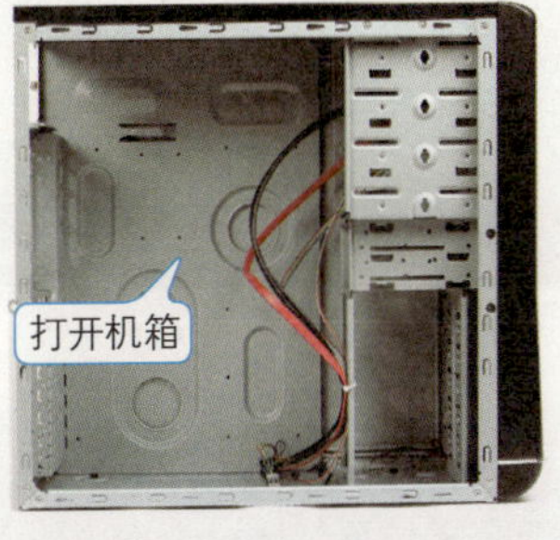

步骤2 安装电源表。

将电源放进机箱上的电源位，并将电源上的螺丝孔与机箱上的孔对正，如下图所示。

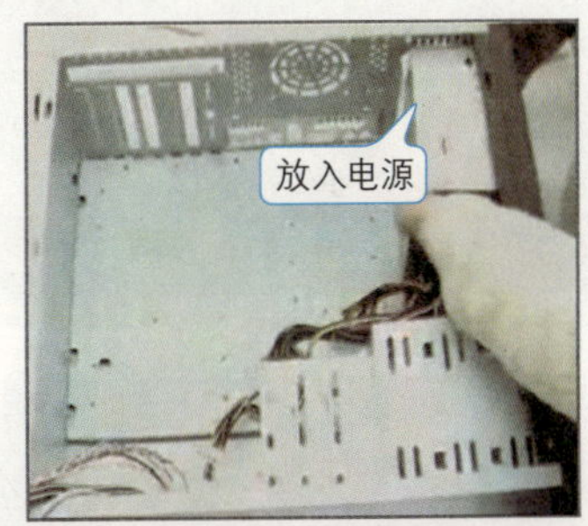

步骤3 固定电源。

先拧上一颗螺钉（固定住电源即可），然后将最后3颗螺钉孔对正位置，再拧上剩下的螺钉即可，如右图所示。

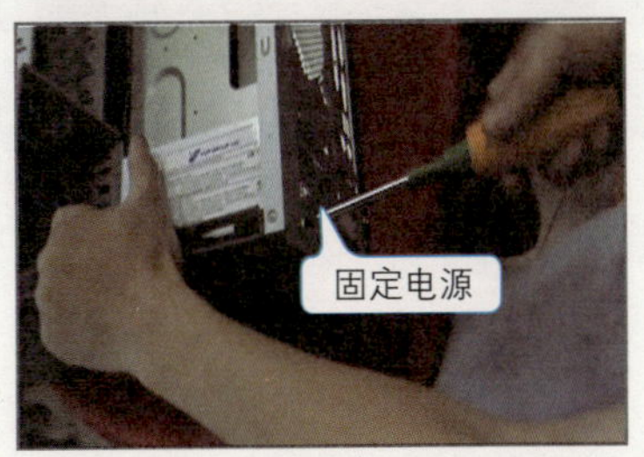

注意：安装电源注意事项。

上螺丝时有个原则，就是先不要拧紧，要等所有螺丝都到位后再逐一拧紧。安装其他配件，如硬盘、光驱、软驱等也都是一样。

6.2.2 安装主板

接下可以安装主板了，在操作前先准备一块绝缘的泡沫塑料板用来放主板件。安装主板的操作步骤如下。

步骤1 查找机箱上的固定孔。

在机箱的底部有许多固定孔，这些固定孔是使用塑料膨胀螺钉和铜质固定螺丝固定，有的机箱只用铜质固定螺丝固定，如下图所示。

步骤2 将主板固定到机箱地板上。

小心地将主板按固定孔的位置放在机箱底板上，在基座上小心地放上绝缘垫片，最后拧上固定螺丝的上面部分，如下图所示。

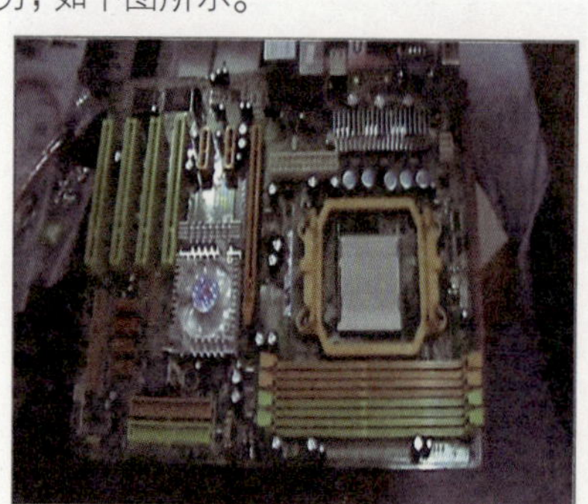

注意：确定主板安装方向。

主板的安装方向可以通过键盘和机箱背面的键盘插孔相对应的方法确定。首先，要确定主板和机箱底板对应固定孔的位置。

6.2.3 安装CPU及散热风扇

在电脑安装过程中，CPU的安装最为关键，如果CPU安装不正确，那么整个电脑系统都不能正常工作。

1. 安装CPU

安装CPU首先要找准方向，安装并不困难。

步骤1 拉开CPU插座上的锁杆。

稍向外/向上用力拉开CPU插座上的锁杆与插座呈90度角，如下图所示，方便让CPU能够插入处理器插座。

步骤2 安装CPU。

将CPU上针脚有缺针的部位对准插座上的缺口，然后按下锁杆，如下图所示。

2. 安装风扇散热器

安装风扇散热器的操作步骤如下。

步骤1 涂抹一层硅胶。

为了保证风扇的散热片与CPU良好的接触，确保CPU能稳定地工作，一般需要在CPU芯片上面均匀涂抹一层硅胶（2克左右），如下图所示。

步骤2 安装CPU风扇。

将风扇散热器平稳地摆放在CPU上方和CPU的核心表面接触在一起，不要很用力的去压，如下图所示。

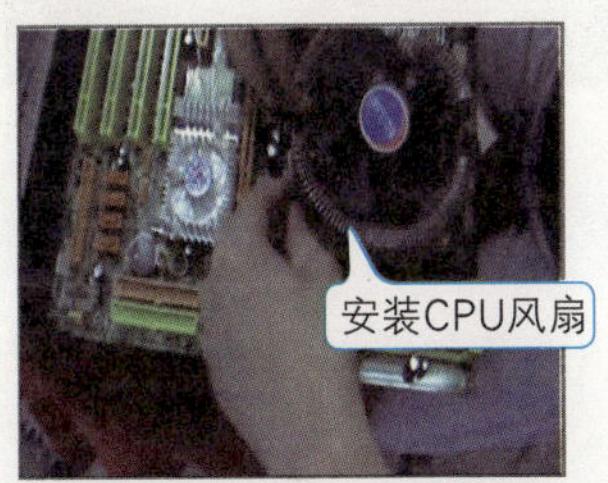

步骤3 固定CPU风扇。

拿出CPU风扇，将散热片中心对准插槽中心，轻轻安放在CPU上面。固定好风扇之后，将风扇电源线接在主板相应接口，如右图所示。

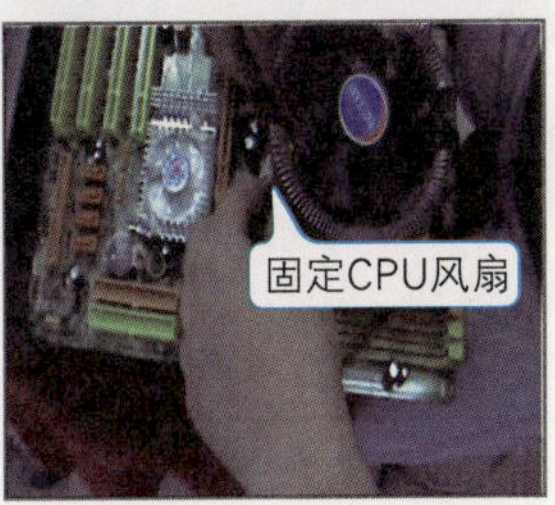

6.2.4 安装内存

安装内存时要注意其金手指缺口和主板内存插槽的位置相对应，并要看主板是否支持双通道，若是支持双通道的主板就需要将两根同频率规格的内存条插入同一种颜色的内存插槽内，若主板不支持双通道的话，就可插入任意一个内存插槽内，但是基本原则是需要对应主板所支持的规格。其具体操作步骤如下。

步骤1 查找内存插槽。

将内存插槽两侧的固定扣打开，比对内存条上的缺口是否与插槽上的相符，并将内存条垂直置于插槽上，如下图所示。

步骤2 安装内存。

将内存条的缺口和插槽的缺口对准，以双手拇指按在内存条顶部两边，并垂直、均衡施力将内存条压下。此时插槽两侧的固定扣会向内靠拢，并卡住内存条，确实卡住内存两侧的缺口就完成了，如下图所示。

6.2.5 安装驱动器

电脑中各种驱动器的安装方法类似，下面以硬盘和光驱的安装为例进行介绍。

1. 安装光驱

步骤1 查看光驱背后接口。

首先要认清光驱的信号插座是在背面的，外形上与硬盘的插座一模一样，皆为双排、40只针脚的插头，如右图所示。

步骤2 安装光驱。

在安装光驱时一般选用机箱正面最上层的一格作为光驱的安装位置，在把前面挡板拆下来后，将光驱平推入机箱内，如下图所示。

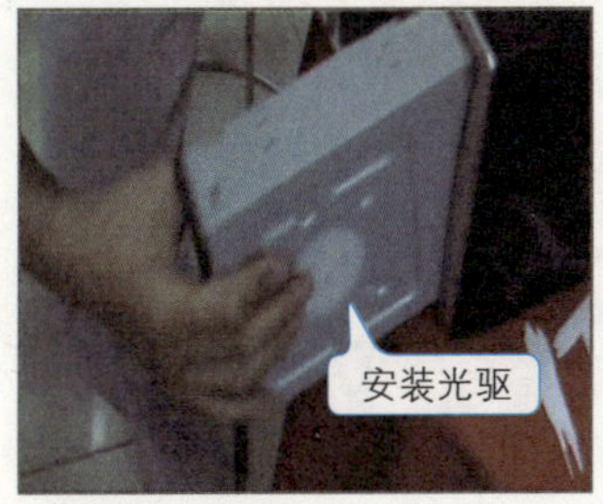

步骤3 固定光驱。

最后用螺丝固定，注意上螺丝的时候不要一次性固定，应该留有一定的活动空间以便于调整位置。拧完四个螺丝后再调整一下光驱的位置，再把螺丝拧紧，如下图所示。

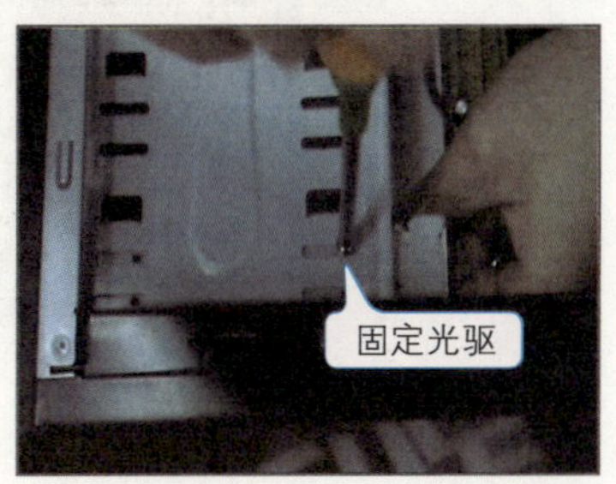

2. 安装硬盘

步骤1 双硬盘及背后接口。

硬盘有主从跳线之分，一般情况下安装单个硬盘就将其设为Master，如果在同一数据线上接双硬盘，就需要将一块硬盘设为Slave，如下图所示。

步骤2 打开“DOS命令”窗口。

在机箱前端找一个位置，将硬盘的电路板一面朝下，轻轻将硬盘推入机箱中，如下图所示。

6.2.6 安装显卡和网卡

下面开始安装显卡和网卡，安装时要注意查看显卡和网卡的接口类型，以免找错位置。

1. 安装显卡

安装显卡非常简单，首先从机箱后壳上移除对应显卡插槽上的扩充挡板及螺丝，然后将显卡很小心地对准显卡主板插槽并且准确的插入插槽中，如下图所示，接着用螺丝刀将显卡固定在机箱壳上，再将显示器上的15-pin接脚VGA线插头插在显卡的VGA输出插头上。

2. 安装网卡

网卡的安装方法和声卡类似，首先网卡插入机箱的某个空闲的扩展槽中，插的时候注意要对准插槽，然后用两只手的大拇指把网卡插入插槽内（一定要把网卡插紧），如下图所示，接着上好螺钉并拧紧，再将做好的网线上的水晶头连接到网卡的RJ45接口上。

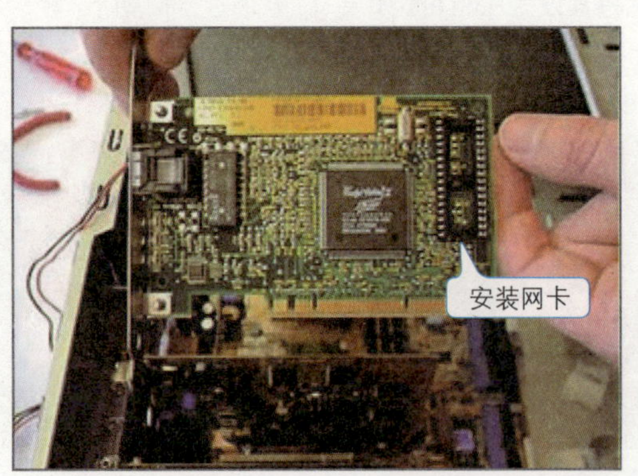

6.2.7 连接键盘和鼠标

键盘和鼠标是现在PC中最重要的输入设备，必须安装。键盘和鼠标的安装很简单，你只需将其插头对准缺口方向插入主板上的键盘/鼠标插座即可。

现在最常见的是PS/2接口的键盘和鼠标，这两种接口的插头是一样的，很容易弄混淆，所以我们在连接的时候要看清楚。如左下图所示的是PS/2接口的键盘（紫色）和鼠标（绿色），连接时，插入对应插孔即可，如右下图所示。

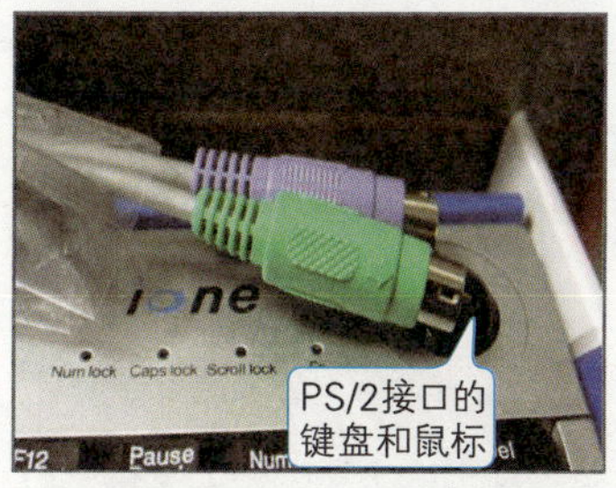

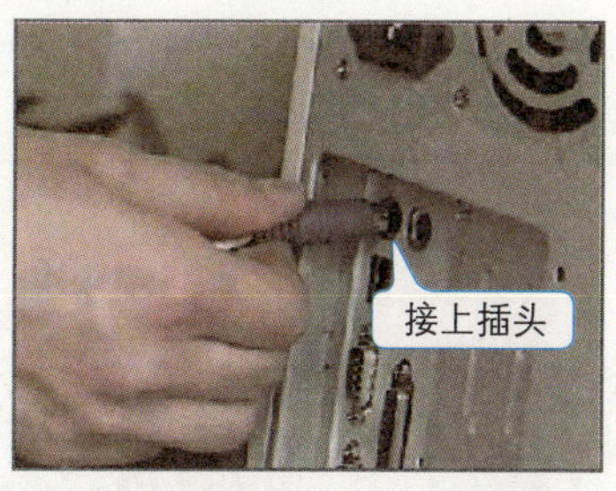

如果鼠标的接口类型是USB接口，如下图所示，只要将其介入机箱上的任意一个USB接口即可。

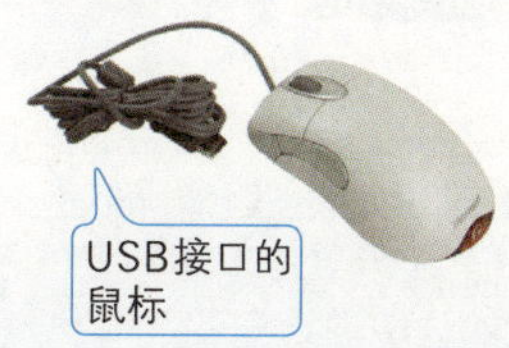

6.2.8 连接显示器

连接显示器的操作步骤如下。

步骤1 把显示器侧放。

在搬动显示器时，应先观察显示器，一般在显示器的两侧会有一个方便手拿的扣槽，用户扣住这个扣槽就可以方便地搬动显示器了，我们首先把显示器侧放。

步骤2 显示器底部有几个卡口。

在显示器的底部有许多小孔，其中就有安装底座的安装孔。此外，还可看到显示器的底座上有几个突起的塑料弯钩，这几个塑料弯钩是用来固定显示器底部的。

步骤3 安装底座。

第一步是将底座上突出的塑料弯钩与显示器底部的小孔对准，要注意插入的方向。第二步是将显示器底座按正确的方向插入显示器底部的插孔内。第三步是用力推动底座。第四步是听见“咔”的一声响，显示器底座就已固定在显示器上了。

步骤4 连接显示器的电源。

从电源包装袋中取出电源连接线，将显示器电源连接线的另外一端连接到电源插座上，如下图所示。

步骤5 连接音源。

把显示器后部的信号线与机箱后面的显卡输出端相连接，如下图所示。

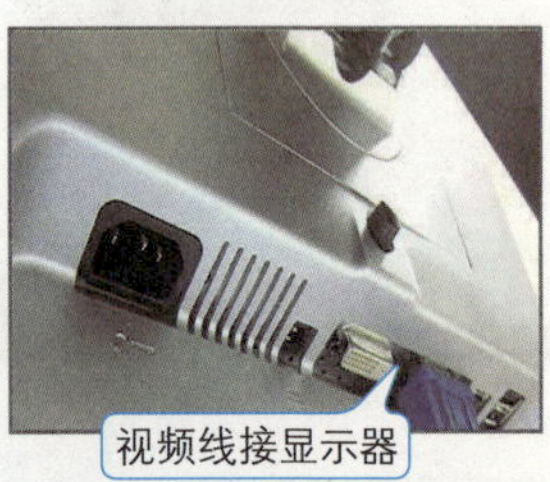

提示：注意显示器接口方向。

显卡的输出端是一个15孔的三排插座，只要将显示器信号线的插头插到上面就行了。插的时候要注意方向，厂商在设计插头的时候为了防止插反，将插头的外框设计为梯形，因此一般情况下是不容易插反的。如果使用的显卡是主板集成的，通常显示器的输出插孔位于串口一的下方，如果不能确定，请按照说明书上的说明进行安装。

6.2.9 连接网线、音频线

1. 连接网线

连接网线的方法非常简单，只要将做好的网线上的水晶头一端连接到网卡的RJ45接口中（要听到清脆的“嚓”声表示已插入），再将另一端插入到与之相连的交换机（或其他电脑）中即可。

2. 连接音箱

目前，大多数PC音箱都使用2.1式和4.1式及5.1式的，下面以连接漫步者4.1音箱为例进行介绍，具体操作步骤如下。

步骤1 连接4个卫星音箱。

在音箱背部的输出插孔处，可以发现“+ R −”、“− L +”等英文字样，它分别代表“右环绕音箱的正负极、左环绕音箱的正负极”2个音箱的连接位置。在连接的时候，将4个音箱接上即可，如右图所示。

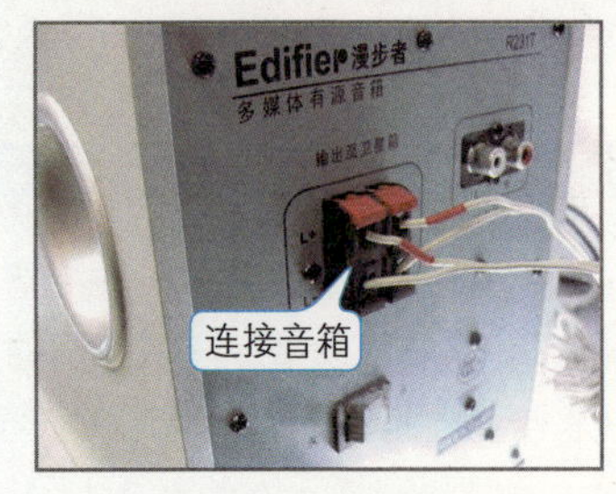

步骤2 连接音源。

如果使用的是真正的4声道及以上的音源（声卡），可将音箱“输入方式”选择开关拨到“4声道”一侧，这时组成的是4.1系统，线路输入A口作为左右声道（或称前置声道）输入，线路输入B口作为环绕声道输入，如右图所示。

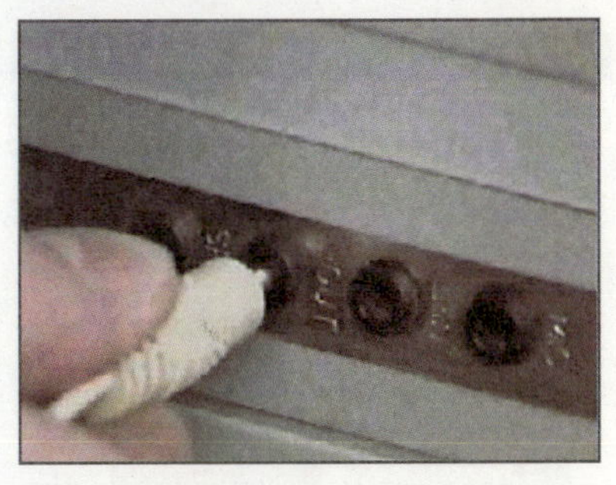

步骤3 放音。

插上电源，把主音量调节旋钮调至适当的位置，打开电源开关，根据你的需求来调节低音音量旋钮，即可享受到漫步者R4.1系统的音乐魅力。

6.2.10 连接主机线缆

主机内部的线缆主要有电源线、驱动器缆线和机箱接线，下面将介绍如何连接这些线缆。

1. 连接电源线

电源线主要是指机箱内的ATX电源插头，从插头中找出主板电源插头，将其垂直插入主板上的ATX电源插口，如下图所示。

2. 驱动器缆线

在安装好硬盘、光驱等驱动器后，还需要通过数据线将其与主板连接起来，具体操作步骤如下。

步骤1 安装硬盘电源线和数据线。

使用数据线（红色）连接硬盘与主板，然后使用电源线（黑黄红交叉的是电源线）连接硬盘和电源，如下图所示。

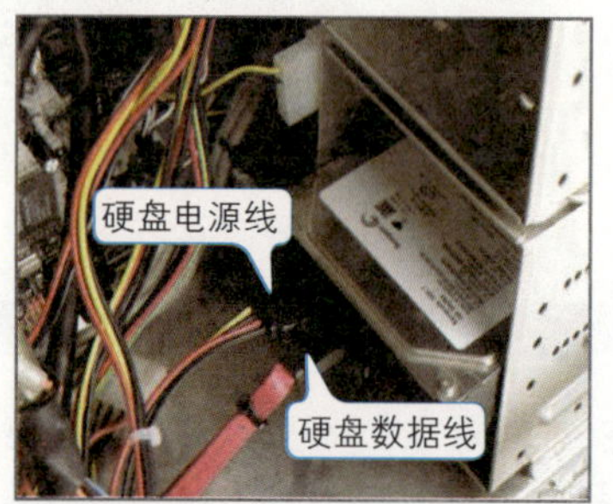

步骤2 安装光驱数据线。

将IDE数据线接入光驱，其中的一侧（有一条蓝或红色的线）位于电源接口一侧，安装时不能接错，如下图所示。

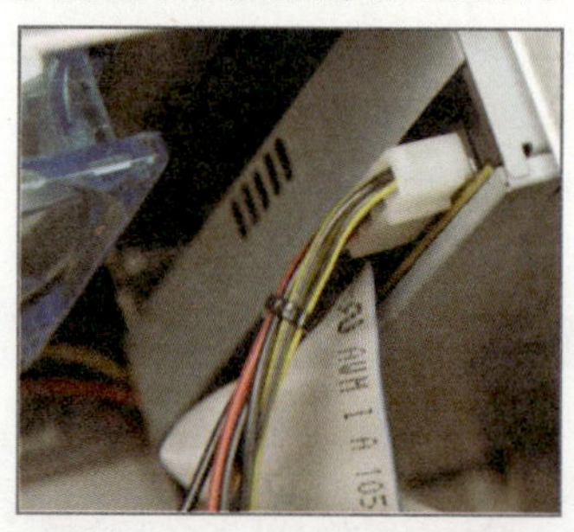

步骤3 连接主板上的IDE数据线。

将IDE数据线的另一端接入主板上的IDE接口，如右图所示。

3. 机箱接线

在机箱面板内还有许多连线，它们用来连接电源总开关（POWER SW）、总电源指示灯（POWER LED）、PC喇叭（SPEAKER）、重启动（RESET）、硬盘指示灯（HDD LED），如图下所示，需要将这些连线插到机箱内的主板插针上，如右图所示。

步骤1 安装POWER SW。从面板引入机箱的连接插头中找到标有POWER SW字样的接头，这就是电源开关的连线。在主板信号插针中找到标有POWER SW字样的插针，将接头插在主板上的插针即可。插针的位置如果在主板上标记不清，需要查阅主板说明书上的相关说明。

步骤2 安装POWER LED。找出连接接头中标有POWER LED字样的接头，将该接头插在主板上标有POWER LED的插针上。连接好后，当电脑启动时，电源指示灯就会亮着，表明电源已经打开。

步骤3 安装SPEAKER。找出连接接头中标有SPEAKER字样的接头，将该接头插在主板上标有SPEAKER的插针上。这个接头用来连接PC喇叭，使PC喇叭可以发出主板的警报声。

步骤4 安装RESET。在连接插头中找到RESET SW字样的接头，将它接到主板的RST插针上。主板上Reset针的作用是当它们短路时，电脑就会重新启动。Reset按钮是一个开关，按下时产生短路，松开时又恢复开路，瞬间的短路可以使电脑重新启动。

步骤5 安装HDD LED。在连接接头中找到标有HDD LED字样的接头，将该接头插在主板上标记HDD LED字样的插针上。

步骤6 检查连接效果。连接好后，当电脑在读写硬盘时，机箱上的硬盘指示灯会闪亮。

6.2.11 初步检查和调试

所有的设备都安装好之后，给主机接上电源。

步骤1 将电源线插入插座。

把电源线的一端连接到交流电的插座上，如下图所示。

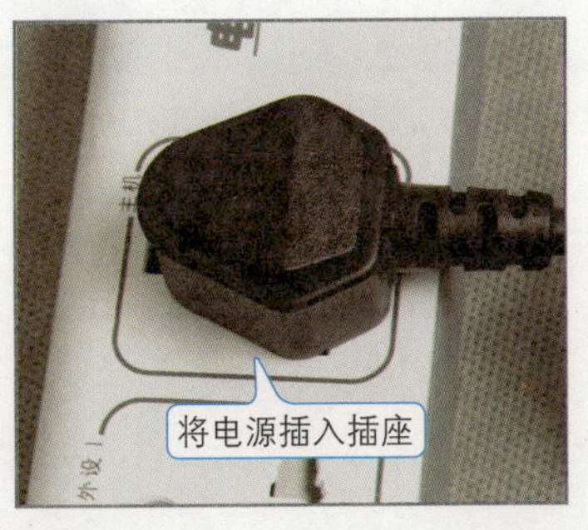

步骤2 连接主机电源线。

把另一端连接到机箱的电源插口中，如下图所示。然后再重新检查所有连接的地方，看有没有漏接的地方。

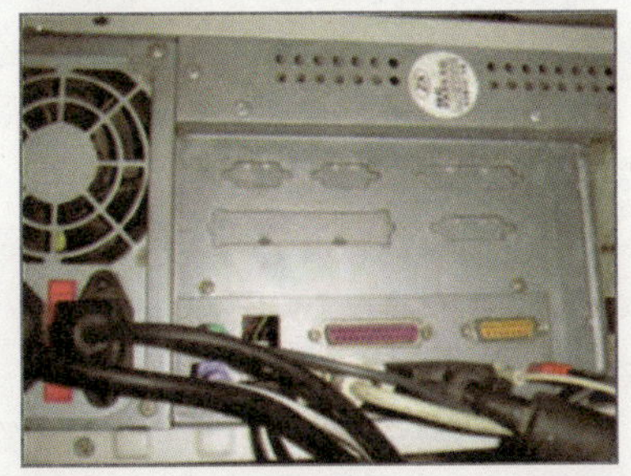

步骤3 打开电源开关。

按下计算机的电源开关，就可以看到电源指示灯亮起，硬盘指示灯闪动，显示器开始出现开机画面，并且进行自检。到此硬件的安装就完成了。

6.3 上机实训

为了巩固和拓展本章所学的内容，下面就来实战演练，自己操作一下。

实训1. 整理机箱内部连线

机箱内部连线不能乱，可以捆扎整理，避免妨碍到机箱内部的其他硬件，整理时可以把电源线、数据线、面板线分别进行捆扎。

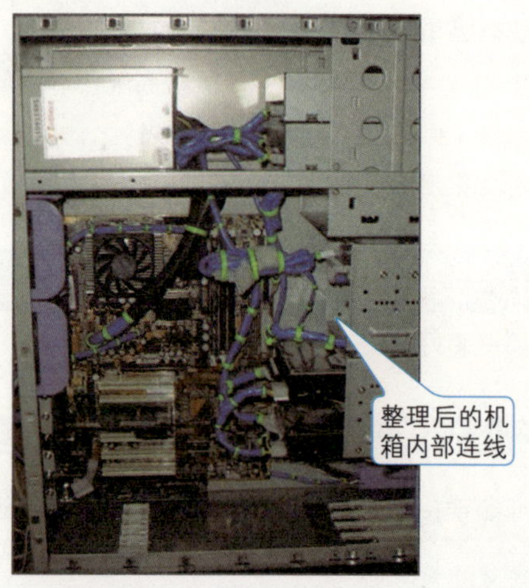

实训2. 安装双硬盘

如果要安装双硬盘，首先需要设置好硬盘的跳线，硬盘的跳线方法可参考硬盘说明书，不同的硬盘，跳线方法一般也不同。

安装双硬盘时，一般都是将性能好的新硬盘（第一硬盘）设为主盘MA（Master Device）接在第一个IDE接口（Primary IDE Connector）上。至于旧硬盘（第二硬盘），有以下接法。

- 方法一：两个硬盘接在同一根硬盘数据线上，则第二硬盘应设为从盘SL（Slave Device）。
- 方法二：第二硬盘接在第二个IDE接口（Secondary IDE Connector）上，如果该接口的数据线上只有一个硬盘，而没接光驱，则第二硬盘就不用跳线；如果这根数据线上还挂有光驱，一般将第二硬盘和光驱的其中一个设为Master Device，另一个设为Slave Device，这由用户自己决定。

本章学习要点

了解BIOS设置基础知识

掌握BIOS设置方法

升级主板BIOS

Chapter 07

第7章 BIOS设置

BIOS是一组固化到电脑中的程序，为电脑提供最低级、最直接的硬件控制，负责解决硬件的即时需求，是联系硬件系统和软件系统的基本桥梁。因此，掌握BIOS的相关知识，对于正常使用、维护计算机是很重要的事情，下面就为大家讲解BIOS的设置方法。

本章重点实例展示

进入Standard CMOS Features设置界面

进入Advanced Chipset Features设置界面

7.1 BIOS设置基础★★★

BIOS（Basic Input Output System，基本输入输出系统）是一个系统模块,主要负责控制系统全部硬件的运行。BIOS设置的是否合理在很大程度上决定着主板，甚至影响整台电脑的性能。

7.1.1 BIOS与CMOS的区别

在计算机的日常操作和维护过程中，常常可以听到有关BIOS设置和CMOS设置的一些说法，下面来简单了解一下什么是BIOS和CMOS。

所谓BIOS，实际上就是微机的基本输入输出系统，其内容集成在微机主板上的一个ROM芯片中，主要保存着有关微机系统最重要的基本输入输出程序，系统信息设置、开机上电自检程序和系统启动自举程序等。BIOS管理功能主要包括：BIOS中断服务程序、BIOS系统设置程序、POST上电自检和BIOS系统启动自举程序。

CMOS（Complememmy Metal Oxide Semiconductor，译为“互补金属氧化物半导体储存器”）则是一种大规模应用于集成电路芯片制造的原料。计算机中的CMOS特指用电池供电的可读写的一种RAM芯片。因此，CMOS是RAM存储芯片，它属于硬件。在CMOS中能够保存数据，但它只起到存储的作用，而不能对存储于其中的数据进行设置。要对CMOS中的各项参数进行设置，需通过专门的设置程序进行。

由于CMOS存储芯片是由主板上的电池供电的，即使关掉主机电源，存储的数据也不会丢失。但是电池电量用尽时，存储的数据将会丢失，这时需要更换电池，重新设置CMOS。

总之，CMOS与BIOS都跟微机系统设置密切相关，所以才有CMOS设置与BIOS设置的说法，CMOS是系统存放参数的地方，而BIOS中的系统设置程序是完成参数设置的手段。因此，准确地说法是通过BIOS设置程序对CMOS参数进行设置。而通常所说的CMOS设置与BIOS设置是其简化说法，也就在一定程度上造成两个概念的混淆。

7.1.2 进行BIOS设置的几种情况

BIOS设置是一项十分重要的系统初始化工作，用户可以在遇到下述情况后进行BIOS设置。

1. 新购计算机

新买的计算机必须进行BIOS参数设置，以便告诉计算机整个系统的配置情况。即使带PnP功能的系统也只能识别一部分计算机外围设备，而诸如硬盘参数、当前时间、时钟等基本资料还必须由用户亲自动手设置。

2. 新增设备

很多新添的或更新的设备，计算机不一定能识别，必须通过BIOS设置通知它。另外，新增设备与原有设备之间的IRQ，DMA冲突往往也要通过BIOS设置来排除。

3. BIOS数据丢失

意外事件造成BIOS数据丢失，如系统后备电池失效、病毒破坏了BIOS数据、意外清除了BIOS参数等。碰到这些情况，只能进入BIOS设置程序重新进行BIOS设置。

4. 系统优化

BIOS中的设置对系统而言不一定是最优的，如内存读写等待时间、硬盘数据传输模式，要经过多次试验才能够达到性能最佳的组合。另外，内/外Cache的使用、节能保护、电源管理乃至开机启动顺序都对计算机的性能有一定的影响，这些也都必须通过BIOS来设置。

7.1.3 进入BIOS设置程序

在开机时按下特定的热键即可进入BIOS设置程序，其步骤如下。

步骤1 启动电脑。

按显示器和主机电源开关，进入开机界面，如右图所示，然后根据提示按Del键进入BIOS设置界面。

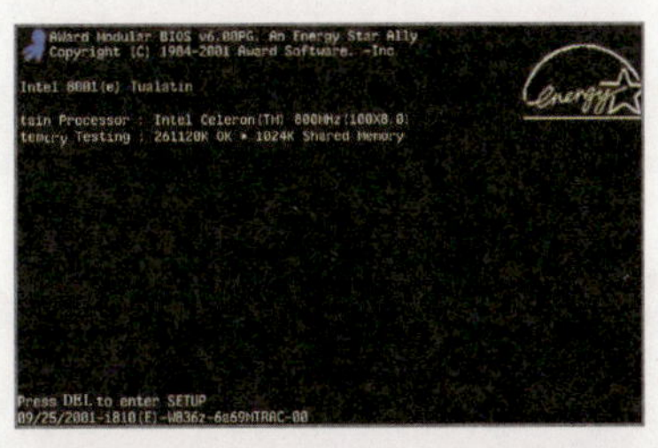

步骤2 进入BIOS设置主界面。

进入BIOS设置主界面，如右图所示。

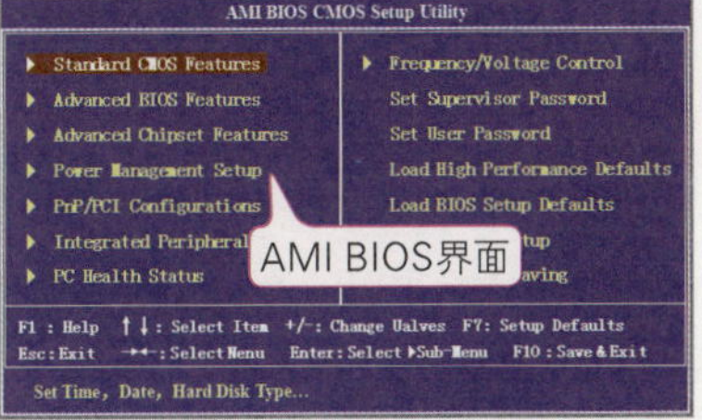

提示：计算机上网防护流程。

在BIOS设置主界面中，中间两列为BIOS设置的主菜单，下面一行为BIOS设置中的控制键，功能介绍如下。

- F1键或Alt+H快捷键：弹出General Help并显示每个设置项的详细信息。
- ↓↑→←键：方向键，用于在主界面中切换要更改的选项。
- +（Page Up）键：更改当前选项的BIOS设置值（递增）。
- -（Page Down）键：更改当前选项的BIOS设置值（递减）。
- F7键：载入选项的最优化默认（Optimized Default）值。
- Esc键：返回到主界面或退出BIOS设置，在不存储设置值时也可直接使用该键。
- Enter键：确认执行，显示选项的所有设置值并进入当前光标所在子项的设置界面。
- F10键，存储修改的设置值并退出BIOS设置界面。

技巧：开机启动BIOS程序热键。

不同BIOS版本，进入BIOS设置界面的方法也会有所不同，几种常见的BIOS设置程序的进入方式如下。

- AMI BIOS：按Del键或Esc键，屏幕有提示。
- Phoenix BIOS：开机时按 F2键，屏幕无提示。
- Compaq BIOS：屏幕右上角出现光标时按 F10键，屏幕无提示。
- AWARD BIOS：屏幕右上角出现光标时按DEL或Ctrl+ALT+Esc键，屏幕有提示。

7.2 BIOS设置★★★★★

下面介绍如何设置BIOS程序，包括标准设置、高级设置、芯片组设置、即插即用设备设置、电源设置等内容。

7.2.1 标准BIOS设置

在BIOS设置主界面中将光标移到Standard CMOS Features选项上，然后按Enter键进入标准BIOS设置界面，如下图所示，在该界面中可以设置日期、时间、硬盘参数、软驱规格、显卡类型等。

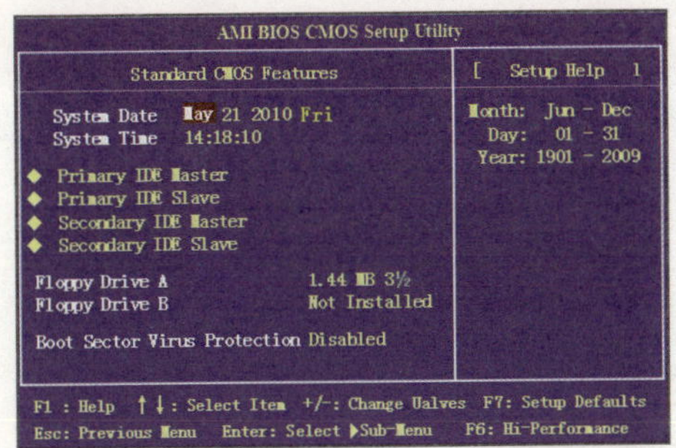
AMI BIOS CMOS Setup Utility
Standard CMOS Features
[Setup Help]
System Date May 21 2010 Fri
System Time 14:18:10
Month: Jun - Dec
Day: 01 - 31
Year: 1901 - 2009
Primary IDE Master
Primary IDE Slave
Secondary IDE Master
Secondary IDE Slave
Floppy Drive A 1.44 MB 3½
Floppy Drive B Not Installed
Boot Sector Virus Protection Disabled
F1 : Help ↑↓: Select Item +/-: Change Values F7: Setup Defaults
Esc: Previous Menu Enter: Select ▶Sub-Menu F6: Hi-Performance

1. 设置时间和日期

在Standard CMOS Features设置界面中，System Date和System Time选项分别用于设置计算机日期和时间。只需要在相应的位置上输入相应的数字，或是用+/–、PageUp/PageDown键递增（减）即可完成设置。

日期的设置格式为：Data（mm:dd:yy），即星期、月、日、年。但只有月、日、年三个地方可以自行设置，星期是随着设置自动变更的。其中，月可以选择Jan（一月）至Dec（十二月）；日的设置原则上可以由1至31，是不能超过当月的最高日数；年的设置是以公元纪年为单位的，其设置范围因主板不同而略有差异。

时间的设置格式为：Time（hh:mm:ss），即时、分、秒，以一天24小时制计算。

2. 设置软驱

软驱类型的设置选项包括Floppy Drive A、Floppy Drive B两个软驱选项。由于目前很少使用软驱，所以该选项使用默认设置即可。

3. 设置硬盘参数

硬盘参数设置的选项有Primary IDE Master、Primary IDE Slave、Secondary IDE Master、Secondary IDE Slave选项。目前主板上都有2个IDE通道，分别称为Primary（主要的）和Secondary（次要的）；而每一个通道都可以连接2个IDE设备，分别为Master（主）与Slave（从）。用户只要将硬盘连接好，就可以看到硬盘的容量大小。至于硬盘的详细参数，可以通过方向键选择Primary IDE Master选项，然后按Enter键就可进其设置界面进行设置了。

4. 设置引导扇区病毒防护功能

Boot Sector Virus Protection选项是用来设置防止病毒入侵引导扇区的，开启此项功能后，一旦发现病毒试图进入引导扇区或分区表，AMI BIOS就停止引导并给出警告信息，提示用户启动杀毒程序。可以设置该选项的值，Disabled表示不启动病毒防护功能，此项为默认设置；Enabled表示启动病毒防护功能。

7.2.2 高级BIOS设置

在AMI BIOS主界面中，通过方向键选择Advanced BIOS Features选项，如下图所示。

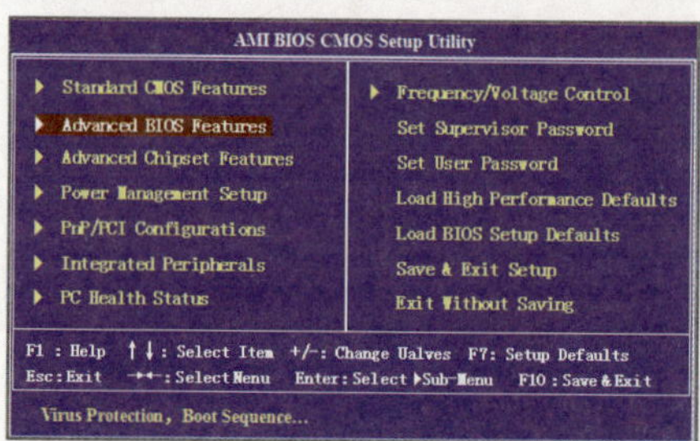

按下Enter键，进入Advanced BIOS Features（高级BIOS特性）设置界面，如下图所示。在这里可以设置开机顺序、BIOS读写权限、智能化硬盘功能、小键盘启动状态等功能。

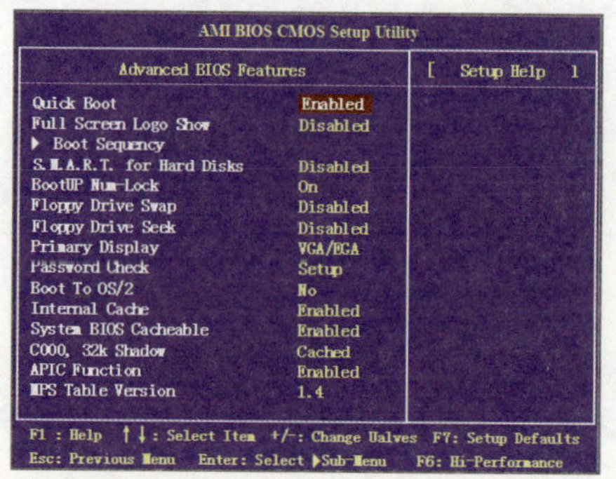

1. 设置启动顺序

在Advanced BIOS Features设置界面中选择Boot Sequency选项，然后按Enter键，在弹出的菜单中可以看到1st/2nd/3rd Boot Device选项，分别用于设置第一、第二和第三启动盘，如下图所示。

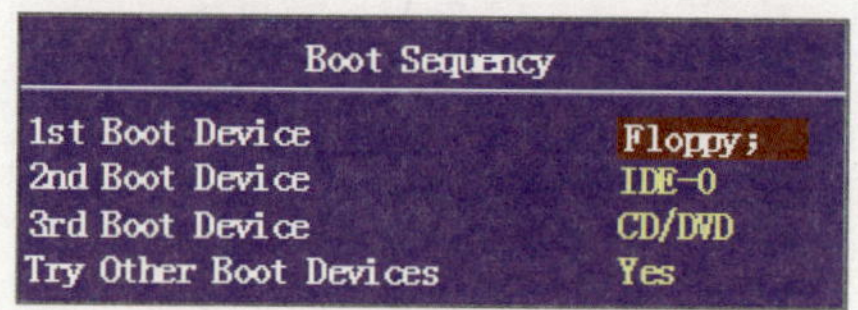

2. 设置硬盘的Smart功能

在Advanced BIOS Features设置界面中，S.M.A.R.T. for Hard Disks（硬盘的智能检测技术）选项用于监控硬盘的状态，预测硬盘失败，可以提前将数据从硬盘上移动到安全的地方。如果硬盘具有S.M.A.R.T功能，可以设置其值为Enabled，激活S.M.A.R.T（自我监控、分析、报告技术）应用程序。若设为Disabled，表示禁止。

3. 设置系统启动时进行软驱的寻道检查

在Advanced BIOS Features设置界面中，Floppy Drive Seek选项用于设置系统启动时是否进行软驱的寻道检查。其值可以设为Disabled，表示不进行检查，这样可以节省启动时间；若设为Enabled，表示进行检查，这样可以及时检测软驱存在的故障。

4. 设置密码检测功能

在Advanced BIOS Features设置界面中，Password Check选项用于设置在开机或进入BIOS设置程序时是否需要用户输入密码。其值可以设为SETUP，表示当用户进入BIOS设置程序的时候需要输入密码，这样可以保护BIOS设置。若设为Always，表示无论是开机还是进入BIOS设置程序都需要用户输入密码，这样可以提供进一步的安全保护。

5. 高级可编程中断控制器

在Advanced BIOS Features设置界面中，APIC Function（APIC功能）选项用于启用或禁止高级可编程中断控制器（APIC）。由于遵循了PC2001设计指南，此系统可以在APIC模式下运行。启用APIC模式将为系统扩充可用的IRQ资源。其值可以设为：Enabled或Disabled。

7.2.3 芯片组功能设置

在AMI BIOS主界面中选择Advanced Chipset Features选项，然后按Enter键进入高级参数芯片组设置界面，如下图所示。在这里可以设置主板上芯片组的工作状态，如总线时钟选择，DRAM和缓存的读写定时等功能。

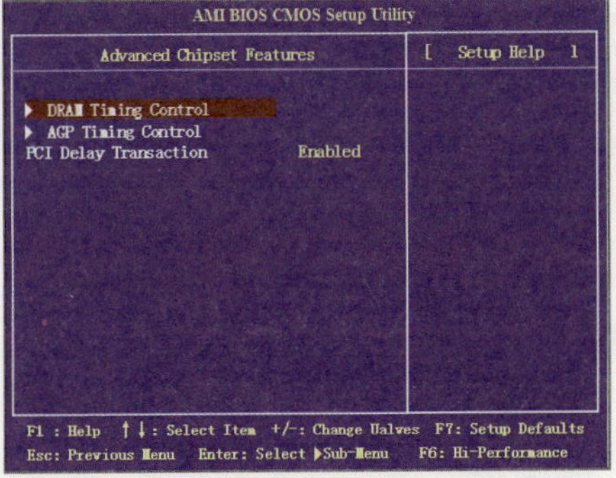

1. 设定内存频率

在Advanced Chipset Features设置界面中，光标移动到DRAM Timing Control选项，并按Enter键进入如右图所示的子菜单。在该界面中可以查看当前的CPU频率、设置SDRAM的时钟、控制在SDRAM接受并开始读指令后的延迟时间等内容。

DRAM Timing Control	
Current Host Clock	100 MHz
Configure SDRAM Timing by	SPD
SDRAM Frequency	Auto
SDRAM CAS# Latency	Auto
Row Precharge Time	Auto
RAS Pulse Width	Auto
RAS to CAS Delay	Auto
Bank Interleave	Auto
DDR DQS Input Delay	Auto
SDRAM Burst Length	4 QW
SDRAM 1T Command	Disabled
Fast Command	Normal
Fast R-2-R Turnaround	Disabled

2. 设置AGP调速控制

在Advanced Chipset Features设置界面中，将光标移动到AGP Timing Control选项，并按Enter键进入如右图所示的子菜单。在该界面中可以设置AGP图形加速卡所支持的数据传输协议、指定是否启用AGP快写特性、设置AGP卡可以存取的内存区域的大小等内容。

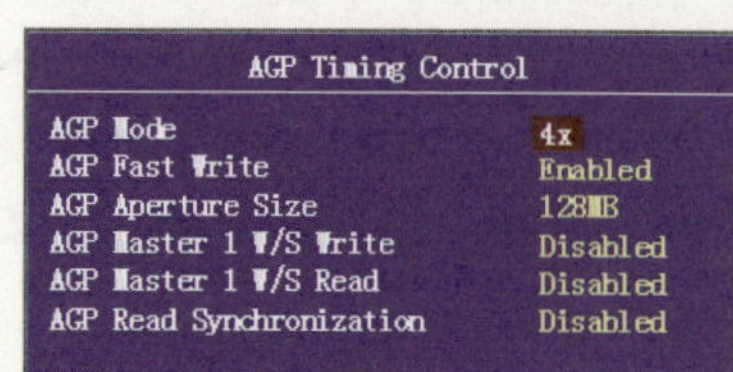

7.2.4 即插即用设备设置

在AMI BIOS主界面中选择PNP/PCI Configurations选项，然后按Enter键进入即插即用功能设置界面，如下图所示。在这里用户可用设置即插即用的资源自动分配，或以手动方式调整板卡的系统资源，如IRQ、DMA与I/O地址等。

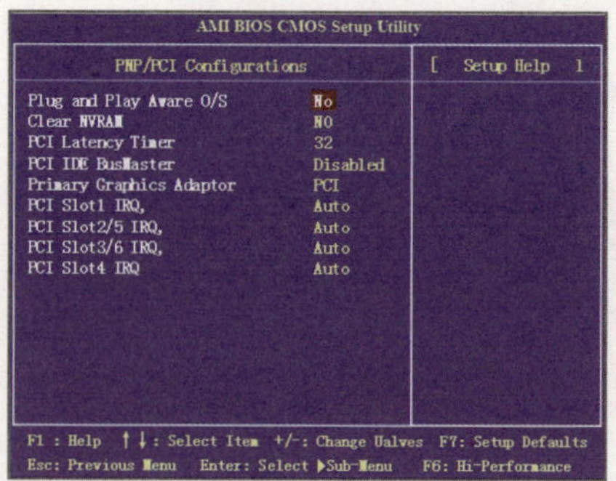

1. 设置操作系统的即插即用功能

Plug and Play Aware O/S选项用于设置操作系统的即插即用功能。可以设置其值为Yes，表示启动操作系统的即插即用功能，由操作系统自动进行资源分配；若设为No，则表示关闭操作系统的即插即用功能，所有资源的分配都必须由BIOS进行手动分配。

2. PCI Latency Timer

PCI Latency Timer选项控制每个PCI设备可以掌控总线的时间。当其值设置为较高时，表示每个PCI设备可以有更长的时间处理数据传输，这样可以增加有效的PCI带宽。为了获取更好的PCI效能，用户可以将此选项设为较高的值，选择范围是从32到248，以32为单位递增。

3. PCI IDE BusMaster

PCI IDE BusMaster选项用于启动或关闭PCI总线的IDE控制器控制总线的能力。其值可设为：Disabled或Enabled。

4. Primary Graphics Adaptor

Primary Graphics Adaptor选项用于指定哪片VGA卡是主图形适配卡。其值可设为PCI和AGP。

5. 设置PCI插槽的IRQ值

在PNP/PCI Configurations设置界面中，PCI Slot1 IRQ，PCI Slot2/5 IRQ，PCI Slot3/6 IRQ以及PCI Slot4 IRQ选项用于指定每个PCI插槽的IRQ值。其值可设为3、4、5、7、9、10、11和Auto。若设为Auto，则表示BIOS将为PCI插槽自动分配IRQ值

7.2.5 电源管理设置

在AMI BIOS主界面中选择Power Management Features选项，然后按Enter键进入电源管理设置界面，如下图所示。在这里可以对系统电源管理进行特别的设置，以实现节能管理。

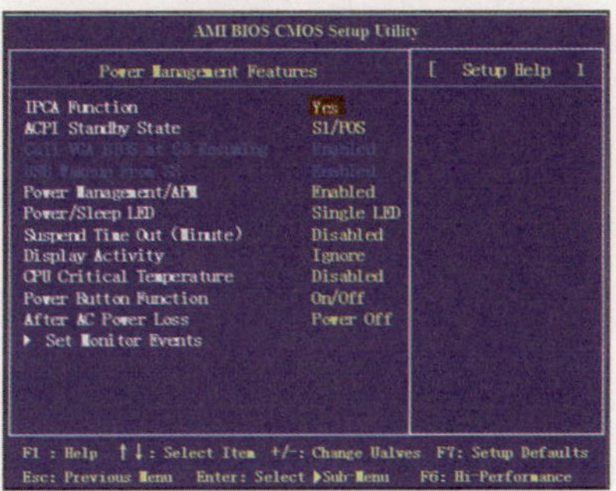

1. 设置USB唤醒功能

在Power Management Features设置界面中，USB Wakeup From S3选项允许USB设备的活动将系统从S3（挂起到RAM）的睡眠状态唤醒。其值可设为：Enabled或Disabled。

2. Power Management/APM

Power Management/APM选项用于激活高级电源管理（APM）功能。当设定为Monitor时，表示激活高级电源管理，以增强节电性能，并停止系统内部时钟。其值可设为：Enabled或Disabled。

3. 设置系统的挂起时间

在Power Management Features设置界面中，Suspend Time Out选项用于设置系统的挂起时间，即在指定的时间内系统无任何活动，所有的设备除了CPU，都会被关闭，系统转入节能模式。可以设置其值为：1、2、4、8、10、20、30、40、50、60和Disabled。

4. Display Activity

Display Activity选项用来调节BIOS要监视的指定硬件周边或部件的活动。当设定为Monitor，会自动监测指定的硬件中断活动，如下图所示。当被监视的硬件有任何活动发生，则系统会立即被唤醒或者阻止进入休眠状态。其值可设为：Monitor和Ignore。

5. CPU Critical Temperature

CPU Critical Temperature选项用于在CPU温度达到指定限度时，发出一个警报。其值可设为：Enabled或Disabled。

6. Power Button Function

Power Button Function选项用于设置开机按钮的功能。其值可设为On/Off（表示正常的开机关机按钮）和Suspend（当用户按下开机按钮时，系统进入休眠或睡眠状态，当按下开机按钮时间超过4秒时，系统关机）。

7. After AC Power Loss

After AC Power Loss选项用于指定在开机时意外断电之后，电力供应再恢复时系统电源的状态。

8. 设置监控事件

在Power Management Features设置界面中，将光标移动到Set Monitor Events选项上，然后按Enter键，进入如下图所示的子菜单。

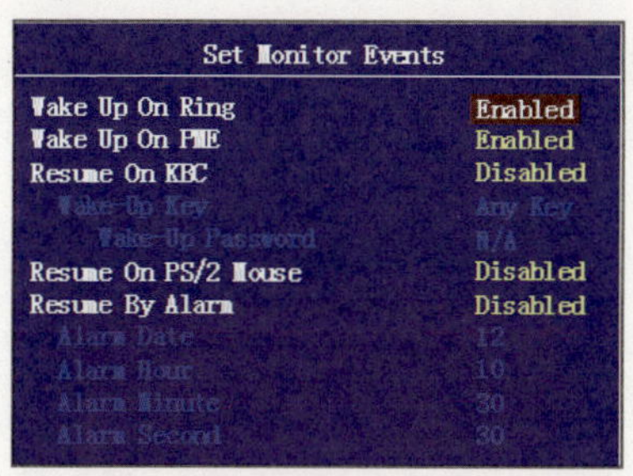

7.2.6 PC状态监控

在AMI BIOS主界面中选择PC Health Status选项，并按Enter键进入PC Health Status设置界面，在该界面中显示了计算机中的CPU、风扇以及整个系统的当前状态，如CPU温度、电压以及所有风扇速度等，如下图所示。

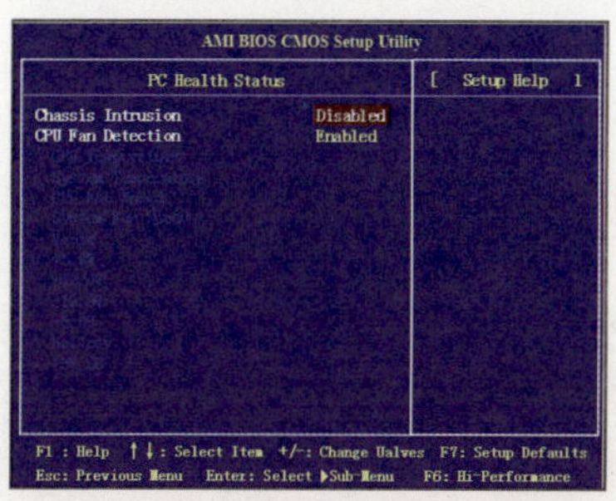

7.2.7 BIOS缺省设置

在AMI BIOS主界面，使用Load High Performance Defaults选项可以加载性能优化缺省值，而使用Load BIOS Setup Defaults选项可以为BIOS设定缺省值。下面一起来研究一下。

1. 加载性能优化缺省值

性能优化缺省值是主板制造商设定的优化性能表现的特定值，但可能会对稳定性有所影响。在AMI BIOS主界面中选择Load High Performance Defaults选项，然后按Enter键，屏幕将显示如下图所示的信息，再按Enter键加载性能优化缺省值，以优化系统的性能。这样可能会影响系统稳定性。

[Load High Performance Defaults]
WARNING! This defaults might have potential reliability risk.
Press [Enter] to Continue
Or [ESC] to Abort

2. 设定缺省值

BIOS设定缺省值是主板制造商设定的能提供稳定系统表现的设定值。在AMI BIOS主界面中选择Load BIOS Setup Defaults选项，然后按Enter键，屏幕将显示如下图所示的信息，再按Enter键加载BIOS设定缺省值。

7.2.8 保存设置及退出

用户可以使用两种方法来退出AMI BIOS的设置程序，分别是保存后退出和不保存退出。

1. 保存后退出

在AMI BIOS的设置界面中选择Save & Exit Setup选项，然后按下Enter键，则会弹出确认对话框，如下图所示。在对话框中输入Y，再按Enter键即可保存对BIOS的修改值，并退出AMI BIOS设置程序了。如果输入N后按Enter键，表示取消本次退出动作。

2. 不保存退出

在AMI BIOS主界面中选择Exit Without Saving选项，然后按下Enter键，接着在弹出的对话框中输入Y，再按Enter键即可不保存对BIOS的修改，并退出AMI BIOS设置程序。如果输入N后按Enter键，表示取消本次退出动作，如下图所示。

7.3 BIOS设置★★★

BIOS的默认设置虽然能够保证电脑运行，但并没有发挥电脑各硬件的最佳性能，因此需要对其进行优化设置，以便使电脑各硬件发挥最大功效。

7.3.1 硬盘优化

硬盘优化包括启动顺序优化和硬盘性能优化两个方面，其含义如下。

- 启动顺序的优化：是指电脑在启动时会根据BIOS设置的硬盘引导顺序来读取引导信息，若在设置的第1个引导设备中未找到引导信息，则会转向下一个设备。由于目前大多通过硬盘引导系统启动，因此将第1个引导设备设置为硬盘，可以加快系统的引导速度。
- 硬盘性能的优化：对硬盘性能的优化主要是指关闭不需要的IDE通道和优化硬盘的读写性能，如将IDE primary Slave、IDE Secondary Slave和Access Mode（硬盘存取模式）选项都设置为None。

7.3.2 CPU优化

CPU优化主要表现在打开CPU的二级缓存，设置二级缓存的读写方式，其含义如下。

- CPU Level 1（L1）Cache：该选项默认是打开的，打开该功能可以激活CPU中的缓存，关闭该功能将在很大程度上降低系统的性能，但却会增大超频成功的可能性。
- CPU Level 2（L2）Cache：该选项默认也是打开的，打开该功能将激活系统外部缓存，关闭该功能将在很大程度上降低系统的性能，但也会增加超频成功的可能性。

提示：通过超频优化CPU。

CPU的优化还可通过超频进行，不过在进行超频设置时，需要关闭二级缓存。

7.3.3 内存优化

内存优化主要包括降低内存的延迟时间，适当提升内存的工作频率等。用户可以在Advanced Chipset Features设置界面中，将光标移动到DRAM Timing Control选项，并按Enter键进入如下图所示的子菜单。

各选项的功能如下。

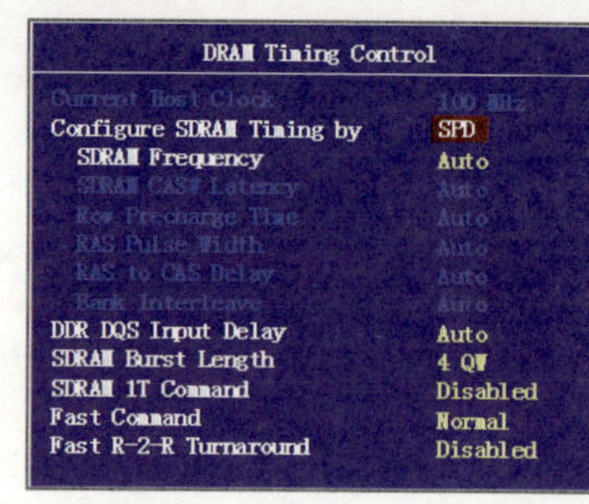

- Current Host Clock选项：用于显示当前CPU的频率。
- Configure SDRAM Timing by选项：决定SDRAM的时钟设置是否由读取内存模组上的SPD(Serial Presence Detect)EEPROM内容决定。
- SDRAM Frequency（SDRAM时钟）选项：用于设定所安装内存的时钟。
- SDRAM CAS# Latency（SDRAM CAS#延迟）选项：用于控制在SDRAM接受并开始读指令后的延迟时间（在时钟周期内）。
- Row Precharge Time（行充电时间）选项：用于控制行地址滤波（RAS）充电时钟周期数。如果在内存刷新前没有足够的时间允许RAS充电，刷新可能不完全并且内存可能保存数据失败。此项仅在系统中安装有同步DRAM才有效。其值可设为2T和3T。
- RAS Pulse Width（RAS脉冲波长）选项：允许用户根据内存规格设置RAS脉冲波长的时钟周期数。更小的时钟周期会使DRAM有更快的性能表现。
- RAS to CAS Delay（RAS至CAS的延迟）选项：用于从RAS（行地址滤波）转换到CAS（列地址滤波）的延迟时间。更小的时钟周期会使DRAM有更快的性能表现。
- Bank Interleave（堆插入数）选项：用于指定安装的SDRAM的插入数是“2-堆”还是“4-堆”。如果安装16 MB SDRAM请禁用此功能。其值可设为Disabled（禁用），2-Way和4-Way。
- DDR DQS Input Delay（DDR DQS输入延迟）选项：用于设定DQS的延迟时间，以改善数据处理速度，同时提升稳定性。
- SDRAM Burst Length（SDRAM爆发存取长度）选项：用于设置DRAM爆发存取长度的大小。

7.4　升级主板BIOS★★★

当用户遇到电脑是对某些新技术不支持的情况时，或是想提高电脑性能时，可以通过升级BIOS程序，提升主板功能。

在升级BIOS之前，需要完成以下准备工作。

- 查知主板的厂家和型号。查清楚主板的厂家和型号，以便确认需要升级的BIOS。
- 选择与BIOS类型相对应的刷新软件。不同厂家生产的BIOS有不同的BIOS刷新程序（又称擦写器）。
- 判定下载BIOS文件是否正确。准备的升级BIOS文件要确保正确，否则不能成功进行升级。

下面以升级Award BIOS为例进行介绍，具体操作步骤如下。

步骤1 启动Award BIOS的刷新程序。

根据主板型号和版本号，从网上下载该v主板的BIOS文件*.bin和刷新程序Awdflash.exe，并将其复制到已制作好的系统启动盘中（注意要在同一目录），接着在DOS模式下运行刷新程序，打开如下图所示的窗口。

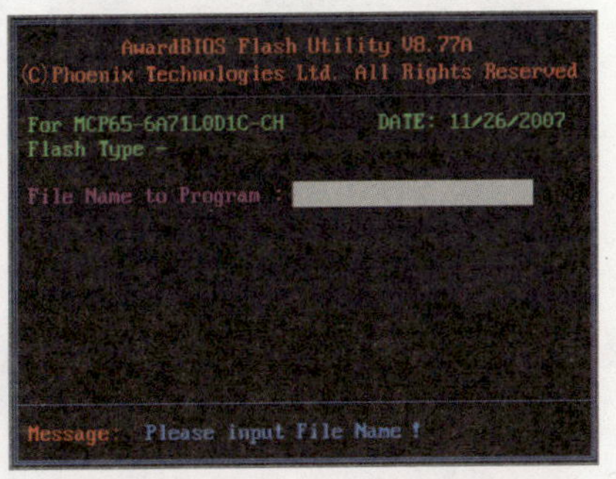

步骤2 输入BIOS文件名称。

在File Name to Program文本框中输入新版本BIOS文件的名称，然后按Enter键，这时会在Message行中出现“Do You Want To Save Bios （Y/N）”，提示是否保存原有的BIOS程序，按Y键备份原有的BIOS文件，如下图所示。

步骤3 设置BIOS备份的文件名称。

在Save current BIOS as文本框中输入备份BIOS程序名称，如右图所示。

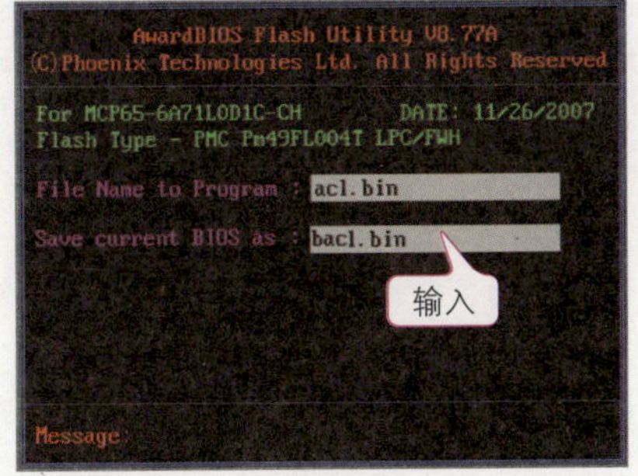

步骤4 备份原BIOS程序。

按Enter键，开始备份原BIOS程序，如右图所示。

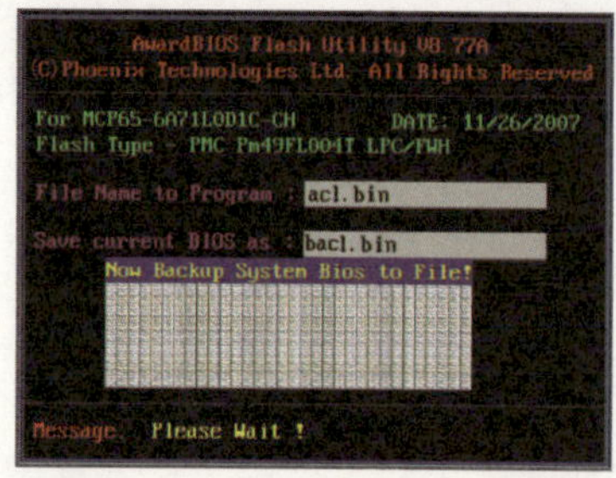

步骤5 确认更新BIOS程序。

BIOS备份完成后会在Message行中出现“Press ‘Y’ to Program or ‘N’ to Exit”提示，询问是否更新BIOS，如下图所示。

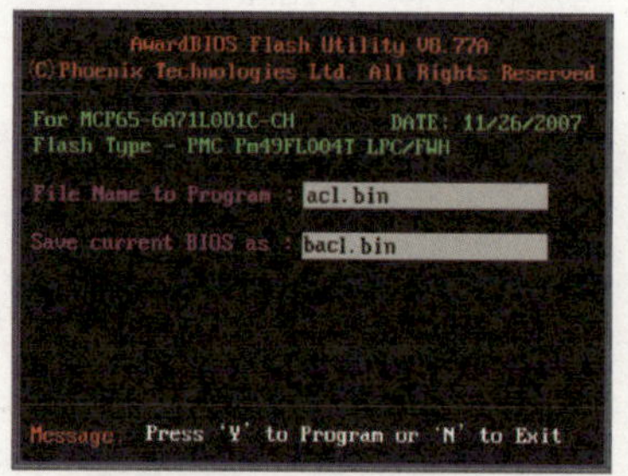

步骤6 开始更新BIOS程序。

按Y键，开始更新BIOS程序，如下图所示。

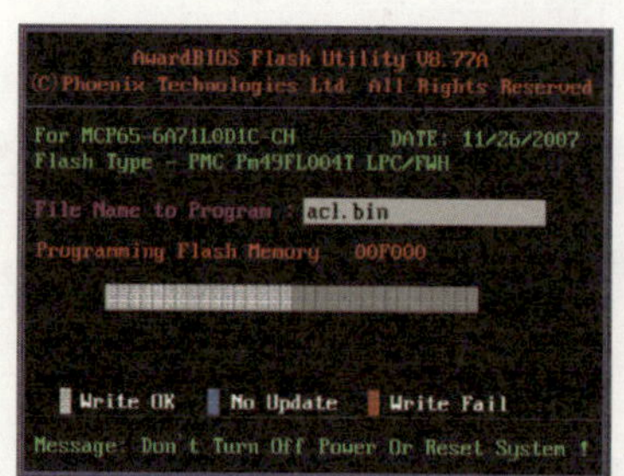

注意：BIOS刷新注意事项。

在刷新BIOS过程中，断电是升级BIOS失败的最主要原因，它会造成BIOS不完整，导致计算机启动失败或根本不能启动。因此，在刷新BIOS时最好使用不间断电源。

步骤7 完成BIOS刷新操作。

BIOS刷新完成后，刷新程序会提示按F1进行重新启动，如右图所示。重新启动计算机，完成整个刷新过程。

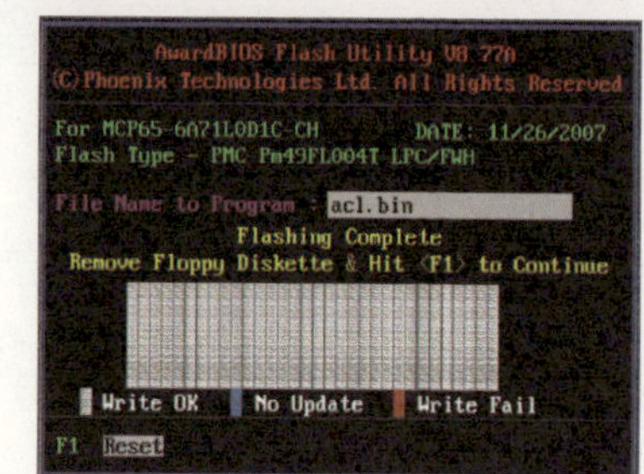

7.5 上机实训

为了巩固和拓展本章所学的内容，下面就来实战演练，自己操作一下。

实训1. 设置开机密码

在BIOS程序中设置开机密码的操作步骤如下。

步骤1 进入BIOS主界面。

重新启动计算机，然后按Del键进入BIOS主界面，如下图所示，接着按向右方向键选择Security选项，然后按Enter键进入Security设置界面。

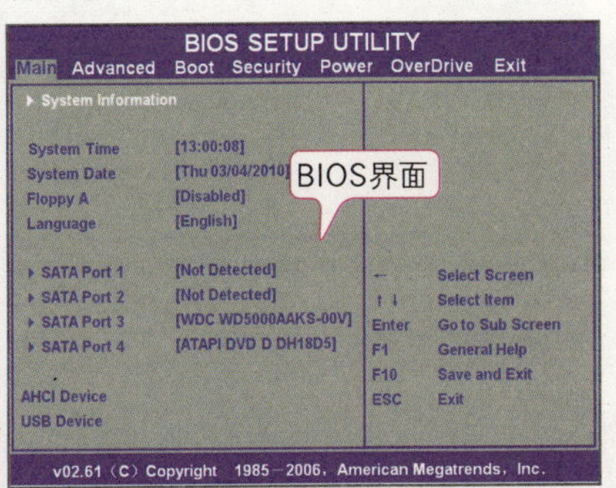

步骤2 选择Change Supervisor Password选项。

选择Change Supervisor Password选项，然后按Enter键，如下图所示。

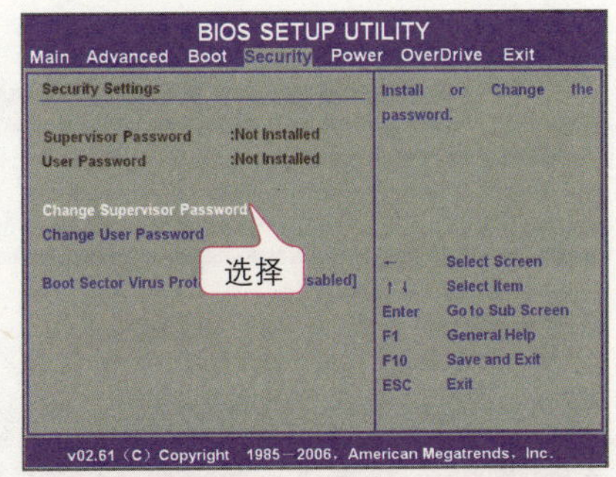

步骤3 输入CMOSP开机密码。

在弹出的对话框中输入CMOS开机密码，并按Enter键确认，如下图所示。

步骤4 确认CMOSP开机密码。

再次输入CMOS开机密码，并按Enter键确认，如下图所示。

步骤5 成功设置CMOSP开机密码。

当两次输入的密码相同时，系统会提示“Password installed”，表示密码设置成功，按Enter键，如下图所示。

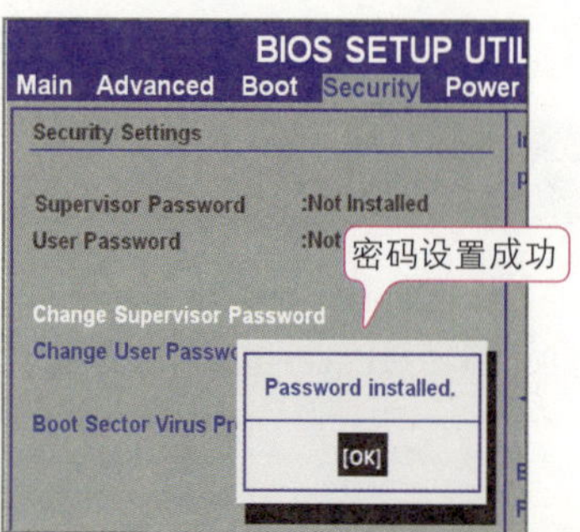

步骤6 返回Security设置界面。

返回Security设置界面，这时会发现 Supervisor Password选项值由“Not Installed”变成“Installed”，如下图所示。

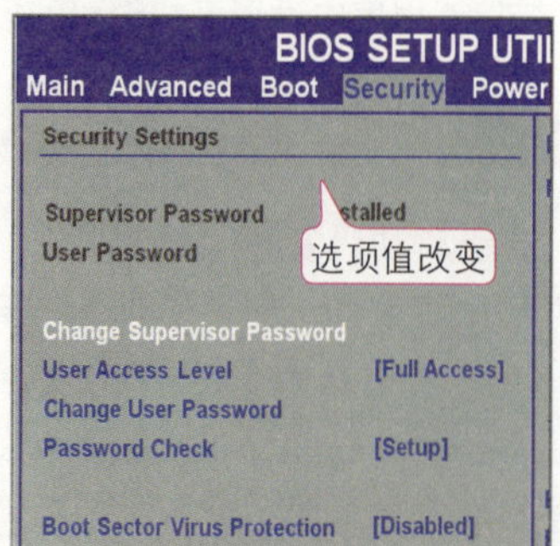

注意：两次输入的密码不相同。

如果弹出“Password do not match!”提示，则表示两次输入的密码不匹配，请重新再输入一次。

步骤7 退出BIOS程序。

按F10键，然后在弹出的对话框中选择OK按钮，接着按Enter键，保存并退出BIOS程序，如下图所示。

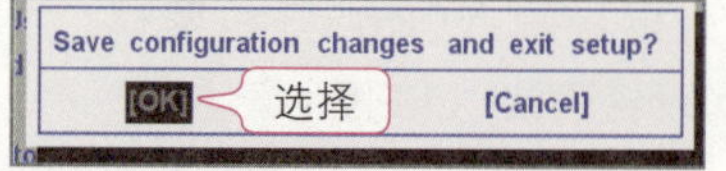

步骤8 使用CMOS开机密码登录。

当用户设置开机密码后，以后启动计算机时将会进入如下图所示的界面，输入CMOS开机密码登录，然后按Enter键确认，接下来才能进入用户登录界面。

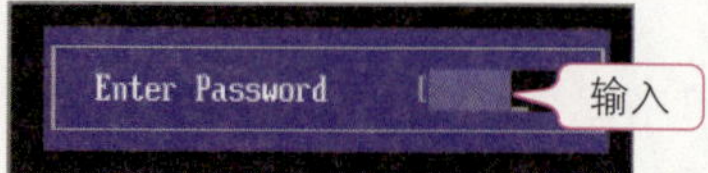

技巧：设置用户登录密码。

如果用户要设置使用者账户的登录密码，可以在Security设置界面中选择Change User Password选项，并按Enter键，然后在弹出的对话框中输入用户账户密码，并按Enter键确认，接着在弹出的对话框中重复输入用户账户密码，再次按Enter键确认即可。

实训2. BIOS升级失败的处理

一旦BIOS升级失败，就会使系统无法启动。这时用户可以通过下述方法修复BIOS。

- 使用BIOS刷新器修复BIOS：方法是通过电擦写式的刷新器进行刷新修复。因为是专用的设备，所以只有一些BIOS维修处才有，用户需要将主板上的BIOS芯片撬下来，将它和BIOS程序一起带到服务商处进行修复即可，费用不是很高。如果没有把握，就将主板一起带到维修处让专业人员处理。
- 通过热插拔法修复BIOS：该方法需要手动拔出BIOS芯片，然后再手动插入。由于该方法风险太大，不到万不得已的时候不要使用。

本章学习要点

√硬盘分区基础
√分区硬盘
√格式化硬盘

Chapter 08

第8章 分区与格式化硬盘

随着科技的发展，电脑硬盘的容量越来越大，为了便于管理磁盘空间，用户需要对硬盘进行分区，将硬盘分成一个或多个大小不等的驱动器，然后再格式化各分区，以便存储各种信息。为此，下面将为大家介绍一些硬盘分区与格式化工具的使用方法。

本章重点实例展示

使用ipconfig命令
看本地计算机IP地

使用tracert命令追踪
到目标网站的路径信息

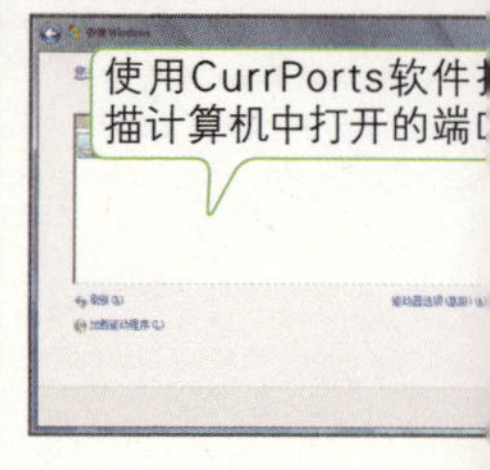

8.1 硬盘分区基础★★

安装操作系统之前，首先要对硬盘进行初始化，也就是对硬盘进行低级格式化（在硬盘出厂前已做完）、硬盘分区和高级格式化操作。为了方便理解，下面将为大家简单介绍硬盘分区的基础知识。

8.1.1 了解硬盘分区的术语知识

1. 主分区、扩展分区、逻辑分区

（1）主分区（Primary DOS Partition）也称“基本DOS分区”，包含操作系统启动所必需的文件和数据的硬盘分区，系统从该分区查找和调用操作系统所必须的文件和数据，它是用来保存开机所需的文件和主引导记录的分区，每个硬盘至少要有一个“主DOS分区”。

（2）扩展分区：硬盘中扩展分区是可选的，即用户可以根据需要及操作系统的磁盘管理能力而设置扩展分区。

（3）逻辑分区：扩展分区不能直接使用，要将其分成一个或多个逻辑驱动的区域，也叫逻辑驱动器，才能为操作系统识别和使用。

（4）活动分区：当从硬盘启动系统时，有一个分区并且只有一个分区中的操作系统进入运行，这个运行的分区叫活动分区。当用Fdisk做硬盘分区时，有一步骤是将基本分区激活，含义就是将DOS基本分区定义为活动分区。

总之，硬盘分区有基本分区和扩展分区两种基本类型，基本分区根据用户定义可以成为活动分区，扩展分区要分成逻辑分区后才能使用。

2. 驱动器名的分

当启动操作系统时，操作系统将给基本分区分配一个驱动器号也叫盘符，每个逻辑驱动器得到一个驱动器号。操作系统为硬盘等存储设备命名盘符时有一定的规律，如“A:”和“B:”固定分配给软盘使用，而“C:”~“Z:”则作为硬盘、光驱及其他存储设备共用，其中C盘符分配给活动分区，从D盘符开始按顺序分配给硬盘的逻辑分区，最后才分配给光驱。如一块200GB的硬盘，只建立一个主分区而不建立扩展分区，则硬盘盘符为“C:”，光盘盘符为“D:”；若建立一个扩展分区，扩展分区又划分有两个逻辑分区，则主分区为“C:”，扩展分区中的逻辑驱动器依次为“D:”、“E:”，光盘盘符为“F:”。

3. 分区格式

在目前的Windows操作系统上，常用的分区格式有FAT32和NTFS两种，而比较早

的分区格式则使用FAT16格式，下面简单了解一下3种分区格式的区别。

(1)FAT 16

FAT16是较老的一种分区格式，采用16位的空间分配表，是几乎所有的操作系统都支持的分区格式；但由于其占用的簇较大，因此浪费硬盘空间严重、硬盘的实际利用率低，目前较少有电脑采用该分区格式。

(2)FAT32

FAT32采用32位的文件分配表，突破FAT16对每一个分区容量只有2GB的限制。FAT32是目前使用最多的分区格式，Windows 98/Me/2000/XP都支持它。

(3)NTFS

NTFS最显著的优点是安全性、稳定性、可管理性极其出色，并且占用的簇更小，支持的分区容量更大，使用时不易产生碎片，对硬盘的空间利用和软件的运行速度都有好处。目前支持该分区的操作系统有Windows NT/2000/XP/ Server2003/Vista/7等。

8.1.2 硬盘分区规划

大容量硬盘给用户提供了更多的储存空间，但同时也带来了一个小小的问题：就是如果沿用以前每20~30GB分一个区的话，盘符可能会达到10多个甚至更多。下面以安装Windows 7系统的家用型电脑(500GB)为例，讲解分区规划及其理由。

1. C盘

建议分区的大小是60GB，NTFS格式。C盘主要安装的是Windows系统和一些比较小的常用应用程序。当然，通常情况下C盘也是用来安装一些常用的办公和应用软件，NTFS分区格式有很强的稳定性和安全性，特别适合于办公和学习。60GB的容量是考虑到当计算机进行操作时，系统需要把一些临时文件暂时存放在C盘进行处理。所以C盘要保持一定的空间，同时也可以避免开机初始化和磁盘整理的时间过长。

2. D盘

建议分区的大小是100GB，NTFS格式。D盘主要用来安装比较大的应用软件和编程工具(比如：Photoshop CS3. Microsoft Visual Studio 2005)、常用工具(比如：暴风影音、Windows优化大师)等，同时建议在这个分区建立目录集中管理。

3. E盘

建议分区的大小是100GB，FAT32格式。E盘采用FAT32格式主要是为了主流单机和网络游戏采用的制作引擎和兼容性的考虑。大小为什么是所有分区中最大的原因是本着游戏在载入各场景地图间的切换与读盘需要大量的虚拟内存，所以可用空间是越大越好。如果需要的话，可以再对游戏的类型进行划分。

4. F盘

建议分区的大小是100GB，FAT32格式。如果你是影音发烧友，有大量音乐、电影文件要存放的话，可以划分一个比较大的F区。影音文件一般不需要编辑处理，只是用专用的软件回放欣赏，其质量和速度同磁盘数据结构的关系微乎其微。

5. G盘

建议分区大小当然是硬盘剩余的空间了，FAT32格式。如果你安装了很多软件，那么为了避免系统崩溃后再次安装时找不到安装程序，还可以另开一个磁盘用来做文件备份。如Windows的注册表备份、Ghost备份和计算机各硬件如显示卡、声卡、Modem、打印机等驱动程序，以及各类软件的安装程序。

介绍到这里，所有的磁盘空间都划分完毕。大概是5到6个分区，各种数据分类存放得井井有条。当然，你也可以把数据更细地分类、分区存放。

8.1.3 创建启动光盘

启动盘就是当你的系统崩溃引导不起来的时候，最后的救星了。制作一张能够启动Windows XP的启动盘其实也不难，下面就从如何制作光盘版的DOS启动盘开始进入如何寻找这个救星方法的第一步了，一定要紧跟我的步伐哦。

光盘版的DOS启动盘对主板的要求：

- 支持himem和emm386的内存管理，可以突破DOS的640K常规内存的限制。
- 可驱动各种常见类型的光驱（CDROM、DVD-ROM）。
- 支持smartdrv磁盘缓冲加速，大大加快DOS下磁盘读写的速度，尤其是在DOS下安装系统的时候或GHOST镜像文件，它会为你节省很多时间。
- 可识别U盘，自动为其分配盘符。
- 可选择是否支持NTFS分区。
- 自动加载鼠标驱动。

制作和使用步骤。

步骤1 确定活动范围。打开刻录软件Nero，在选择刻录光盘类型里选择CD-ROM启动型，在“启动”项里选择“映像文件”，在“浏览”里选中刚刚下载的那个ima文件，单击“新建”后进入Nero界面。

步骤2 网络查点。如果你只想拥有基本的DOS功能，就不需要对NTFS分区进行操作。如果你想拥有更强大的DOS功能，需要另外下载相关文件。

步骤3 确定活动范围。开始刻录光盘，结束后你就有了一张可以启动系统的DOS光盘了。

步骤4 网络查点。将该光盘放入光驱，重启电脑，在系统自检的界面上按键进入BIOS设置，进入BIOS FEATURES SETUP中，将Boot Sequence（启动顺序）设定为CD-ROM第一，设定的方法是在该项上按PageUP或PageDown键来转换选项。设定好后按ESC一下，退回BIOS主界面，选择Save and Exit（保存并退出BIOS设置，直接按F10也可以，但不是所有的BIOS都支持）回车确认退出BIOS设置。

步骤5 确定活动范围。系统重启后会自动从光驱引导DOS系统，引导菜单有3个选项：boot dos with cdrom是驱动光驱；boot dos with cdrom+usb是驱动光驱和U盘；boot dos only只启动dos，并加载内存管理和smartdrv高速缓存。

步骤6 网络查点。启动成功后，会显示DOS LOADING SUCCESSFUL的字样并处于A:\>的提示符下，至此DOS系统启动完毕。

8.2 分区硬盘★★★★★

Fdisk是一款常见的分区工具，虽然其功能比不上有些软件，但用它分区是十分安全的。下面就来介绍如何使用Fdisk进行硬盘分区。

8.2.1 使用Fdisk分区硬盘

Fdisk是一款允许在DOS下进行磁盘分区的软件，使用该软件时需要先准备一张能启动的软盘，除了Fdisk.exe程序外，还要有格式化程序FORMAT. COM，下面介绍如何使用Fdisk分区硬盘。

1. 创建主分区

步骤1 询问是否使用FAT32文件系统界面。

在DOS模式下运行Fdisk程序，即在DOS模式下看到A:\>或者C:\>提示符后键入命令Fdisk，并按Enter键，接着会出现如右图所示的界面。

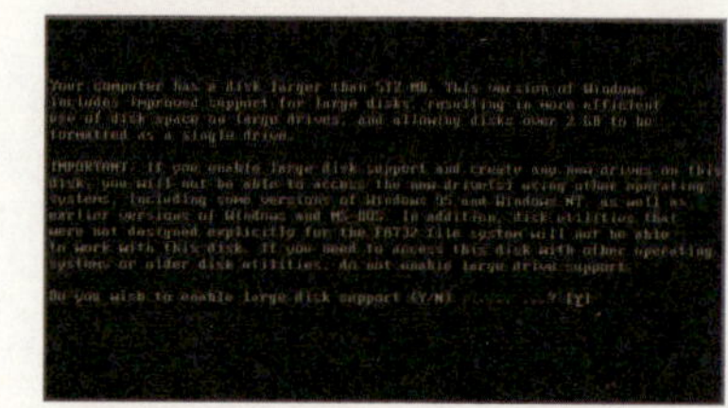

步骤2 开始进入分区方式。

输入"Y"后按Enter键，出现如右图所示的界面。这是FDISK的主菜单，分区工作只要用到前面的前两个选项即可。如果计算机上安装了多个硬盘，还会增加一个选项"5.Change current fixed disk drive"用于选择所要分区的硬盘。

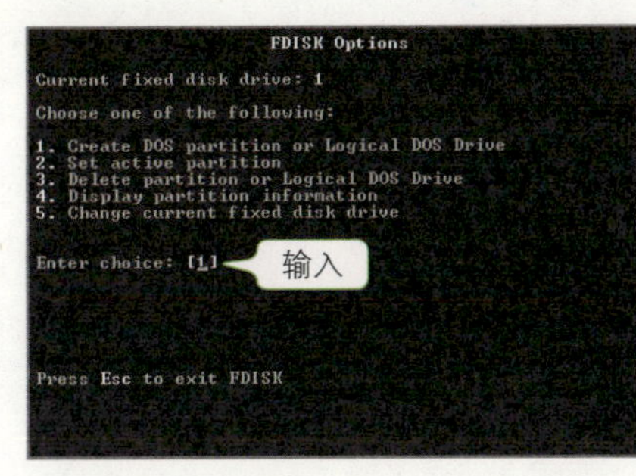

提示：了解分区方式选项。

在分区方式选择界面中有5个选项，其含义如下。

- Create Primary DOS Partition：创建主DOS分区和逻辑DOS分区。
- Set Active Partition：激活分区。
- Delete Partition or logical DOS drive：删除主DOS分区和逻辑DOS分区。
- Display Partition information：查看当前分区信息。
- Change current fixed disk drive：切换硬盘，它只有在系统安装多块硬盘时才出现，即选择其他硬盘（双硬盘才选此项）。

步骤3 选择是创建主DOS分区还是创建逻辑分区界面。

按下"1"（或直接回车）进入建立分区的子菜单，如下图所示。

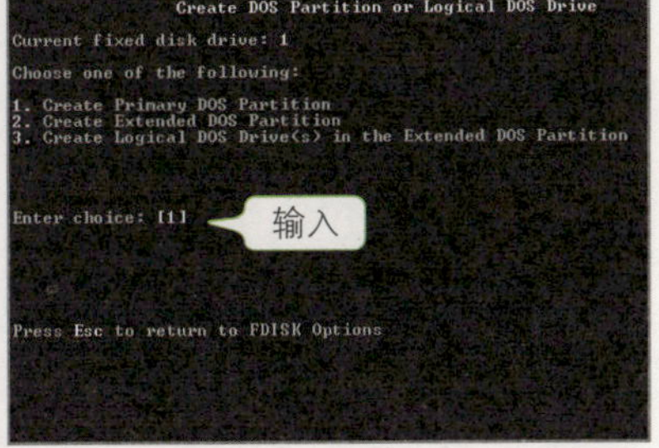

步骤4 选择是否把全部空间分做一个驱动器。

按"1"键即可进行创建主分区操作，此时Fdisk会对硬盘进行扫描，如下图所示。

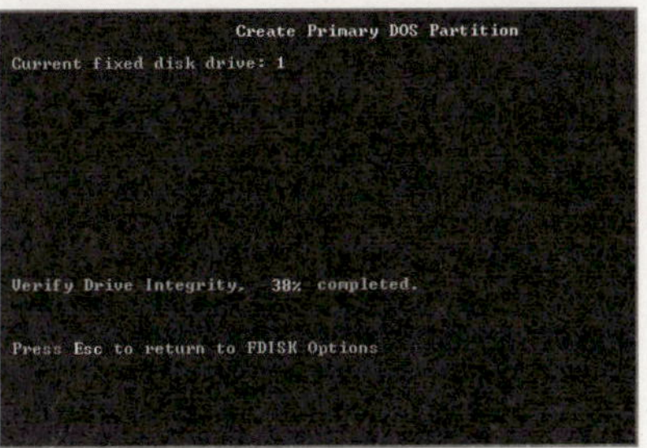

步骤5 选择是否把全部空间分做一个驱动器。

扫描结束后进入下图所示的界面。若选择“Y”，则将整个硬盘作为“主DOS分区”；否则将硬盘划分为“主DOS分区”和“扩展DOS分区”。

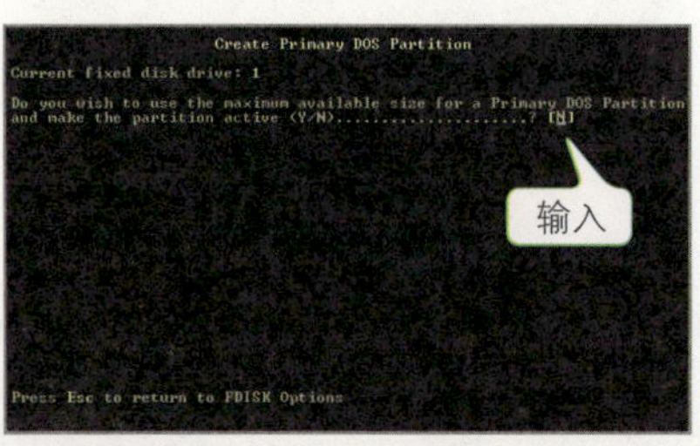

步骤6 指定分区大小。

这时将会再次扫描硬盘，然后在扫描结束后输入主分区空间大小的屏幕，在Create a primary DOS Partiton文本框中输入分区的大小或百分比即可，再按Enter键确认，如下图所示。

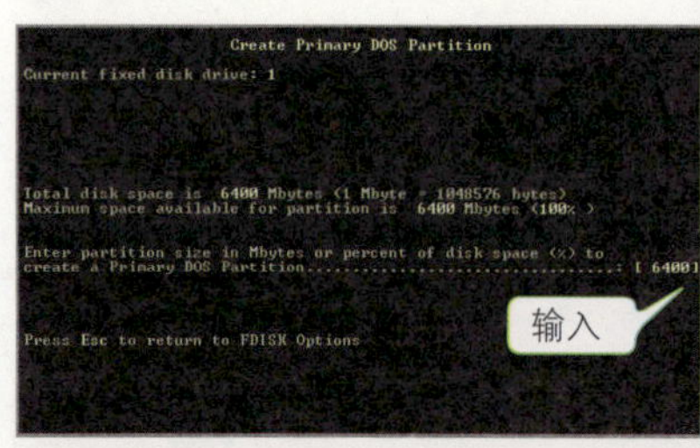

步骤7 成功创建主分区。

开始创建主分区。创建完毕后会进入如右图所示的界面，按Esc键可继续执行其他的操作。

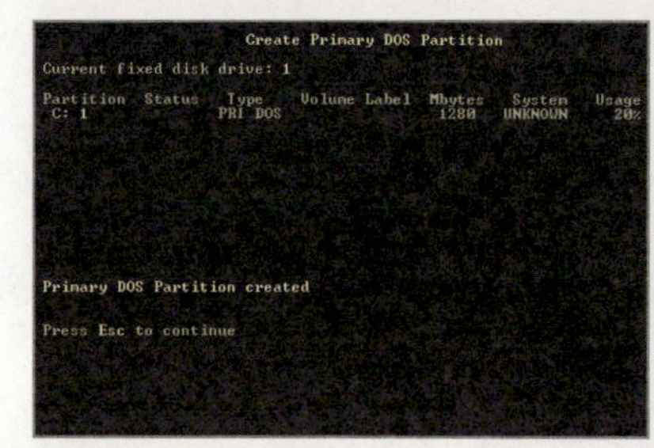

2. 创建扩展分区

成功创建主分区后，接下来即可创建扩展分区了，具体操作步骤如下。

步骤1 进入创建分区主界面。

主分区创建好后，按Esc键返回主菜单，选择1后按Enter键进入创建分区主界面，如右图所示，接着选择2按Enter键进入创建扩展分区界面示。

```
Create DOS Partition or Logical DOS Drive
Current fixed disk drive: 1
Choose one of the following:
1. Create Primary DOS Partition
2. Create Extended DOS Partition
3. Create Logical DOS Drive(s) in the Extended DOS Partition

Enter choice: [2]

Press Esc to return to FDISK Options
```

步骤2 询问是否把剩余的空间全部划分为扩展分区。

这时Fdisk会对硬盘剩余未分配的空间进行扫描，扫描结束后将剩余未分配的空间列出，如下图所示。

```
                    Create Extended DOS Partition

Current fixed disk drive: 1

Partition  Status   Type    Volume Label  Mbytes   System   Usage
 C: 1              PRI DOS                 1280   UNKNOWN    20%
    2              EXT DOS                 5120   UNKNOWN    80%




Extended DOS Partition created

Press Esc to continue
```

步骤3 创建扩展分区。

直接按Enter键，将剩余空间全部划分为扩展分区，完成后显示已创建的分区情况，如下图所示。

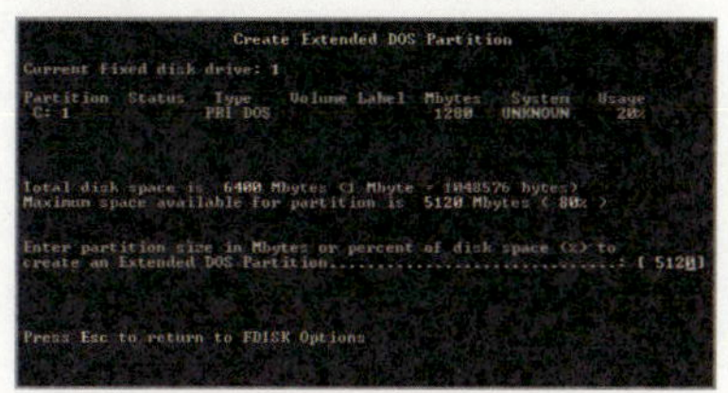

```
                    Create Extended DOS Partition

Current fixed disk drive: 1

Partition  Status   Type    Volume Label  Mbytes   System   Usage
 C: 1              PRI DOS                 1280   UNKNOWN    20%



Total disk space is  6400 Mbytes (1 Mbyte = 1048576 bytes)
Maximum space available for partition is  5120 Mbytes ( 80% )

Enter partition size in Mbytes or percent of disk space (%) to
create an Extended DOS Partition.............................: [ 5120]


Press Esc to return to FDISK Options
```

3. 创建逻辑分区

步骤1 设置主DOS分区的容量或所占用硬盘总空间。

选择“N”后，可以在下图所示的界面中输入“主DOS分区”（C区）的容量或所占用硬盘总空间的百分比。按Enter键后出现了第一个分区的信息，如右图所示。

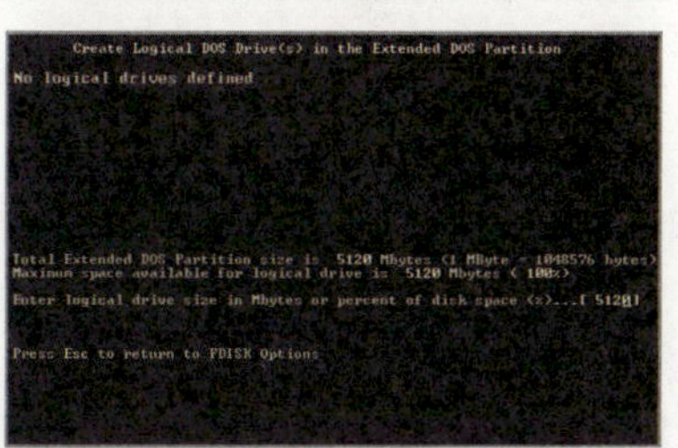

```
      Create Logical DOS Drive(s) in the Extended DOS Partition

No logical drives defined





Total Extended DOS Partition size is  5120 Mbytes (1 MByte = 1048576 bytes)
Maximum space available for logical drive is  5120 Mbytes ( 100%)

Enter logical drive size in Mbytes or percent of disk space (%)...[ 5120]


Press Esc to return to FDISK Options
```

步骤2 创建主DOS分区完成。

正在创建用户主DOS分区。制作完毕，如右图所示按ESC键可继续执行其他的操作。

```
      Create Logical DOS Drive(s) in the Extended DOS Partition

Drv Volume Label  Mbytes  System  Usage
D:                 2560  UNKNOWN    50%




Total Extended DOS Partition size is  5120 Mbytes (1 MByte = 1048576 bytes)
Maximum space available for logical drive is  2560 Mbytes (  50%)

Enter logical drive size in Mbytes or percent of disk space (%)...[ 2560]

Logical DOS Drive created, drive letters changed or added

Press Esc to return to FDISK Options
```

步骤3 设置活动分区。

在主界面中按“2”键进入活动分区设置，再按“1”键，这时屏幕显示已经设置好的活动分区信息，在Status项目下的C区栏多了一个“A”，意思是C区为活动（Active）分区也就是主引导分区，如右图所示。

```
   Create Logical DOS Drive(s) in the Extended DOS Partition

Drv Volume Label  Mbytes  System  Usage
D:                 2560  UNKNOWN    50%
E:                 2560  UNKNOWN    50%_




All available space in the Extended DOS Partition
is assigned to logical drives.
Press Esc to continue_
```

4. 激活主分区

使用Fdisk分区硬盘后，还需要激活主分区，否则将不能正常安装操作系统。

步骤1 进入Fdisk程序主界面。

在Fdisk程序主界面上输入2，然后按Enter键，如右图所示。

```
FDISK Options
Current fixed disk drive: 1
Choose one of the following:
1. Create DOS partition or Logical DOS Drive
2. Set active partition
3. Delete partition or Logical DOS Drive
4. Display partition information
5. Change current fixed disk drive

Enter choice: [2]

Press Esc to exit FDISK
```

步骤2 选择要激活分区的编号。

进入激活分区界面，如下图所示。选择要激活的分区，在Enter the number of the partition you want to make active（输入要激活分区的编号）文本框中输入1。

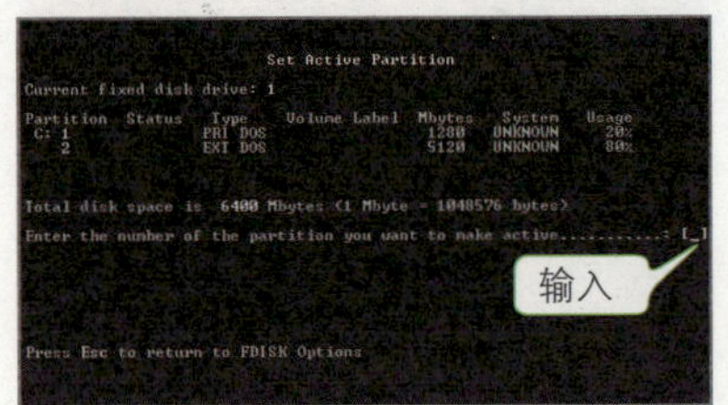

步骤3 激活主分区。

输入完后按Enter键即将C分区激活，如下图所示。

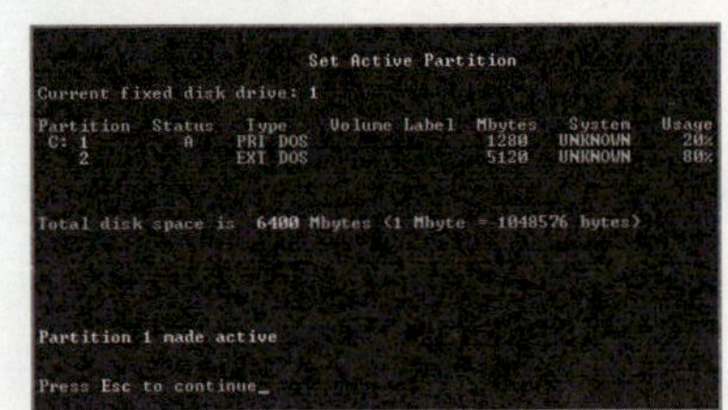

5. 查看硬盘分区信息

使用Fdisk查看硬盘分区信息的操作步骤如下。

步骤1 进入Fdisk程序主界面。

在Fdisk程序主界面上选择4后按Enter键，进入列有C区信息的界面，如右图所示。

```
Display Partition Information
Current fixed disk drive: 1
Partition Status Type Volume Label Mbytes System Usage
C: 1 A PRI DOS 1280 UNKNOWN 20%
2 EXT DOS 5120 80%

Total disk space is 6400 Mbytes (1 Mbyte = 1048576 bytes)

The Extended DOS Partition contains Logical DOS Drives.
Do you want to display the logical drive information (Y/N)......?[Y]

Press Esc to return to FDISK Options
```

步骤2 查看硬盘分区信息。

如果硬盘有多个分区，此时还会询问是否显示逻辑分区，输入Y后按Enter键确认，出现如右图所示的显示逻辑分区界面，再按Esc键返回分区主界面即可。

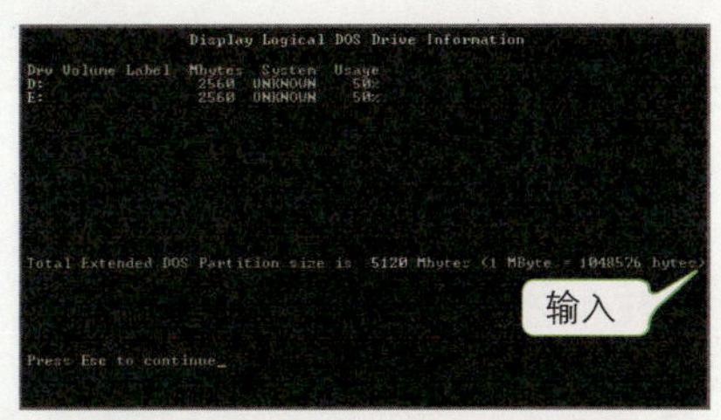

8.2.2 使用DM万用版分区硬盘

DM是一款支持大容量硬盘分区的通用分区软件，它具有令人惊叹的分区速度，支持任何硬盘的分区，堪称最强大、最通用的硬盘初始化工具。

步骤1 进入DM程序主界面。

用制作好带有DM的启动盘启动电脑，运行DM，进入DM分区主界面，选择(A)dvanced Options进入二级菜单，如下图所示。

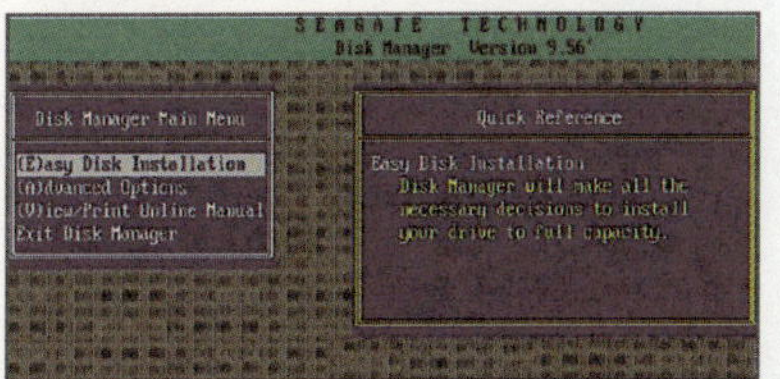

步骤2 选择(A)dvanced Disk Installation选项。

若要进行分区操作，选择(A)dvanced Disk Installation选项，如下图所示。

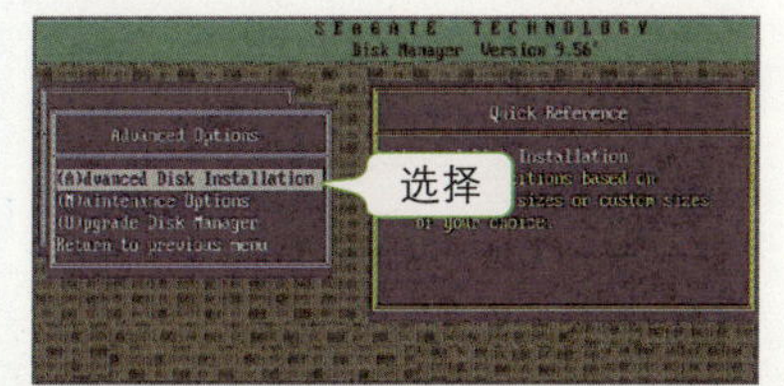

步骤3 显示硬盘的列表。

系统显示硬盘的列表，如下图所示，直接按Enter键继续。

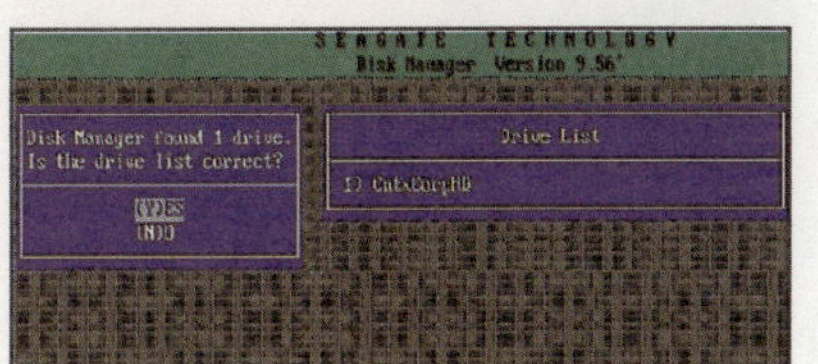

步骤4 选择要分区的硬盘。

如果系统安装有多个硬盘，回车后会提示选择需要对哪个硬盘进行分区，如下图所示。

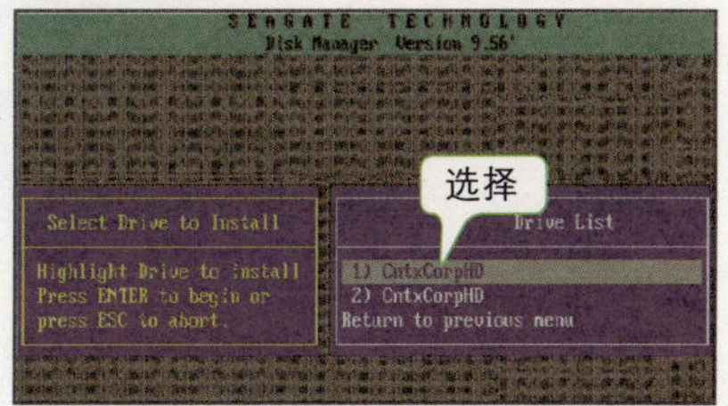

步骤5 进入分区格式选择界面。

选择要分区的硬盘后，进入分区格式选择界面，选择分区格式，一般来说选择FAT32的分区格式，如下图所示。

步骤6 确认分区。

接着出现确认是否使用FAT32的窗口，如下图所示，选择（Y）ES选项后按Enter键确认。

步骤7 选择划分分区大小方式。

弹出进行分区大小选择窗口，DM提供了一些自动的分区方式让用户选择，如果需要按照自己的要求进行分区，则选择OPTION (C) Define your own继续。

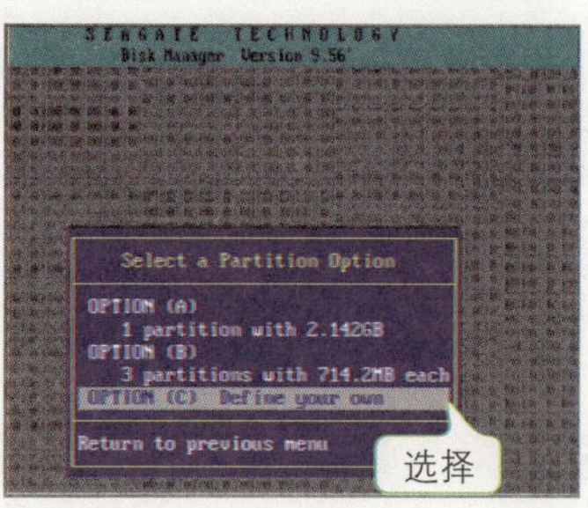

步骤8 指定主分区大小。

接着出现输入分区的界面，输入主分区大小，如下图所示。

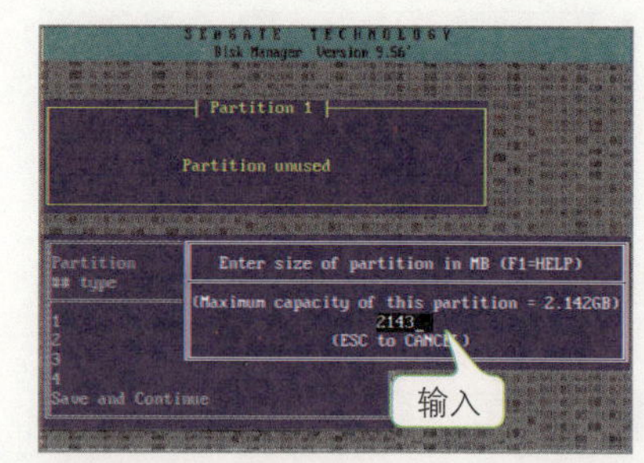

步骤9 输入其他分区的大小。

然后输入其他分区的大小，如右图所示。

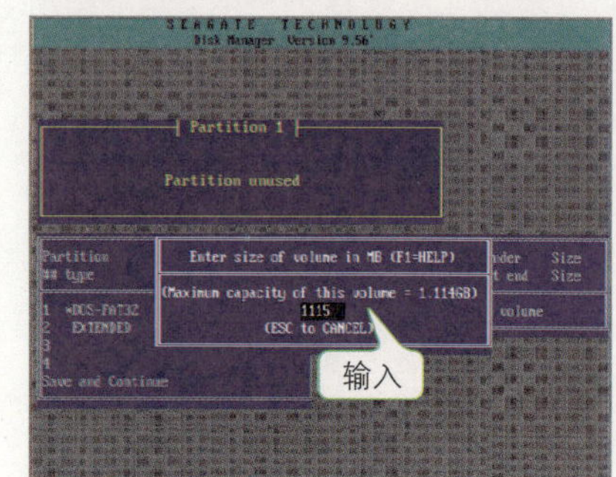

步骤10 选择要激活分区的编号。

设定分区大小后会显示出最后分区的详细情况，如下图所示。此时若对分区不满意，可以通过下方的一些提示按键进行调整。

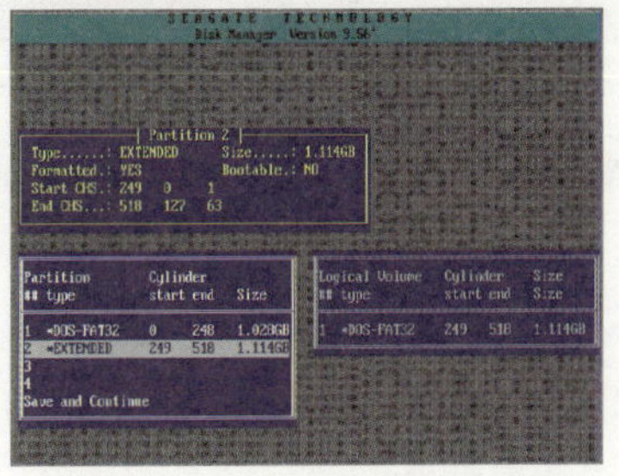

步骤11 保存设置结果。

完成后选择Save and Continue保存设置的结果，此时会出现提示窗口，要求再次确认设置，如果确定按 Alt+C 继续，否则按任意键回到主菜单，如下图所示。

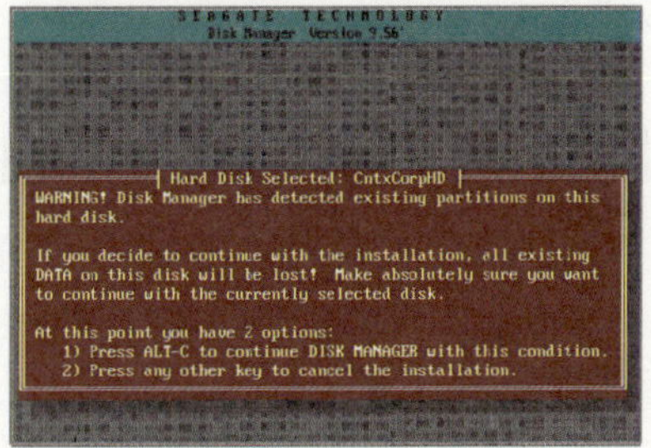

步骤12 确认设置。

系统出现进行快速格式化的确认窗口，如下图所示，除非硬盘有问题，否则选择(Y)ES继续。

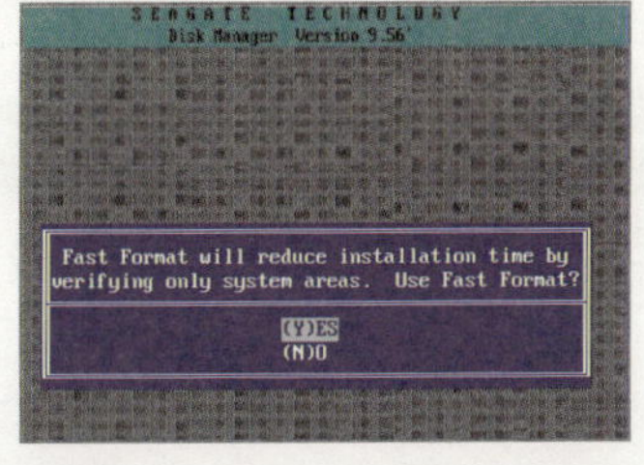

步骤13 确认按照默认的簇进行分区。

系统弹出分区是否按照默认的簇进行分区的确认窗口，选择(Y)ES选项继续，如下图所示。

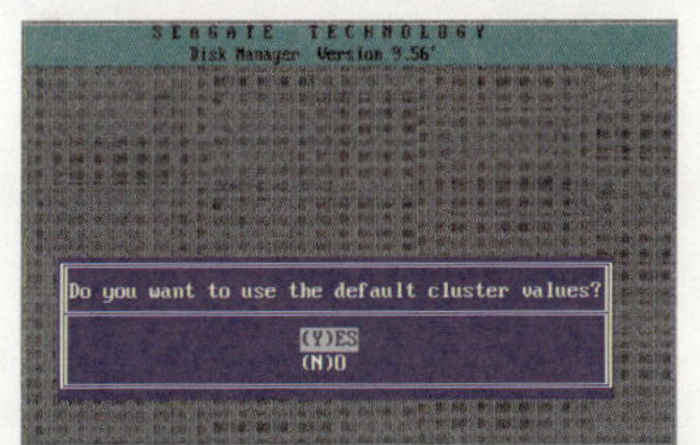

步骤14 最终确认分区。

这时将会进入最终确认窗口，选择(Y)ES选项，如右图所示。

步骤15 开始进行分区。

开始进行分区，并弹出如右图所示的界面。

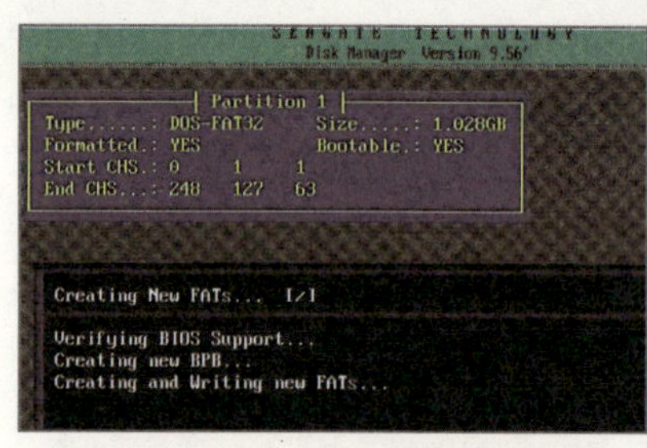

步骤16 分区完成。

分区完成后将出现如下图所示的分区创建完成和格式化提示窗口，按任意键继续。

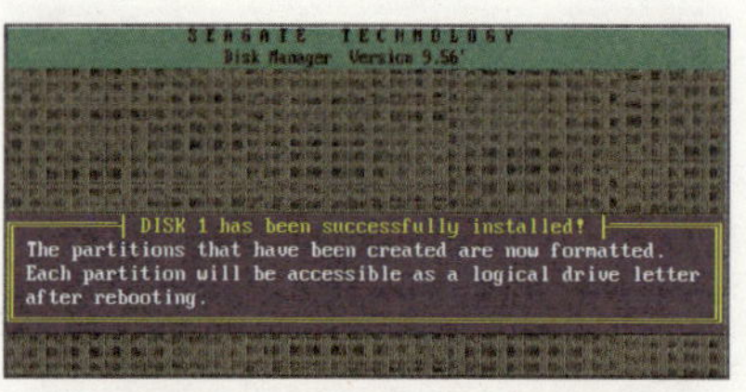

步骤17 开始进行分区。

接着系统要求重新启动，如下图所示，提示可以使用Ctrl+Alt+Delete热启动的方式或按主机上的Reset冷启动的方式重新启动。

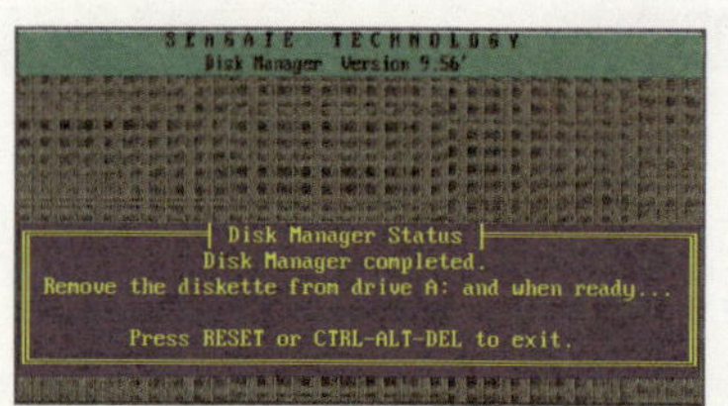

8.2.3 使用操作系统安装光盘分区硬盘

为了方便用户，在Windows 操作系统安装光盘中也提供了硬盘分区功能，下面以使用Windows 7操作系统安装光盘分区硬盘为例进行介绍，具体操作步骤如下。

步骤1 启动Windows 7安装光盘。

运行Windows 7安装光盘，并根据提示进行操作，直到进入“您想将Windows安装在何处”对话框，如右图所示。

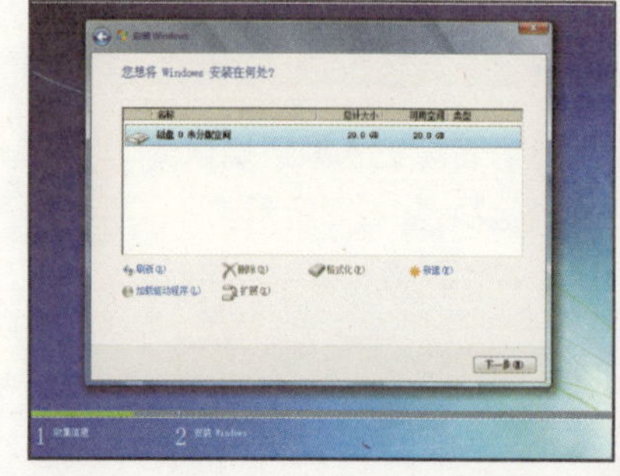

步骤2 设置分区大小。

单击"新建"超链接，然后在"大小"文本框中输入分区大小，再单击"应用"按钮开始创建分区，如下图所示。

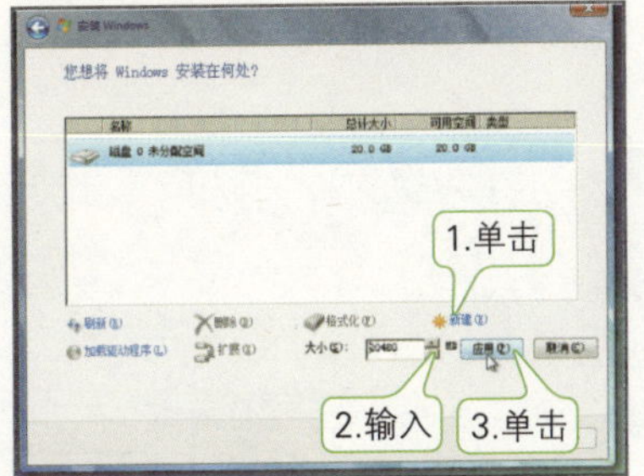

步骤3 格式化分区。

分区创建完成后，即可在列表中显示出创建的分区，然后单击"格式化"超链接，如下图所示。

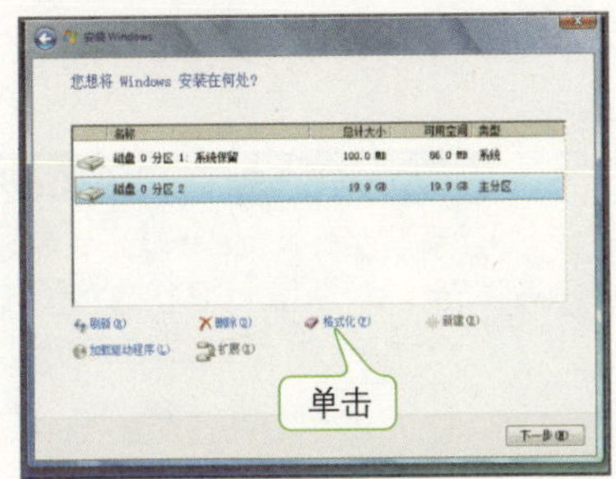

步骤4 确认格式化分区。

在弹出的对话框中单击"确定"按钮，确认格式化分区，如右图所示。

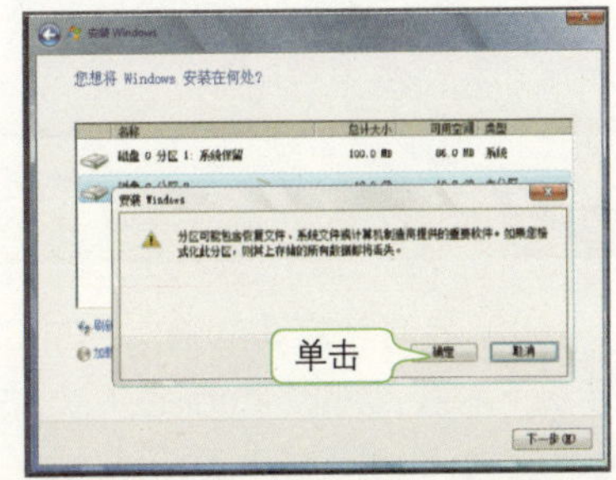

步骤5 删除分区。

若对分区不满意，可以在选择分区后单击"删除"超链接，然后在弹出的对话框中单击"确定"按钮即可。

8.3 格式化硬盘★★★★

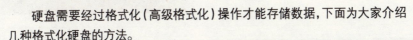

硬盘需要经过格式化（高级格式化）操作才能存储数据，下面为大家介绍几种格式化硬盘的方法。

8.3.1 DOS下格式化硬盘

硬盘的格式化包括低级格式化和高级格式化两种，其含义如下。

- 高级格式化（High Level Format，又称为逻辑格式化）：主要工作是建立系统硬盘分区的文件系统，重置硬盘分区表，`以便其存储数据。
- 低级格式化（Low Level Format，也称物理格式化）：低级格式化的主要目的就是将空白的硬盘划分出磁道，再将磁道划分为若干个扇区，每个扇区又划分出标注部分ID、间隔区GAP和数据区DATA等。

下面介绍如何在DOS模式下格式化硬盘，具体操作步骤如下。

提示：Format.com命令使用方法。

格式化命令Format.com使用方法如下。

Format drive：[/Q][/U][/S]，其中：

- drive：软盘驱动器名称为“A:”或“B:”，硬盘驱动器名称为“C:”、“D:”。
- /Q：执行快速格式化，只清除文件分配表和根目录，释放所有空间。
- /U：指明对软盘或硬盘进行无条件格式化。
- /S：把DOS的系统启动文件放在被格式化的硬盘分区上，使该盘能启动DOS。

步骤1 进入DOS模式。

用DOS启动盘启动电脑，并在DOS提示符下输入 “A:\ >format C:”，按Enter键确认，出现如下图所示的格式化界面，根据要求确认是否要格式化硬盘，输入Y后，按Enter键，开始格式化。

```
A:\>format c:/s

WARNING, ALL DATA ON NON-REMOVABLE DISK
DRIVE C: WILL BE LOST!
Proceed with Format (Y/N)?y
```

步骤2 格式化硬盘。

经过一定时间，系统格式化完硬盘后，要求用户输入硬盘卷标的提示信息界面，输入相应的标识即可（也可直接按回车键，不设置卷标），如下图所示。

```
Formatting 1,004.03M
Format complete.
Writing out file allocation table
Complete.
Calculating free space (this may take several minutes)...
Complete.
System transferred

Volume label (11 characters, ENTER for none)? win98_

1,050,730,496 bytes total disk space
1,050,730,496 bytes available on disk

       4,096 bytes in each allocation unit.
     256,525 allocation units available on disk.

Volume Serial Number is 405F-0801
```

步骤3 格式化其他分区。

格式化C盘后，可依次格式化D、E等盘。在A:\>下分别输入“Format D:”和“Format E:”命令，然后执行与格式化C盘相同的步骤，对D盘和E盘进行格式化。

8.3.2 在Windows操作系统中格式化硬盘

除了上述方法外，用户也可以在Windows操作系统下格式化硬盘，具体操作步骤如下。

步骤1 打开“计算机”窗口。

在电脑桌面上选择“开始”/“计算机”命令，然后在打开的窗口中右击要格式化的硬盘，从弹出的快捷菜单中选择“格式化”命令，如下图所示。

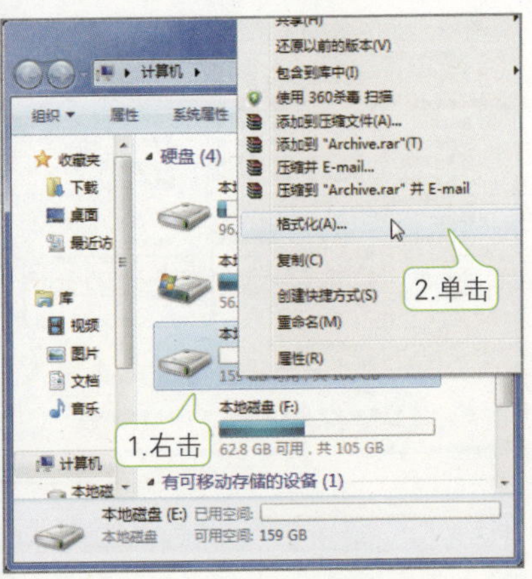

步骤2 设置分区格式。

在弹出的对话框中设置“文件系统”和“分配单元大小”等内容，接着选中“快速格式化”复选框，再单击“开始”按钮，如下图所示。

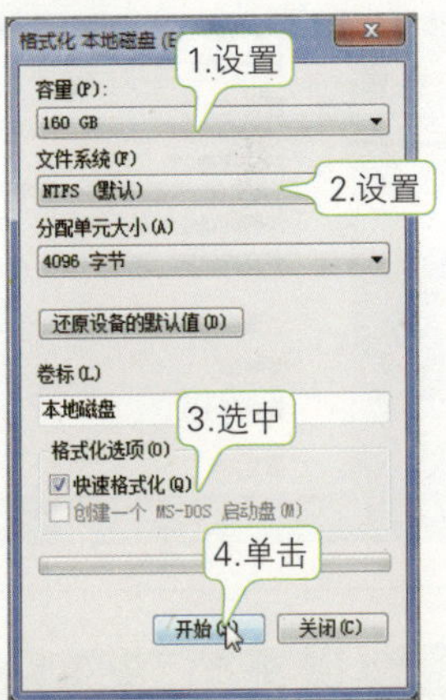

步骤3 确认格式化硬盘。

在弹出的对话框中单击“确定”按钮，开始格式化硬盘，如下图所示。

步骤4 硬盘格式化完毕。

硬盘格式化完毕后会弹出如下图所示的对话框，单击“确定”按钮即可。

8.4 上机实训

为了巩固和拓展本章所学的内容，下面就来实战演练，自己操作一下。

实训1. 使用“磁盘管理”工具分区格式化硬盘

安装操作系统后，如果对硬盘分区不满意，可以使用“磁盘管理”工具删除分区（主分区除外），然后重新分区格式化硬盘，具体操作步骤如下。

步骤1 打开“计算机管理”窗口。

在电脑桌面上右击“计算机”图标，从弹出的快捷菜单中选择“管理”命令，打开“计算机管理”窗口，如下图所示。

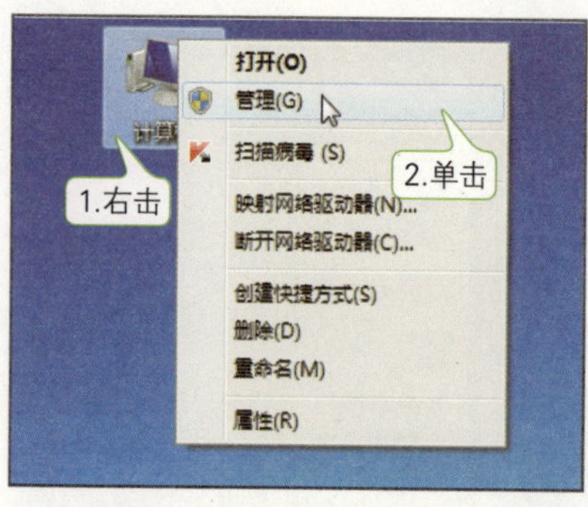

步骤2 删除分区。

在左侧窗格中单击“存储”/“磁盘管理”选项，然后在右侧窗格中右击要删除的分区，从弹出的快捷菜单中选择“删除卷”命令，如下图所示。

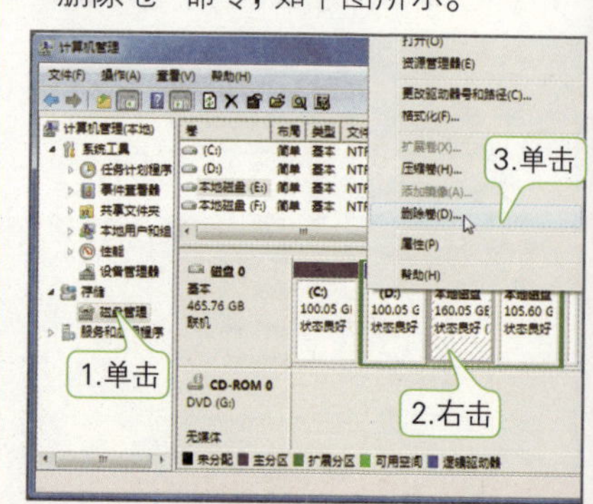

步骤3 确认删除分区。

弹出“删除简单卷”对话框，单击“是”按钮，删除分区，如右图所示。

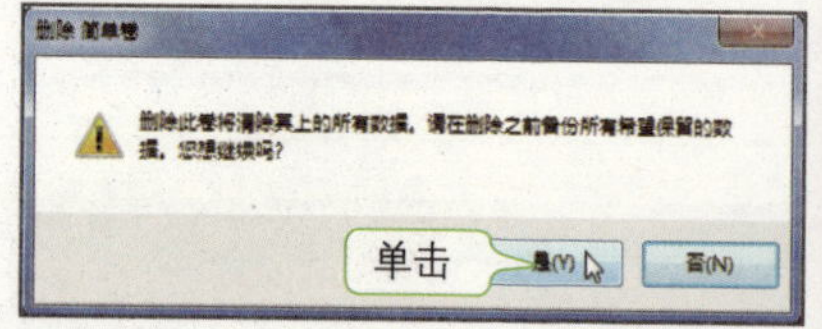

步骤4 打开“新建简单卷向导”对话框。

右击可用空间（即未划分的磁盘空间），从弹出的快捷菜单中选择“新建简单卷”命令，如右图所示。

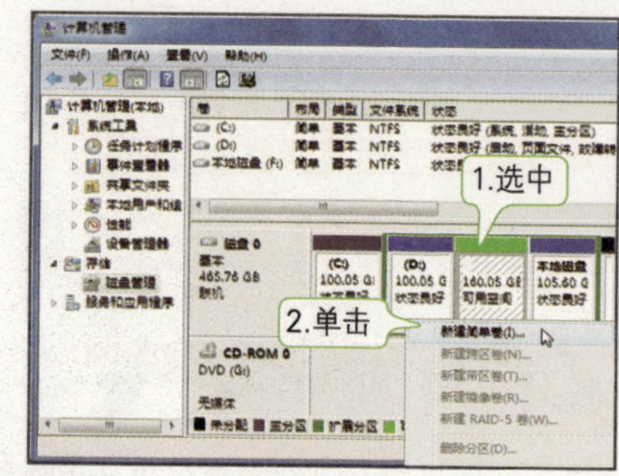

步骤5 单击"下一步"按钮。

在弹出的"新建简单卷向导"对话框中单击"下一步"按钮，如下图所示。

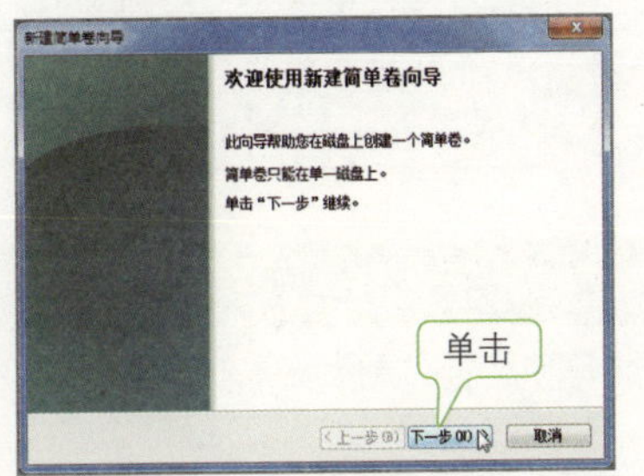

步骤6 设置分区大小。

进入"指定卷大小"对话框，设置分区大小，单击"下一步"按钮，如下图所示。

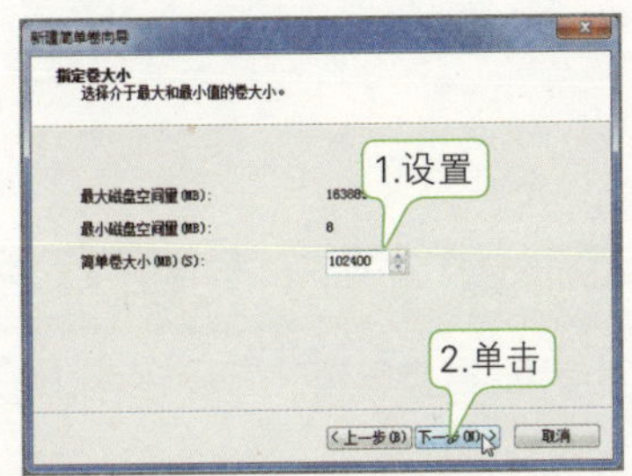

步骤7 设置分区驱动器号和路径。

进入"设置分区驱动器号和路径"对话框，选中"分配以下驱动器号"单选按钮，并设置驱动器号为E，再单击"下一步"按钮，如下图所示。

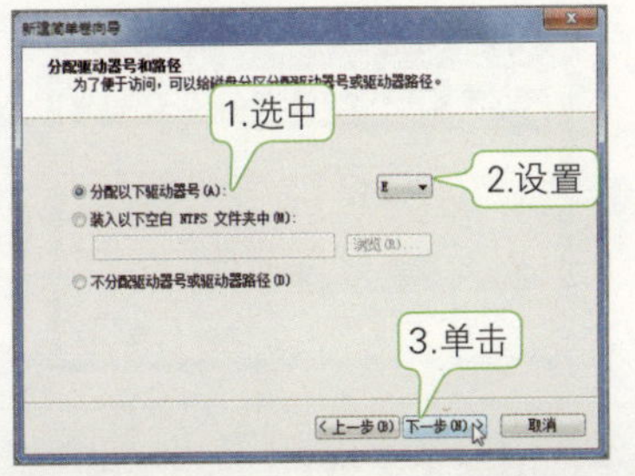

步骤8 设置分区的格式化方式。

进入"格式化分区"对话框，选中"按下列设置格式化这个卷"单选按钮，然后设置"文件系统"、"分配单元大小"和"卷标"等选项内容，再单击"下一步"按钮，如下图所示。

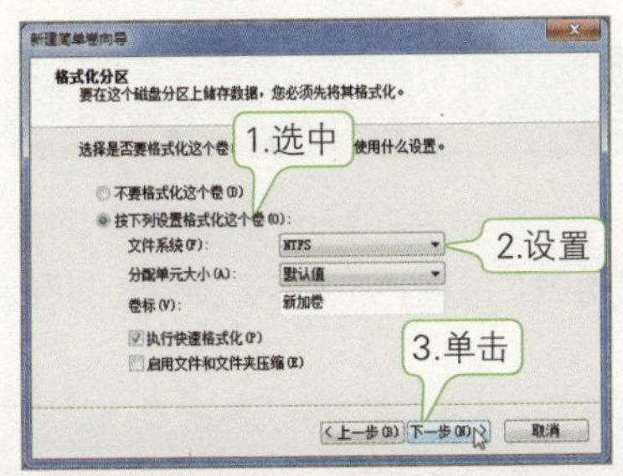

步骤9 完成新建简单卷向导。

进入"正在完成新建简单卷向导"对话框，单击"完成"按钮，如右图所示。

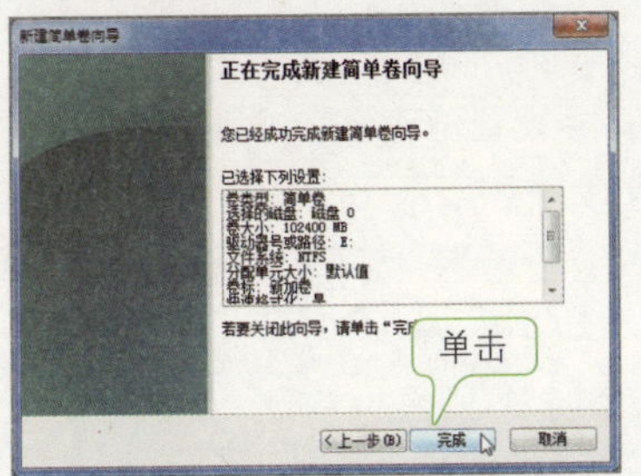

步骤10 格式化新建的分区。

接着将开始格式化新建的分区，如右图所示。

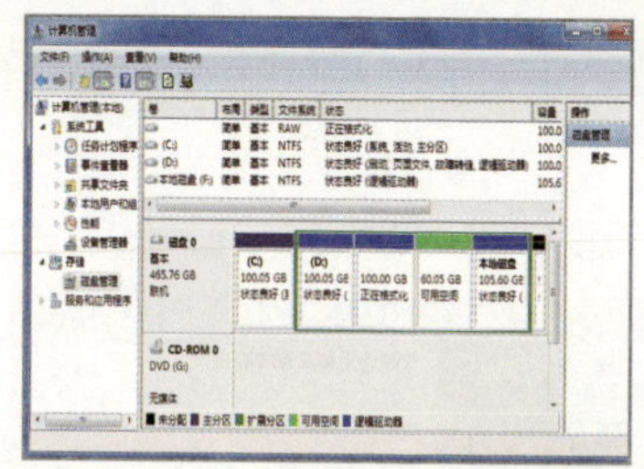

实训2. 修改驱动器号和路径

使用“磁盘管理”工具，还可以修改驱动器号和路径，具体操作步骤如下。

步骤1 打开“计算机管理”窗口。

参考前面方法打开“计算机管理”窗口，然后在左侧窗格中单击“存储”/“磁盘管理”选项，接着在右侧窗格中右击要修改的分区，从弹出的快捷菜单中选择“更改驱动器号和路径”命令，如右图所示。

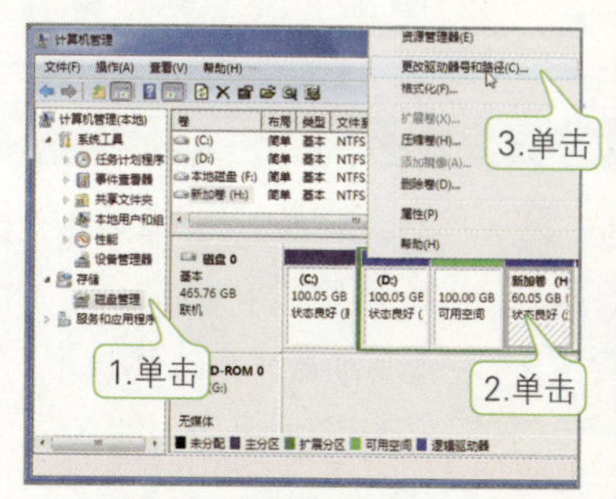

步骤2 打开“更改驱动号和路径”对话框。

弹出如右图所示的对话框，单击“更改”按钮，打开“更改驱动号和路径”对话框。

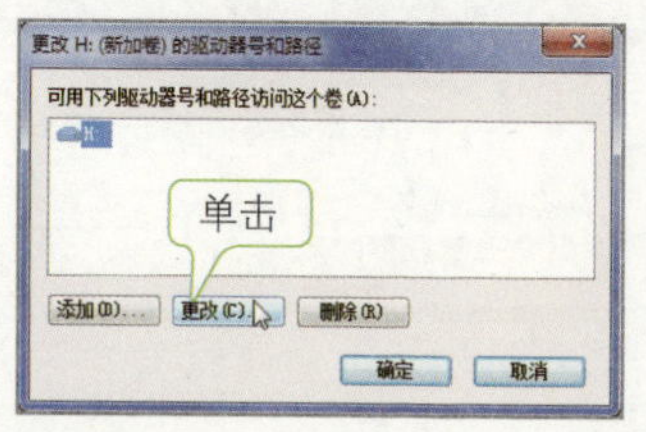

步骤3 修改驱动器号和路径。

选中“分配以下驱动器号”单选按钮，并设置驱动器号，再单击“确定”按钮，如下图所示。

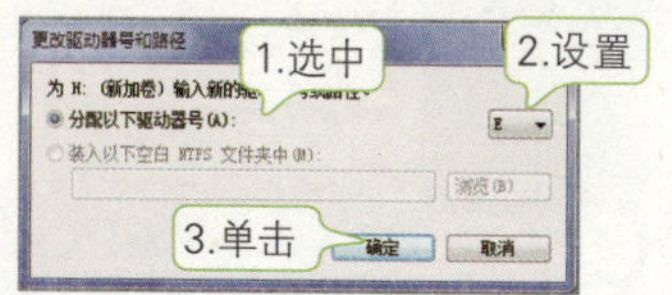

步骤4 成功修改驱动器号和路径。

成功修改驱动器号和路径后会弹出“磁盘管理”对话框，单击“是”按钮即可，如下图所示。

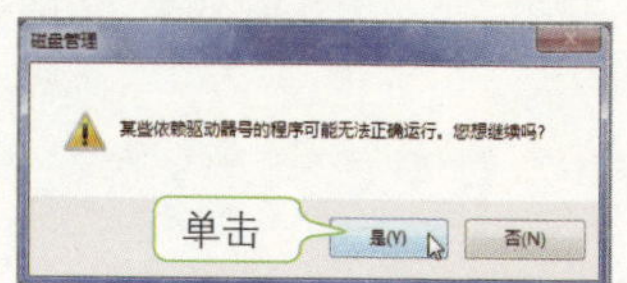

本章学习要点

安装操作系统
安装驱动程序
网络设置
安装常用软件

第9章 安装电脑软件系统

Chapter 09

要想让电脑发挥其应有的功能，除了必须的硬件外，还需要安装相应的软件系统，例如，Windows操作系统、硬件驱动程序、办公软件、工具软件等常用应用程序。为此，下面将为大家介绍各种电脑软件的安装方法。

本章重点实例展示

安装Windows 7操作系统

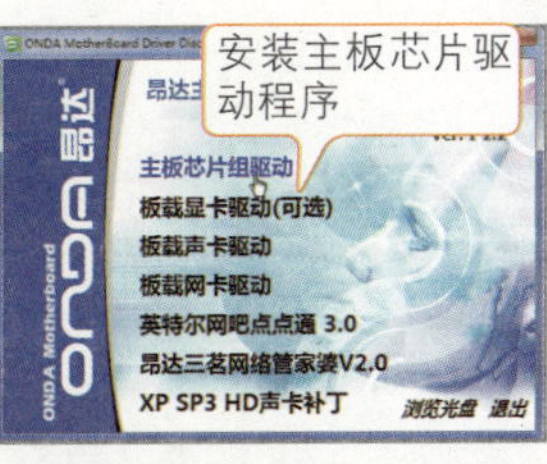

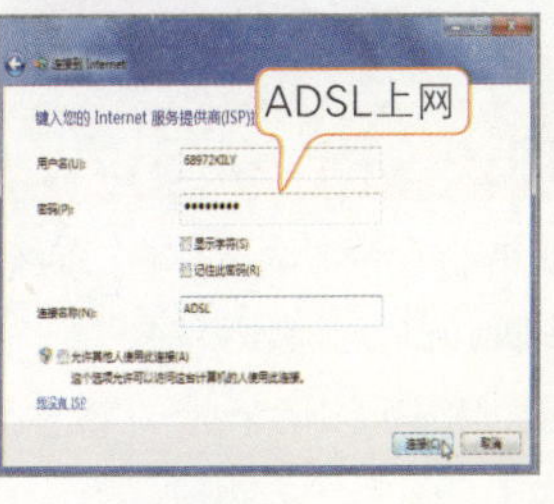

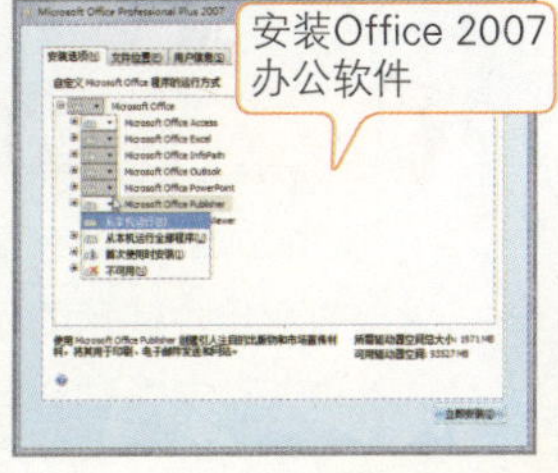

9.1 安装操作系统★★★★★

操作系统（Operating System，简称OS）是电脑能正常运行的基础，是电脑软件的核心，支撑应用程序运行环境以及用户操作环境。电脑必须借助操作系统才能发挥真正的作用。

9.1.1 认识操作系统

操作系统是电脑中最重要的一种系统软件，负责管理计算机系统的全部硬件资源包括软件资源及数据资源、控制程序运行、改善人机界面、为其他应用软件提供支持等，使计算机系统所有资源最大限度地发挥作用，为用户提供方便的、有效的、友善的服务界面。

在电脑的发展过程中，出现过许多不同的操作系统，其中最为常用的有DOS、OS/2. UNIX、LINUX、Windows 2000、Windows XP、Windows 2003. Netware、Windows Vista、Windows 7等。

9.1.2 安装Windows XP操作系统

Windows XP是一款具有视窗功能的操作系统，也是第一个既适合家庭用户，也适合商业用户使用的新型Windows操作系统，是当前用户常用的微机操作系统之一。下面将为大家详细介绍如何安装Windows XP操作系统。

步骤1 运行Windows XP安装光盘。

将Windows XP安装光盘放入光驱，运行该光盘，弹出如下图所示的界面。

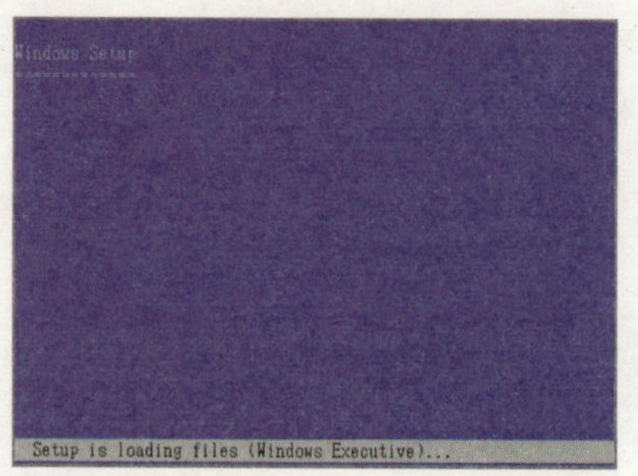

步骤2 选择安装程序。

接着将进入如下图所示的安装界面，选择安装程序，这里按Enter键进行Windows XP安装。

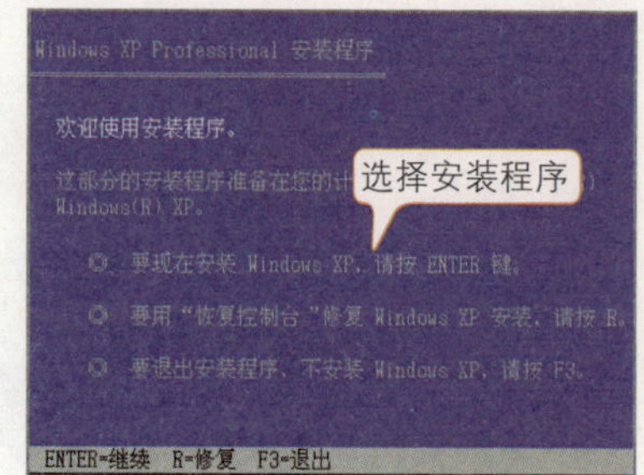

步骤3 阅读许可协议。

此时安装程序开始对硬盘进行检查，检查完切换到用户许可协议的安装界面，如下图所示，按F8键接受许可协议。

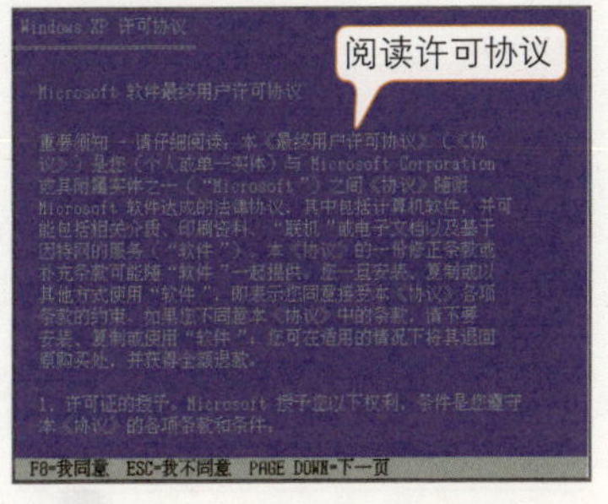

步骤4 选择安装分区。

进入安装界面，安装程序要求用户选择将系统安装分区，默认是C盘，按Enter键在C盘安装Windows XP，如下图所示。

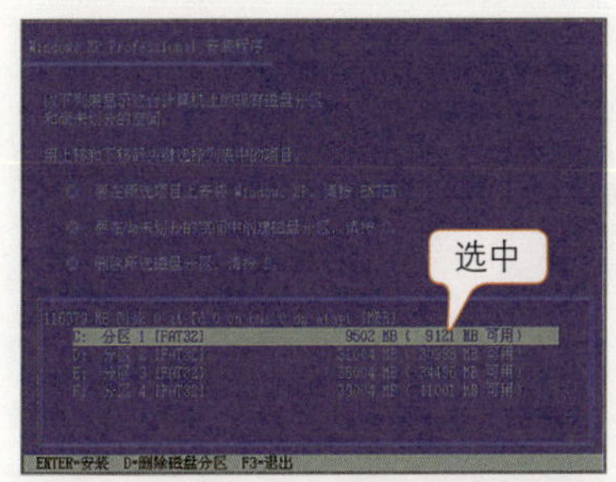

步骤5 选项格式化方式。

此时安装程序要求选择C盘的文件系统格式方式，这里选择“用FAT文件系统格式化磁盘分区（快）”选项，按Enter键开始格式化C盘，如右图所示。

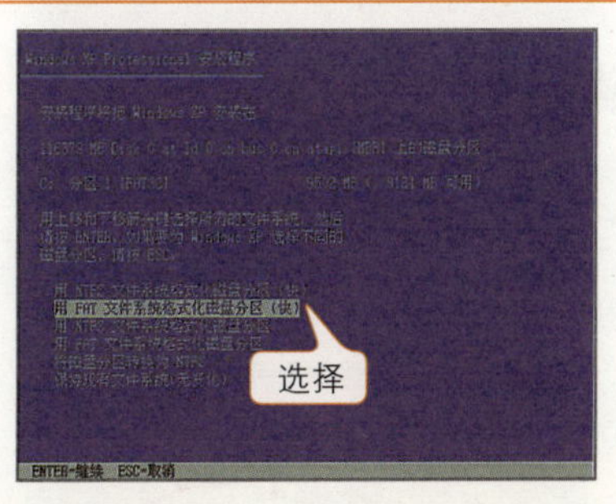

步骤6 开始复制文件。

C盘格式化完毕后，开始复制系统文件，如下图所示。

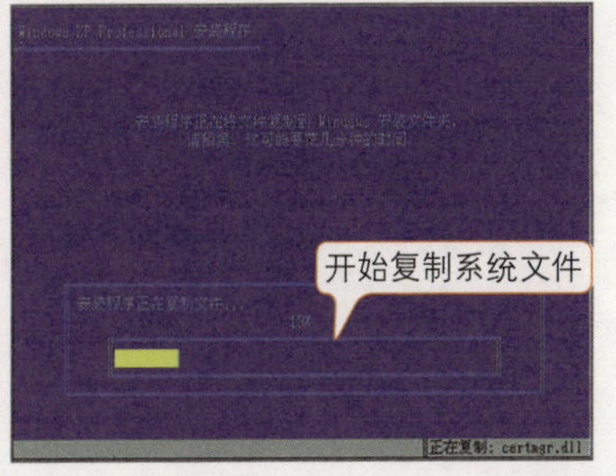

步骤7 重新启动电脑。

文件复制完后，安装程序开始初始化Windows配置，接着系统将会自动在15秒后重新启动，如下图所示。

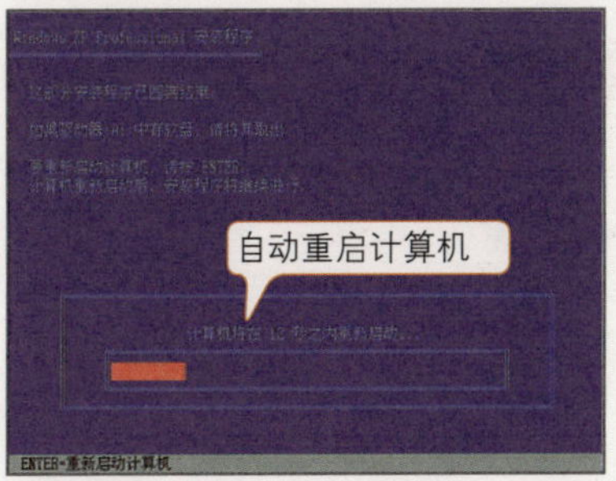

步骤8 安装Windows系统文件。

重新启动电脑后，安装程序会再次运行，继续未完成的安装，如下图所示。

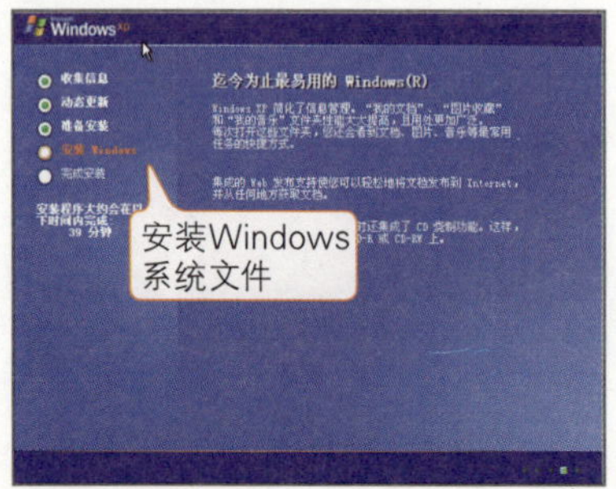

步骤9 设置区域和语言。

在安装过程中，程序会要求进行区域和语言选项设置，如下图所示，再单击“下一步”按钮。

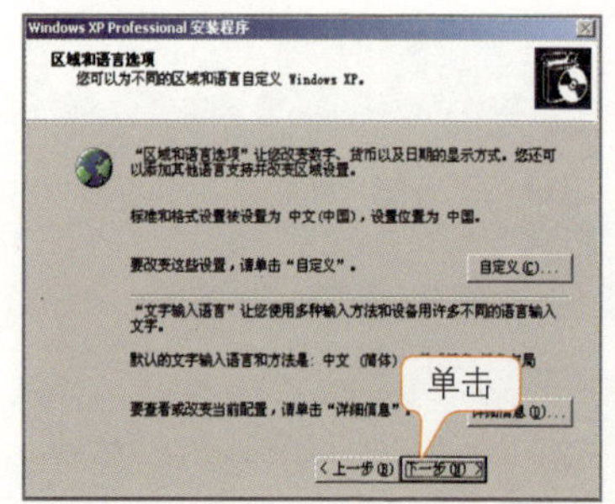

步骤10 设置个人信息。

进入“自定义软件”对话框，输入用户的姓名和单位，再单击“下一步”按钮，如下图所示。

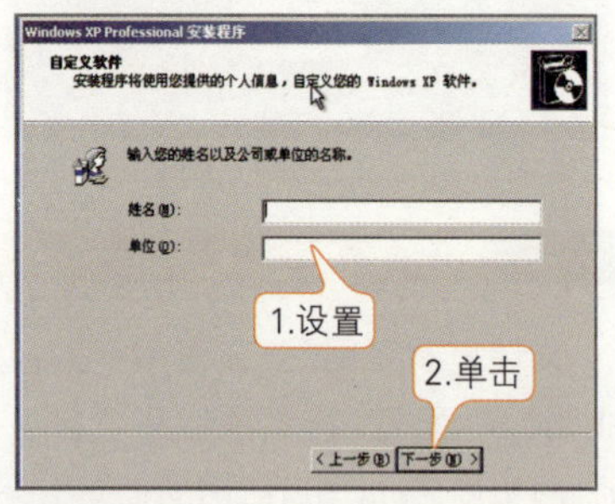

步骤11 输入产品密钥。

进入“您的产品密钥”对话框，输入产品密钥，再单击“下一步”按钮，如下图所示。

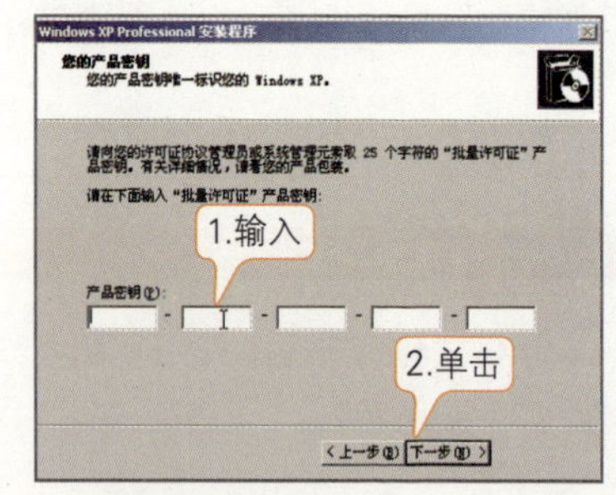

步骤12 设置账户名和密码。

接着在进入的对话框中设置账户名称和密码，再单击“下一步”按钮，如右图所示。

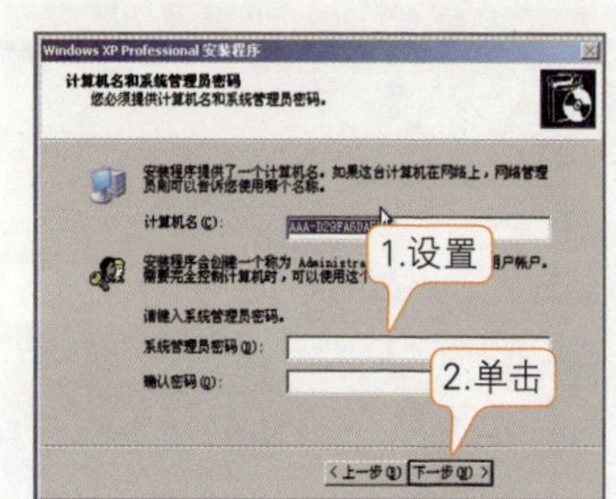

步骤13 设置日期和时间。

在进入的对话框中调整系统时间和日期，再单击“下一步”按钮，如下图所示。

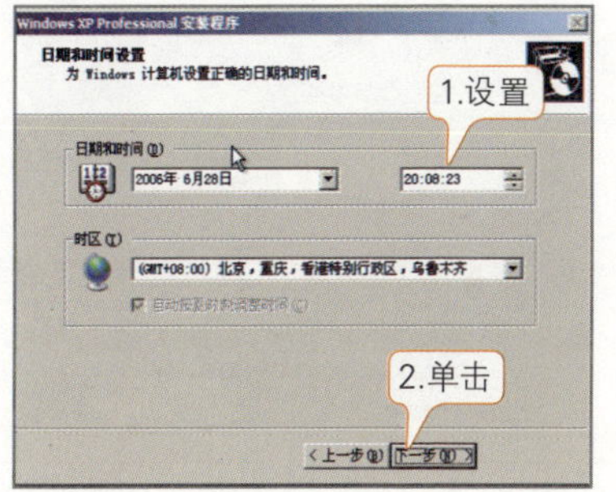

步骤14 选择网络安装方式。

进入“网络设置”对话框，选中“典型设置”单选按钮，再单击“下一步”按钮，如下图所示。

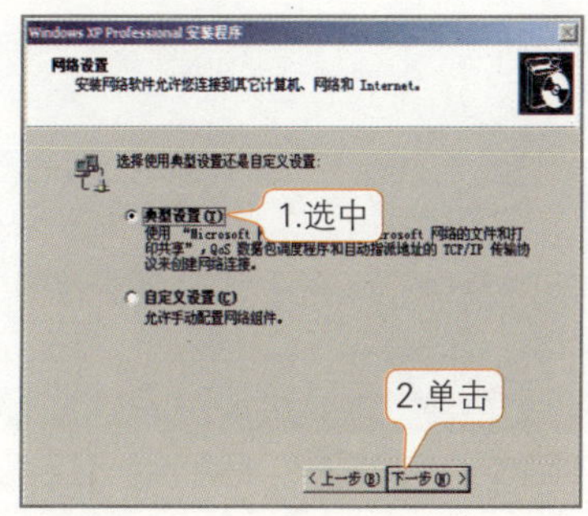

步骤15 继续安装系统。

安装程序继续进行安装，如下图所示。

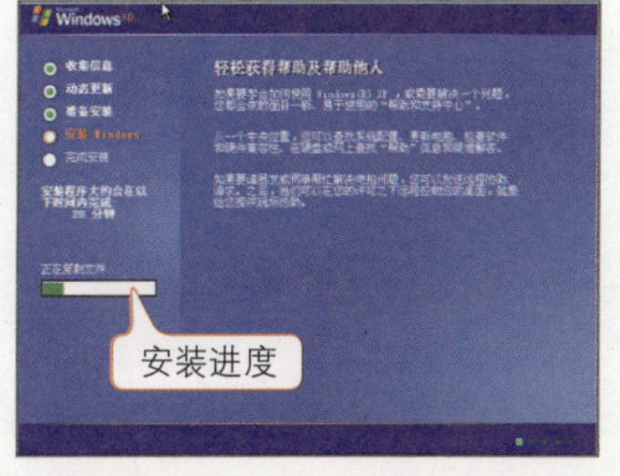

步骤16 重新启动电脑。

安装完成后，系统会重新启动电脑，并出现如下图所示的启动画面。

步骤17 单击“下一步”按钮。

重新启动电脑后，系统要求用户设置Windows XP系统，如右图所示，直接单击右下角的“下一步”按钮。

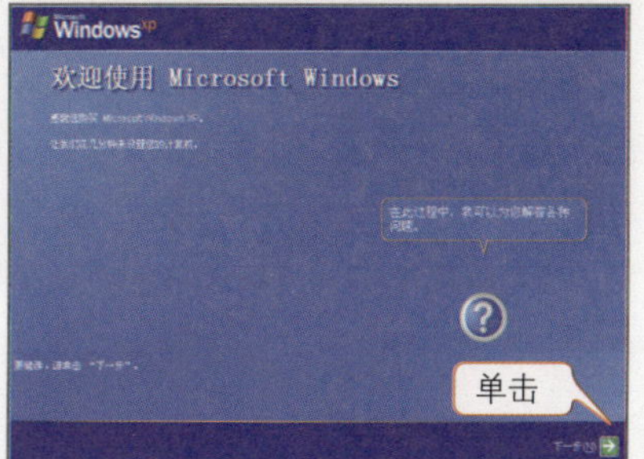

步骤18 选择联网方式。

选择如何将电脑连接到Internet，这里单击“跳过”按钮，如下图所示。

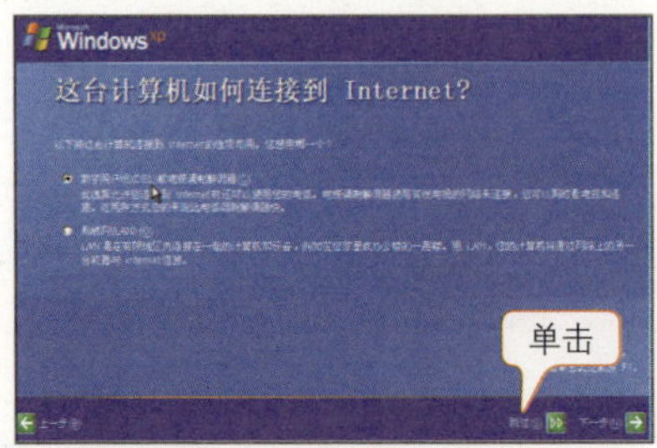

步骤19 选择是否注册Microsoft。

进入如下图所示的界面，此时系统要求用户注册，这里选择“否，现在不注册”单选按钮，再单击“下一步”按钮。

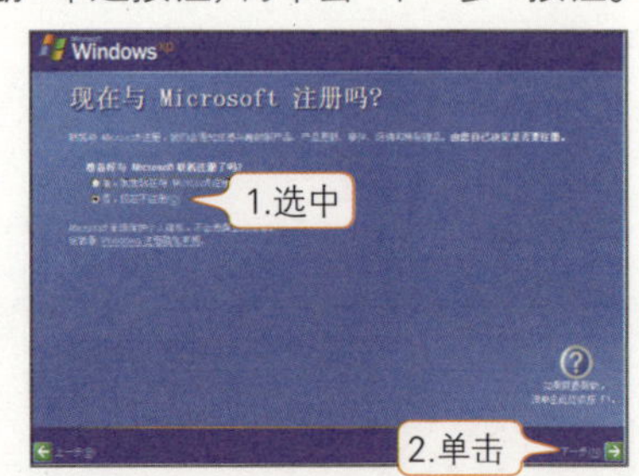

步骤20 设置多账户。

进入用户名设置界面，为要使用该电脑的用户设置账户名，再单击“下一步”按钮，如下图所示。

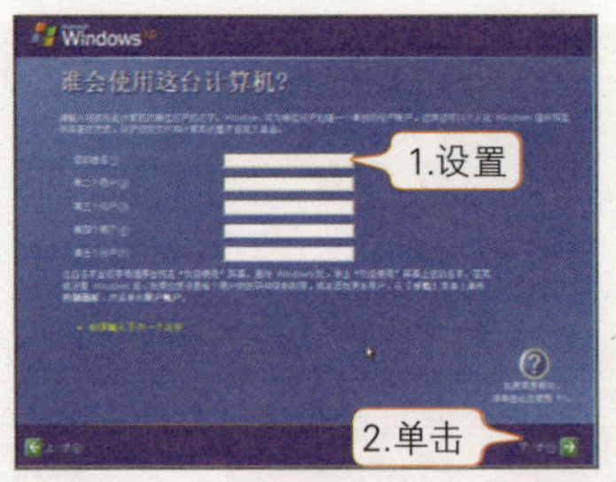

步骤21 完成系统配置。

系统配置完成后单击“完成”按钮，如下图所示。

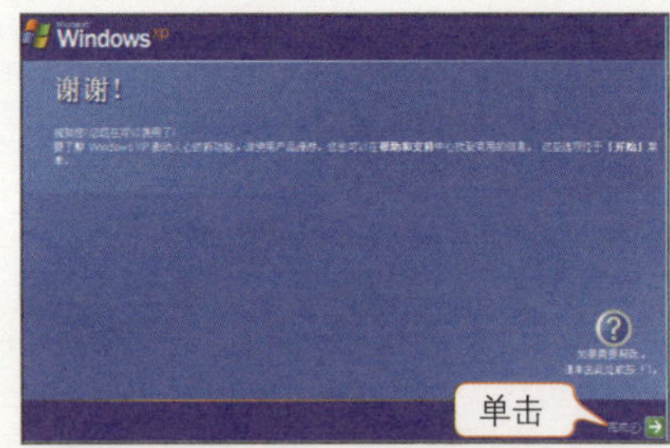

步骤22 登陆Windows XP系统。

Windows XP系统安装全部完成后会进入操作系统桌面，成功登录桌面后如右图所示。

9.1.3 安装Windows 7操作系统

Windows 7的功能很强大，同样它对硬件的配置要求也高于其他操作系统。目前所有中端以上的Intel或AMD处理器都可以满足Windows 7的基本需求，但如果要很好地发挥Windows 7的性能，CPU至少要1GHz。另外，为了有效地使用Windows 7的先进功能，系统内存最好是1GB DDR2以上（64位系统需要2GB及以上）。如果想要体验Windows 7的所有效果，必须拥有一块强大的显卡。首先必须避免使用目前的低端GPU，应保证显卡支持DirectX 9，至少有64MB显存，带WDDM 1.0或更高版本的驱动。

现在就来学习安装Windows 7操作系统。

步骤1 插入光盘。

启动电脑，将Windows 7系统安装盘放入光驱中，进入初始安装文件加载界面，如下图所示。

步骤2 检测系统。

系统检测后，出现Start Windows信息界面，如下图所示。

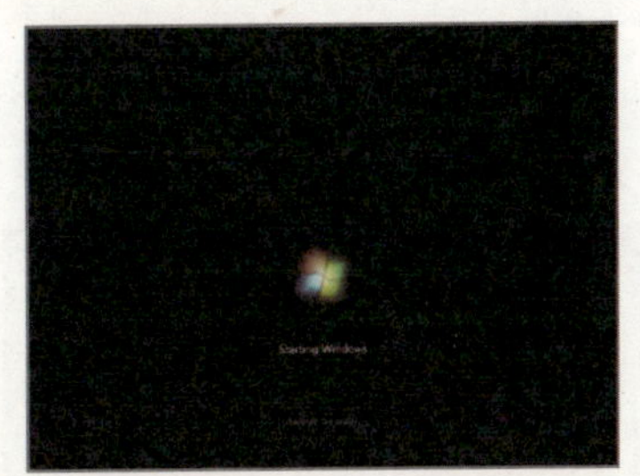

步骤3 选择安装语言。

出现选择语言的界面，选择“我的语言为中文（简体）”选项，如下图所示。

步骤4 进行语言设置。

接着出现如下图所示界面，保持默认设置，然后单击“下一步”按钮。

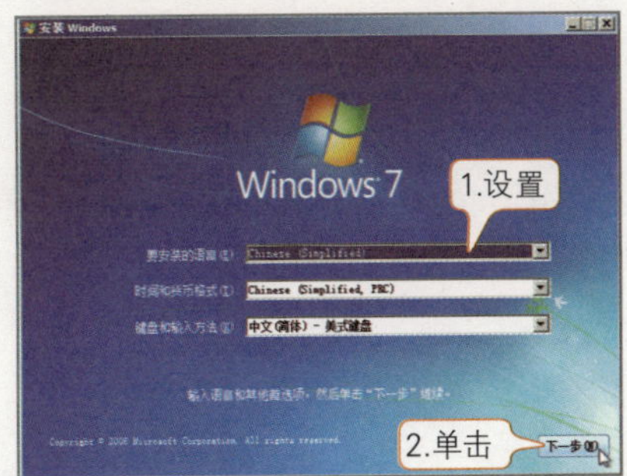

步骤5 开始安装系统。

出现安装选项，单击“现在安装”按钮，如下图所示。

步骤6 阅读许可条款。

进入“请阅读许可条款”对话框，选中“我接受许可条款”复选框，然后单击“下一步”按钮，如下图所示。

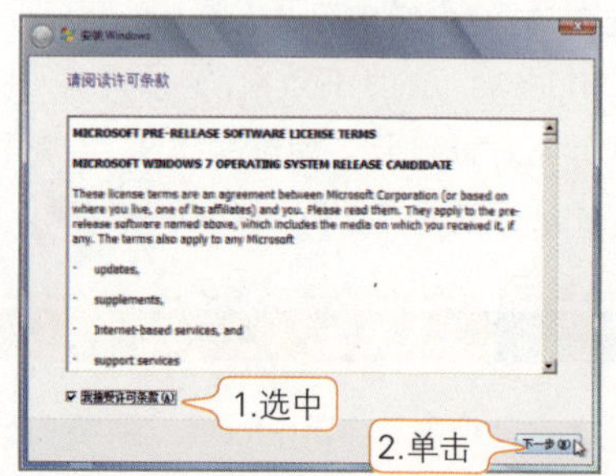

步骤7 选择安装方式。

进入安装方式选择界面，单击“自定义（高级）”选项，如下图所示。

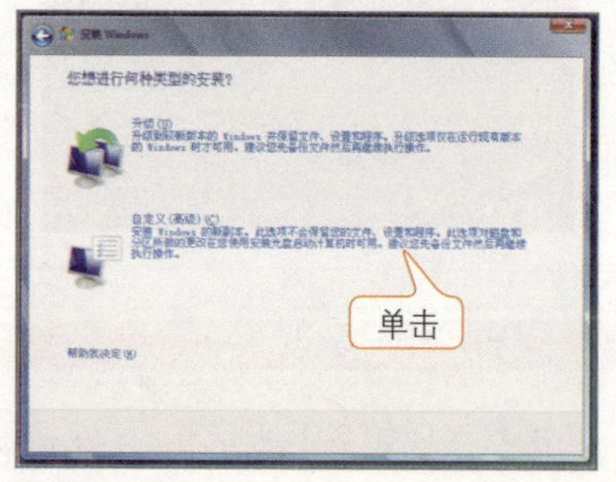

步骤8 指定安装位置。

指定Windows 7的安装位置，然后单击“下一步”按钮，如下图所示。

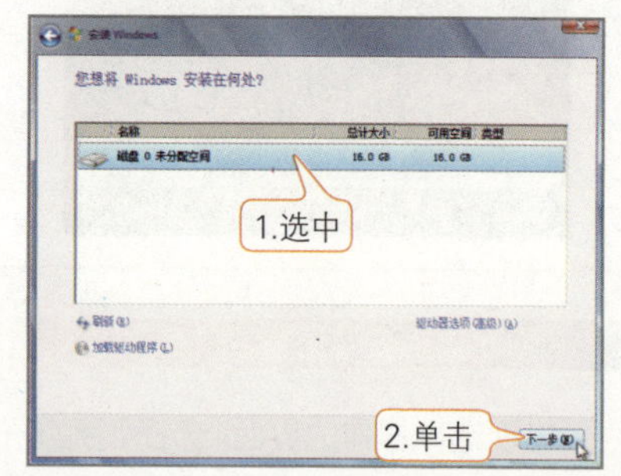

步骤9 复制文件。

完成上面的设置后即进入“正在安装Windows…”界面，当前正在复制Windows文件，如右图所示。

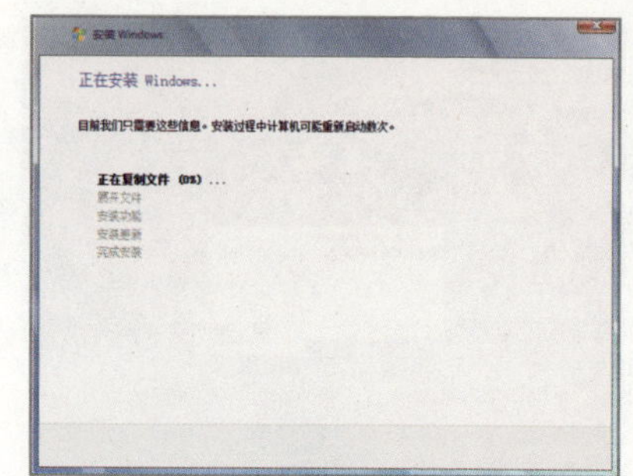

步骤10 展开文件。

文件复制完后便开始展开文件操作，如下图所示。

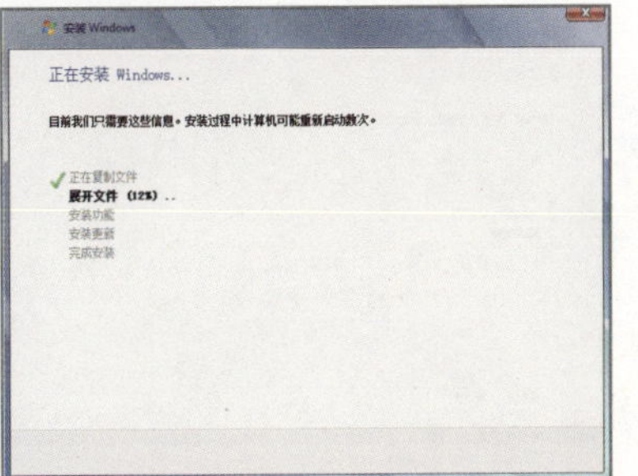

步骤11 安装更新。

按顺序完成了安装功能操作，进行安装更新操作，如下图所示。

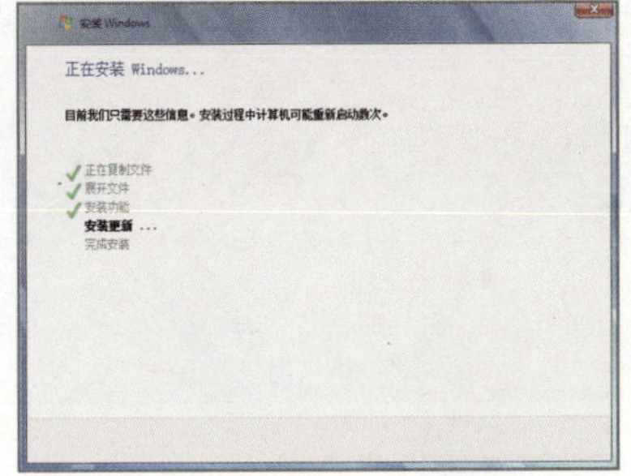

步骤12 重启计算机。

在进行安装更新操作过程中会提示需要重新启动计算机才能继续，等待几秒钟后计算机将自动重启，如右图所示。

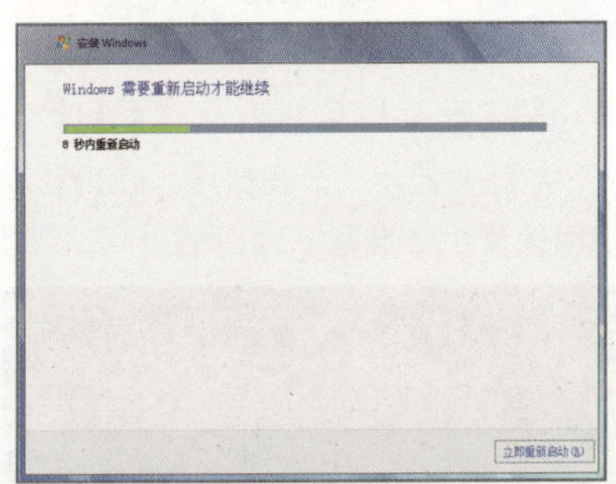

提示：安装过程中的提示信息。

在执行完某个操作后，这个操作选项前面就会出现一个绿色小对勾✓，接着就进行下面的安装。

步骤13 更新注册表。

重启后，在屏幕上显示“安装程序正在更新注册表设置”，如右图所示。

步骤14 启动服务。

更新注册表后，在屏幕上显示“安装程序正在启动服务”，如下图所示。

步骤15 继续安装系统。

接着又出现“正在安装Windows…”界面，如下图所示。

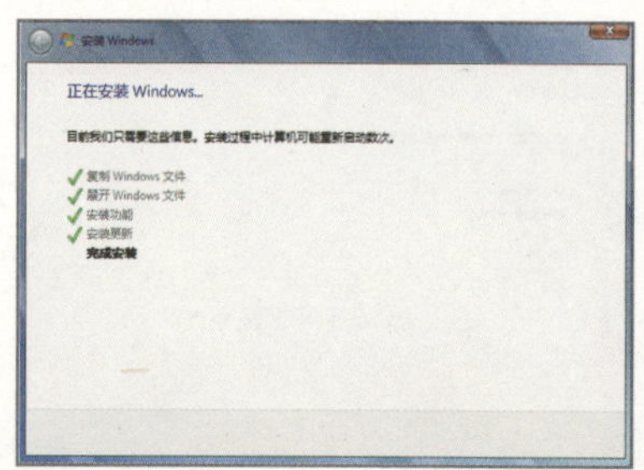

步骤16 为首次使用计算机做准备。

完成安装后会再次自动重启计算机，屏幕上显示“安装程序正在为首次使用计算机做准备”，如下图所示。

步骤17 检查视频性能。

这时Windows 7将对计算机的视频性能进行检查，如下图所示。

步骤18 设置用户名和计算机名称。

接着设置用户名和计算机名称，并单击“下一步”按钮，如右图所示。

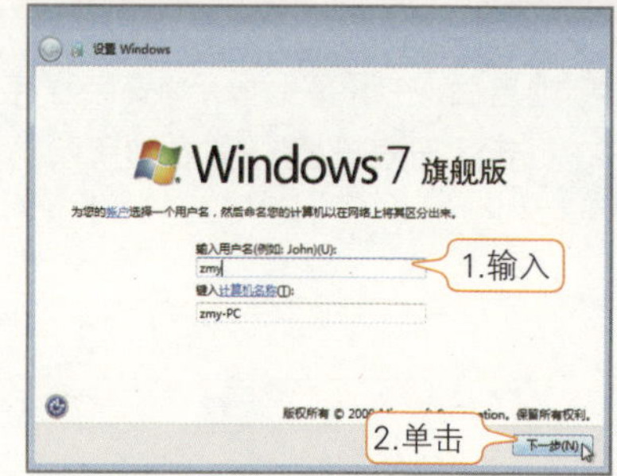

步骤19 设置密码。

进入“为用户设置密码”界面，设置相应的密码，然后单击“下一步”按钮，如下图所示。

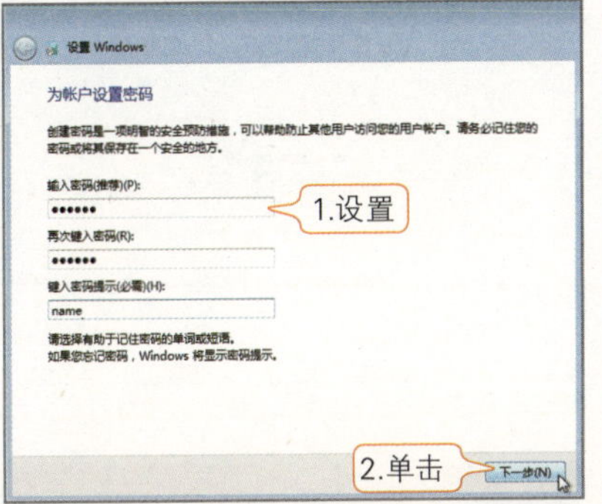

步骤20 输入产品密钥。

进入“输入您的Windows产品密钥”界面，输入产品密钥，并选中“当我联机时自动激活Windows”复选框，接着单击“下一步”按钮即可，如下图所示。

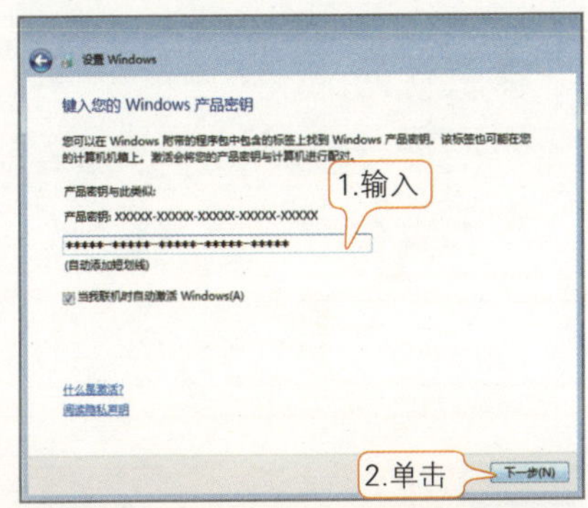

步骤21 设置安全选项。

进入“帮助自动保护计算机以及提高Windows的性能”界面设置安全选项，一般选择“使用推荐设置”选项，如下图所示。

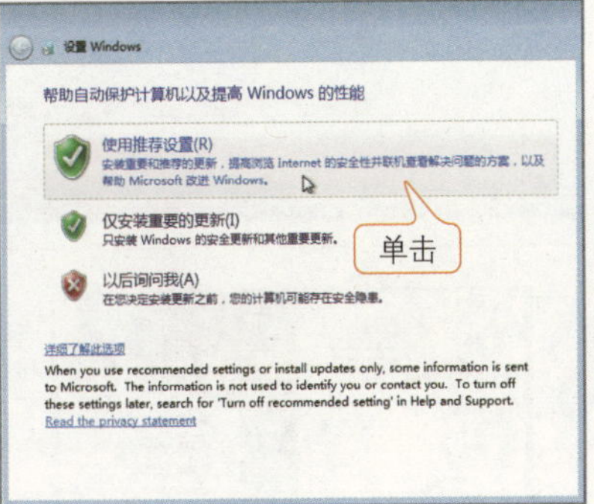

步骤22 设置时间和日期。

进入“复查时间和日期设置”界面，设置正确的时间和日期，也可以在安装完成后进行设置，再单击“下一步”按钮，如下图所示。

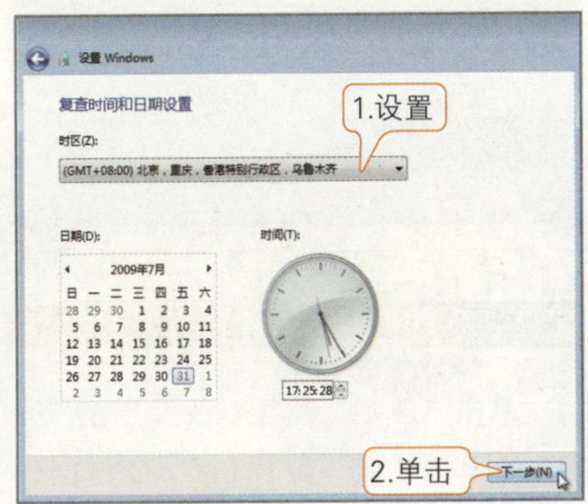

步骤23 选择计算机当前的位置。

进入到“请选择计算机当前的位置”界面后，设置计算机当前的位置，这里选择“工作网络”选项，如下图所示。

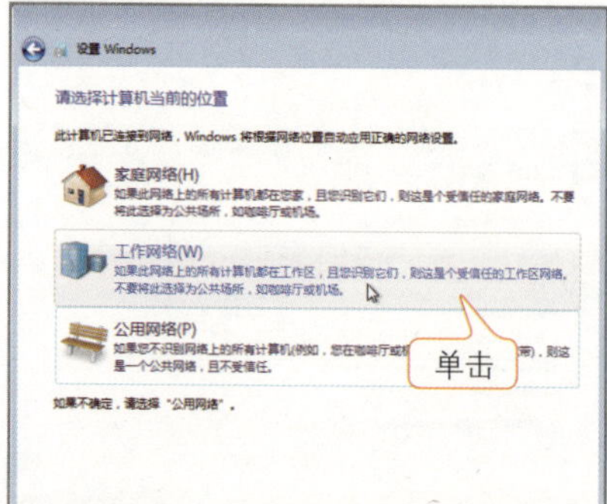

步骤24 完成设置。

完成设置后，出现如下图所示界面，稍等片刻。

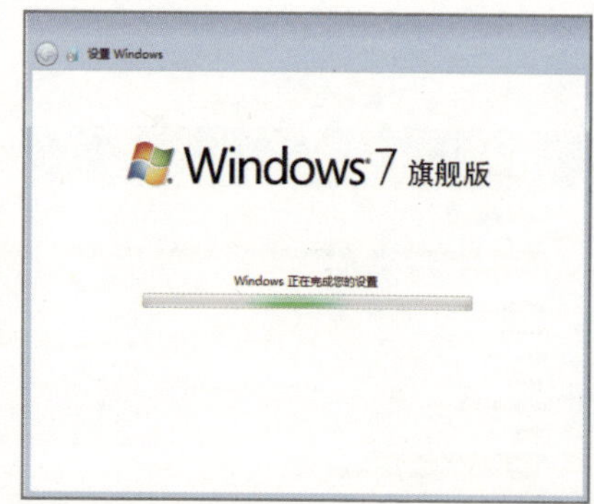

步骤25 准备桌面。

这时屏幕上显示正在准备桌面，稍等片刻，如下图所示。

步骤26 进入操作系统。

Windows 7全部安装完成，然后进入操作系统桌面，如下图所示。

步骤27 打开“系统”窗口。

单击“开始”按钮，在弹出的“开始”菜单中右击“计算机”，在弹出的快捷菜单中单击“属性”命令，如右图所示。

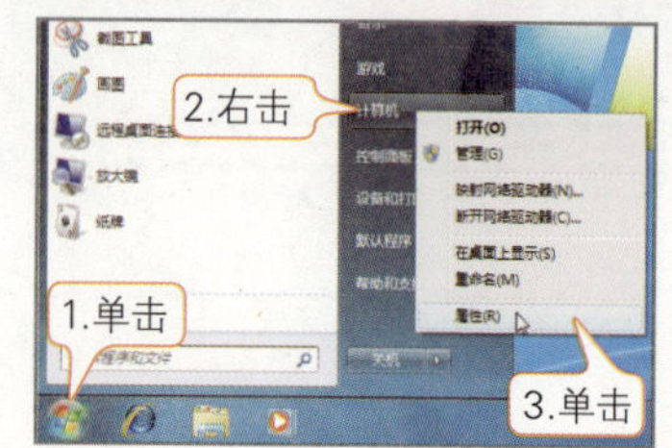

步骤28 打开“Windows激活”对话框。

进入“系统”窗口后，单击“剩余30天可以激活。立即激活Windows”文字链接，如下图所示。

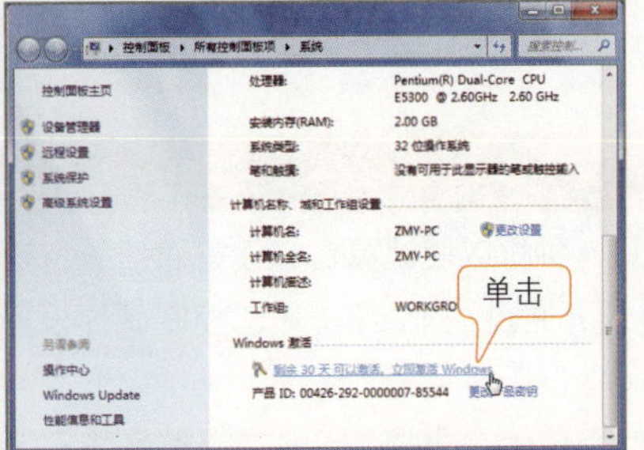

步骤29 准备桌面。

进入到“Windows激活”窗口，单击“现在联机激活Windows”选项，如下图所示。

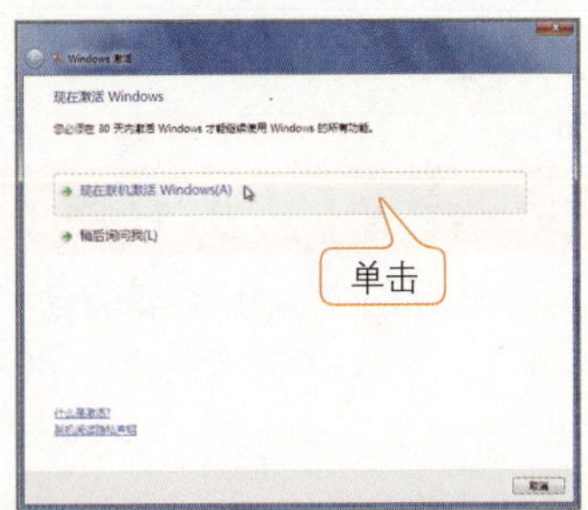

步骤30 键入产品密钥。

进入“键入产品密钥”界面，输入安装光盘上的产品密钥，然后单击“下一步”按钮，如下图所示。

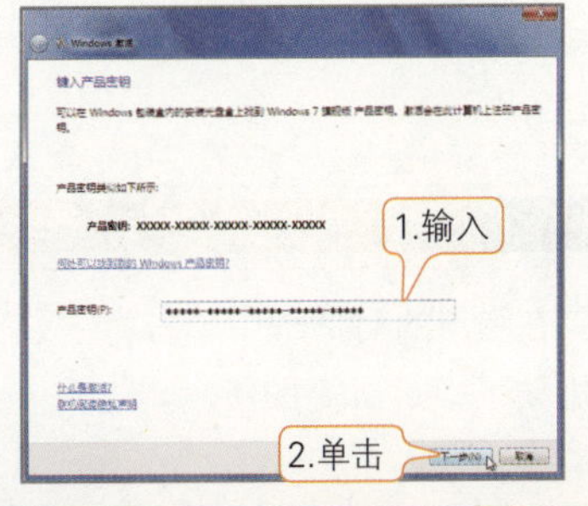

步骤31 正在激活Windows。

这时显示正在激活Windows，稍等片刻，如下图所示。

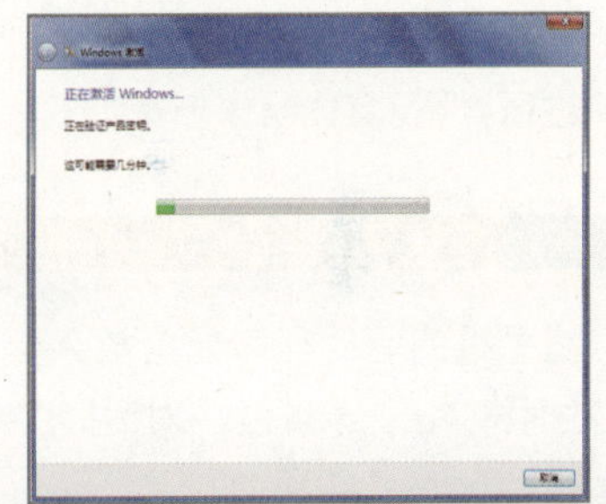

步骤32 激活成功。

Windows激活成功后，单击“关闭”按钮即可，如右图所示。

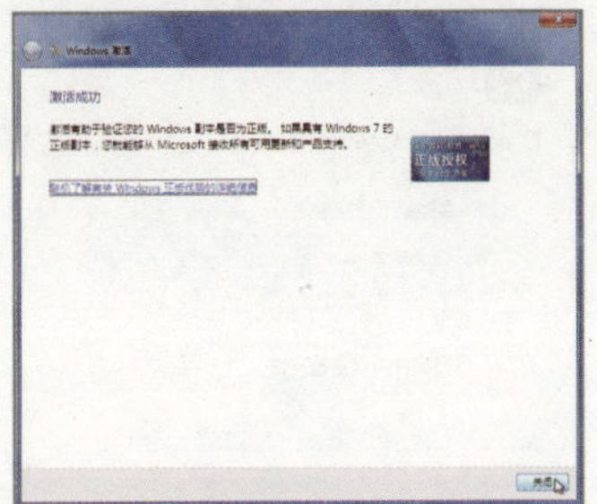

9.2 安装驱动程序★★★★

在安装Windows操作系统的过程中，系统会自动加载一些需要的驱动程序，以便用户可以使用电脑，但是这些驱动程并一定和电脑硬件配套，甚至会阻碍电脑发挥其最佳状态。因此，在成功安装操作后，建议用户为电脑安装更适合的驱动程序。

9.2.1 认识驱动程序

驱动程序的全称为“设备驱动程序”，是一种可以使计算机和设备通信的特殊程序，可以说相当于硬件的接口，操作系统只有通过这个接口，才能控制硬件设备的工作，如果某设备的驱动程序未能正确安装，便不能正常工作。

正因为这个原因，驱动程序在系统中的地位十分重要。一般当操作系统安装后，首要的便是安装硬件设备的驱动程序。不过，大多数情况下，并不需要安装所有硬件设备的驱动程序，如硬盘、显示器、光驱、键盘、鼠标等一般不需要安装驱动程序，而显卡、声卡、扫描仪、摄像头、Modem等就需要安装驱动程序。

9.2.2 安装主板驱动

安装驱动程序首先应该从安装主板驱动开始，下面以安装昂达主板的驱动程序为例进行介绍，具体操作步骤如下。

步骤1 选择程序运行方式。

将主板的驱动程序光盘放入光驱中，这时将弹出“自动播放”对话框，单击“运行Setup.exe”选项，如下图所示。

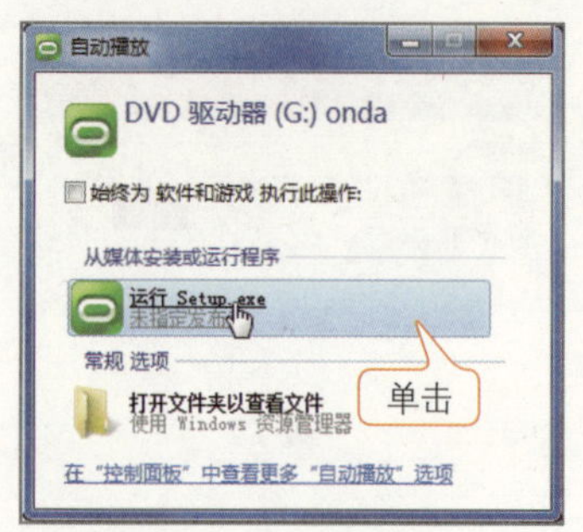

步骤2 选择“主板芯片组驱动”选项。

在弹出的对话框中单击“主板芯片组驱动”选项，如下图所示。

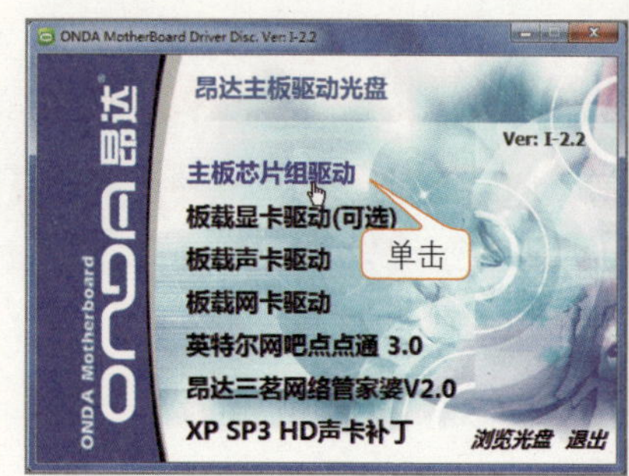

步骤3 选择主板芯片组。

在弹出的对话框中选择主板芯片组，如下图所示。

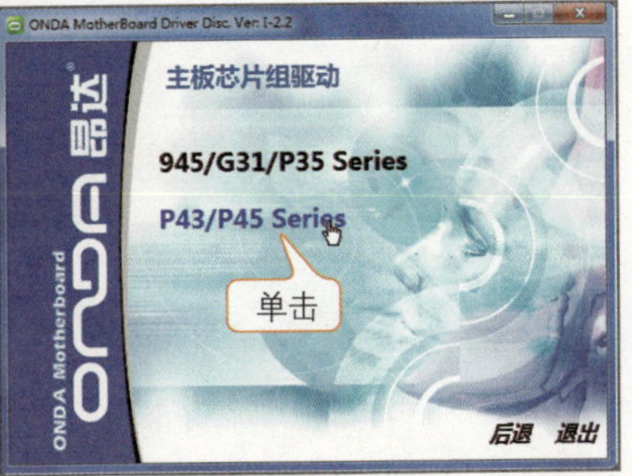

步骤4 弹出安装向导对话框。

开始解压缩主板芯片组驱动的安装文件，并弹出如下图所示的对话框。

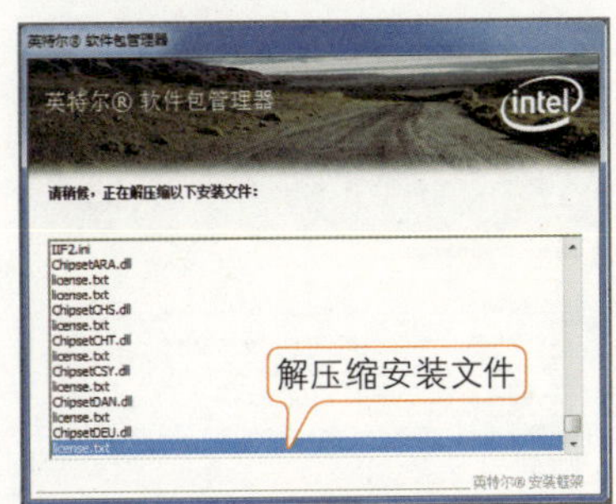

步骤5 确认安装主板芯片组程序。

弹出"欢迎使用安装程序"对话框，单击"下一步"按钮，如下图所示。

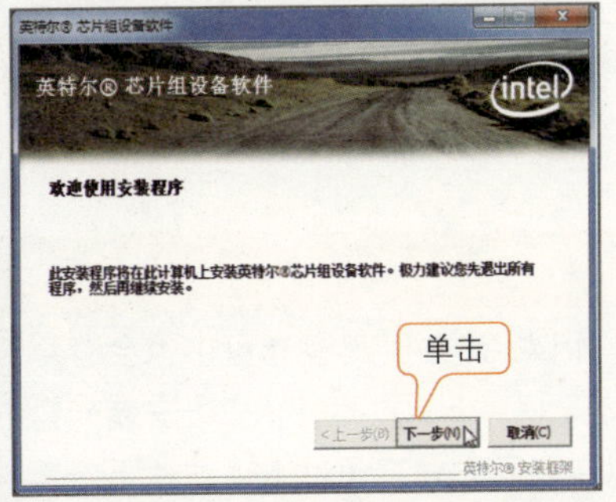

步骤6 阅读许可协议。

在弹出的对话框中阅读软件许可协议，再单击"是"按钮，如下图所示。

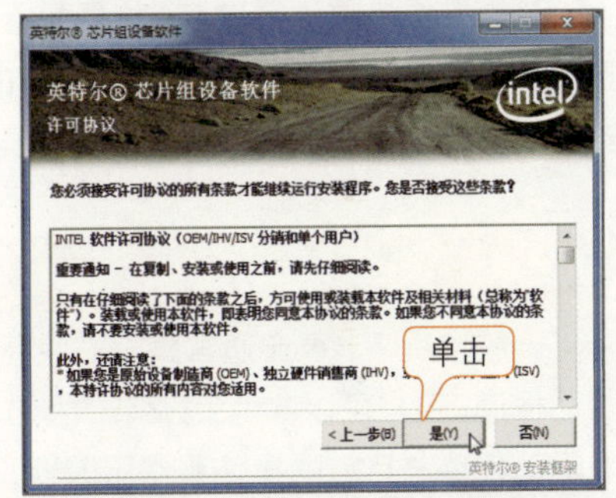

步骤7 阅读Readme文件信息。

在弹出的对话框中阅读Readme文件信息，再单击"下一步"按钮，如右图所示。

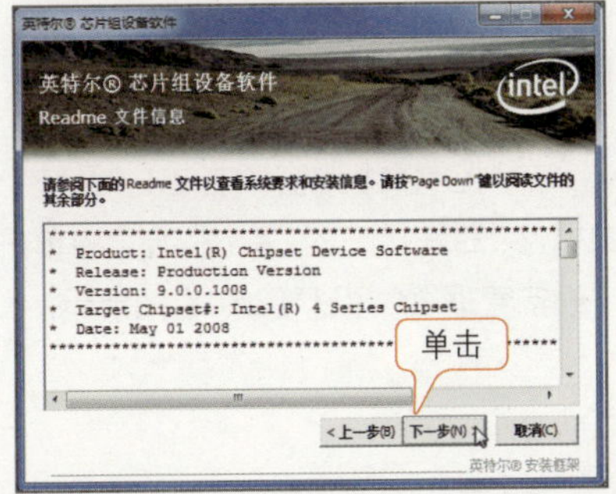

步骤8 开始安装主板芯片组程序。

开始运行主板芯片组的驱动程序，如下图所示。当运行完成后，单击“下一步”按钮。

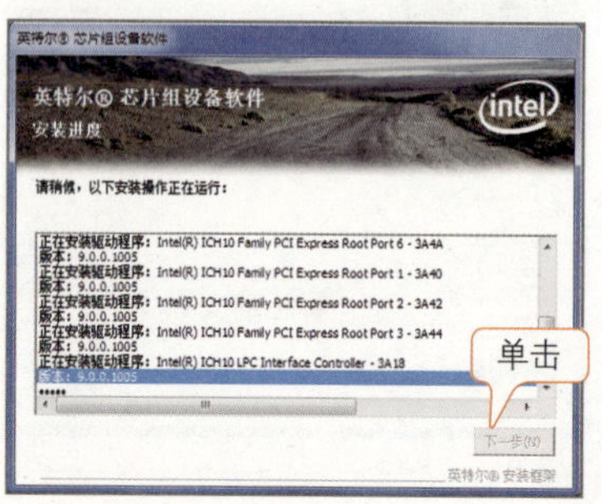

步骤9 完成主板芯片组程序。

接着在弹出的对话框中单击“完成”按钮，程序安装主板芯片组程序，如下图所示。

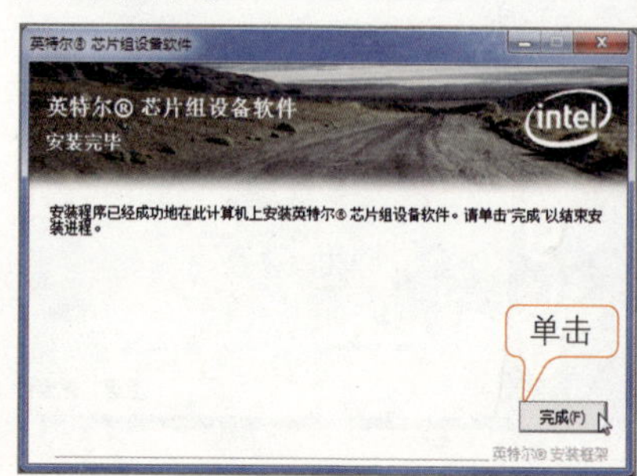

9.2.3 显卡驱动的安装

如果用户配置的是集成显卡，在主板安装中会有显卡驱动程序，用户可以参考上一节的操作步骤进行安装。如果配置的是独立显卡，在购买显卡时，厂商会附赠独立显卡的驱动程序，用户只要将显卡的安装光盘放入光驱中，然后运行光盘中的安装程序即可。

9.2.4 声卡驱动的安装

一般情况下，声卡通常集成在主板上，所以，在主板安装光盘中也会有声卡驱动程序，用户可以参考9.2.2节的操作方法安装声卡驱动程序。如果安装光盘中的驱动程序与目前的操作系统不兼容，可以在联网方式下通过下述方法更新声卡驱动程序。

步骤1 打开“设备管理器”窗口。

在“控制面板”窗口中单击“系统”图标，然后在打开的“系统”窗口中单击“设备管理器”超链接，如右图所示。

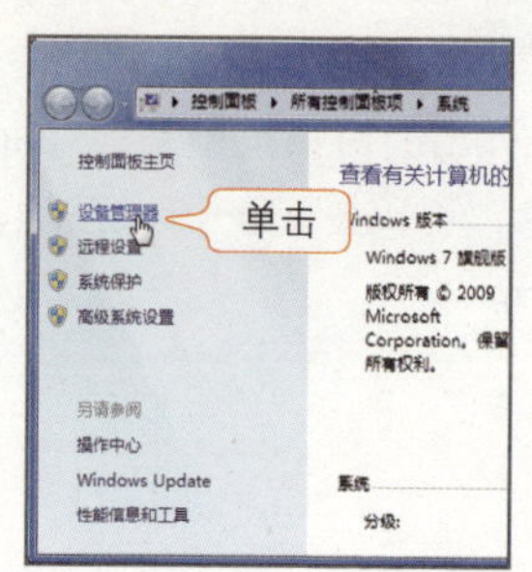

步骤2 选择声卡选项。

在“声音、视频和游戏控制器”选项卡右击声卡选项，从弹出的快捷菜单中选择“更新驱动程序软件”命令，如右图所示。

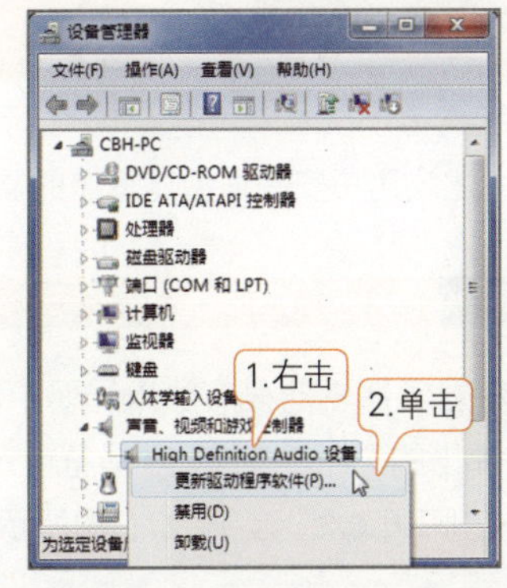

步骤3 选择搜索驱动程序方式。

弹出“更新驱动程序软件-High Definition Audio设备”对话框，选择搜索驱动程序软件方式，例如单击“自动搜索更新的驱动程序软件”选项，系统将自动搜索安装该设备的驱动程序，如右图所示。

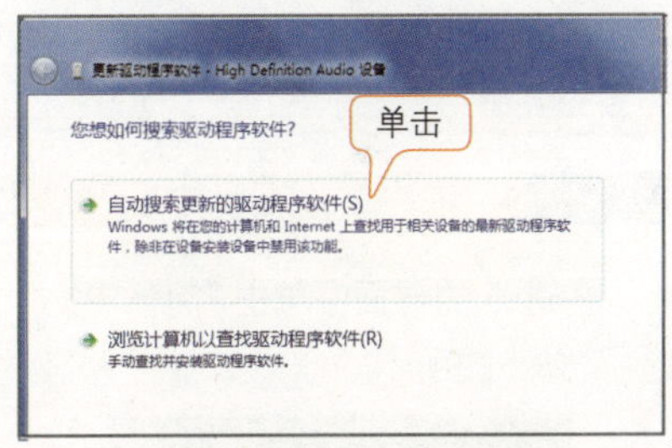

9.2.5 网卡驱动的安装

与安装声卡驱动程序一样，如果网卡是集成在主板上的，可以安装主板光盘中那个版本的网卡驱动程序；如果购买网卡时有附带的网卡驱动程序安装光盘，直接运行该光盘即可。除此之外，还可以到“驱动之家”网站（网址是http://www.mydrivers.com）搜索下载需要的网卡驱动程序，如下图所示。

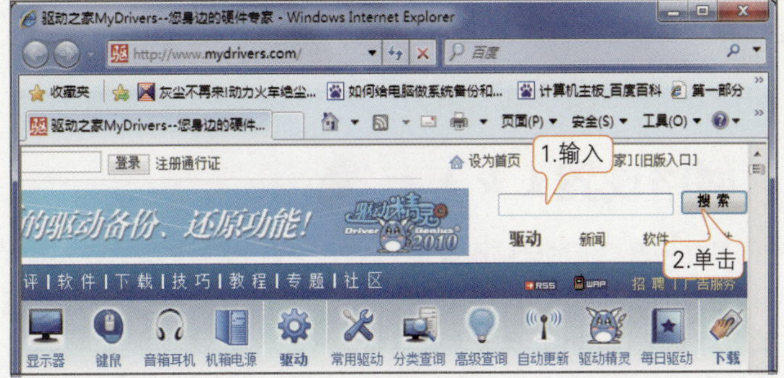

9.2.6 显示器驱动的安装

随着电子技术的飞速发展，显示器的性能越来越强大，为了发挥显示器的最佳性能，建议用户安装适合显示器的驱动程序，具体操作步骤如下。

步骤1 运行显示器驱动。

将显示器驱动程序放入光驱中，然后在弹出的"自动播放"对话框中单击"运行HW191.exe"选项，如右图所示。

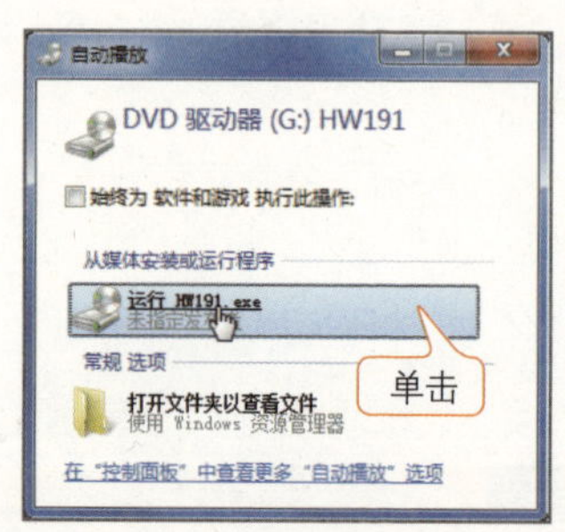

步骤2 选择驱动程序的安装语言。

在进入的界面中单击"简体中文"选项，如下图所示。

步骤3 安装显示器驱动。

在"安装软件"列表中单击"安装驱动程序"选项，如下图所示。

步骤4 成功安装显示器驱动。

弹出Success对话框，单击"确定"按钮，成功安装显示器驱动，如右图所示。

9.3 网络设置★★★★

上网是使用最广泛的电脑服务之一。在此之前，需要将电脑联入互联网，目前可以选择的上网方式有电话拨号上网、ADSL上网、光纤上网、无线上网等，下面以ADSL上网为例，为大家介绍如何将电脑接入因特网。

提示：使用ADSL连接Internet之前的准备工作。

ADSL（Asymmetric Digital Subscriber Line，简称“非同步数字用户专线”）是国内普及率较高的网络连接方法，它以安置方便、网速快、价格合适、宽带服务多等特点深受广大用户青睐。在使用ADSL宽带上网之前，用户必须做好以下准备。

（1）硬件条件：包括一台性能比较好的计算机、一根打市话的普通电话线和一个ADSL调制解调器（Modem，俗称“猫”，用于将电话线传输的模拟信号转换为计算机能够处理的数字信号）。

（2）软件条件：对于现在要安装上网的计算机，Windows 7系统包含了所有需要的软件。

（3）上网账号：用户需要向Internet服务提供商（即Internet Services Provider，简称为ISP，网络服务商）申请一个上网账户（包括用户名和密码）。

9.3.1 安装Modem驱动程序

目前市场上的Modem都是即插即用的产品，开机后系统会自动检测Modem的安装情况。如果系统提示没有找到Modem的驱动程序，可通过以下方法手动安装Modem程序。

步骤1 打开“电话和调制解调器”对话框。

在“控制面板”窗口中单击“电话和调制解调器”图标，如下图所示。

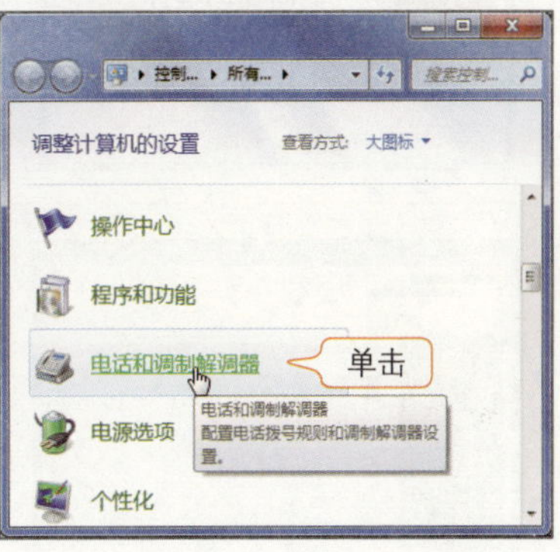

步骤2 打开“添加硬件向导”对话框。

在弹出的对话框中单击“调制解调器”选项卡，然后单击“添加”按钮，如下图所示。

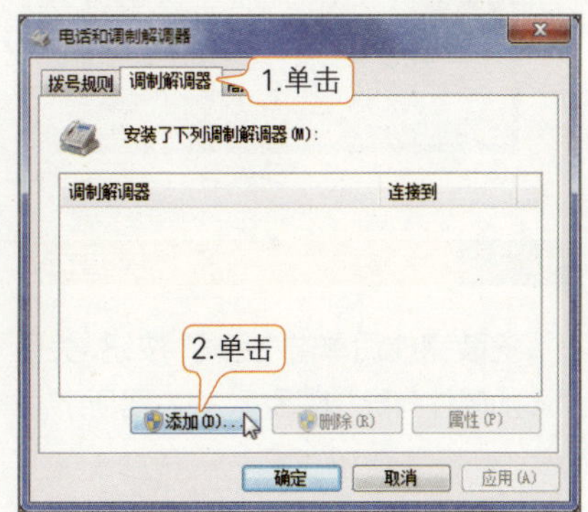

步骤3 设置"添加硬件向导"对话框。

在弹出的对话框中选中"不要检测我的调制解调器：我将从列表中选择"复选框，再单击"下一步"按钮，如下图所示。

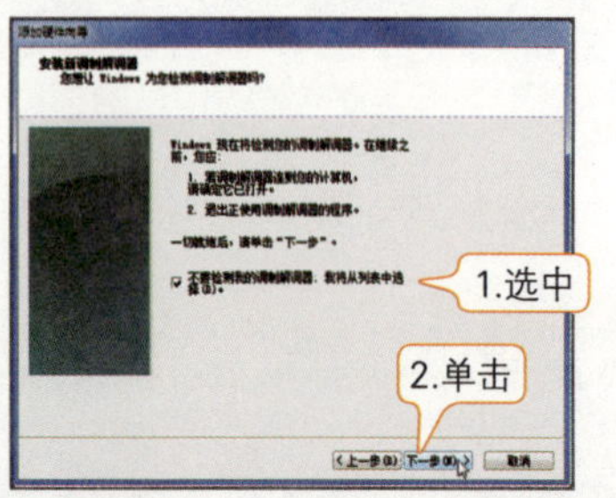

步骤4 选择调制解调器型号。

在弹出的对话框中选择要安装的硬件类型，再单击"下一步"按钮，如下图所示。

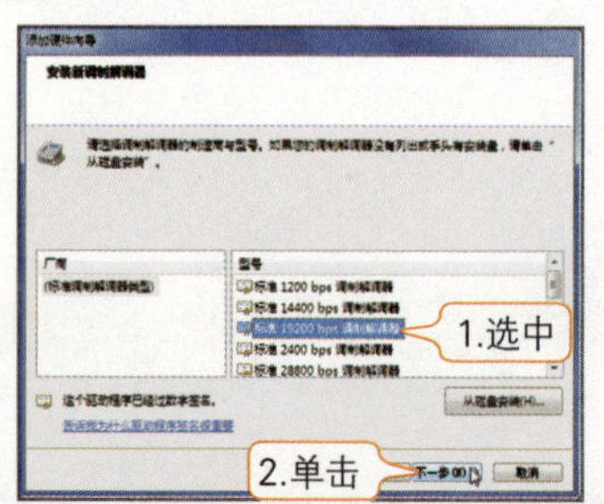

步骤5 选择断口。

在弹出的对话框中选中"选定的端口"单选按钮，然后在列表框中选择要使用的端口，再单击"下一步"按钮，如下图所示。

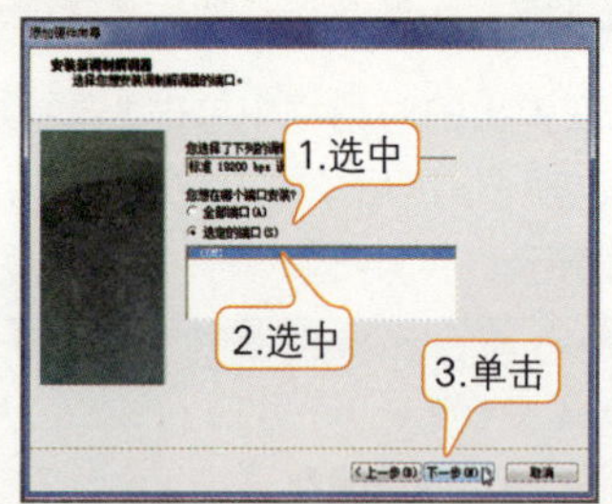

步骤6 安装调制解调器驱动程序。

开始安装调制解调器的驱动程序，并弹出如下图所示的对话框。

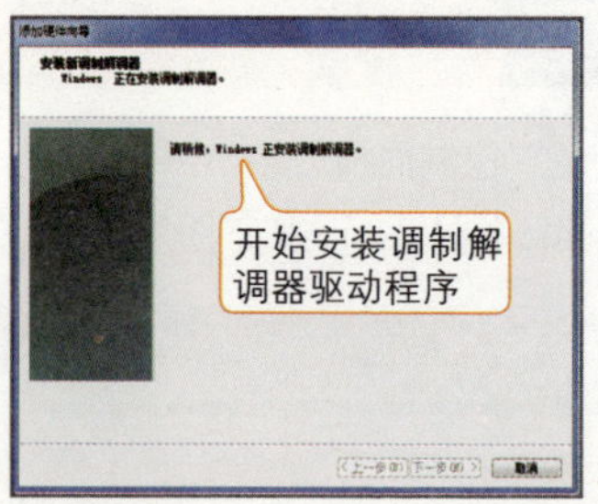

步骤7 成功安装调制解调器驱动程序。

安装完成后单击"完成"按钮，关闭"添加硬件向导"对话框，如右图所示。

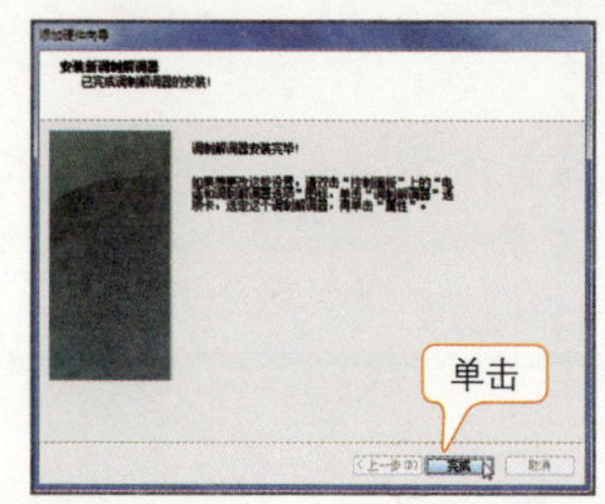

步骤8 查看安装的调制解调器。

返回“电话和调制解调器”对话框，即可在列表框中查看新安装的调制解调器设备了，如右图所示，单击“确定”按钮。

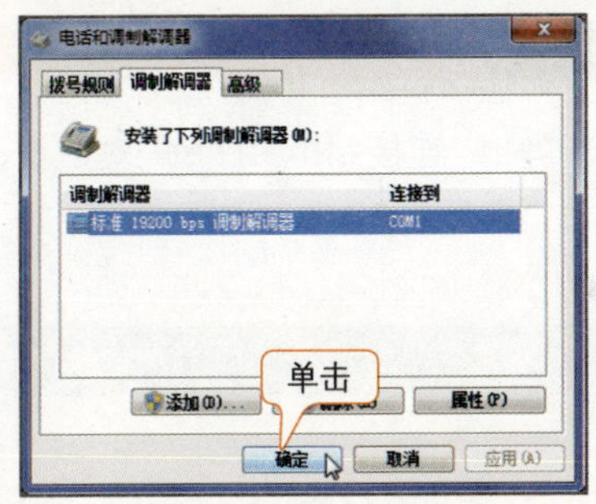

9.3.2 将电脑接入因特网

接下来可以创建ADSL拨号连接了，具体操作步骤如下。

步骤1 打开“网络和共享中心”窗口。

在“控制面板”窗口中单击“网络和共享中心”图标，如下图所示。

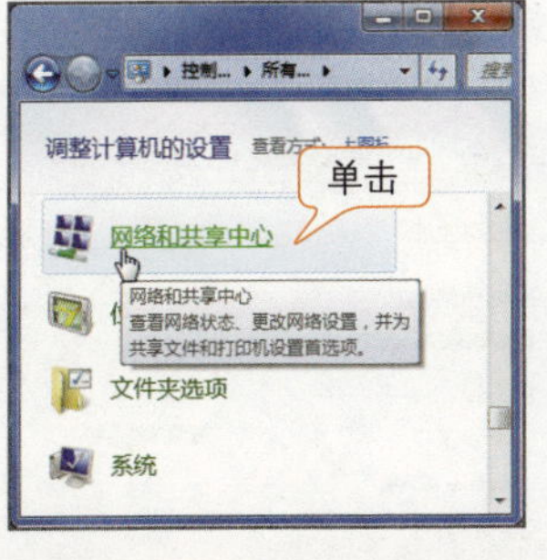

步骤2 打开“设置连接或网络”对话框。

在“网络和共享中心”窗口中单击“设置新的连接或网络”超链接，如下图所示。

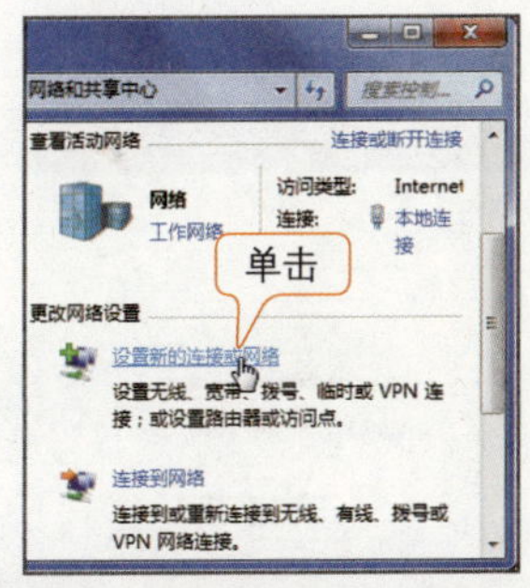

步骤3 选择一个连接选项。

在弹出的对话框中单击“连接到Internet”选项，再单击“下一步”按钮，如右图所示。

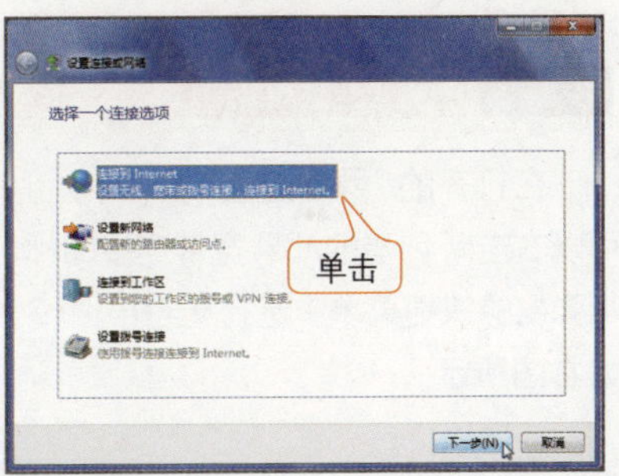

步骤4 选择连接方式。

弹出“连接到Internet”对话框，单击“宽带(PPPoE)(R)”选项，如下图所示。

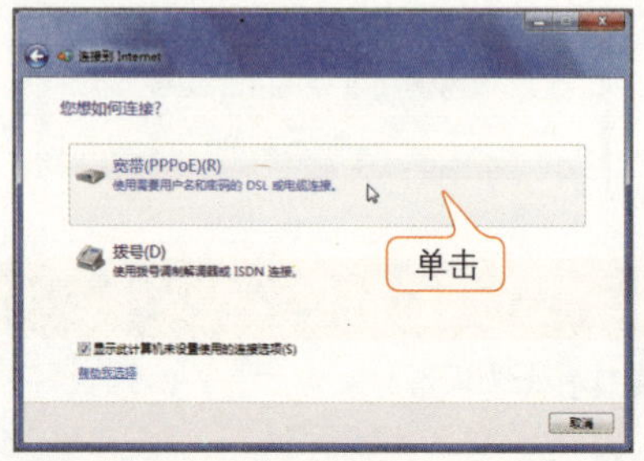

步骤5 输入ISP提供的信息。

在打开的对话框中输入ISP提供的“用户名”和“密码”，并在“连接名称”文本框中输入名称ADSL，如下图所示。

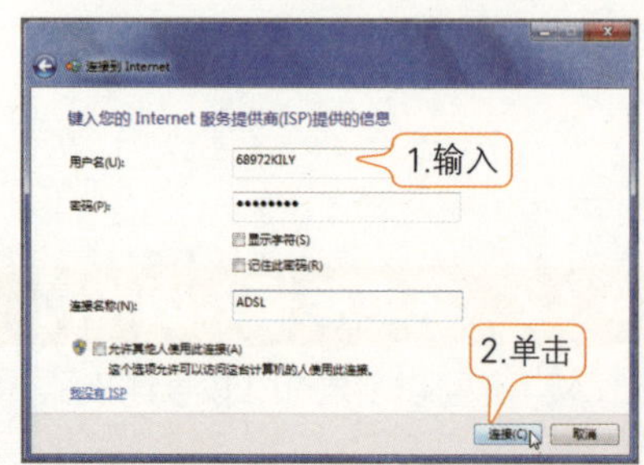

步骤6 连接互联网。

在确认输入的ISP信息无误后，单击“连接”按钮，系统就会自动连接Internet，如下图所示。

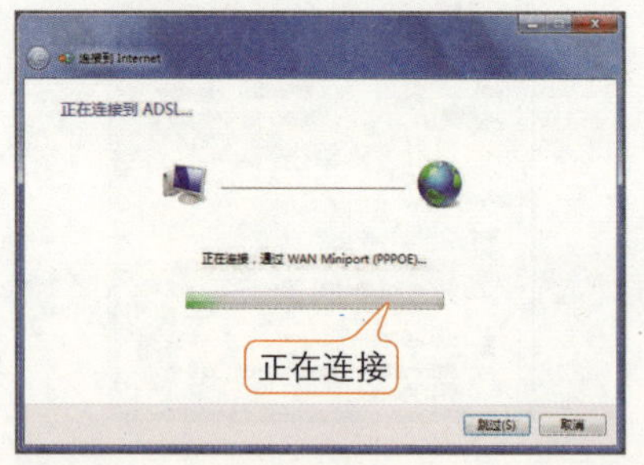

步骤7 打开“网络连接”窗口。

在“网络和共享中心”窗口中，单击左侧导航窗格中的“更改适配器设置”文字链接，如下图所示。

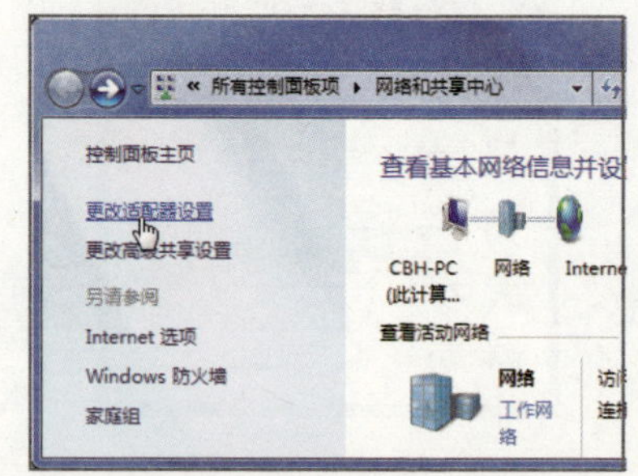

步骤8 打开“连接ADSL”对话框。

在打开的“网络连接”窗口中，用户可以右击新创建的ADSL宽带连接图标，从弹出的快捷菜单中选择“连接”命令，如右图所示。

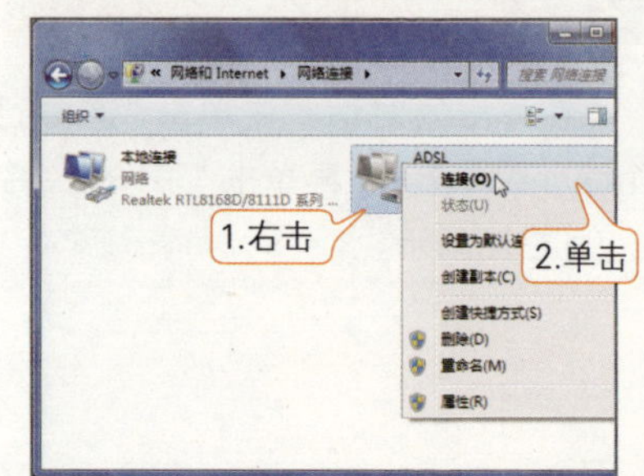

步骤9 使用ADSL拨号上网。

在弹出的"连接ADSL"对话框中，输入申请的上网账户和密码，再单击"连接"按钮即可，如右图所示。

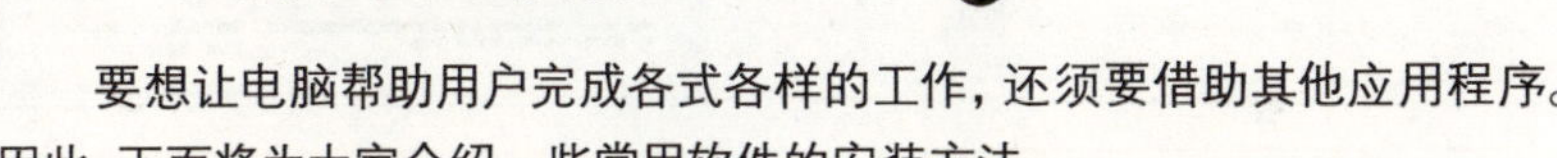

9.4 安装常用软件★★★

要想让电脑帮助用户完成各式各样的工作，还须要借助其他应用程序。因此，下面将为大家介绍一些常用软件的安装方法。

9.4.1 安装Microsoft Office系列办公软件

Office系列软件是由微软公司研发的，使用最广泛的办公软件之一，其中包括文字处理程序Word、表格处理程序Excel等，它的版本众多，下面以安装2007版的Office程序为例进行介绍，具体安装步骤如下。

步骤1 运行Office 2007程序。

将Office 2007安装光盘放入光驱，安装向导会自动运行，并弹出如下图所示的对话框，输入产品包装上的产品密钥，再单击"继续"按钮。

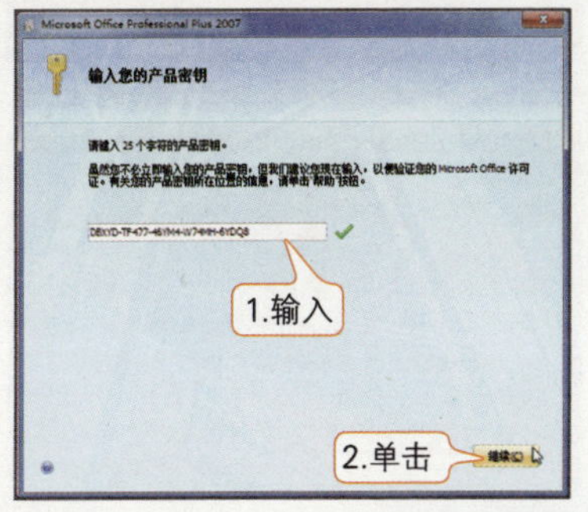

步骤2 阅读许可协议。

弹出"阅读Microsoft软件许可证条款"对话框，阅读软件许可证条款，并选中"我接受此协议的条款"复选框，再单击"继续"按钮，如下图所示。

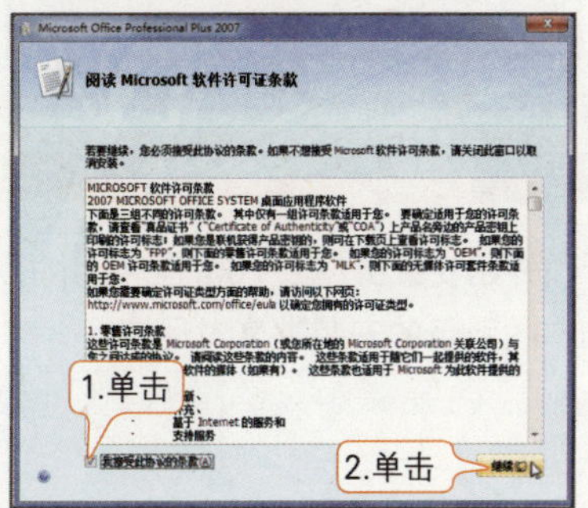

步骤3 选择安装方式。

弹出“选择所需的安装”对话框，单击“自定义”按钮，如下图所示。

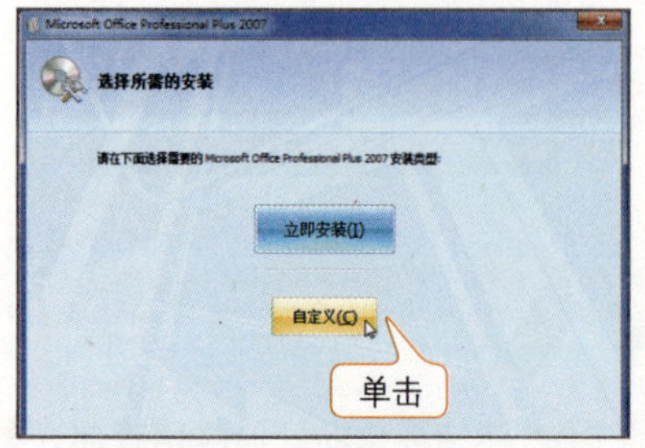

步骤4 选择安装组件。

在弹出的对话框中单击“安装选项”选项卡，选择要安装的程序，如下图所示。

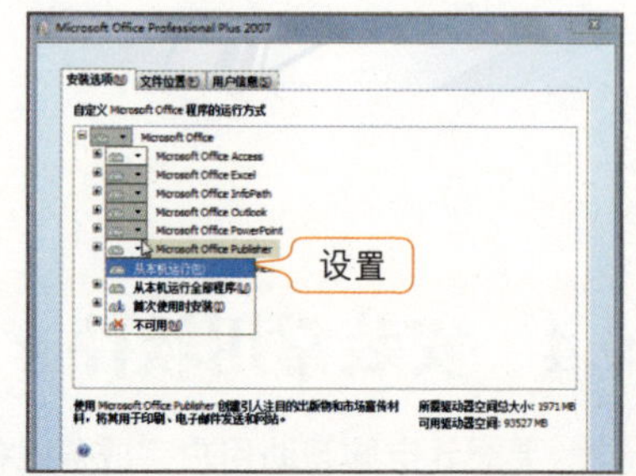

步骤5 设置文件安装位置。

单击“文件位置”选项卡，在该面板中设置程序的安装位置，如下图所示。

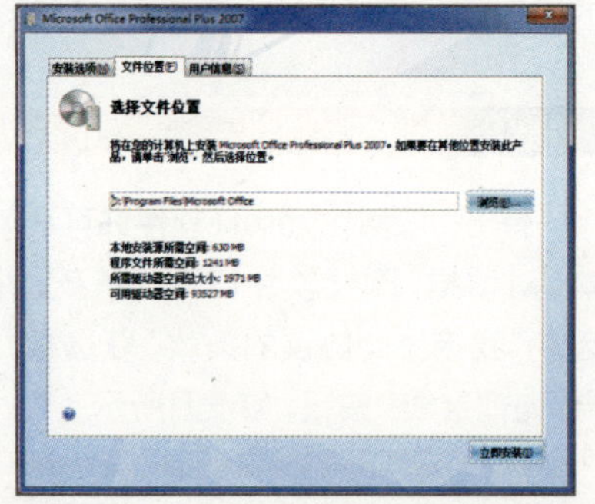

步骤6 设置用户信息。

单击“用户信息”选项卡，输入用户信息，再单击“立即安装”按钮，如下图所示。

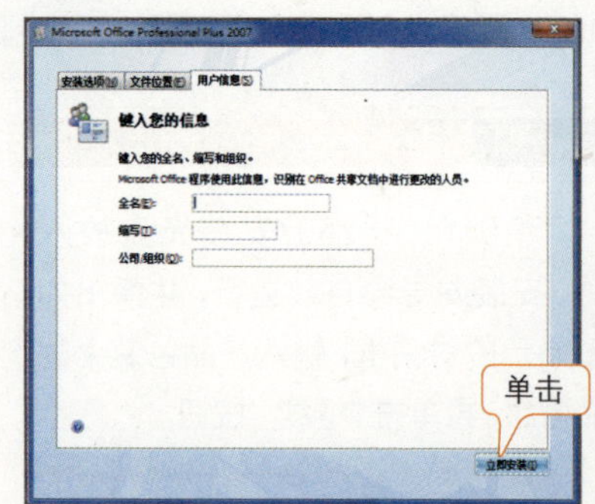

步骤7 开始安装Office程序。

开始安装Office 2007程序，并进入如右图所示的安装进度对话框。

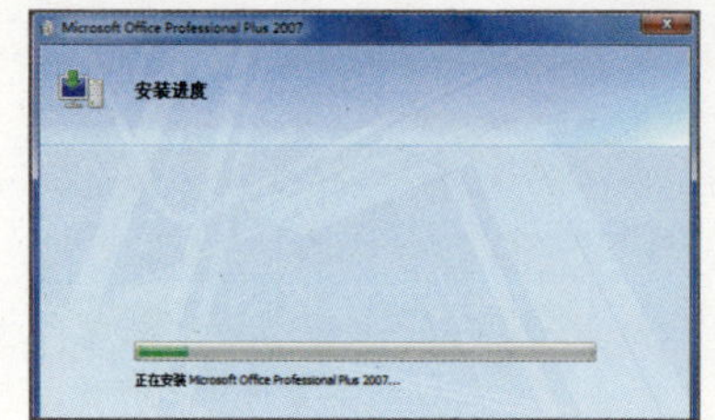

步骤8 程序安装完毕。

程序完成完毕后单击“关闭”按钮即可，如右图所示。

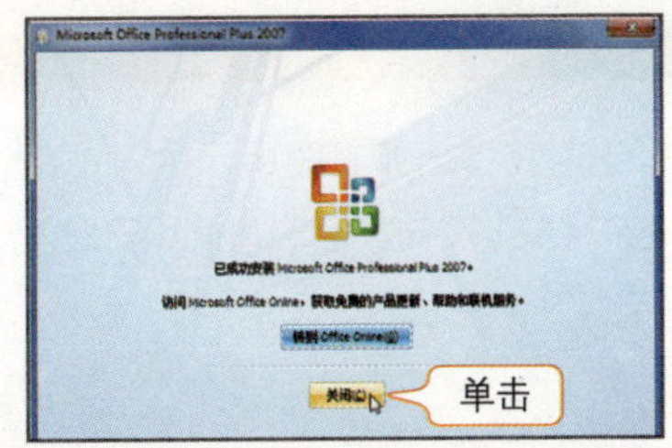

9.4.2 安装工具软件

在电脑的使用过程中，除了Office办公软件外，还有一些工具软件，如Auto CAD软件、压缩软件、超级兔子等，下面以安装WinRAR压缩软件为例进行介绍，其安装方法如下。

步骤1 运行WinRAR程序。

双击下载的WinRAR程序，打开如下图所示的安装对话框，单击“安装”按钮。

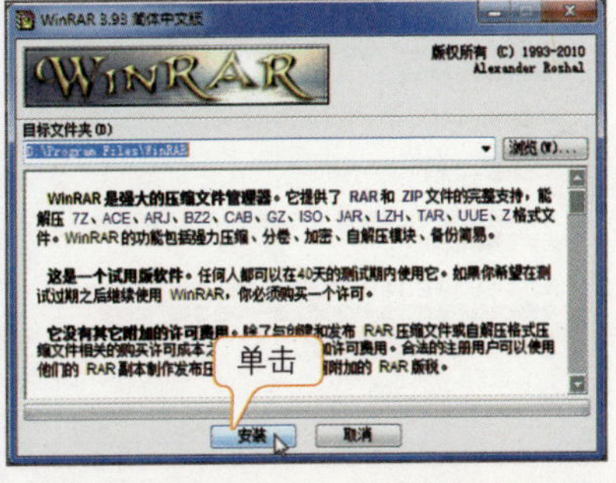

步骤2 开始复制WinRAR程序文件。

系统开始复制WinRAR程序文件到指定的文件夹，如下图所示。

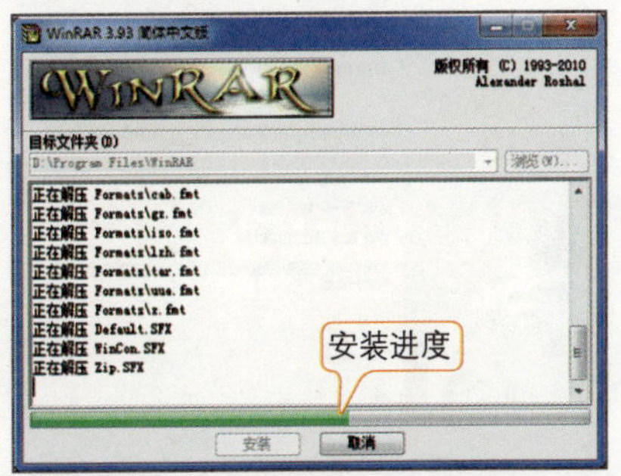

步骤3 完成文件复制。

文件复制完后，将弹出如下图所示的对话框，单击“确定”按钮，如右图所示。

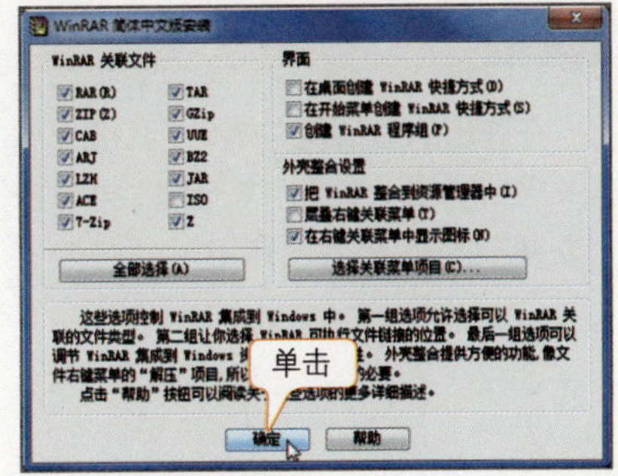

步骤4 完成程序安装。

这时将弹出如右图所示的对话框，单击“完成”按钮，完成WinRAR安装。

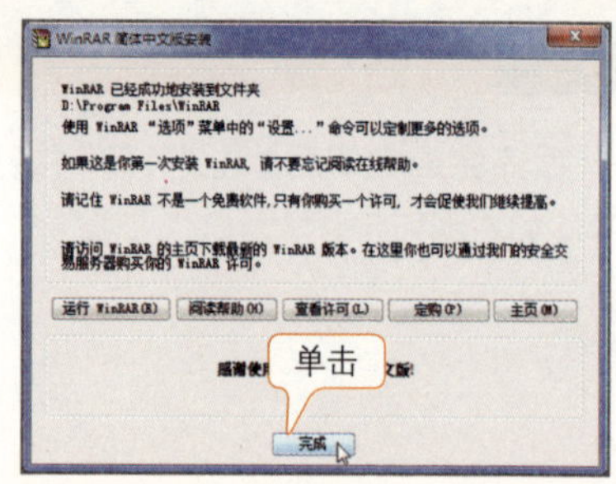

9.4.3 安全软件

这里要介绍的安全软件，也就是我们常说的杀毒软件，下面以安装卡巴斯基杀毒软件为例进行介绍，其安装方法如下。

步骤1 运行卡巴斯基程序。

双击卡巴斯基杀安装程序，打开如下图所示的对话框，单击“下一步”按钮。

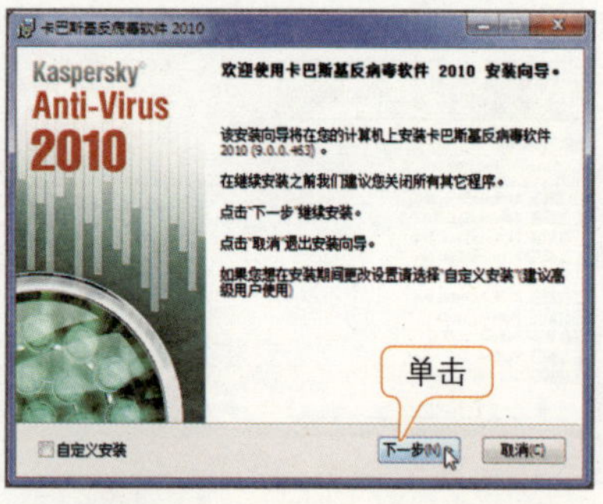

步骤2 阅读许可协议。

在弹出的对话框中阅读程序的许可协议，再单击“我同意”按钮，如下图所示。

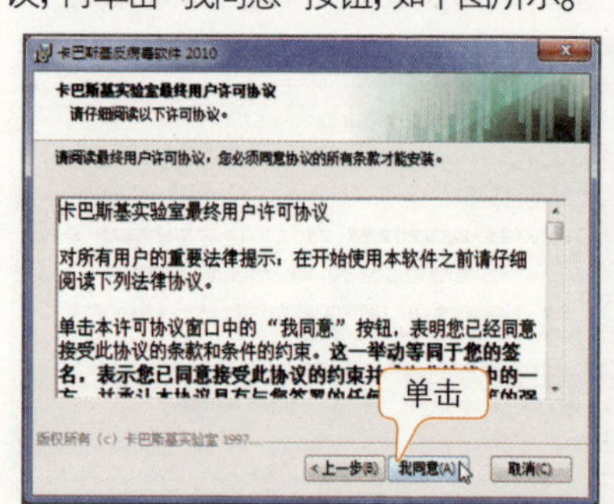

步骤3 阅读网络安全服务内容。

在弹出的对话框中选中“我接受加入卡巴斯基安全条款”复选框，再单击“安装”按钮，如右图所示。

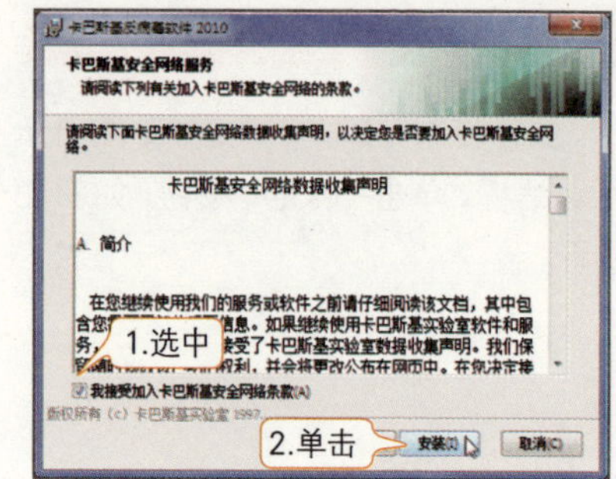

步骤4 开始安装卡巴斯基程序。

开始安装卡巴斯基程序，并弹出如下图所示的进度对话框。

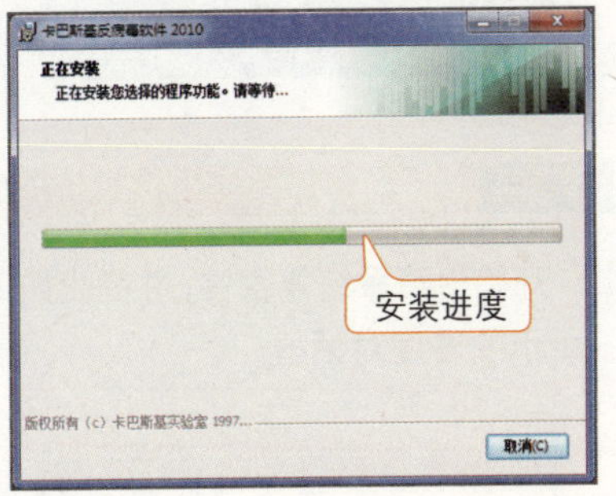

步骤5 选择激活方式。

在弹出的对话框中选择激活方式，这里选中“激活试用授权”单选按钮，再单击“下一步”按钮，如下图所示。

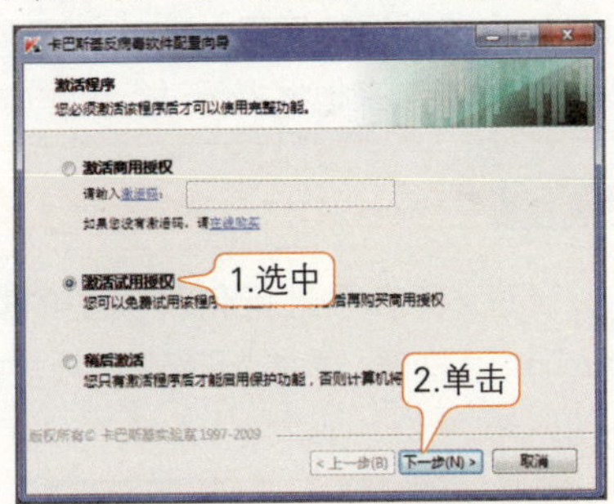

步骤6 激活试用授权版本。

开始在线激活卡巴斯基的试用授权版本，如下图所示。

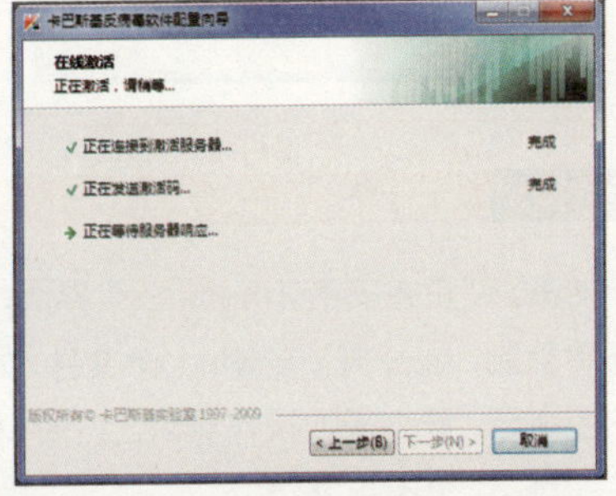

步骤7 完成程序安装。

在弹出的对话框中单击“完成”按钮，完成卡巴斯基程序安装，如下图所示。

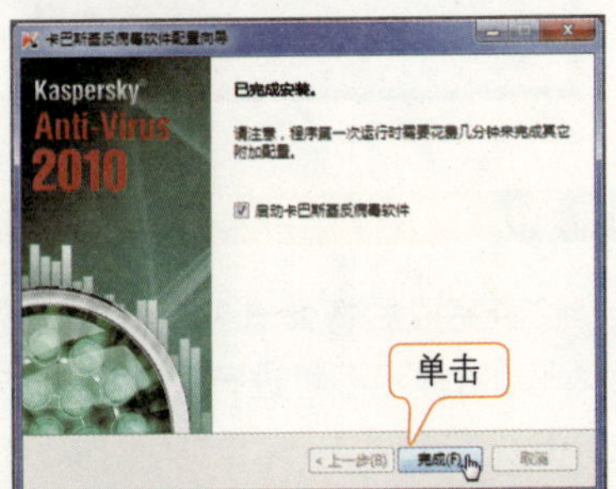

9.5 上机实训

为了巩固和拓展本章所学的内容，下面就来实战演练，自己操作一下。

实训1. 升级安装Windows 7操作系统

下面为大家介绍一下如何从Windows Vista系统升级安装Windows 7操作系统，具体操作步骤如下。

步骤1 运行Windows 7操作系统安装盘。

首先进入Windows Vista操作系统，然后运行Windows 7操作系统安装盘，打开如右图所示的窗口，单击“现在安装”按钮，接下来根据提示进行操作。

步骤2 选择安装方式。

当进入“您想进行何种类型的安装？”对话框时，单击“升级”选项，如下图所示。

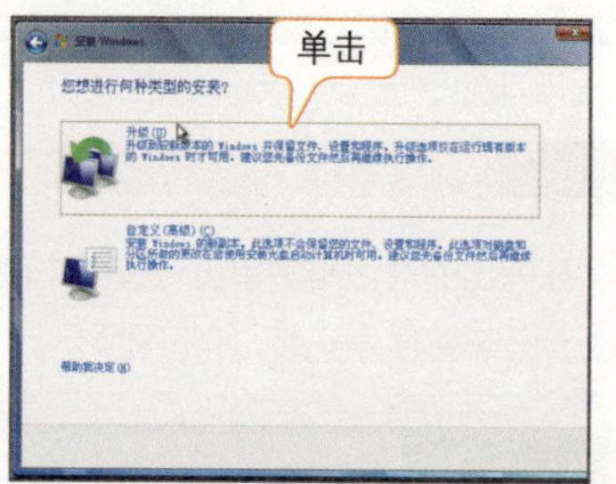

步骤3 检查兼容性。

开始检查系统兼容性，并弹出如下图所示的进度对话框。

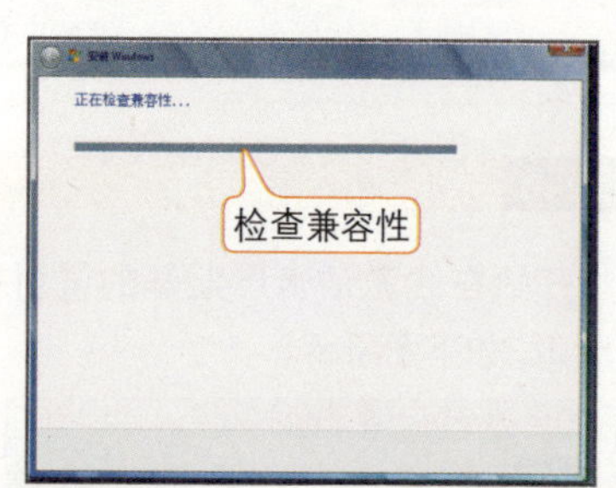

步骤4 查看兼容性报告。

检查完成后将弹出“兼容性报告”对话框，若提示不可进行升级，将无法进行升级安装操作，这里提示可以升级安装操作系统，单击“下一步”按钮，如下图所示。

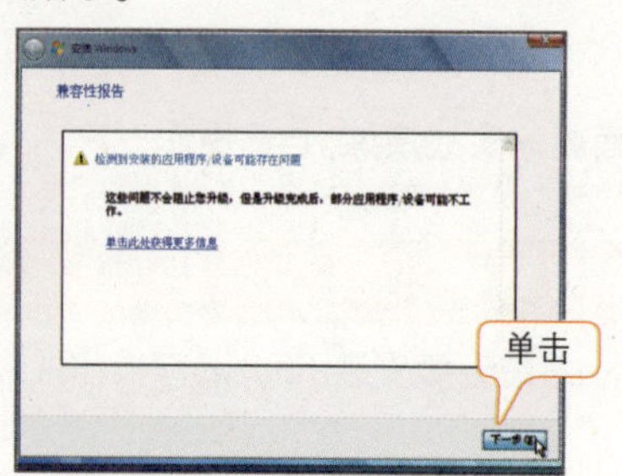

步骤5 开始安装Windows系统。

进入“正在安装Windows…”界面，开始复制、展开需要的Windows文件，如下图所示，接下来的操作参考2.1节的内容即可，这里不再赘述。

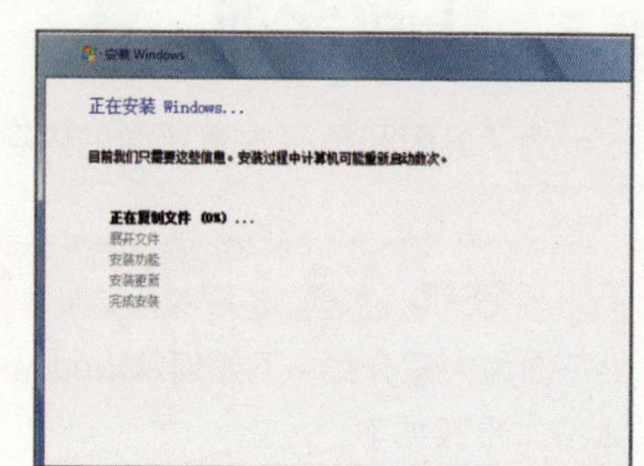

实训2. 添加Windows组件

在Windows 7系统中添加系统组建的操作步骤如下。

步骤1 打开“程序和功能”窗口。

在“控制面板”窗口中单击“程序和功能”图标，如下图所示。

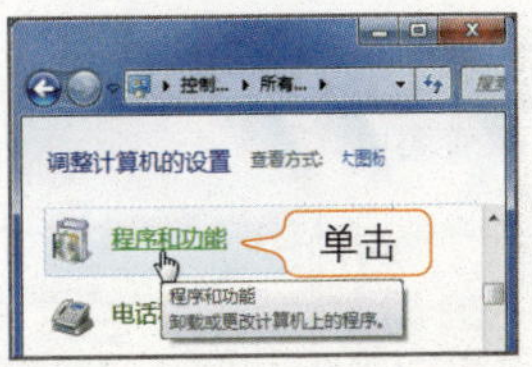

步骤2 打开“Windows组件”对话框。

在“程序和功能”窗口的左侧导航窗格中单击“打开或关闭Windows功能”超链接，如下图所示。

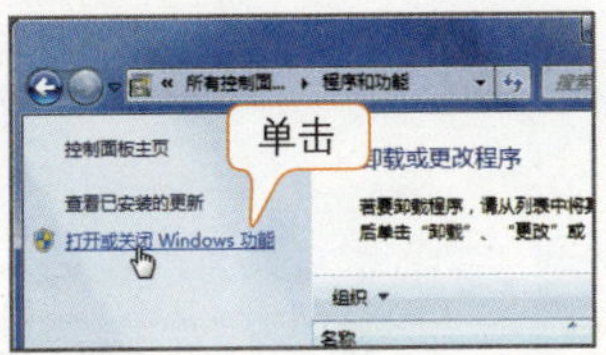

步骤3 选择Windows组件。

在列表框中选中要添加的Windows组件，再单击“确定”按钮，如下图所示。

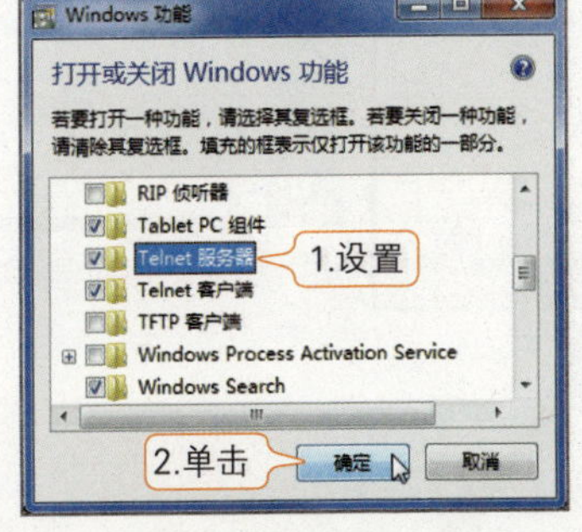

步骤4 开始添加Windows组件。

开始安装选择的Windows组件，并弹出如下图所示进度对话框。

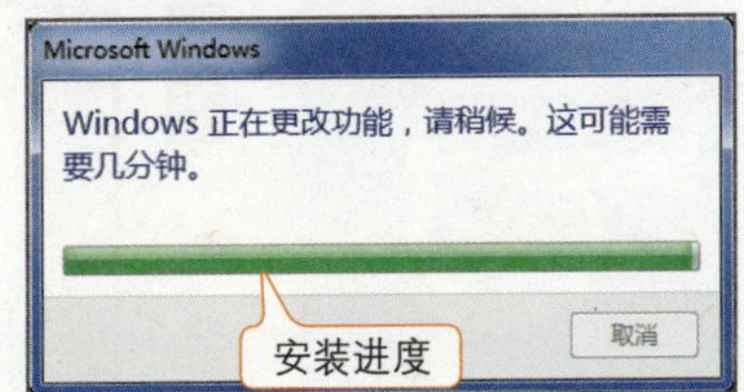

本章学习要点

√常见的系统测试软件简介
√搜查硬件信息
√测试硬件性能
√系统优化
√使用专业软件优化系统

第10章 系统测试与优化

通过前面的学习，相信大家已经对电脑的软硬件有了一定的了解，下面将借助一些测试工具对电脑各部件进行测试，帮助大家加深对软硬件的认识，然后再优化系统。

本章重点实例展示

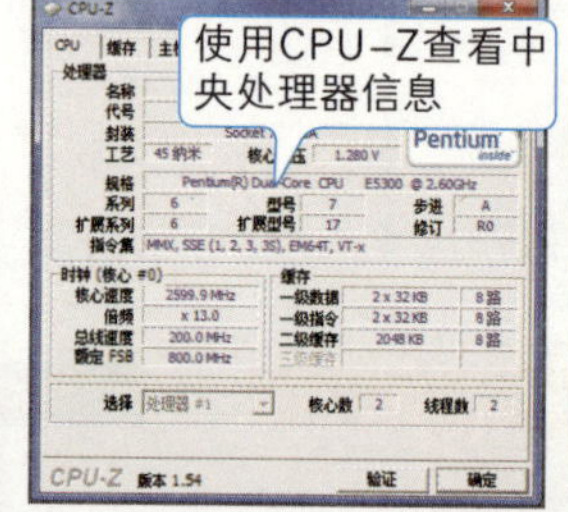

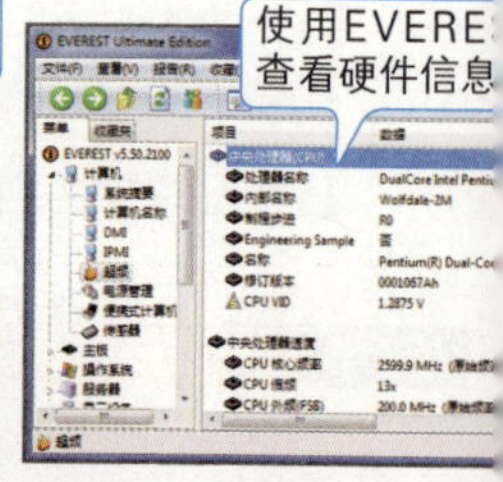

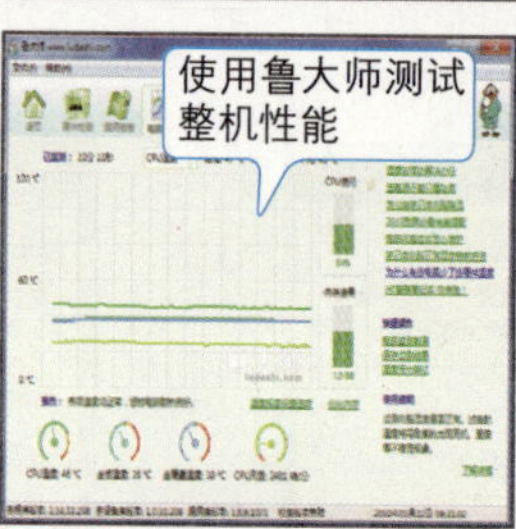

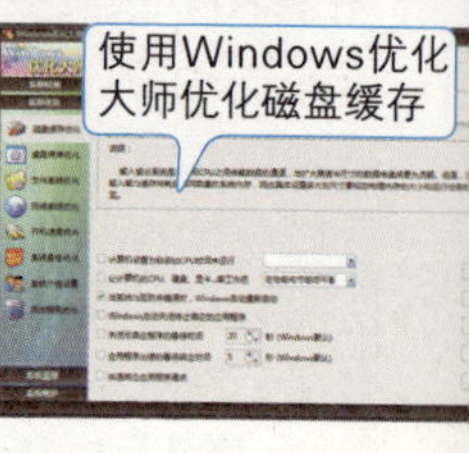

Chapter 10

10.1 常见的系统测试软件简介★★

操作系统安装完成后，相信用户很想知道自己配制的电脑的整体性能，这时可以通过系统测试软件进行测试。下面为大家介绍几款常见的系统测试软件。

1. Everest Ultimate Edition

Everest Ultimate Edition（原名AIDA32）一款功能强大的测试软硬件系统信息的工具。它可以详细的显示出电脑的每一个方面的信息，支持上千种主板，支持上百种显卡；支持对并口/串口/USB这些PNP设备的检测；支持对各式各样的处理器的侦测；支持对各式各样的处理器的侦测；支持查看远程系统信息和管理，并可以将检测结果导出为HTML、XML文件。最新版的Everest Ultimate Edition软件具有以下功能：

- 升级CPU、FPU基准测试。
- 改善系统稳定性测试模块。
- 支持Intel Skulltrail双路四核心平台和i5400芯片组。
- 支持最新显卡技术。
- 支持DDR3 XMP、EPP 2.0技术。

2. Furmark

Furmark是一款小巧便利的显卡测试软件，该软件提供了很多设置选项，全屏/窗口设置、MSAA选项、窗口大小、测试时间、当然还有GPU稳定性测试。

3. GPU-Z

GPU-Z 是一款测试识别显卡的软件，能够正确测试显卡的各种规格及参数，并验证核心、显存、着色单元是否经过超频。

4. 3DMark

3DMark是一款最为普及的3D图形卡性能基准测试软件，该系列版本软件以简单清晰的操作界面和公正准确的3D图形测试流程赢得越来越多用户的喜爱。

5. DisplayX

DisplayX是一款小巧、强悍的LCD/CRT测试软件，包括色彩、灰度、对比度、几何形状、呼吸效应（主要针对CRT）、聚焦（主要针对CRT）、交错（测试显示器抗干扰）、延时（主要针对LCD） 等等。此外，显示屏基准测试、自定义图片测试、液晶屏响应时间测试、辅助查找屏幕坏点、辅助调校屏幕也是其拿手好戏。

10.2 查看硬件信息★★★

下面通过具体测试实例，介绍如何使用测试工具查看硬件信息。

10.2.1 查看Intel CPU的真假

使用英特尔公司推出的处理器标识实用程序，可以对电脑中配制的Intel CPU进行全新的认识，包括处理器类型、处理器系列、处理器型号、处理器步进、高速缓存信息、包装信息、系统配置、处理器特性等信息，以辨别Intel CPU的真假，具体操作步骤如下。

步骤1 启动英特尔处理器标识实用程序。

首先下载安装英特尔处理器标识实用程序，然后运行该程序，在“频率测试”选项卡下可以查看处理器操作状态的信息，同时显示出预期参数数值与实际检测数值，如下图所示。

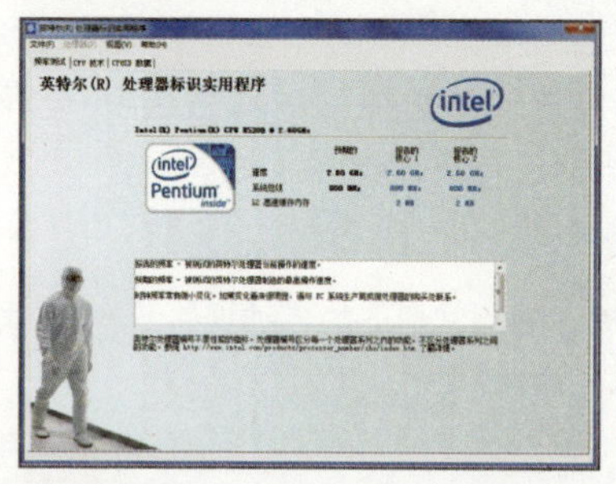

步骤2 单击“CPU技术”选项卡。

单击“CPU技术”选项卡，在这里可以查看处理器支持的英特尔处理器技术和功能，如下图所示，若单击“信息”按钮，可以查看英特尔技术的相关解释。

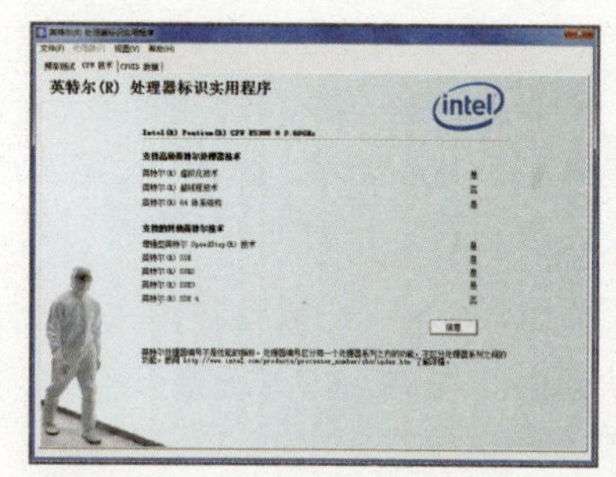

步骤3 单击“CPUID数据”选项卡。

单击“CPUID数据”选项卡，在这里可以查看处理器的分类、细节及其他功能等，如右图所示。最后选择“文件”/“保存”命令，可以将测试数据保存到文本文件中。

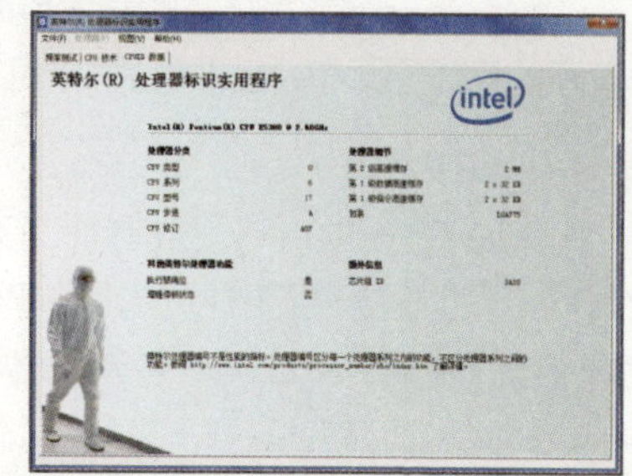

10.2.2 使用CPU-Z查看硬件信息

CPU-Z 是一款家喻户晓的CPU检测软件，它支持各种类型的CPU，并能够同时检测主板和内存的相关信息。其使用方法如下。

步骤1 启动CPU-Z程序。

首先下载安装CPU-Z程序，并启动该软件，然后单击CPU选项卡，在这里可以查看CPU的各种参数，如下图所示。

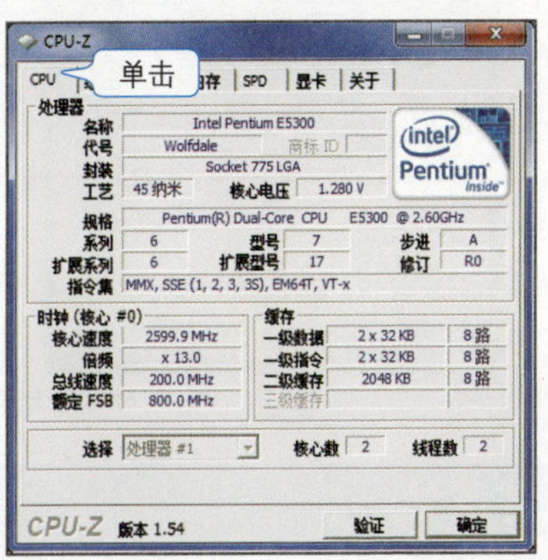

步骤2 切换到“缓存”选项卡。

单击“缓存”选项卡，在这里可以查看CPU的缓存信息，包括一级数据缓存、一级指令缓存和二级缓存等，如下图所示。

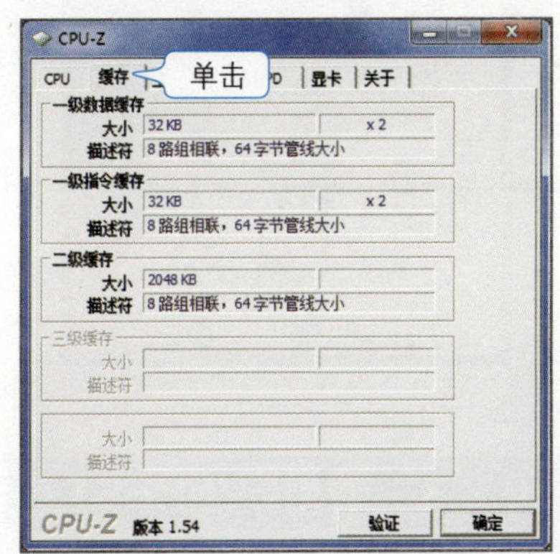

步骤3 切换到“主板”选项卡。

单击“主板”选项卡，在这里可以查看主板的详细信息和主板BIOS信息，如下图所示。

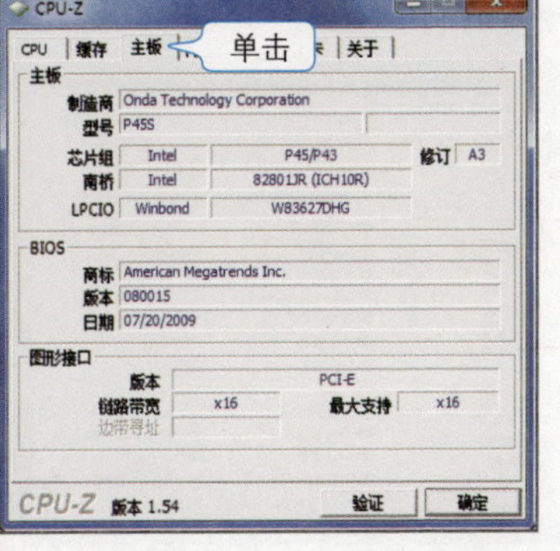

步骤4 切换到“内存”选项卡。

单击“内存”选项卡，在这里可以查看内存信息，包括类型、大小、通道数、频率、前端总线、周期等，如下图所示。

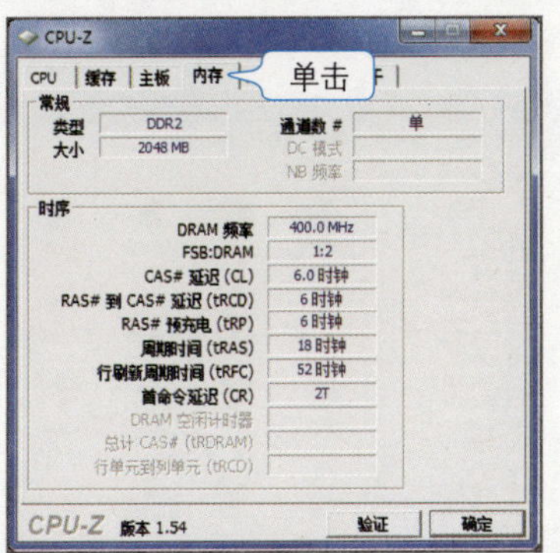

步骤5 切换到SPD选项卡。

单击SPD选项卡，然后在“内存插槽选择”列表框中选择内存插槽，可以查看插槽中内存的详细信息，包括模块大小、最大带宽、零件号、频率、周期等，如下图所示。

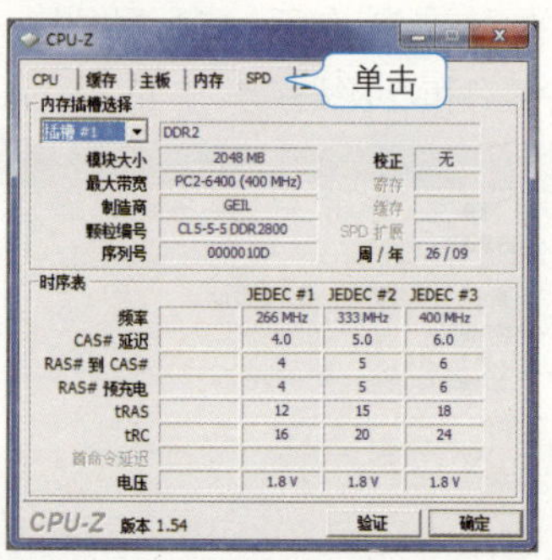

步骤6 切换到“显卡”选项卡。

单击“显卡”选项卡，在这里可以查看显示设备的详细信息，如下图所示。最后单击“确定”按钮，关闭CPU-Z对话框。

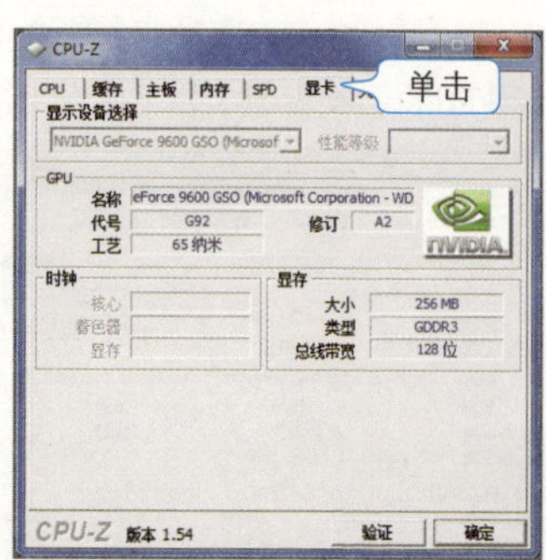

10.2.3 使用EVEREST查看硬件信息

使用EVEREST查看硬件信息的方法如下。

步骤1 启动EVEREST程序。

首先下载安装EVEREST程序，然后运行该程序，打开如下图所示的对话框，在左侧窗格中列出了电脑配置的硬件设备。

步骤2 查看硬件信息。

单击要查看的硬件设备，这里在“计算机”选项下单击“超频”选项，即可在右侧窗格中看到对应的硬件信息，如下图所示。

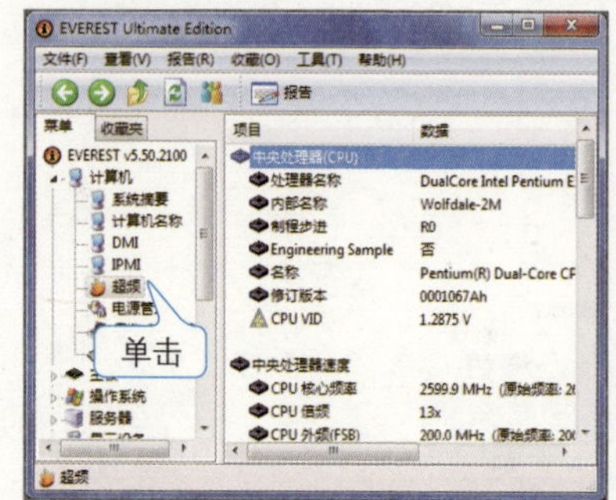

步骤3 测试整机性能。

在左侧窗格中单击“性能测试”选项，然后在展开的列表中单击要进行的测试，这里单击“内存写入”选项，接着将会在右侧窗格中显示出测试结果，如右图所示。

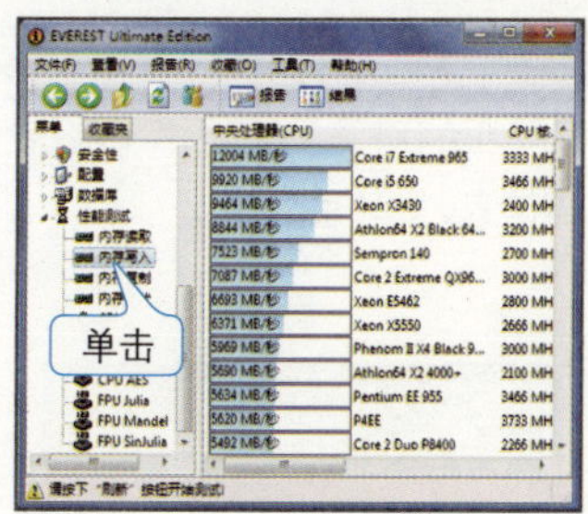

10.2.4 使用HWiNFO32查看硬件信息

使用HWiNFO32检测软件，可以查看处理器、主板及芯片组、PCMCIA接口、BIOS版本、内存等信息，同时还可以对处理器、内存、硬盘以及CD-ROM的性能进行测试。

步骤1 启动HWiNFO32程序。

首先下载安装HWiNFO32程序，并运行该程序，打开如下图所示的窗口。

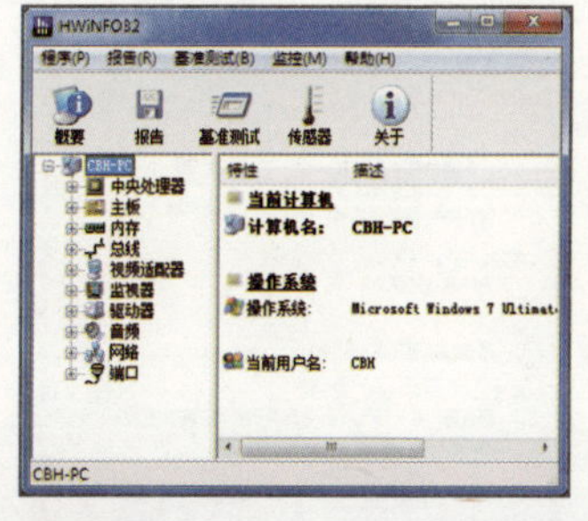

步骤2 查看CPU信息。

在“中央处理器”选项下单击要查看的处理器选项，即可在右侧窗口中显示出相应的信息，如下图所示。

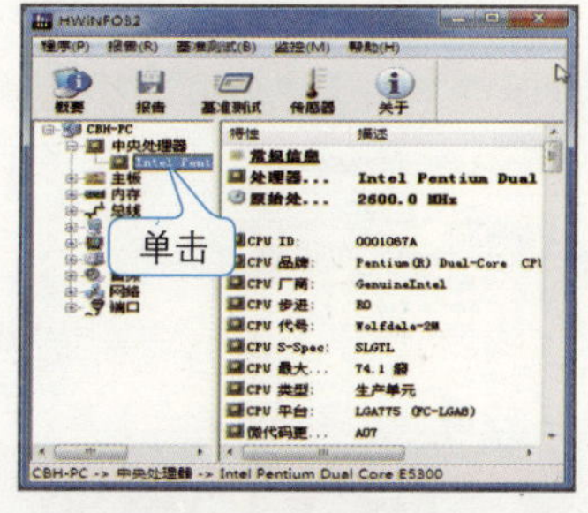

步骤3 打开“HWiNFO32-系统概要”对话框。

在工具栏中单击“概要”按钮，如右图所示。

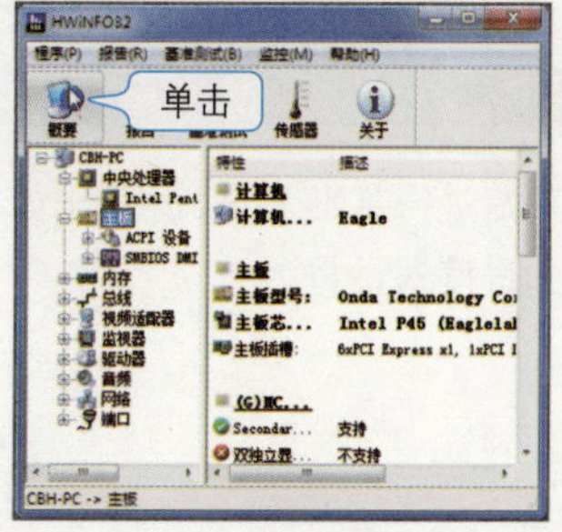

步骤4 查看系统整体的简要信息。

在弹出的对话框中显示了系统整体的简要信息，如下图所示。

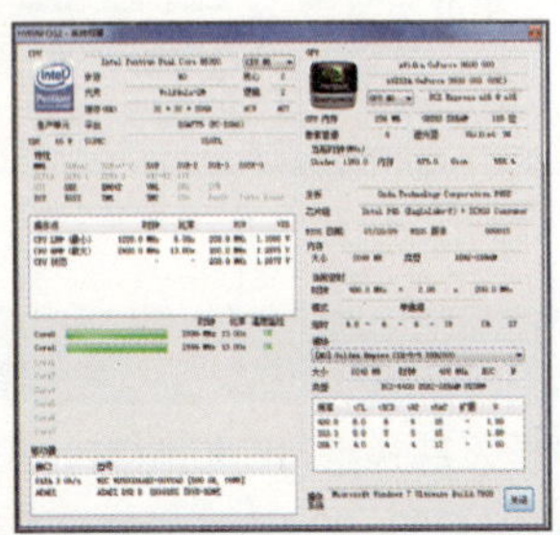

步骤5 打开“创建日志文件”对话框。

在HWiNFO32窗口中单击“报告”按钮，打开“创建日志文件”对话框，选择日志文件的导出格式，再单击“下一步”按钮。

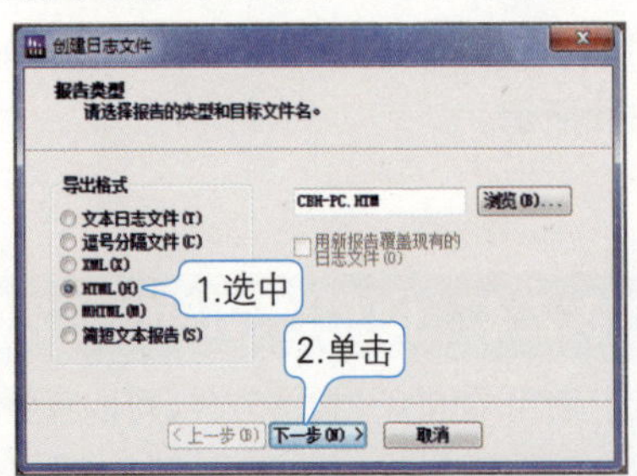

步骤6 设置报告过滤器。

进入“报告过滤器”对话框，在列表框中选择要包含的组件，再单击“完成”按钮，如下图所示。

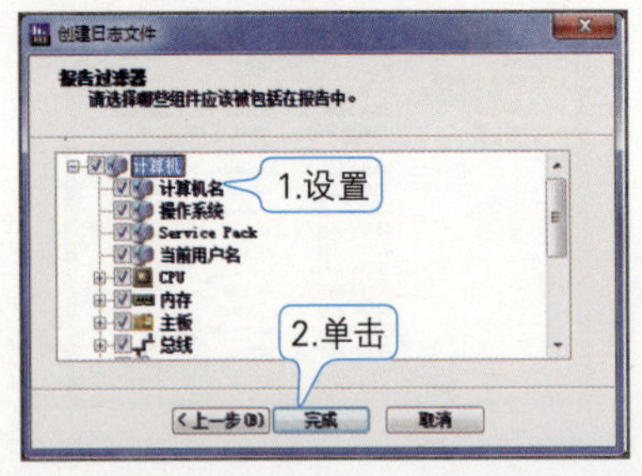

步骤7 选择要执行的基准测试。

X在HWiNFO32窗口中单击“基准测试”按钮，弹出如下图所示的对话框，设置要对CPU、内存和硬盘执行的基准测试选项，再单击“开始”按钮。

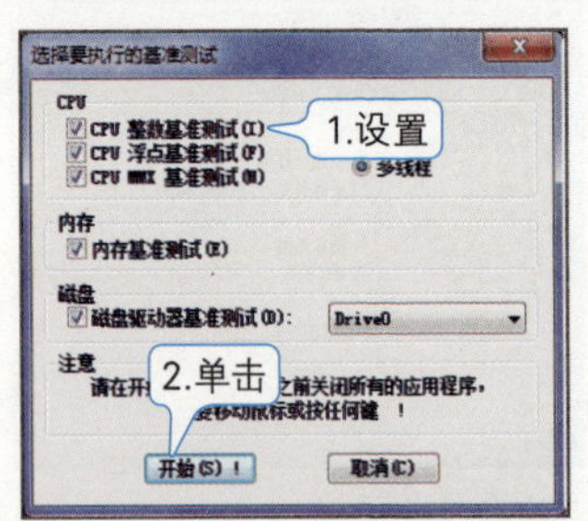

步骤8 进行基准测试。

开始进行基准测试，并弹出如右图所示的进度对话框。

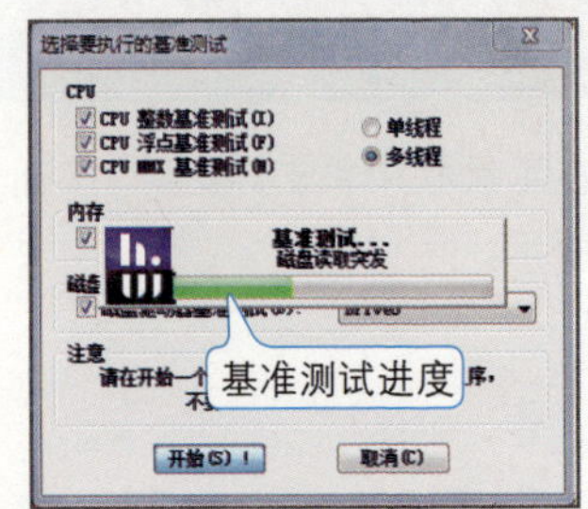

步骤9 查看基准测试结果。

基准测试完成后，将弹出如下图所示的对话框，在这里列出了基准测试结果。

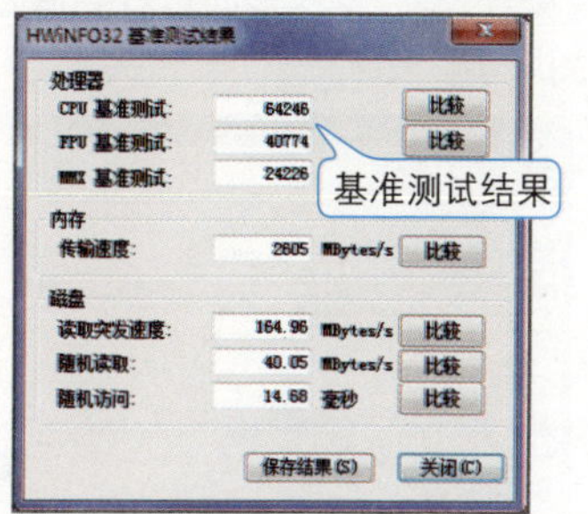

步骤10 进行传感器测试。

在HWiNFO32窗口中单击“传感器”按钮，开始测试传感器，如下图所示。

步骤11 查看传感器测试结果。

传感器测试完成后，将弹出如右图所示的对话框，在这里列出了传感器的状态。

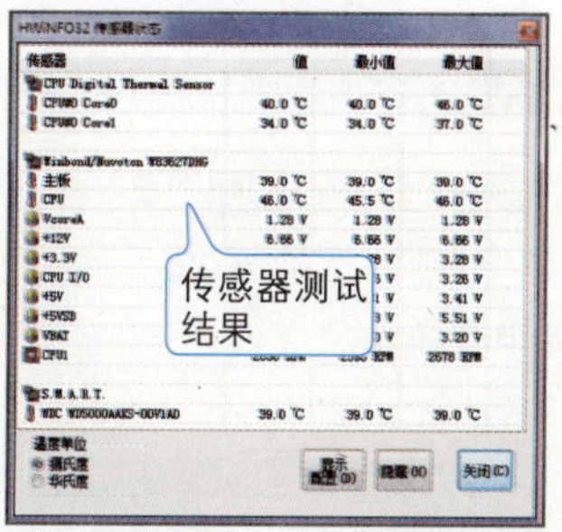

10.2.5 使用PowerStrip查看显示器和显卡信息

PowerStrip是一款功能非常强悍的显示卡和屏幕功能配置工具，使用该工具不仅可以调整桌面尺寸、屏幕频率、桌面字型等屏幕信息，还可以查看图形与显卡的系统信息、测试调整显卡运行性能等，具体操作步骤如下。

步骤1 启动PowerStrip程序。

首先下载安装PowerStrip程序，并运行该软件，在第一次启动时将会自动测试显示器信息，并弹出如右图所示的对话框，单击“确定”按钮。

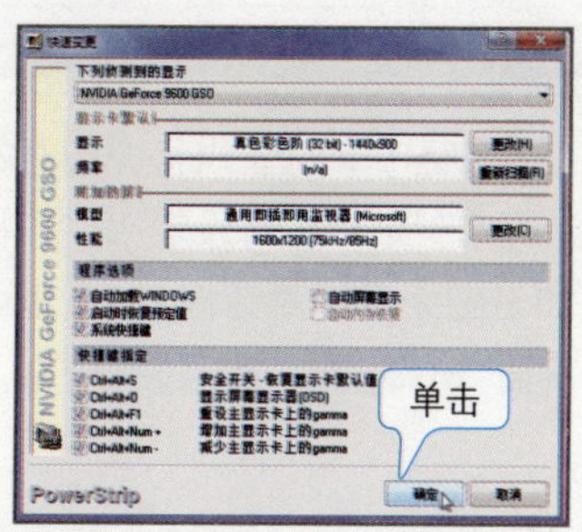

步骤2 打开“显示卡信息”对话框。

在通知区中单击图标，并从打开的菜单中选择“选项”/“显示卡信息”命令，如下图所示。

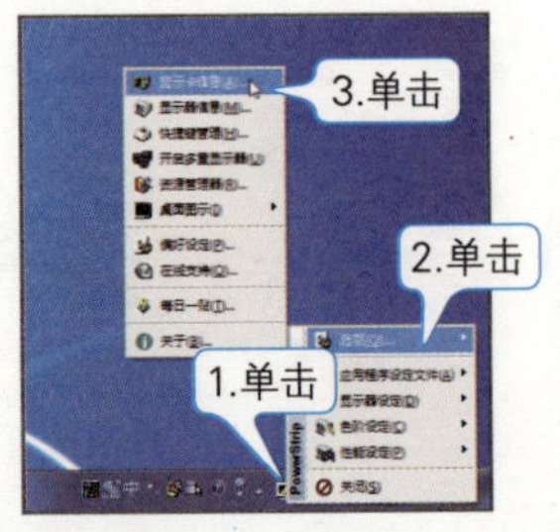

步骤3 查看显示卡信息。

弹出“显示卡信息”对话框，在这里可以查看显示卡的详细信息，包括版本、芯片、显存以及诊断报告等信息，如下图所示。

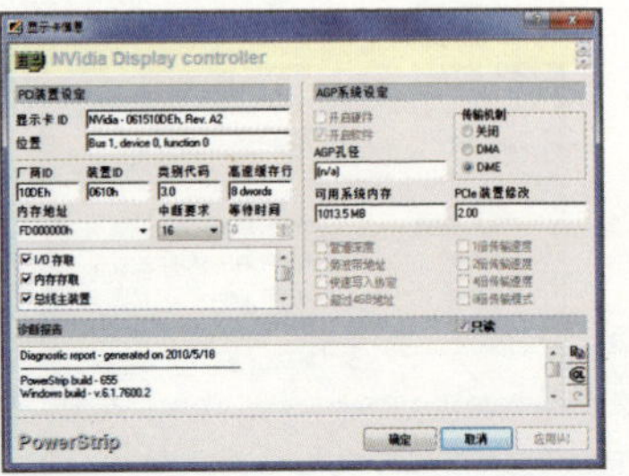

步骤4 打开“屏幕信息”对话框。

在通知区中单击图标，并从打开的菜单中选择“选项”/“显示器信息”命令，如下图所示。

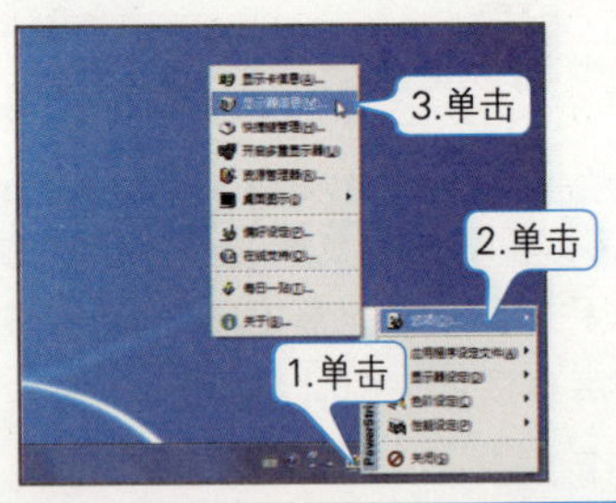

步骤5 查看显示器信息。

弹出“屏幕信息”对话框，在这里可以查看显示器的详细信息，包括了显示器的型号、最大分辨率、刷新率等，如下图所示。

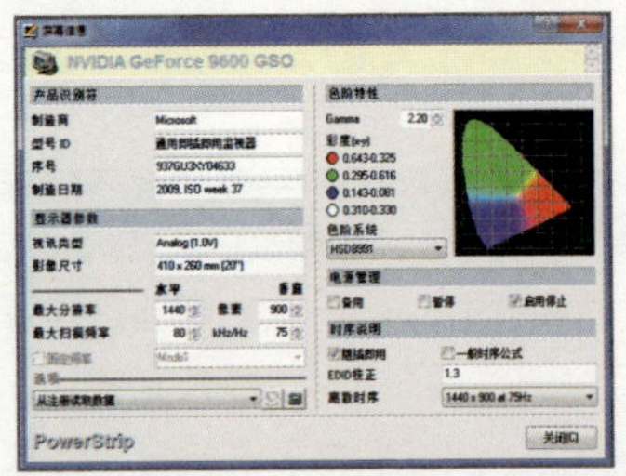

步骤6 进行偏好设置。

在通知区中单击图标，从打开的菜单中选择“选项”/“偏好设定”命令，将会打开如右图所示的对话框，在这里可以设置界面、屏幕显示、兼容性等信息。

10.3 测试硬件性能★★★★

下面将通过一些实例，介绍如何测试计算机硬件的性能。

10.3.1 使用Super PI测试CPU性能

Super PI是一款使用计算机计算PI数值的软件，通常用来测试超频后的系统稳定性，以便提示用户超频设置是否有效。其使用方法如下。

步骤1 启动Super PI程序。

首先下载安装Super PI程序，并运行该程序，然后在菜单栏中单击“计算”命令，如下图所示。

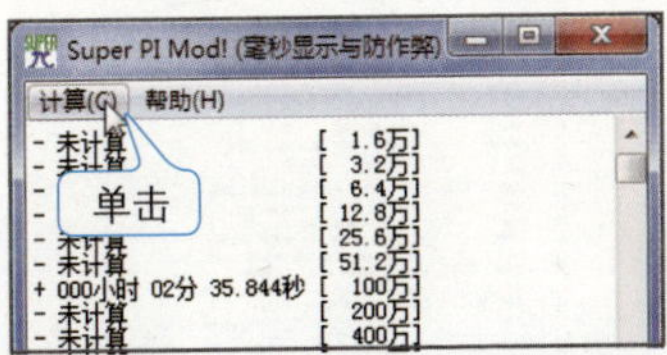

步骤2 设置计算的位数。

弹出“设置”对话框，选择要计算的位数，再单击“开始”按钮，如下图所示。

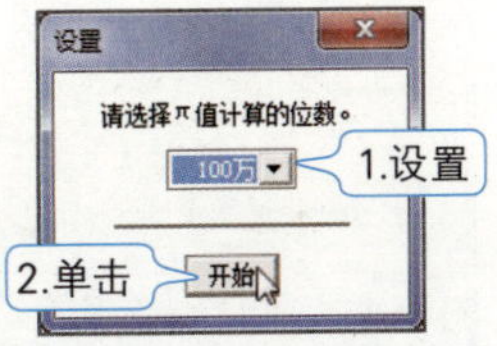

步骤3 确认开始计算。

弹出“开始”对话框，单击“确定”按钮，如下图所示。

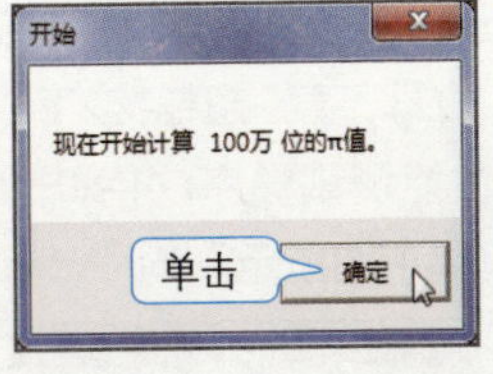

步骤4 开始计算。

开始计算，并在Super PI程序窗口中显示出计算过程（计算花费的时间越短，系统越稳定），如下图所示。

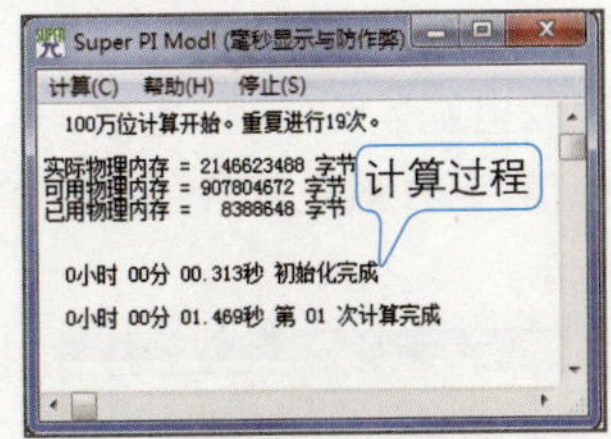

步骤5 完成计算。

计算完成后弹出“完成”对话框，单击“确定”按钮即可，如右图所示。

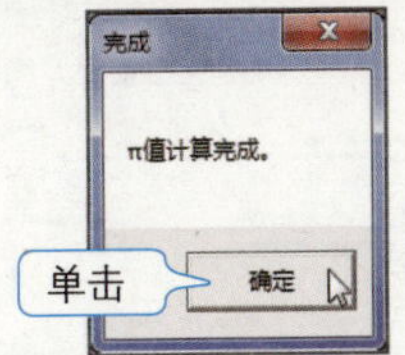

10.3.2 使用鲁大师测试各组件性能

鲁大师拥有专业而易用的硬件检测，可以向用户提供超级准确的厂商信息，让你的电脑配置一目了然。同时，该软件还提供了系统升级补丁、安全修复漏洞，系统一键优化、一键清理、驱动更新等功能，以帮助用户提供更稳定的电脑系统。

步骤1 启动鲁大师程序。

首先下载安装鲁大师程序，并运行该程序，在“首页”面板中列出一些显而易见的硬件和漏洞扫描结果，以及CPU、主板、硬盘的温度等内容，如下图所示，然后单击“硬件检测”按钮。

步骤2 进行硬件检测。

在“硬件检测”面板中单击“主板”、“视频”、“存储”等选项卡，可以查看相应的硬件测试结果，如下图所示。

步骤3 整机监测。

在“鲁大师”窗口中单击“电脑监测”按钮，在打开的“电脑监测”面板中可以查看电脑监测结果，包括CPU和内存的使用、各种散热部件的温度等，如下图所示。

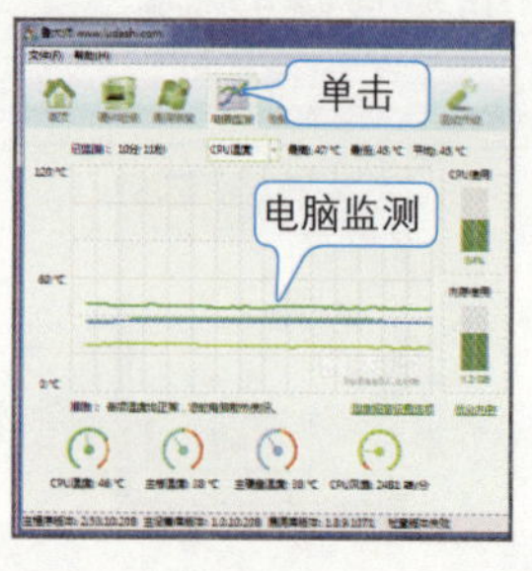

步骤4 下载电脑综合性能测试程序。

在“鲁大师”窗口中单击“性能测试”按钮，再在打开的“性能测试”面板中单击“立即下载”超链接，下载安装电脑综合性能测试程序，并弹出“信息”对话框，如下图所示。

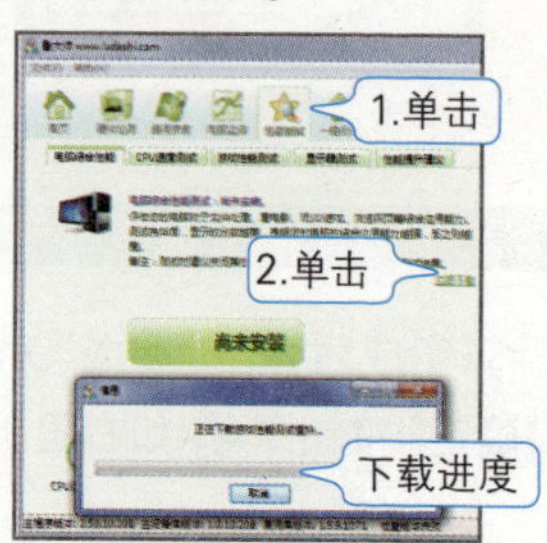

步骤5 切换到"CPU速度测试"选项卡。

电脑综合性能测试程序下载完成后，单击"CPU速度测试"选项卡，然后单击"开始测试"超链接，如下图所示。

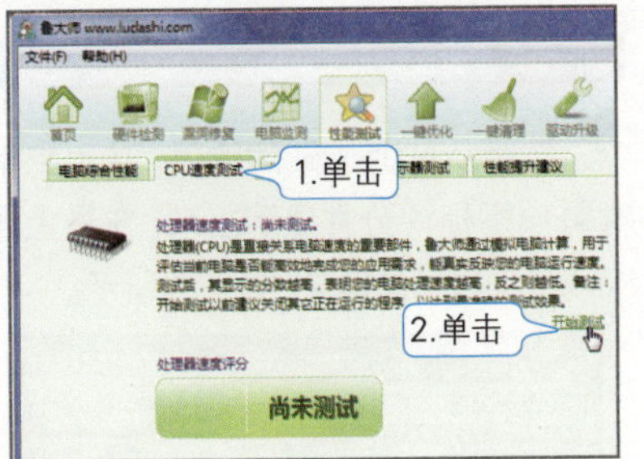

步骤6 开始测试CPU速度。

开始评估处理器整数和浮点运算性能，并弹出"信息"对话框，如下图所示。

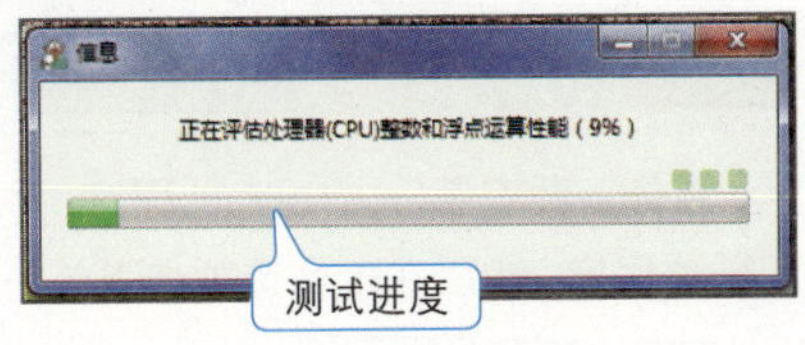

步骤7 重新启动鲁大师程序。

CPU速度测试完成后，弹出如下图所示的对话框，提示重新运行该软件，单击"是"按钮。

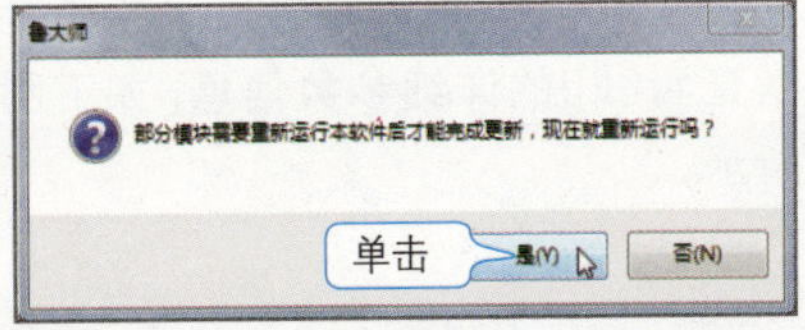

步骤8 查看CPU速度测试结果。

这时会发现"鲁大师"窗口中的"性能测试"按钮更新为"硬件测试"按钮，单击该按钮，然后在进入的面板中单击"CPU速度测试"选项卡，即可查看CPU速度测试结果了，如下图所示。

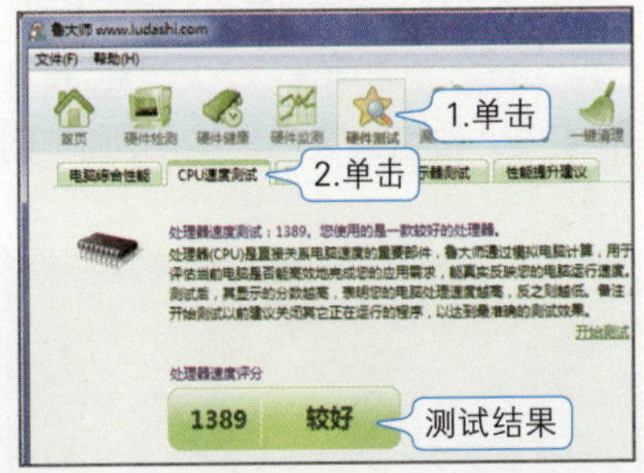

步骤9 测试其他硬件。

使用相同的方法，在"硬件测试"面板中单击"游戏性能测试"、"显示器测试"选项卡，测试显卡和显示器的性能。

10.3.3 使用CrystalMark全面测试系统

使用CrystalMark软件可以全面测试计算机的CPU（ALU算术逻辑和FPU浮点运算）、MEM内存、HDD硬盘、显卡2D及3D的性能，并可以将测试结果保存为TEXT和HTML格式的文件。其使用方法如下。

步骤1 打开"系统属性"对话框。

首先下载安装CrystalMark程序，并运行该程序，然后在Mark选项卡下单击Mark按钮，如下图所示。

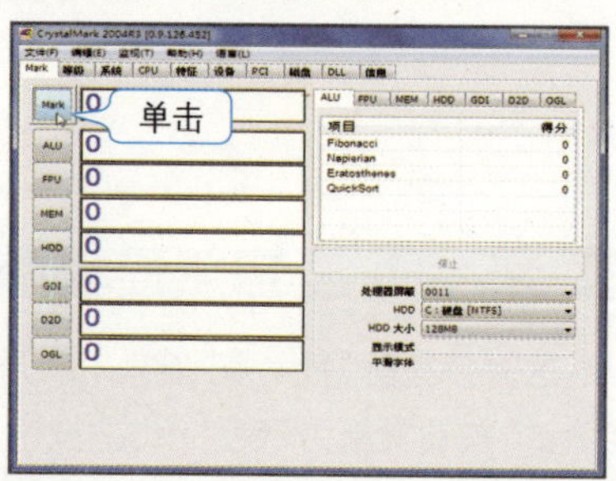

步骤2 开始测试系统。

按照从ALU到OGL的顺序，从上到下对每项指标评分并显示出来，在最上面Mark栏中显示总得分，如下图所示。

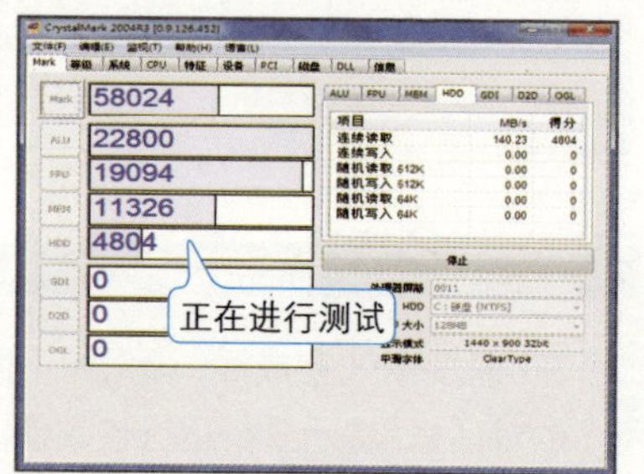

步骤3 切换到"等级"选项卡。

测试完毕后单击"等级"选项卡，然后在"等级"面板中填写个人信息，再单击"登记"按钮记录测试登记，如下图所示。

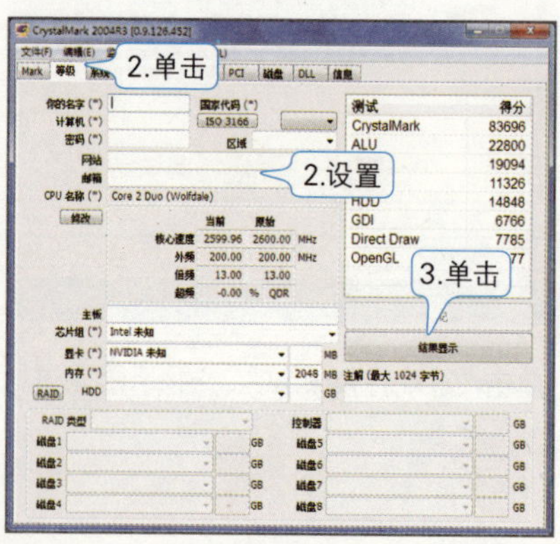

步骤4 切换到CPU选项卡。

单击CPU选项卡，在CPU面板中可以查看CPU的详细参数信息，如下图所示。

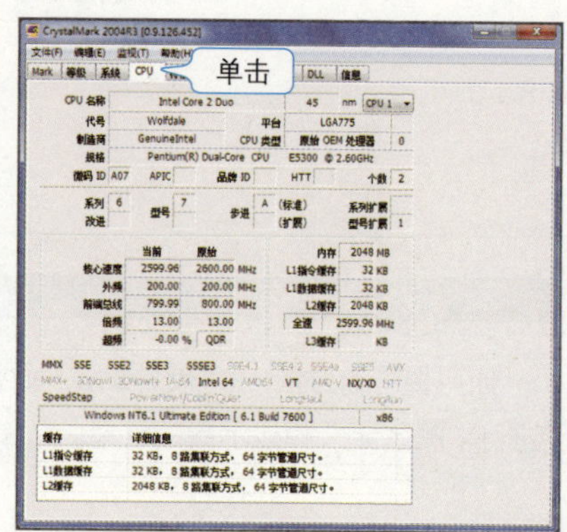

步骤5 切换到“特征”选项卡。

单击“特征”选项卡，然后选择查看标准，例如单击“标准(EDX)”按钮，即可查看该标准下的特征标记了，如下图所示。

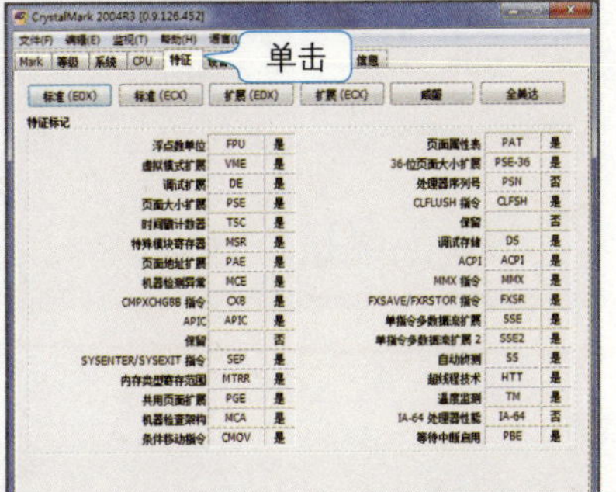

步骤6 切换到“磁盘”选项卡。

单击“磁盘”选项卡，在这里可以查看磁盘的详细信息，如下图所示。

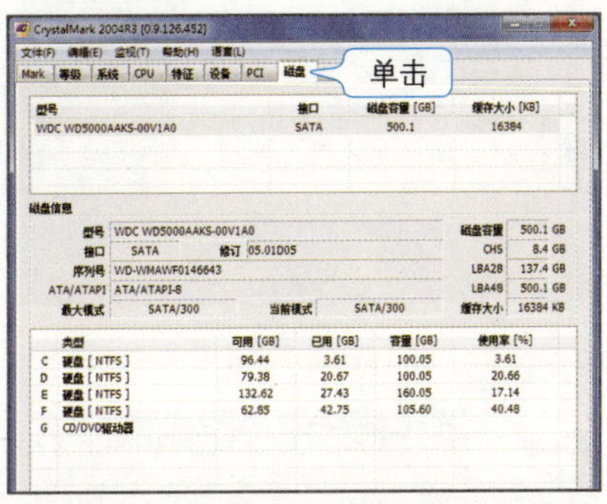

步骤7 保存测试报告。

如果要将测试结果保存为报告，可以在菜单栏中单击“编辑”命令，然后在弹出的子菜单中选择要使用的报告格式即可，如右图所示。

10.4 系统优化★★★★★

要想让电脑运行的快，对电脑的系统进行优化，是必不可少的。下面将再介绍几种系统优化的方法，一起来学习吧。

10.4.1 禁用多余服务组件

服务是一种特殊的应用程序类型，它在后台运行。安装系统后，通常系统会默认启动许多服务，它们不但占用系统资源，还有可能被黑客所利用。下面就来禁用多余信息服务，具体操作步骤如下。

步骤1 打开"服务"窗口。

在电脑桌面上单击"开始"/"所有程序"/"附件"/"运行"命令，打开"运行"对话框，如下图所示。

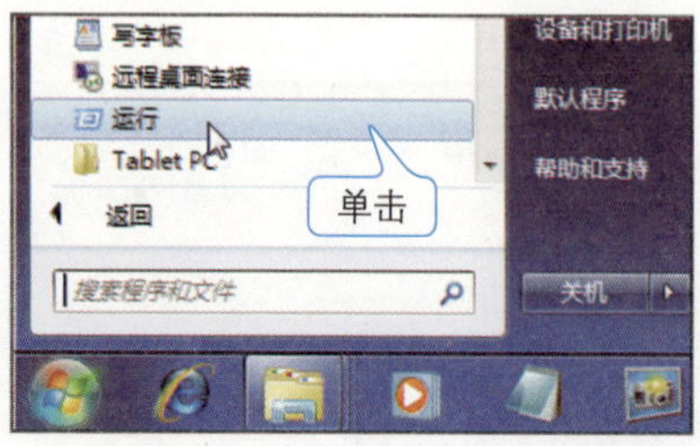

步骤2 打开"服务"窗口。

在"打开"文本框中输入services.msc命令，然后单击"确定"按钮，打开"服务"窗口，如下图所示。

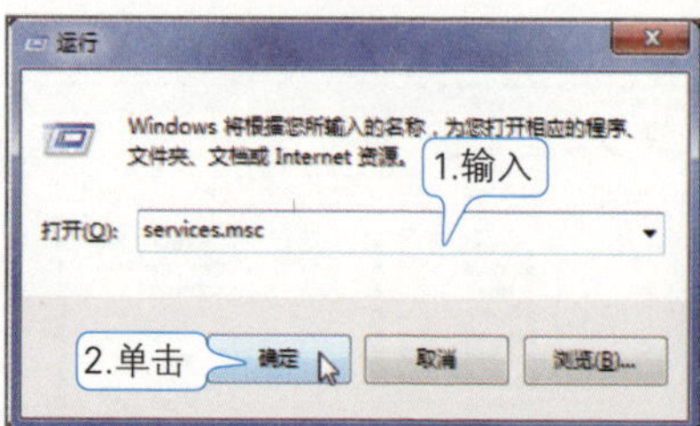

技巧：打开"服务"窗口的其他方法。

在"开始"菜单中的"搜索程序和文件"文本中输入services.msc命令，然后按下Enter键，，也可以打开"服务"窗口。

步骤3 选择要禁用的服务。

在右侧窗口双击要禁止的服务程序，如下图所示。

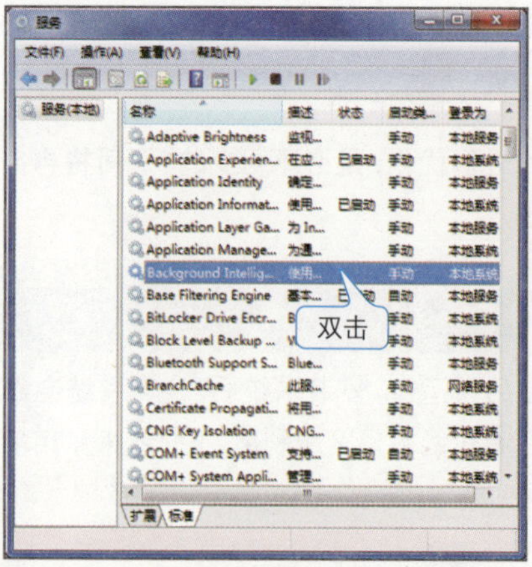

步骤4 在"常规"选项卡下禁用服务。

弹出该服务的属性对话框，单击"常规"选项卡，然后设置"启动类型"为"禁用"，再单击"确定"按钮，如下图所示。

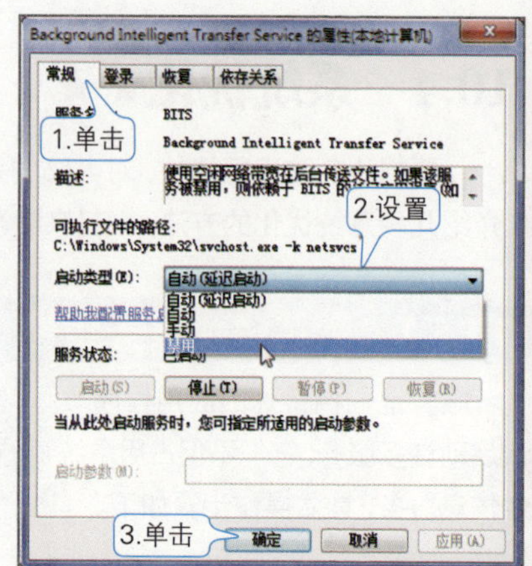

10.4.2 优化虚拟内存

当计算机缺少运行程序或操作所需的随机存取内存(RAM)时，系统会将一部分硬盘空间当作内存使用，这部分空间就是我们常说的“虚拟内存”，对操作系统的稳定运行起着重要作用。下面介绍一下如何设置虚拟内存，具体操作方法如下。

步骤1 打开“系统属性”对话框。

在电脑桌面上右击“计算机”图标，然后从弹出的快捷菜单中选择“属性”命令，即可打开“系统”窗口，接着单击左侧的“高级系统设置”链接，如下图所示。

步骤2 打开“性能选项”对话框。

弹出“系统属性”对话框，切换至“高级”选项卡，然后在“性能”选项组中单击“设置”按钮，如下图所示。

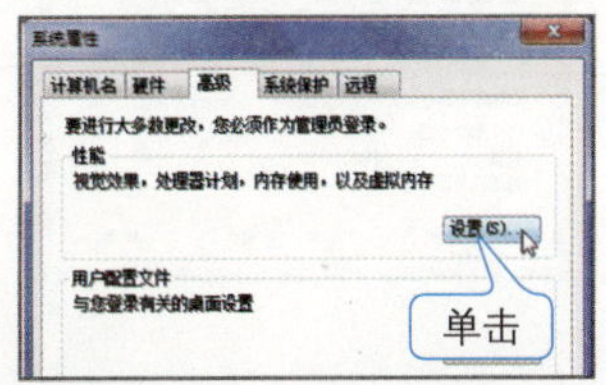

步骤3 打开“虚拟内存”对话框。

在弹出的“性能选项”对话框中，切换至“高级”选项卡，然后单击“更改”按钮，如下图所示。

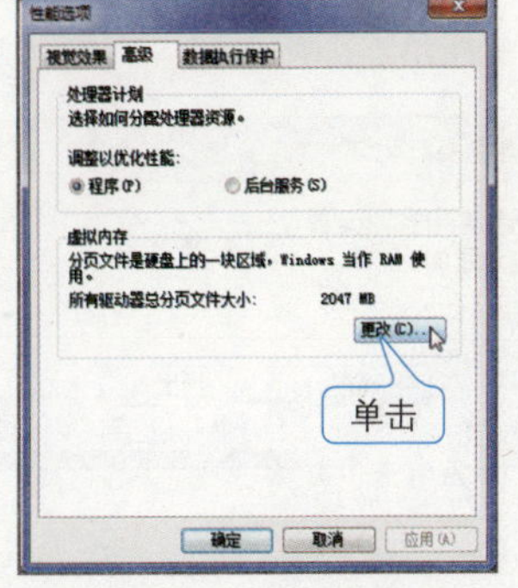

步骤4 指定虚拟内存大小。

弹出“虚拟内存”对话框，取消选中“自动管理所有驱动器的分页文件大小”复选框，然后在“驱动器[卷标]”列表框中选择磁盘，选中“自定义大小”单选按钮，并设置“初始大小”和“最大值”选项，单击“设置”按钮，如下图所示。

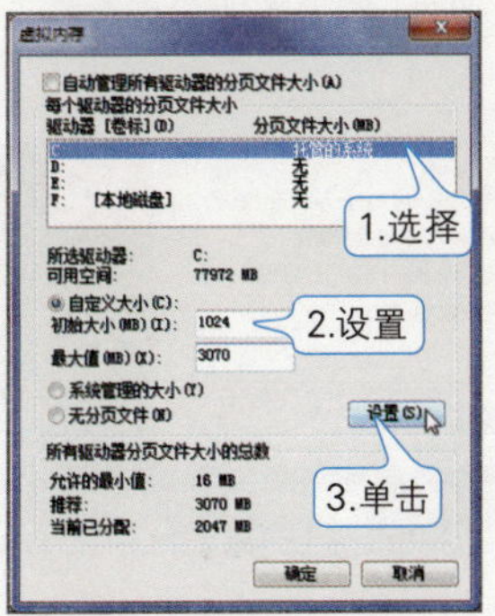

步骤5 查看设置的分页文件大小。

在指定虚拟内存大小后，即可在“驱动器[卷标]”列表框中看到设置的分页文件大小，再单击“确定”按钮，如下图所示。

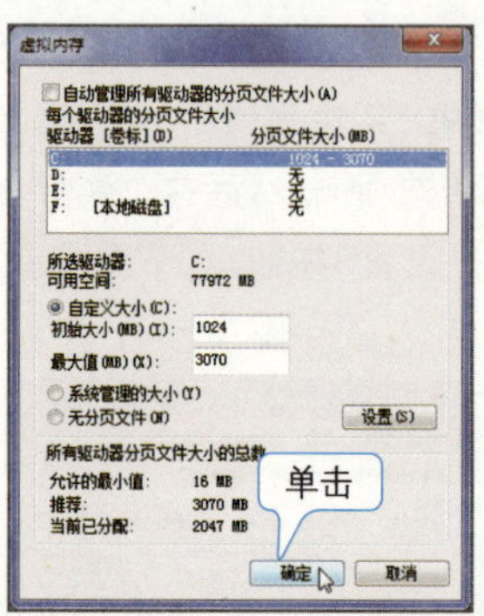

步骤6 指定虚拟内存大小。

弹出“系统属性”对话框，单击“确定”按钮，重新启动计算机，使设置生效，如下图所示。

10.4.3 清理磁盘垃圾文件

使用磁盘清理程序可以查找并删除计算机上确定不再需要的临时文件。这样即可释放磁盘空间并让计算机运行得更快，具体操作步骤如下。

步骤1 执行“磁盘清理”命令。

在计算机桌面上单击“开始”/“所有程序”/“附件”/“系统工具”/“磁盘清理”命令，如下图所示。

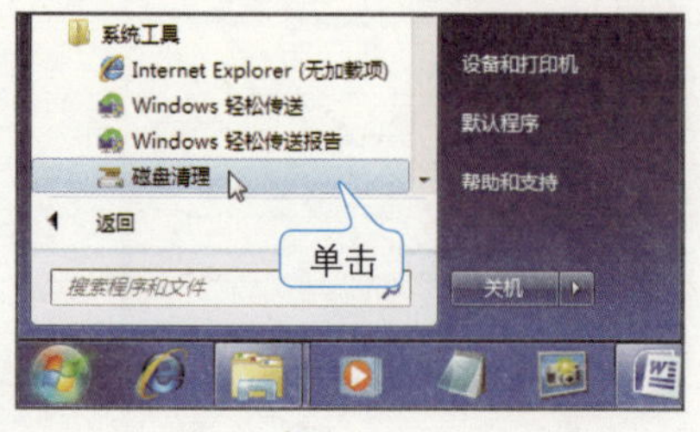

步骤2 选择要清理的磁盘分区。

弹出“磁盘清理：驱动器选择”对话框，从“驱动器：”下拉列表中选择要清理的磁盘分区，再单击“确定”按钮，如下图所示。

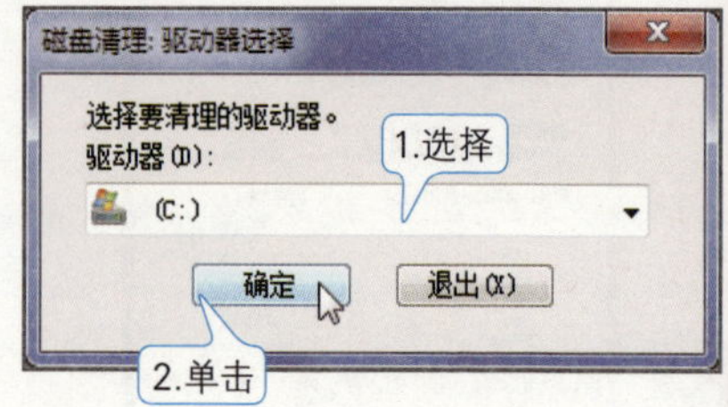

步骤3 计算可以释放的磁盘空间。

系统开始计算磁盘可以释放的空间，并弹出“磁盘清理”进度对话框，如下图所示。

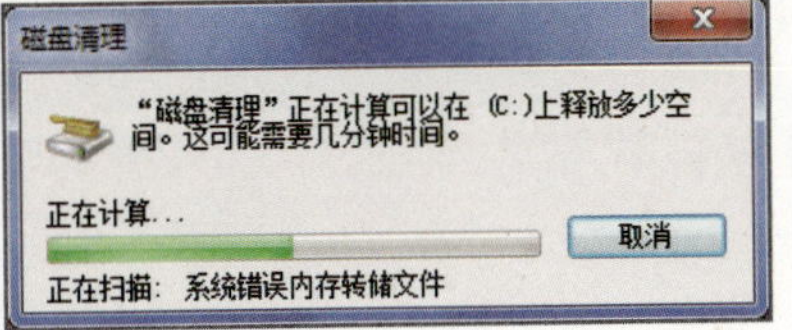

步骤4 选择要清理的文件。

在弹出的“(C:)的磁盘清理”对话框，在“要删除的文件”列表框中选中要删除的文件，再单击“确定”按钮，如下图所示。

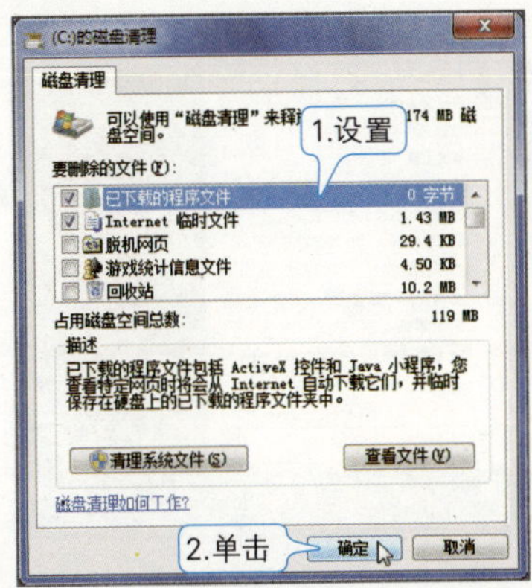

步骤5 确认删除垃圾文件。

弹出“磁盘清理”对话框，单击“删除文件”按钮，确认删除选中的文件，如下图所示。

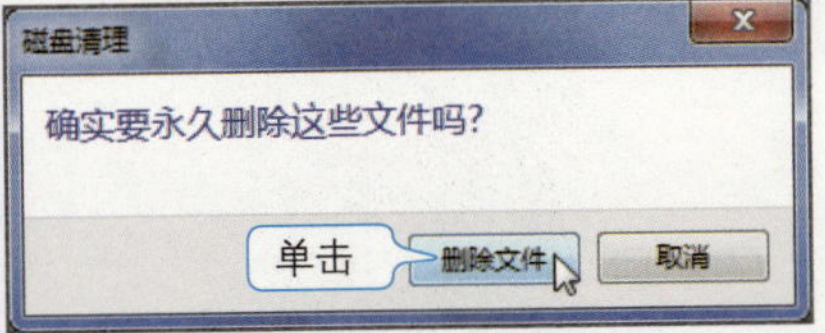

步骤6 开始删除垃圾文件。

这时系统开始清理选择的文件，并弹出如下图所示的进度对话框，稍等片刻即可。

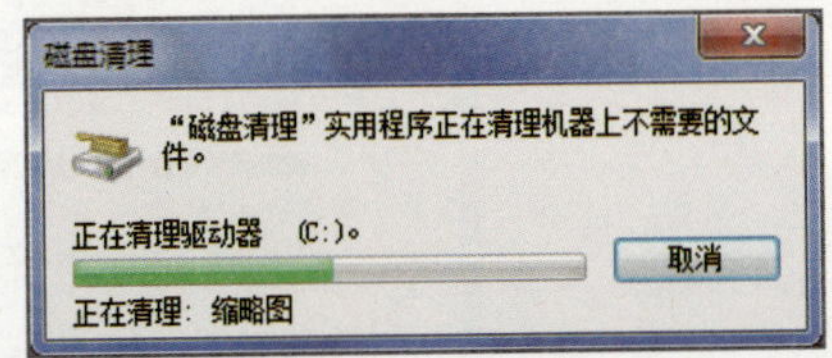

10.4.4 整理磁盘碎片

磁盘使用一段时间后，会在磁盘中产生很多磁盘碎片，影响计算机的运行速度。使用磁盘碎片整理程序可以重新排列碎片数据，以便磁盘和驱动器能够更有效地工作。其操作方法如下。

步骤1 打开“磁盘碎片整理程序”对话框。

在计算机桌面上单击“开始”/“所有程序”/“附件”/“系统工具”/“磁盘碎片整理程序”命令，如下图所示。

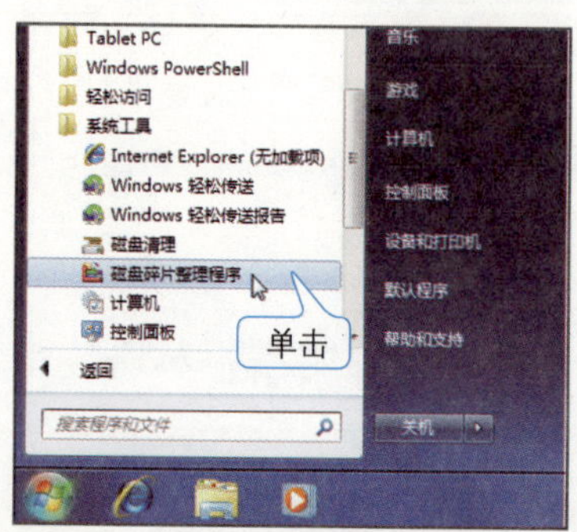

步骤2 选择磁盘。

弹出“磁盘碎片整理程序”对话框，从列表中选择要整理的磁盘分区，再单击“分析磁盘”按钮，以分析是否需要对磁盘进行碎片整理，如下图所示。

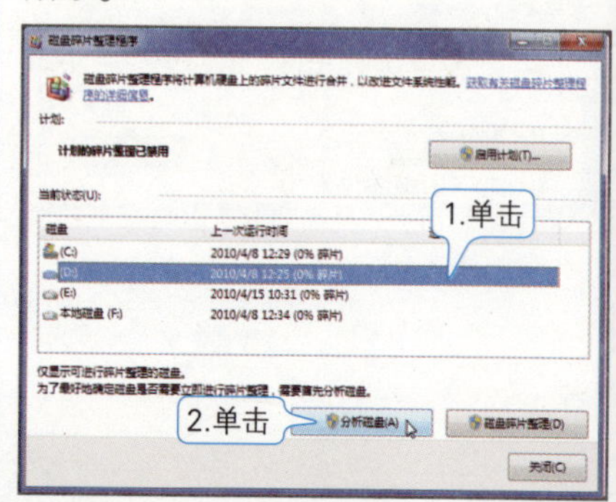

提示：启用磁盘碎片整理计划。

用户可以设置磁盘碎片整理计划，这样就可以自动运行磁盘碎片整理程序。方法是在“磁盘碎片整理程序”对话框中单击“启用计划”按钮，然后在弹出的对话框中选中“按计划运行（推荐）”复选框，并设置计划内容，最后单击“确定”按钮即可，如下图所示。

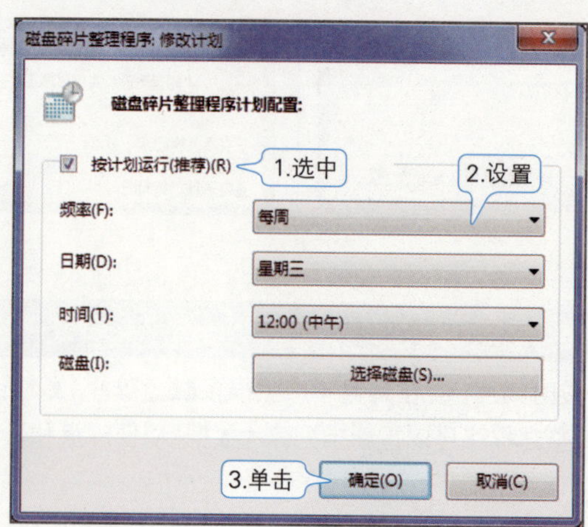

步骤3 开始分析磁盘。

开始分析选择的磁盘，并显示分析进度，如下图所示。

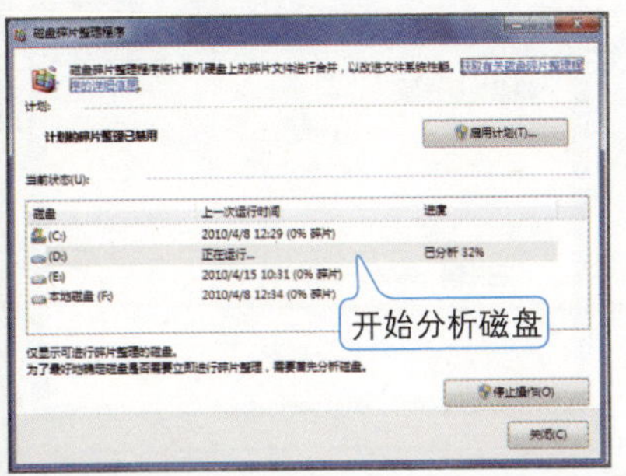

步骤4 查看磁盘分析结果。

分析完成后，会显示分析结果，如下图所示，用户可以根据碎片所占百分比来决定是否要整理磁盘。若要整理磁盘，可以单击“磁盘碎片整理”按钮；若要退出该程序，可以单击“关闭”按钮。

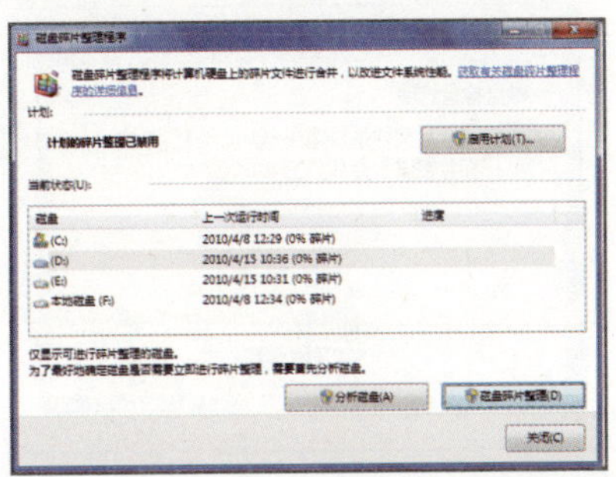

10.4.5 扫描修复磁盘错误

定期检查磁盘，可以及时发现并修复磁盘错误，这样可以有效地解决某些计算机问题以及改善计算机的性能。检查磁盘的具体操作步骤如下。

步骤1 选择要检查的磁盘分区。

在“计算机”窗口中右击要检查的分区盘符（例如右击“本地磁盘（E:）”），从弹出的快捷菜单中选择“属性”命令，如下图所示。

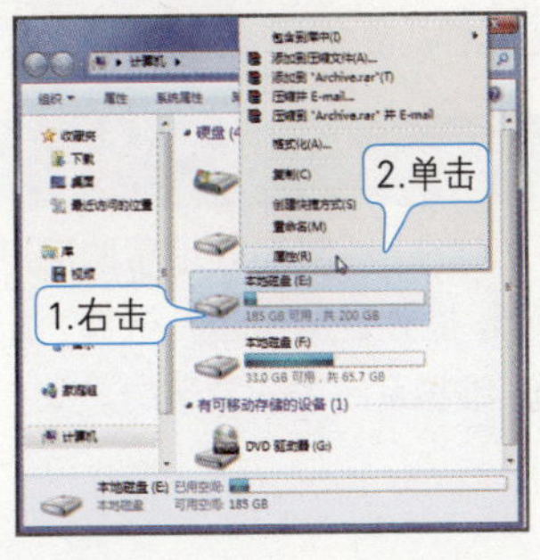

步骤2 执行磁盘查错功能。

弹出“本地磁盘（E:）属性”对话框，切换至“工具”选项卡下，然后在“查错”选项组中单击“开始检查”按钮，如下图所示。

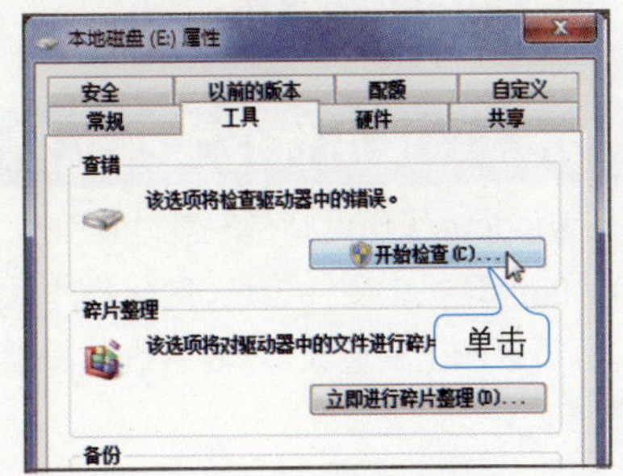

步骤3 设置磁盘检查选项。

弹出“检查磁盘 本地磁盘(E:)”对话框，选中“自动修复文件系统错误”和“扫描并试图恢复坏扇区”单选按钮，再单击“开始”按钮，如下图所示。

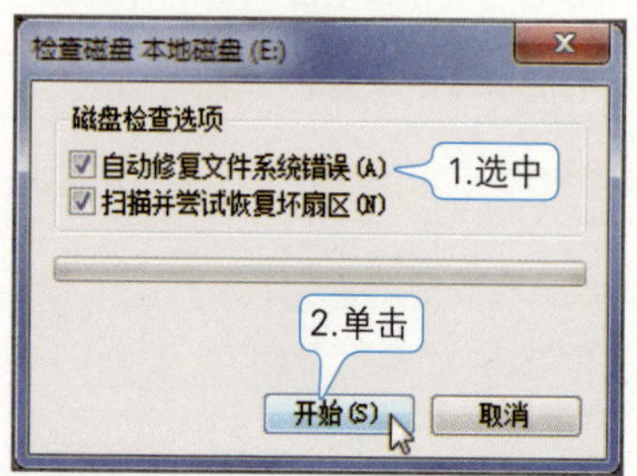

步骤4 开始检查磁盘。

开始检查磁盘错误，并弹出如下图所示的进度对话框，显示当前磁盘的处理信息。

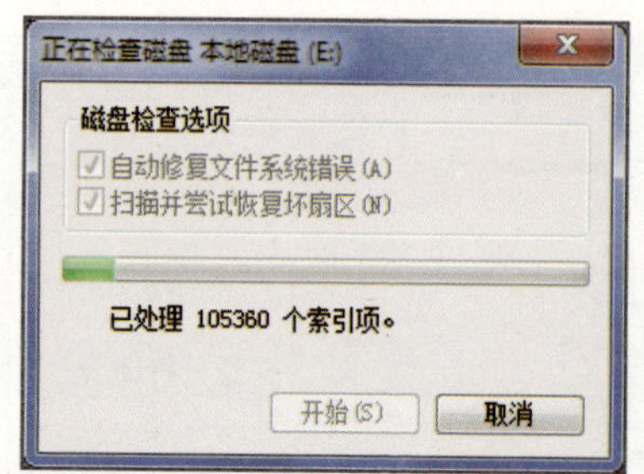

步骤5 查看磁盘检查后的信息。

磁盘检查完成后，则会弹出“正在检查磁盘 本地磁盘(E:)”对话框，用户可以在对话框中查看检查的详细信息，如右图所示。

10.5 使用专业软件优化系统★★★★

下面将为大家介绍两款专业的系统优化软件，使用任意一款软件,都可以全面、安全地优化系统。

10.5.1 使用优化大师优化系统

Windows优化大师是一款功能强大的系统辅助软件，能够有效地帮助用户了解自己的计算机软硬件信息，简化操作系统设置步骤，提升计算机运行效率，清理系统运行时产生的垃圾，修复系统故障及安全漏洞，维护系统的正常运转。其使用方法如下。

步骤1 启动Windows优化大师。

首先下载安装Windows优化大师程序，并启动该软件，在“系统检测”选项下单击不同的附加工具选项，即可在右侧窗格中查看电脑硬件的性能，如下图所示。

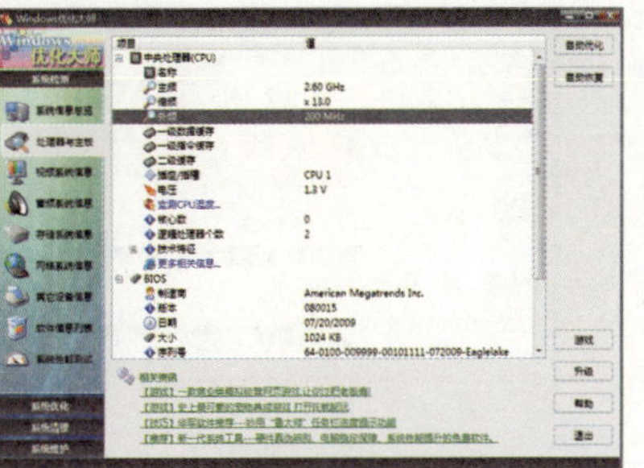

步骤2 系统优化。

单击“系统优化”选项，进入“系统优化”面板，在这里可以对磁盘缓存、桌面菜单、文件系统、网络系统、开机速度等选项进行优化设置，如下图所示。

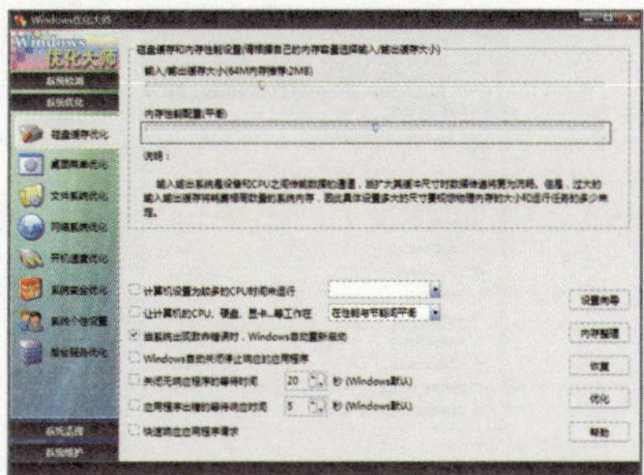

步骤3 系统清理。

单击“系统清理”选项，进入“系统清理”面板，在这里可以对注册表信息、磁盘文件、程序软件、历史痕迹等选项进行清理，如下图所示。

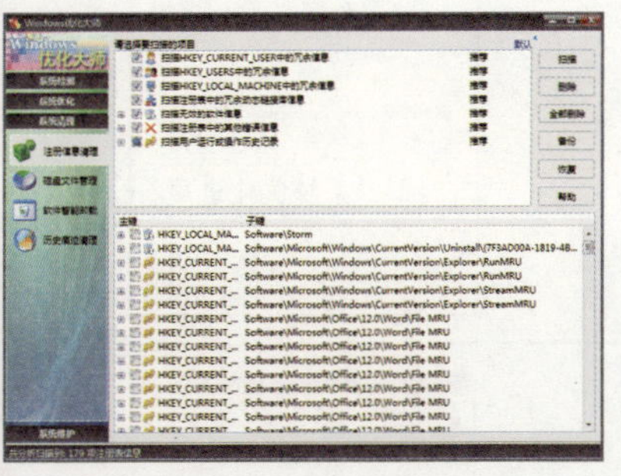

步骤4 系统维护。

单击“系统维护”选项，进入“系统维护”面板，在这里可以对系统磁盘、文件备份、等选项进行维护，如下图所示。

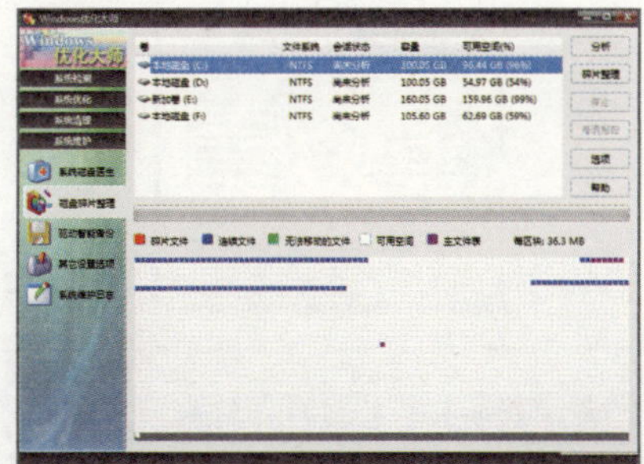

10.5.2 使用超级兔子优化系统

超级兔子是一个完整的系统维护工具，可以帮用户清理电脑中大多数的临时文件、注册表里的垃圾，同时还有强力的软件卸载功能，并可以清理一个软件在电脑内的所有记录。使用超级兔子优化系统的操作步骤如下。

步骤1 启动“超级兔子”程序。

首先下载安装超级兔子程序，并启动该程序，然后在打开的主界面中单击“系统管理”按钮，接着在“系统管理”面板中单击“系统优化”选项卡，如下图所示。

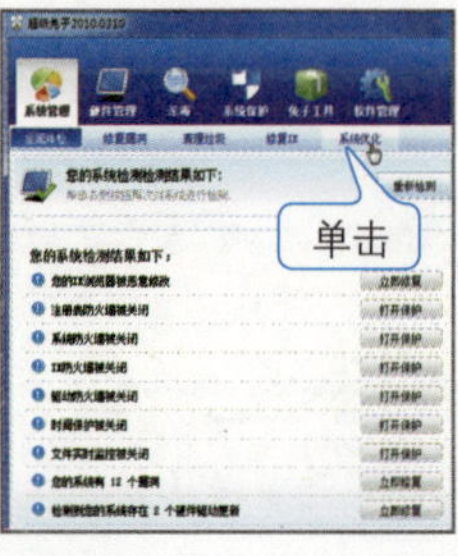

步骤2 单击“优化系统”选项。

打开“超级兔子魔法设置2009.9个人版”窗口，然后在左侧导航窗格中单击“优化系统”选项，如下图所示。

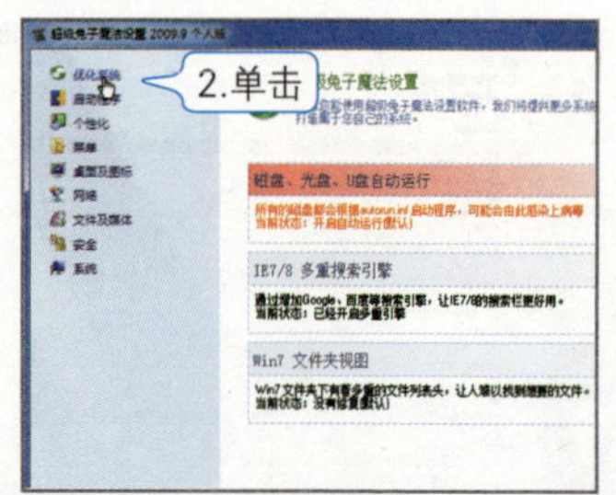

步骤3 自动优化系统。

在右侧窗格中单击“自动优化”选项，然后在列表框中选择优化项目，再单击“下一步”按钮，如下图所示。

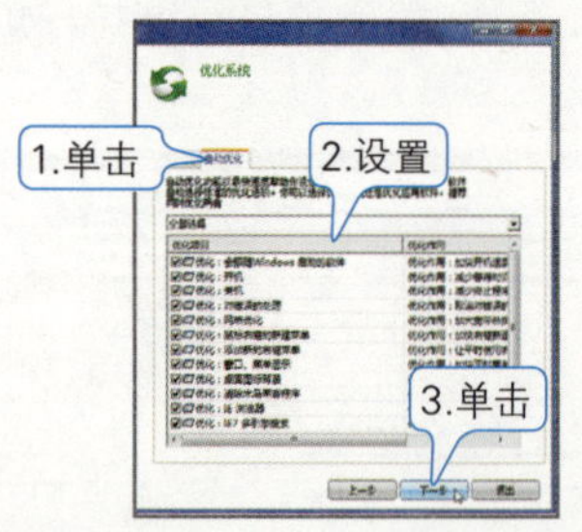

步骤4 开始优化系统。

开始按选择的项目自动优化系统，并弹出如下图所示的进度对话框。

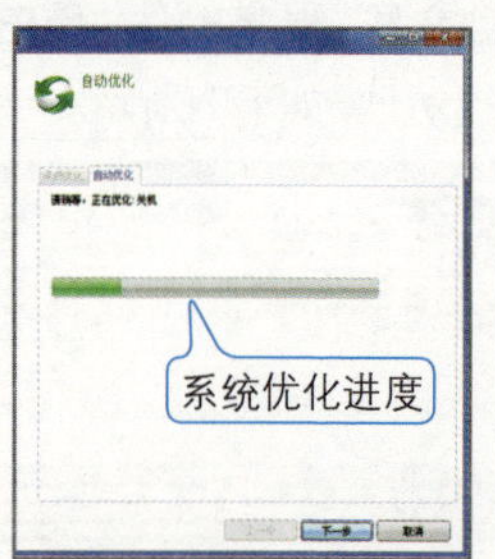

步骤5 完成系统优化操作。

系统优化完成后单击“完成”按钮，如右图所示。接着参考上述方法优化“启动程序”、“个性化”、“菜单”、“桌面及图表”等选项内容，最后重新启动系统即可。

10.6 上机实训

为了巩固和拓展本章所学的内容，下面就来实战演练，自己操作一下。

实训1. 管理自启动项

有些应用软件在安装时会询问是否将其设置为自启动，这样开机后就会直接启动这些程序。但是，如果随机启动的软件很多，势必会降低系统的启动速度，这时，用户可以关闭一些随机启动程序，具体操作步骤如下。

步骤1 打开“运行”对话框。

在“运行”对话框中输入msconfig命令，再单击“确定”按钮，打开“运行”对话框，如下图所示。

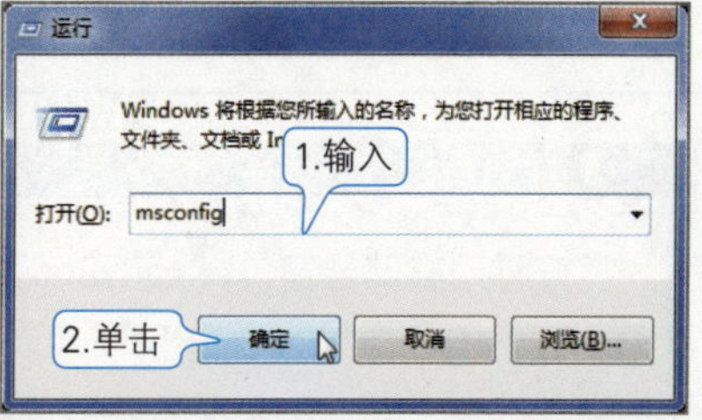

步骤2 禁用启动项目。

弹出的“系统配置”对话框，切换至“启动”选项卡，取消选中要禁用的程序，然后单击“确定”按钮，如下图所示。

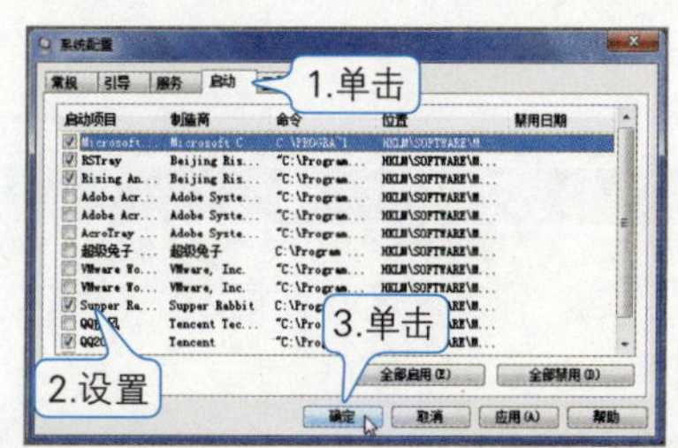

步骤3 重启计算机使设置生效。

在弹出的对话框中，提示重新启动计算机，以便应用更改，单击“重新启动”按钮即可，如右图所示。

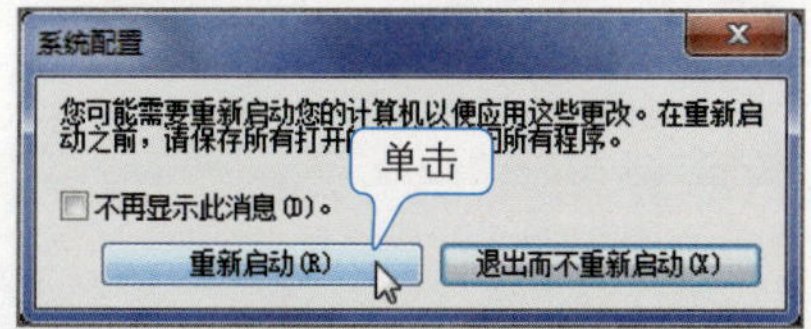

实训2. 使用移动设备提升系统速度

为了便于用户提升系统速度，在Windows 7操作系统中提供了ReadyBoost技术，通过该技术可以将一些可移动的介质设备当作系统的内存空间使用，具体设置步骤如下。

步骤1 打开可移动磁盘的属性对话框。

将移动存储设备连入计算机，然后打开“计算机”窗口，右击该设备，在弹出的快捷菜单中选择“属性”命令，如下图所示。

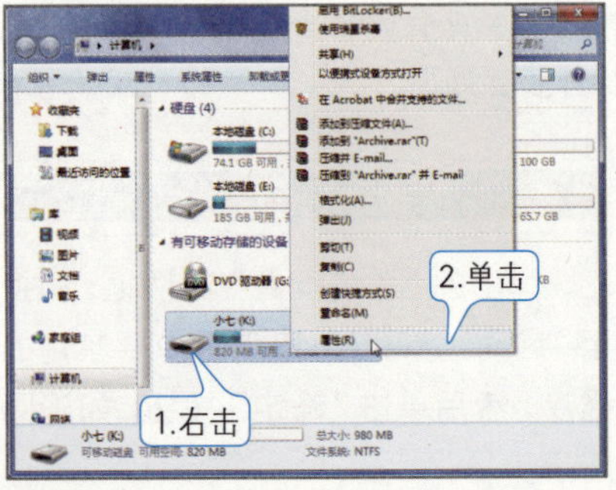

步骤2 启用ReadyBoost功能。

在弹出的属性对话框中，切换至ReadyBoost选项卡，选中“使用这个设备”单选按钮，并设置为保证系统速度而预留的空间值，最后单击“确定”按钮，如下图所示。

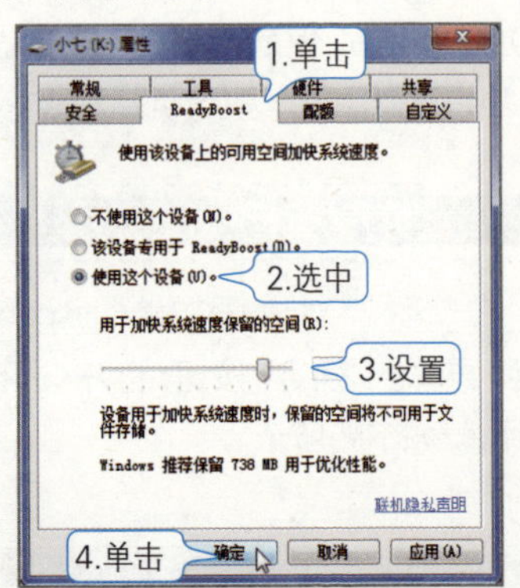

步骤3 配置缓存文件

这时弹出进度对话框，稍等片刻，如下图所示。

步骤4 查看配置的缓存文件。

打开移动存储器窗口，ReadyBoost就是新配置的缓存文件，如下图所示。

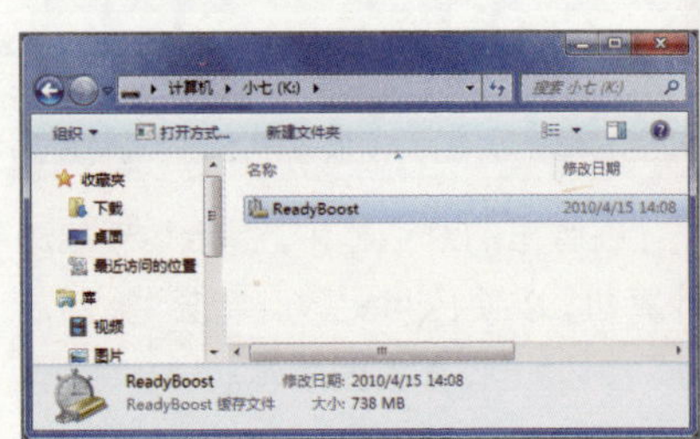

本章学习要点

查杀电脑病毒
抵御黑客
清除木马
使用系统工具加强电脑安全防护
加强网络应用安全
保护文件安全

第11章 加强系统与文件安全

当今互联网危机四伏，病毒、黑客、木马无孔不入，一旦侵入系统，便会给用户带来不可估量的损失，轻则丢失文件，重则可能会格式化硬盘，甚至是无法启动系统。为此，下面将重点为大家讲解如何加强系统与文件的安全，打造一个绝对安全的系统。

Chapter 11

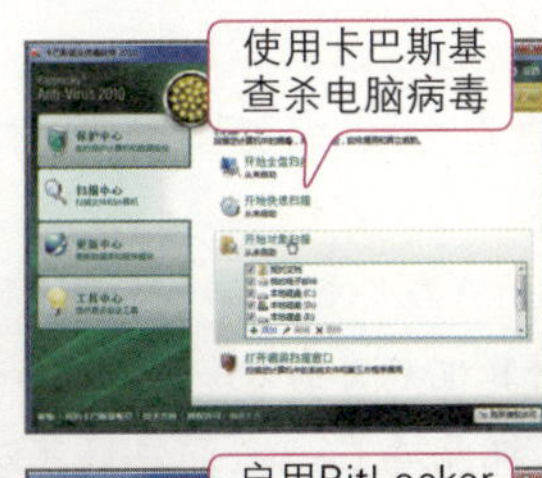

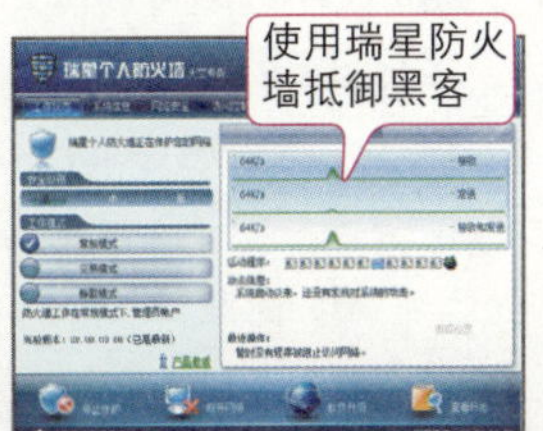

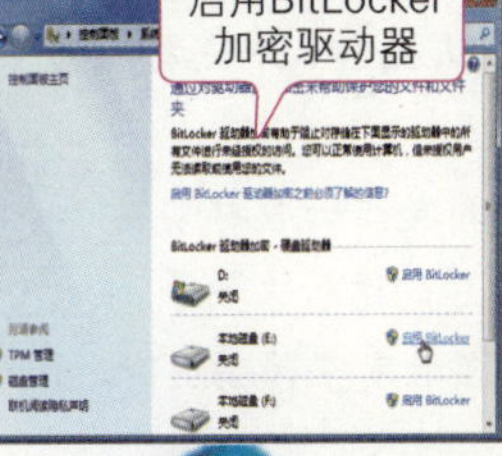

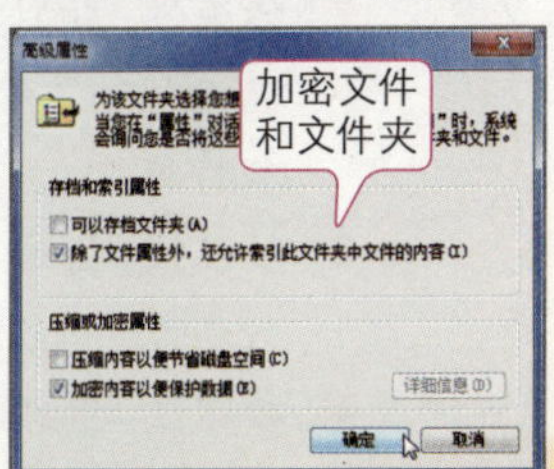

11.1 查杀电脑病毒★★★★

众所周知，计算机病毒的危害很大，轻则删除文件，危害系统安全；重则格式化磁盘，甚至使计算机系统瘫痪，造成无法估计的损失。因此，防治计算机病毒非常重要，下面将为大家介绍计算机病毒的相关知识及防治方法。

11.1.1 认识电脑病毒

计算机病毒是一段可执行的代码程序，具有独特的复制和传播能力，难以根除。计算机病毒像生物病毒一样，需要“寄生”在各种类型的文件上，随着文件被一起存储在计算机中。

计算机病毒之所以把它称为“病毒”，主要是由于它有类似自然界病毒的某些特征，这些病毒特点如下。

- 隐蔽性：指病毒的存在、传染和对数据的破坏过程不易为计算机操作人员发现；寄生性，计算机病毒通常是依附于其他文件而存在的。
- 传染性：指计算机病毒在一定条件下可以自我复制，能对其他文件或系统进行一系列非法操作，并使之成为一个新的传染源。这是病毒的最基本特征。
- 触发性：指病毒的发作一般都需要一个激发条件，可以是日期、时间、特定程序的运行或程序的运行次数等等。
- 破坏性：指病毒在触发条件满足时，立即对计算机系统的文件、资源等运行进行干扰破坏。
- 不可预见性：指病毒相对于防毒软件永远是超前的，理论上讲，没有任何杀毒软件能将所有的病毒杀除。

11.1.2 电脑病毒分类

病毒的分类方法很多，例如，按照病毒的传播媒介可以将计算机病毒分为单机病毒和网络病毒；按病毒的破坏程度可以将计算机病毒分为良性病毒和恶性病毒；按病毒的链接方式可以将计算机病毒分为源码型病毒、嵌入型病毒、外壳型病毒和操作系统型病毒；按照病毒的使用方式，可以将其划分为远程控制病毒、有害软件和脚本病毒。

11.1.3 电脑病毒的危害

在计算机病毒出现的初期，其危害往往注重于病毒对信息系统的直接破坏作用，例如格式化硬盘、删除文件数据等，并以此来区分恶性病毒和良性病毒。而随着计算机应用的发展，人们深刻地认识到凡是病毒都可能对计算机信息系统造成严重的破坏，主要表现在以下几个方面。

(1) 病毒激发对计算机数据信息的直接破坏作用。

主要表现在格式化磁盘、改写文件分配表和目录区、删除重要文件或者用无意义的“垃圾”数据改写文件、破坏CMOS设置等。

(2) 占用磁盘空间和对信息的破坏

寄生在磁盘上的病毒总要非法占用一部分磁盘空间，被占用扇区中的数据将永久性丢失，无法恢复。

(3) 抢占系统资源

绝大多数病毒在动态下都是常驻内存的，这就必然抢占一部分系统资源，导致内存减少，一部分软件不能运行。除占用内存外，病毒还抢占中断，干扰系统运行。

(4) 影响计算机运行速度

病毒进驻内存后不但干扰系统运行，还影响计算机速度，主要表现如下：

- 病毒为了判断传染激发条件，总要对计算机的工作状态进行监视，这相对于计算机的正常运行状态既多余又有害。
- 有些病毒为了保护自己，不但对磁盘上的静态病毒加密，而且进驻内存后的动态病毒也处在加密状态，CPU每次寻址到病毒处时要运行一段解密程序把加密的病毒解密成合法的CPU指令再执行；而病毒运行结束时再用一段程序对病毒重新加密。这样CPU额外执行数千条以至上万条指令。
- 病毒在进行传染时同样要插入非法的额外操作，特别是传染软盘时不但计算机速度明显变慢， 而且软盘正常的读写顺序被打乱，发出刺耳的噪声。

(5) 计算机病毒错误与不可预见的危害

计算机病毒与其他计算机软件的一大差别是病毒的无责任性。编制一个完善的计算机软件需要耗费大量的人力、物力，经过长时间调试完善，软件才能推出。但在病毒编制者看来既没有必要这样做，也不可能这样做。很多计算机病毒都是个别人在一台计算机上匆匆编制调试后就向外抛出。反病毒专家在分析大量病毒后发现绝大部分病毒都存在不同程度的错误。错误病毒的另一个主要来源是变种病毒。有些初学计算机者尚不具备独立编制软件的能力，出于好奇或其他原因

11.1.4 防治电脑病毒

电脑病毒的危害很大，主要表现在三大方面：一是破坏文件或数据，造成用户数据丢失或毁损；二是抢占系统网络资源，造成网络阻塞或系统瘫痪；三是破坏操作系统等软件或计算机主板等硬件，造成计算机无法启动。所有预防电脑病毒显得尤为重要。预防电脑病毒主要做到一下几点。

- 安装防病毒软件（如金山毒霸、瑞性杀毒软件、卡巴斯基、麦咖啡等），并启用其实时监视功能，定期升级，保证使用的是最新版的防病毒软件。
- 不使用盗版软件或来路不明的软件，不访问不健康网站。
- 不要轻易让他人访问自己电脑上的信息，在使用他人的软盘前，最好先检一下病毒。
- 将重要的数据和文件提前进行备份。在安装操作系统时，最好生成一张系统启动盘（可以选择软盘），以便清除病毒或重新安装操作系统时使用。
- 不要轻易接收和打开来历不明的电子邮件。最好及时把来历不明的邮件删除。
- 尽量采用有利于防病毒的分区方案。

其实，预防的方法还有很多，但最重要的还是用户要有预防病毒的意识。

电脑病毒防不胜防。对于中毒后的电脑应立即采取措施，防止病毒的蔓延和清除病毒。下面介绍一些感染病毒后的处理方法。

- 感染病毒后要立即使用杀毒软件将病毒清除，设法恢复被感染的文件（若该文件不重要，可永久删除），并进行数据备份，增加病毒防治措施。
- 对于一般的文件型病毒或良性病毒，使用杀毒软件即可清除。但若是恶性病毒，可用病毒软件诊断病毒的种类和性质，准确记录病毒发作前后的操作和状态，再向有关技术人员请教。
- 感染危害性较大的病毒后应尽量避免使用带病毒的硬盘启动，这时可以使用无病毒的启动盘启动计算机。
- 发现病毒的计算机不要连入局域网，以免把病毒传染给网络中的其他计算机，同时通知其他人暂时不要使用有病毒计算机用过的文件或磁盘。

11.1.5 使用卡巴斯基专业杀毒软件查杀病毒

卡巴斯基是一款功能强大的反病毒软件，其强大的数据库引擎和更快的扫描速度可以保护用户的计算机免受病毒、蠕虫、木马和其他恶意程序的危害；实时监控文件，网页，邮件，ICQ/MSN协议中的恶意对象；扫描操作系统和已安装程序的漏洞，更加保护系统安全。

提示：下载卡巴斯基程序。

用户可以到下述网站下载卡巴斯基安装程序。

- 卡巴斯基中文网站：网址是http://www.kaba365.com。
- 华军软件园：网址是http://www.onlinedown.net。
- 天空软件站：网址是http://www.skycn.com。

步骤1 启动卡巴斯基程序。

首先安装卡巴斯基程序，然后启动该程序，接着在主界面中单击“扫描中心”选项，如下图所示。

步骤2 选择扫描方式。

在“开始对象扫描”下的列表框中选择要扫描的文件，再单击“开始对象扫描”选项，如下图所示。

提示：指定更为具体的扫描。

若要指定更为具体的扫描目标，只需在“开始对象扫描”下的列表框中单击“添加”链接，接着在弹出的对话框中选择需要扫描的对象，再单击“添加”和“确定”按钮即可。

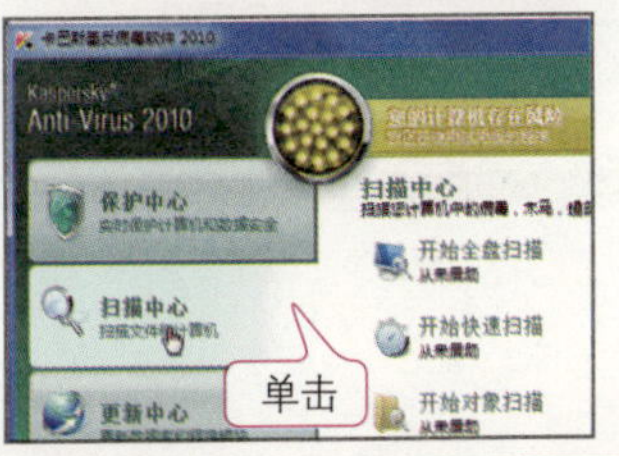

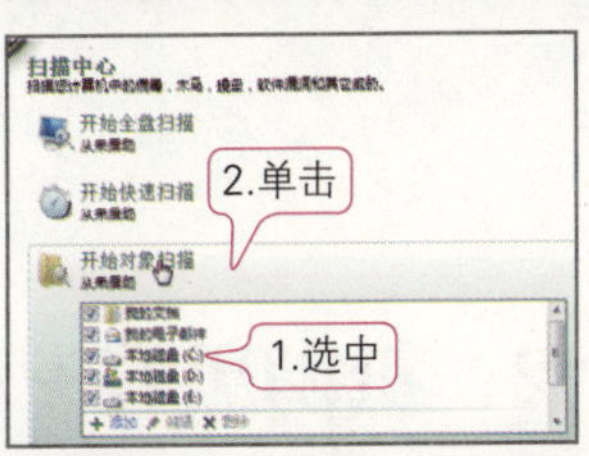

步骤3 开始扫描选择的文件。

开始扫描选定文件，如下图所示。

步骤4 提示扫描到病毒程序。

在扫描过程中，如果扫描到病毒和木马程序，则会弹出如下图所示的对话框，提示处理结果，单击“关闭”按钮关闭该对话框。

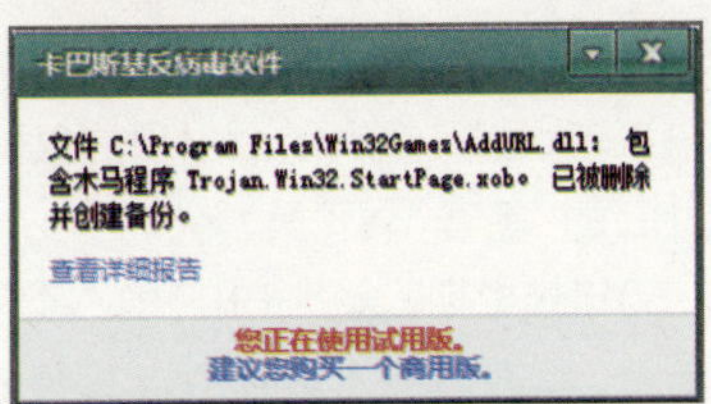

步骤5 查看扫描报告。

单击“完成时间”超链接 ，弹出如下图所示的对话框，以报告形式查看扫描进度。

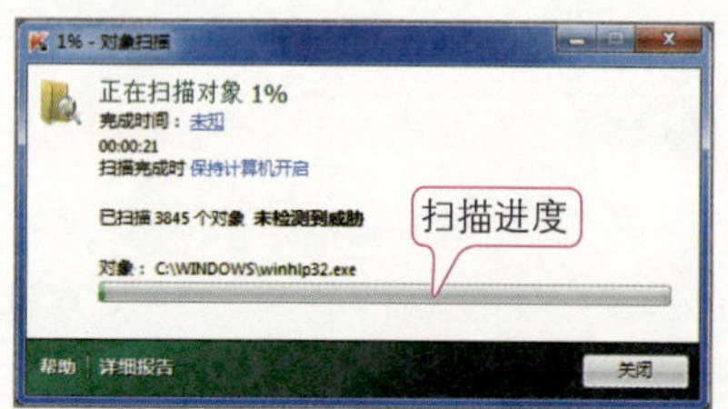

步骤6 打开“详细报告”对话框。

扫描结束后单击“详细报告”超链接，如下图所示。

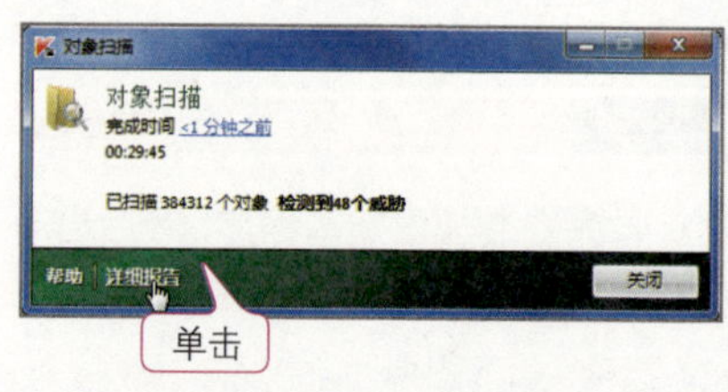

步骤7 查看扫描结果。

弹出如右图所示的对话框，在这里可以查看本次扫描的详细信息。

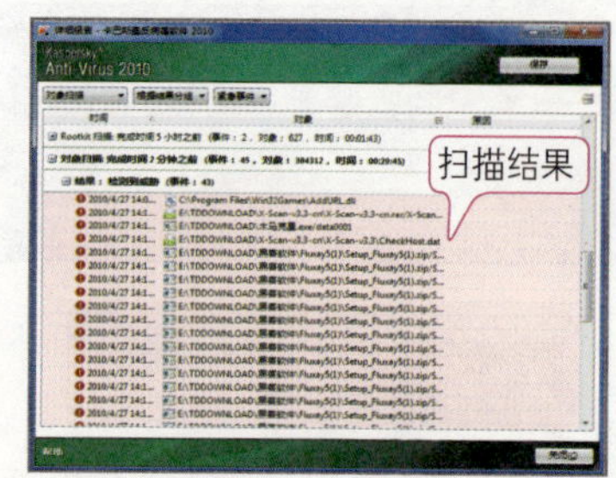

11.2 抵御黑客★★★

黑客原指热心于计算机技术，水平高超的电脑专家，尤其是程序设计人员。但到了今天，黑客一词已被用于泛指那些专门利用电脑网络搞破坏或恶作剧的家伙。对这些人的正确英文叫法是Cracker，有人翻译成“骇客”。

11.2.1 认识电脑黑客

黑客（Hacker）最早被引进计算机圈则可追溯到20世纪五六十年代，在麻省理工学院 （MIT）中有一批计算机迷自称Computer Hacker，他们编制出第一个游戏程序“空间大战”，还有随后出现的象棋程序、在分时系统网络里给别人留言的软件等。MIT的“黑客”属于第一代。

60年代中期，起源于MIT的“黑客文化”开始弥散到美国其他校园，逐渐向商业渗透，黑客们进入或建立计算机公司。最著名的有贝尔实验室的邓尼斯-里奇和肯-汤姆森，他们在小型计算机PDP-11/20编写出UNIX操作系统和C语言，推动了工作站计算机和网络的成长。MIT的理查德-斯德尔曼后来发起成立了自由软件基金会，成为国际自由软件运动的精神领袖，他们都是第二代“黑客”的代表人物。

早期的黑客是计算机发展的一股重要力量。自70年代起，黑客已经逐渐走向自己的反面，开始在网络上利用技术危害他人。例如，约翰-达帕尔编制的“嘎吱船长”口哨玩具，吹出的哨音可以开启电话系统，进行免费的长途通话；世界头号黑客凯文·米特尼克曾入侵美国多家大公司，偷窃和修改数以千计的重要文件，非法使用2万多个信用卡。

80年代初期，计算机地下组织开始形成，出现了早期的计算机窃贼。例如，德国汉堡一个名叫“混沌”计算机俱乐部（CCC）的成员通过网络将10万美元自汉堡储蓄银行转到CCC账号上。

在80年代末期，出现了第一个蠕虫病毒——莫里斯蠕虫，它造成了6000多台计算机瘫痪，直接经济损失接近1亿美元，是美国高技术史上空前规模的灾难事件。

21世纪，黑客又发动另一波计算机病毒蔓延的狂潮。例如，在2000年发动了一场“黑客战争”，把整个网络搅了个天翻地覆。同年5月，一种名为“爱虫”的病毒使数以千计的计算机系统瘫痪，造成的损失高达100亿美元。这引起了全世界反黑客、反病毒的斗争激情。

2006年年底，我国互联网上大规模爆发“熊猫烧香”病毒及其变种，该病毒通过多种方式进行传播，并将感染的所有程序文件改成熊猫举着三根香的模样，使受感染计算机出现蓝屏、频繁重启等状况。同时该病毒还具有盗取用户游戏账号、QQ账号等功能。据统计病毒造成北京、上海、广东等多个省市的计算机用户遭受感染，数百万台计算机被病毒破坏。

时至今日，黑客已是为了谋取暴利而散发木马的“毒客”占主流，并出现以营利为目的、专业并组织化的恶意软件“产业”，他们在黑市公开销售。

11.2.2 使用Windows防火墙抵御黑客

防火墙是一种确保网络安全的工具，可以有效地抵御网络入侵和攻击，阻止信息泄露。下面将为大家介绍如何使用Windows系统自带的防火墙防御黑客攻击，具体操作步骤如下。

步骤1 打开“Windows防火墙”窗口。

在“控制面板”窗口中单击“Windows防火墙”图标，打开“Windows防火墙”窗口，如下图所示。

步骤2 打开“自定义设置”窗口。

在左侧导航窗格中单击“打开或关闭Windows防火墙”超链接，打开“自定义设置”窗口，如下图所示。

步骤3 启动Windows防火墙。

在弹出的窗口中自定义每种网络的位置设置，例如选中“启用Windows防火墙”单选按钮，再单击“确定”按钮，如下图所示。

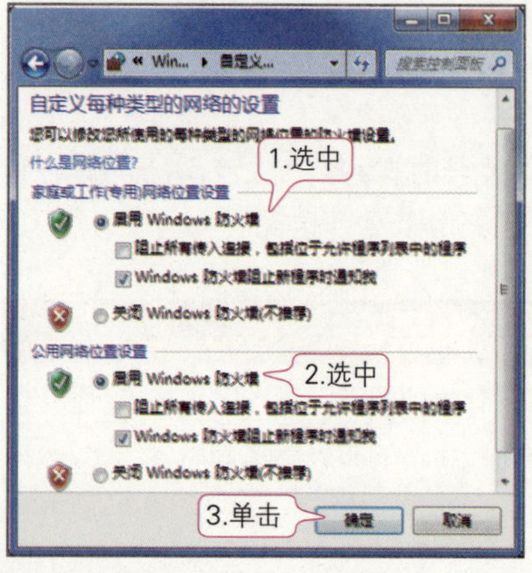

步骤4 设置允许的程序。

在“Windows防火墙”窗口的左侧导航窗格中单击“允许程序火功能通过Windows防火墙”超链接，接着在打开的窗口中设置允许程序，最后单击“确定”按钮即可，如下图所示。

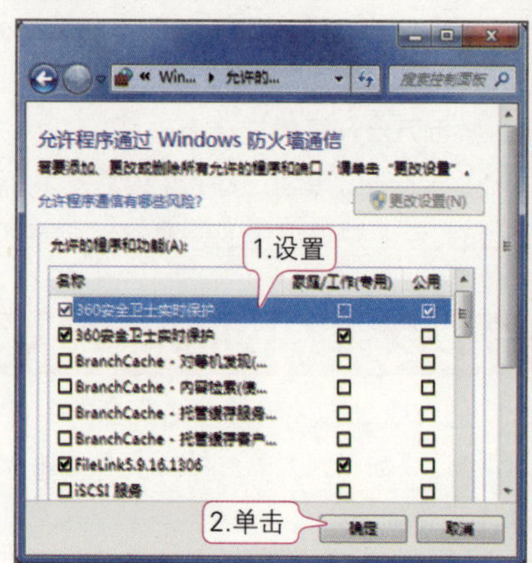

11.2.3 使用瑞星防火墙抵御黑客

除了使用系统自带的防火墙工具外，用户还可以使用专业的防火墙软件抵御黑客，拦截网络攻击和恶意网址。下面以瑞星个人防火墙软件软件为例进行介绍，具体使用方法如下。

步骤1 设置工作状态。

首先下载安装瑞星个人防火墙，然后在启动后的窗口中单击“工作状态”选项，设置软件的安全级别和工作模式，如下图所示。

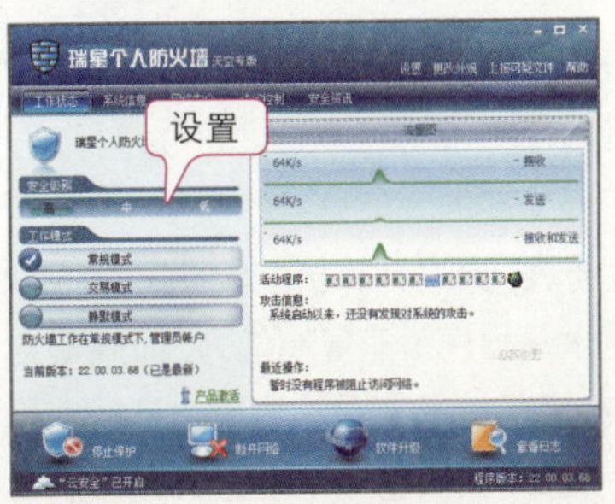

步骤2 查看系统信息。

单击“系统信息”选项，然后在窗口底端单击“网络连接”选项，可以查看网络连接信息，如下图所示。若单击“进行信息”选项，可以查看进程信息。

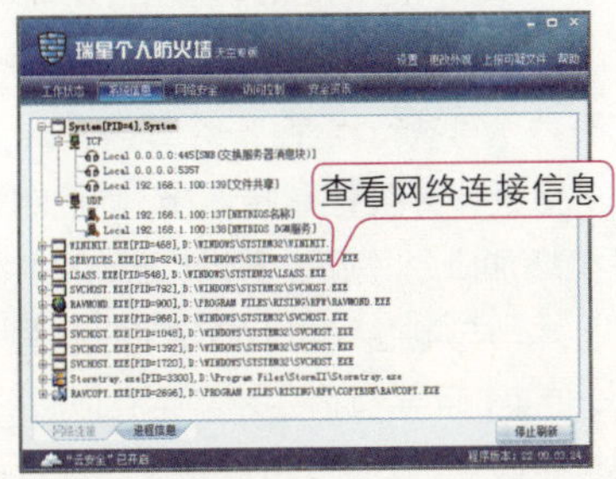

步骤3 启动Windows防火墙。。

在弹出的窗口中自定义每种网络的位置设置，例如选中“启用Windows防火墙”单选按钮，再单击“确定”按钮，如下图所示。

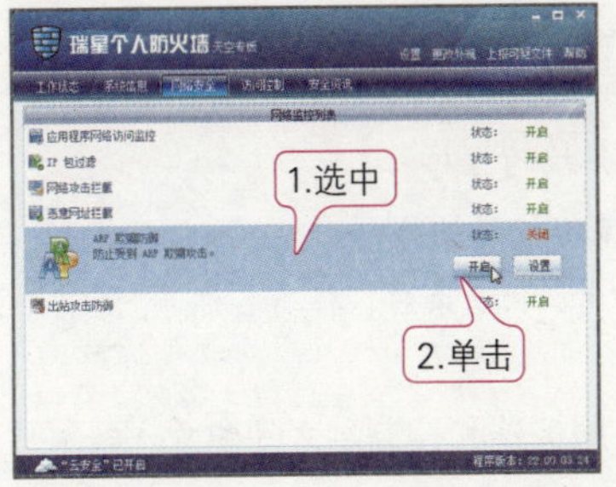

步骤4 设置允许的程序。

在“Windows防火墙”窗口的左侧导航窗格中单击“允许程序火功能通过Windows防火墙”超链接，接着在打开的窗口中设置允许程序，最后单击“确定”按钮即可，如下图所示。

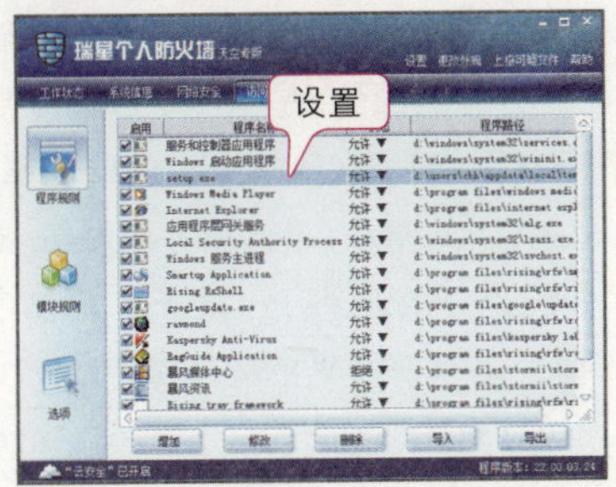

11.3 清除木马★★★

木马（Trojan，或称后门，即“BackDoor”）这个名字来源于古希腊传说，现在通过延伸把利用计算机程序漏洞入侵电脑，并窃取文件的程序称为木马。

11.3.1 认识木马

木马是一种基于远程控制的黑客工具，使用它可以搜集目标主机中的用户信息、运行系统命令重新设置系统、重新设定网络的客户端和服务器端应用程序，具有很强的隐蔽性和非授权性等特点。

1. 认识木马的本质

木马的本质是黑客用来盗取用户计算机上的机密数据，远程控制计算机。它通常有两个可执行程序：一个是客户端，即控制端，另一个是服务端，即被控制端。木马一旦运行并被控制端连接，则控制端将享有服务端的大部分操作权限，例如给计算机增加口令，浏览、移动、删除文件，修改注册表，更改计算机配置等。

木马与电脑病毒有着本质的区别，主要是木马程序没有复制能力，而病毒会复制、传染，且要有宿主才能生存以进行破坏，特洛伊木马却具有能够自己独立运行并产生破坏的功能，也就是说当计算机中了病毒后，很快整个系统都会遍布病毒的同类，而木马程序始终就是那一个。不过，现在的木马用上了病毒的技术，也能进行传播。

2. 了解木马的结果

一个完整的木马系统由硬件部分，软件部分和具体连接部分组成。

（1）硬件部分：是指建立木马连接所必须的硬件实体，一般包括3个部分。

- 控制端：对服务端进行远程控制的一方。
- 服务端：被控制端远程控制的一方。
- Internet：控制端对服务端进行远程控制，数据传输的网络载体。

（2）软件部分：是指实现远程控制所必须的软件程序，一般包括3个部分。

- 控制端程序：控制端用以远程控制服务端的程序。
- 木马程序：潜入服务端内部，获取其操作权限的程序。
- 木马配置程序：设置木马程序的端口号，触发条件，木马名称等，使其在服务端藏得更隐蔽的程序。

（3）具体连接部分：是指通过Internet在服务端和控制端之间建立一条木马通

道所必须的元素，主要包括以下两个方面。

- 控制端IP和服务端IP：即控制端和服务端的网络地址，也是木马进行数据传输的目的地。
- 控制端端口/木马端口：即控制端和服务端的数据入口，通过这个入口，数据可直达控制端程序或木马程序。

11.3.2 使用木马克星查杀木马程序

木马克星是一款专业的木马查杀程序，其使用非常简单，只要运行该软件，它就会自动寻找并且清除木马。

步骤1 启动木马克星程序。

首先下载安装木马克星程序，运行后将会自动查杀电脑中的木马程序，主界面如下图所示。扫描完成后单击“扫描硬盘”按钮。

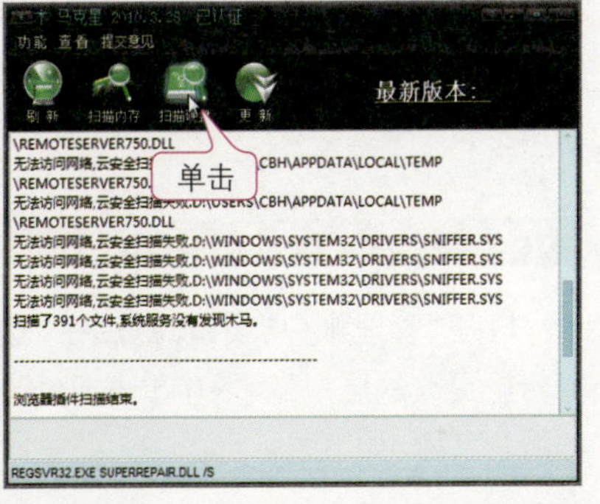

步骤2 打开“浏览文件夹”对话框。

进入“硬盘扫描”面板，然后单击地址栏右侧的按钮，如下图所示。

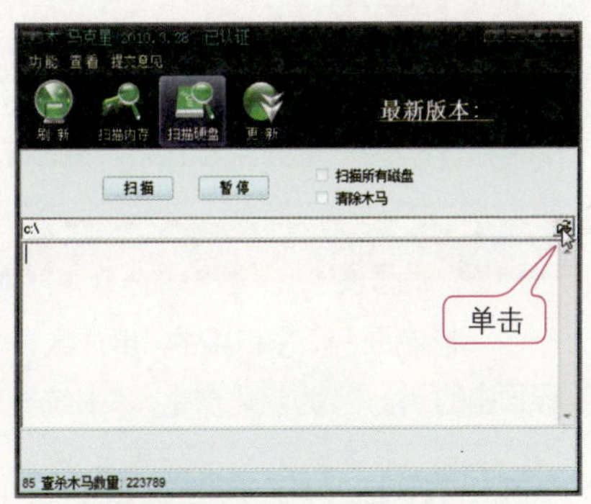

步骤3 选择要扫描的文件。

在列表中选择要扫描的文件，再单击“确定”按钮，如右图所示。

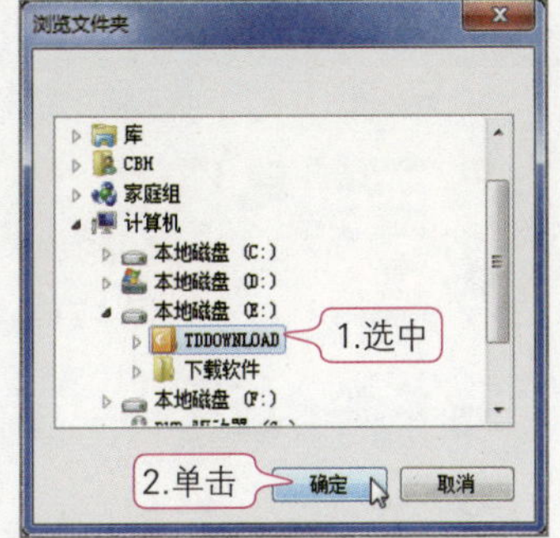

步骤4 扫描指定文件。

返回“硬盘扫描”面板，选中“清除木马”复选框，再单击“扫描”按钮，即可开始扫描指定文件了，如右图所示。

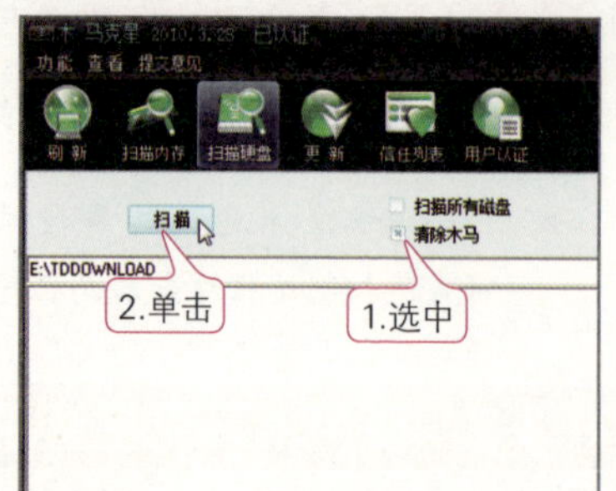

11.4 使用系统工具加强电脑安全★★★★★

在前面我们介绍了一些通过专业软件防御病毒、黑客和木马的方法，下面将为大家介绍一些通过系统工具加强系统安全的方法，包括设置账户密码、加密驱动器以及安装系统补丁。

11.4.1 设置用户账户密码

通过设置账户密码，就好比给系统增加了一道安全防护门，只有拥有密码的用户才能打开防护门，登录系统。设置账户的操作步骤如下。

步骤1 打开“管理账户”窗口。

在“控制面板”窗口中的“用户账户（界面中的“帐户”为汉化产生，本书统一使用“账户”）和家庭安全”组中单击“添加或删除用户账户”超链接，如下图所示。

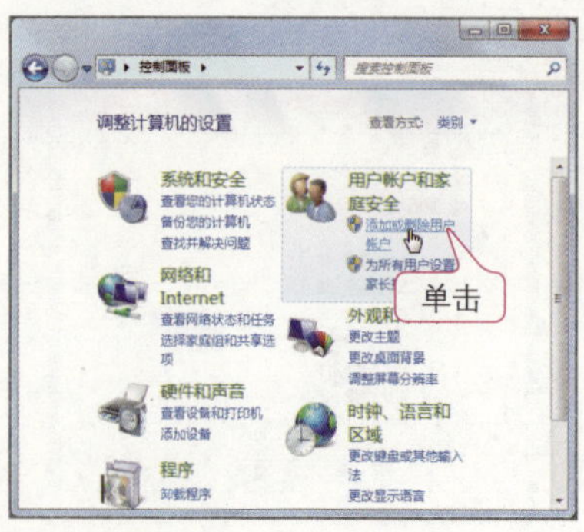

步骤2 选择要设置密码的账户。

打开“管理账户”窗口，然后在“选择希望更改的账户”列表中单击要修改的账户名称，如下图所示。

步骤3 打开"创建密码"窗口。

打开"更改账户"窗口，单击"创建密码"超链接，打开"创建密码"窗口，如下图所示。

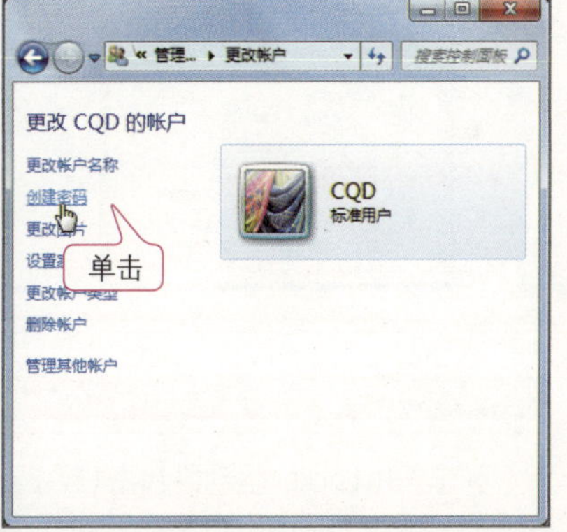

步骤4 设置账户密码。

输入账户密码和确认密码，然后设置密码提示问题，再单击"创建密码"按钮，如下图所示。

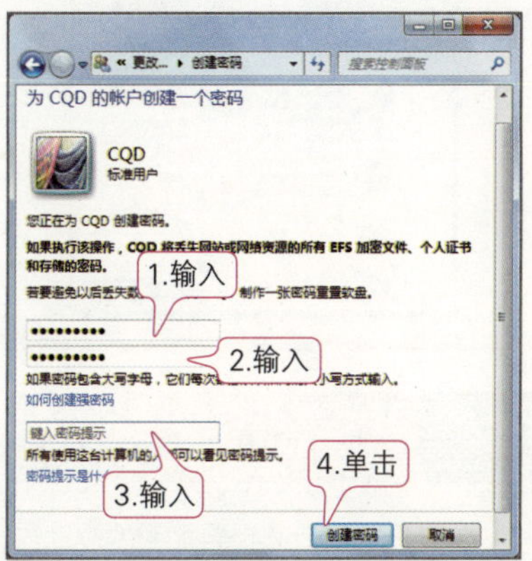

步骤5 成功设置账户密码。

返回"更改账户"窗口，可以发现在账户名称下会出现"密码保护"字样，表示成功设置了账户密码，如右图所示。如果用户要更改设置的密码，可以单击"更改密码"超链接，然后在打开的窗口中修改账户密码即可。

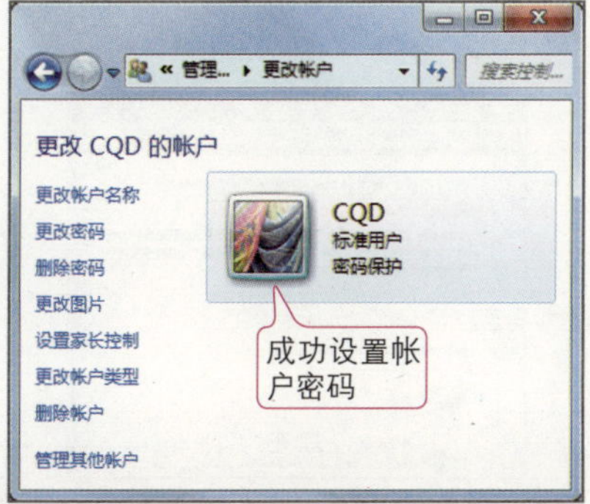

11.4.2 使用BitLocker加密驱动器

在Windows 7的商业版和旗舰版中，引入了BitLocker加密驱动器功能，使用该功能可以保护整个磁盘上的数据，避免数据泄漏。

1. 启用BitLocker

使用BitLocker加密驱动器的操作步骤如下。

步骤1 打开“系统和安全”窗口。

在“控制面板”窗口中的“类别”模式下，单击“系统和安全”超链接，打开“系统和安全”窗口，如下图所示。

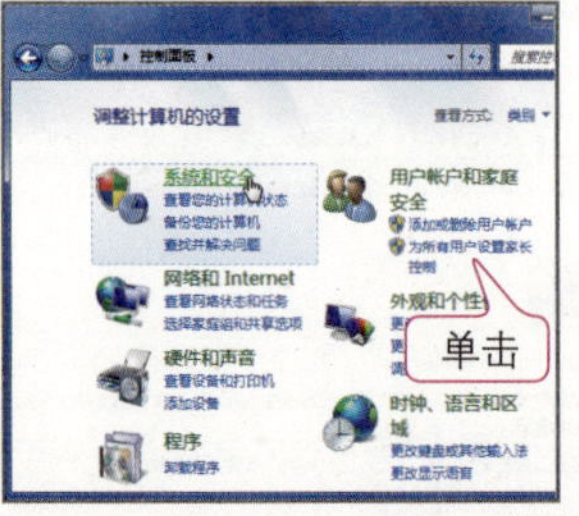

步骤2 打开“BitLocker驱动器加密”窗口。

在右侧窗格中单击“BitLocker驱动器加密”超链接，如下图所示。

步骤3 打开“BitLocker驱动器加密(E:)”对话框。

在打开的窗口选择要加密的驱动器，这里在“本地磁盘(E:)”选项中单击“启用BitLocker”超链接，如下图所示。

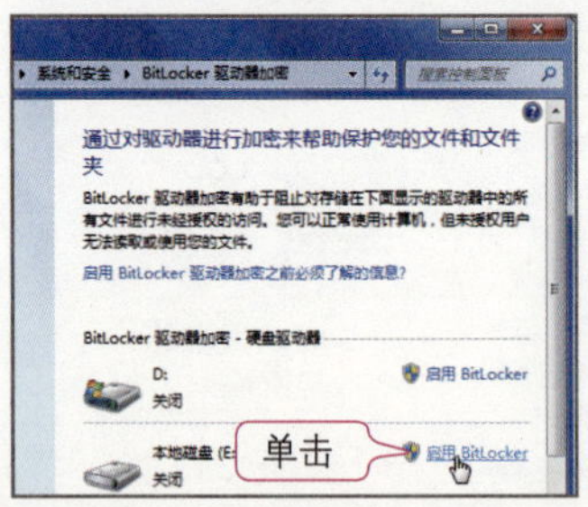

步骤4 选择解锁驱动器方式。

弹出“BitLocker驱动器加密(E:)”对话框，选中“使用密码解锁驱动器”复选框，并输入密码及确认密码，再单击“下一步”按钮，如下图所示。

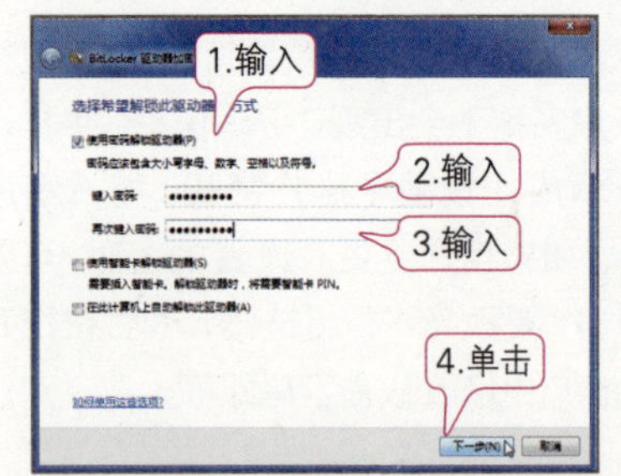

步骤5 选择恢复密钥的保存位置。

在“您希望如何存储恢复密钥”对话框中单击“将恢复密钥保存在USB闪存驱动器”超链接，如右图所示。

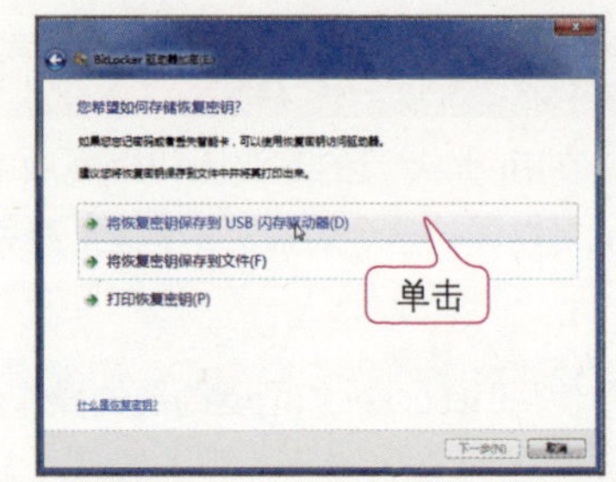

步骤6 选择移动存储器。

在弹出的对话框中选择“可移动磁盘”选项，再单击“保存”按钮，如下图所示，返回“您希望如何存储恢复密钥”对话框，在单击“下一步”按钮。

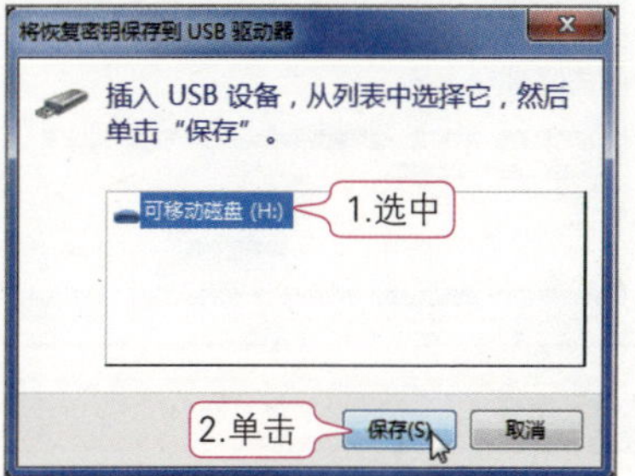

步骤7 准备加密驱动器。

在“是否准备加密该驱动器”对话框中单击“启动加密”按钮，如下图所示。

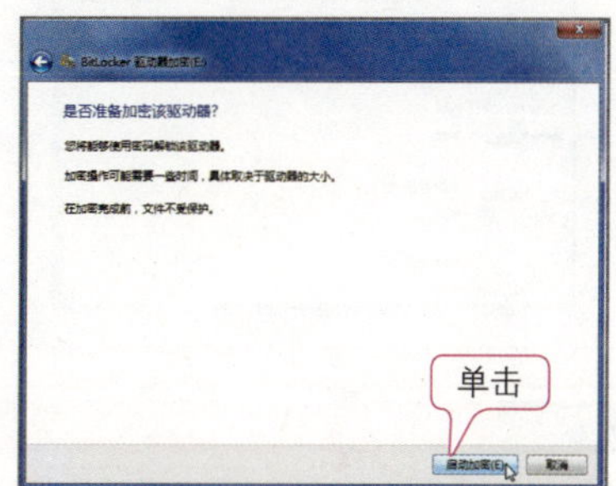

步骤8 开始加密驱动器。

开始加密驱动器，并弹出如下图所示的进度对话框。

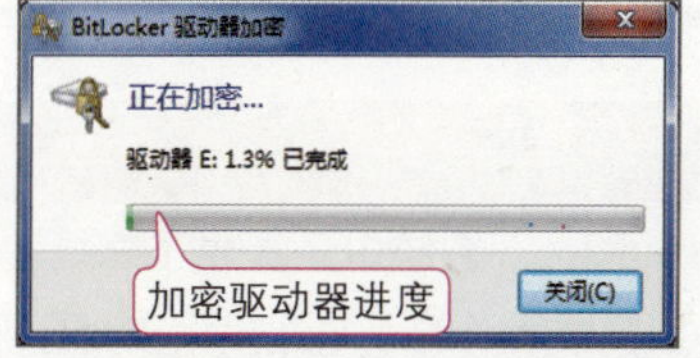

步骤9 完成驱动器加密操作。

加密完成后在“BitLocker驱动器加密”对话框单击“关闭”按钮即可，如下图所示。

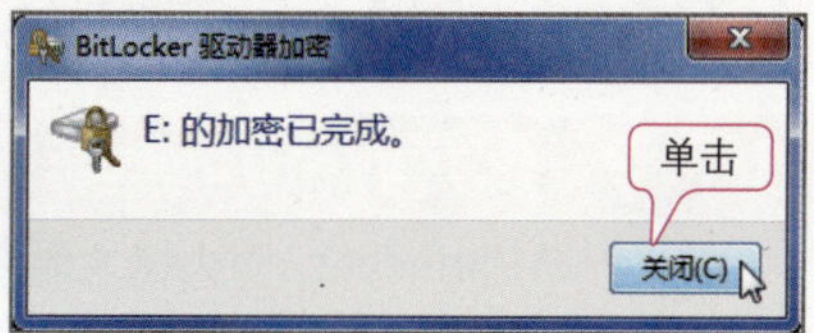

注意：不要在加密过程中拔下用来存储恢复密钥的移动设备。

整个加密过程中，用来保存启动密码的U盘不要拔下来。如果需要将恢复密码保存到其他U盘，可以将它接到其他的USB接口。

加密的时间取决于计算机的硬件性能和系统盘的大小，需要耐心等待加密完成，但可以被暂停。

2. 关闭BitLocker

关闭BitLocker的方法如下。

步骤1 单击“关闭BitLocker”超链接。

参考前面方法打开“BitLocker驱动器加密”窗口，然后单击“关闭BitLocker”超链接，如下图所示。

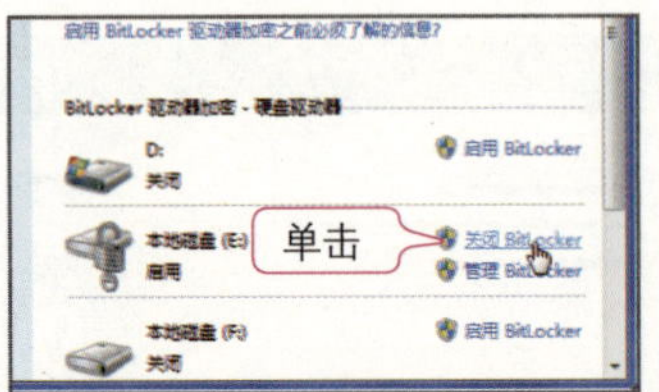

步骤2 单击“解密驱动器”按钮。

弹出“BitLocker驱动器加密”对话框，单击“解密驱动器”按钮，如下图所示。

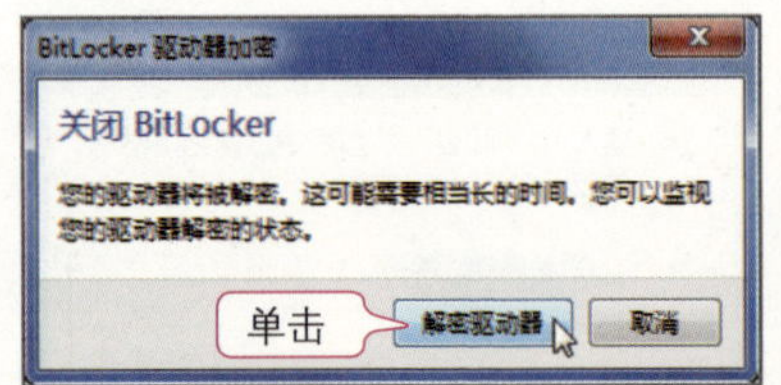

步骤3 开始解密驱动器。

开始解密驱动器，并弹出如下图所示的进度对话框。

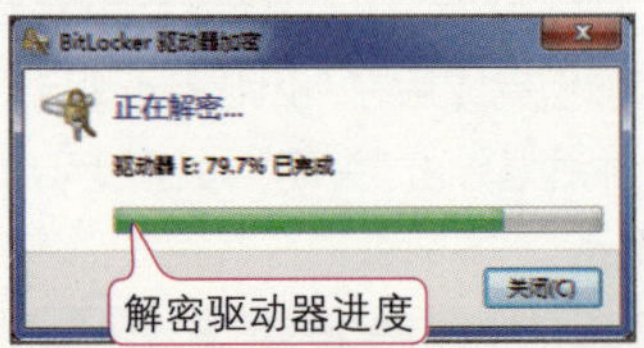

步骤4 成功解密驱动器。

解密完成后单击“关闭”按钮，如下图所示。

11.4.3 配置Windows防火墙

除了标准的Windows 防火墙功能外，在Windows 7系统中还提供了高级安全Windows防火墙功能，它不仅可以监视、设置甚至屏蔽所有的入站连接请求，还可以对所有的出站连接请求进行更细致的设置。高级安全Windows防火墙结合了主机防火墙和IPSec，使系统更安全。

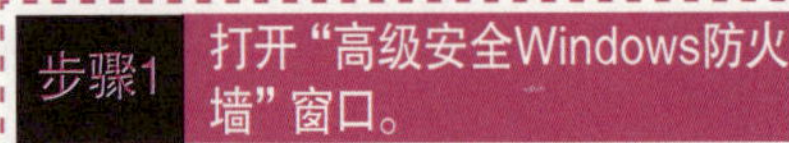

步骤1 打开“高级安全Windows防火墙”窗口。

在“Windows防火墙”窗口的左侧窗格中单击“高级设置”超链接，如右图所示。

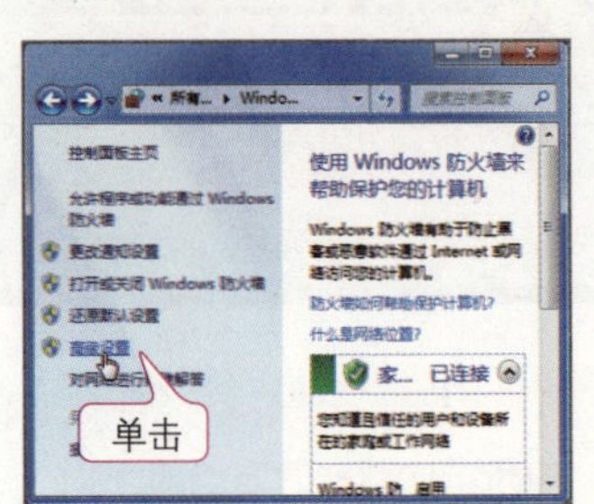

步骤2 选择“属性”命令。

在左侧窗格中右击“在本地计算机上的高级安全Windows防火墙”选项，从弹出的快捷菜单中选择“属性”命令，如下图所示。

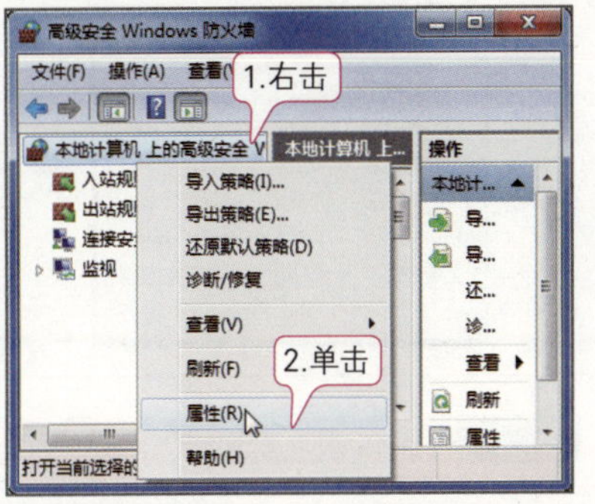

步骤3 设置配置文件。

在弹出的对话框中单击要设置的选项卡，这里单击“公用配置文件”选项卡，然后在此设置公用配置文件，再单击“确定”按钮，如下图所示。

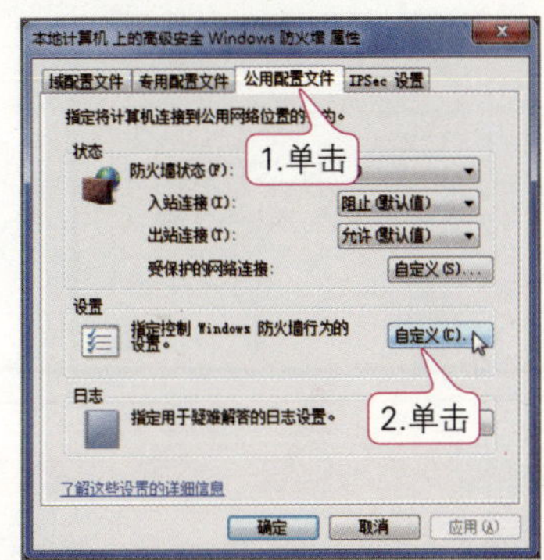

步骤4 打开“新建入站规则向导”对话框。

在“高级安全Windows防火墙”窗口的左侧窗格中右击“入站规则”选项，从弹出的快捷菜单中选择“新建规则”命令，如下图所示。

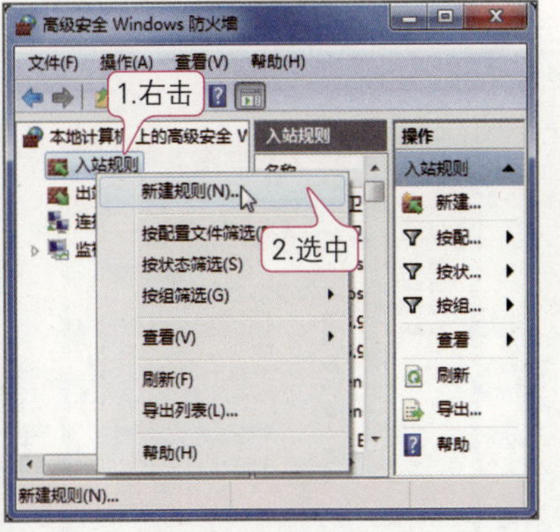

步骤5 设置规则类型。

在“规则类型”面板中选择“端口”单选按钮，再单击“下一步”按钮，如下图所示。

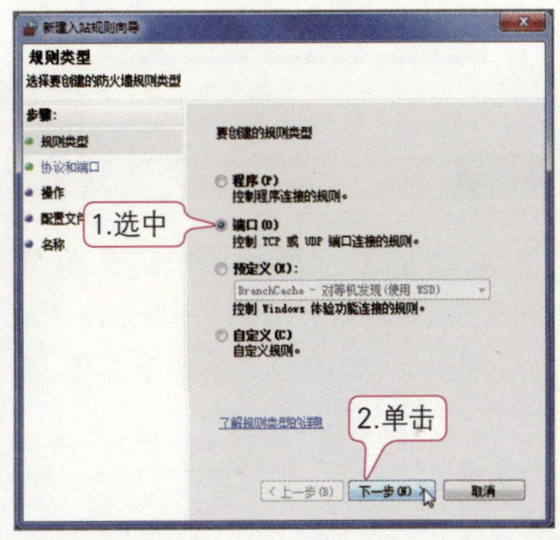

步骤6 设置协议和端口。

进入"协议和端口"面板，选中TCP和"特定本地端口"单选按钮，并在后面的文本框中指定端口，再单击"下一步"按钮，如下图所示。

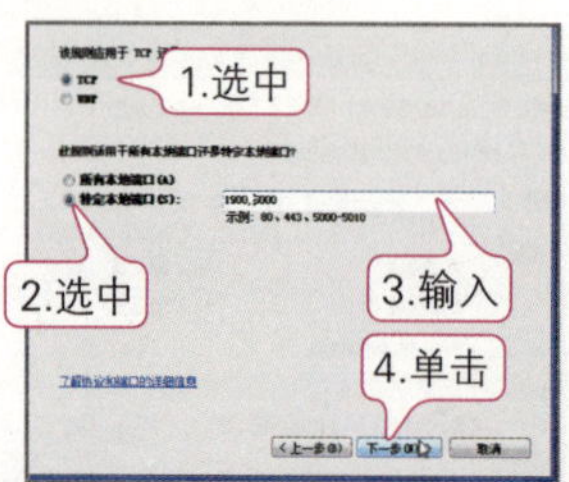

步骤7 设置操作。

进入"操作"面板，选中"阻止连接"单选按钮，再单击"下一步"按钮，如下图所示。

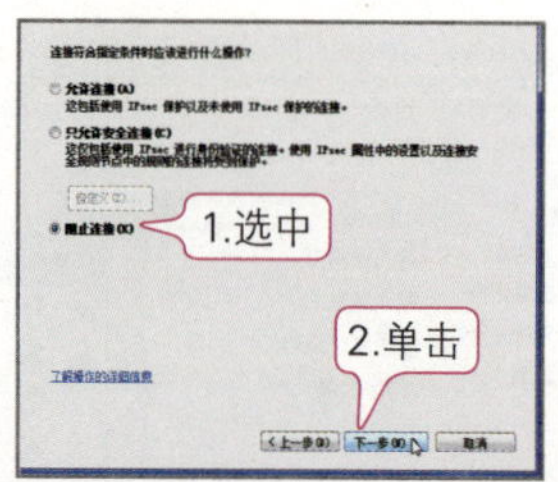

步骤8 配置文件。

进入"配置文件"面板，选中"域"、"专用"和"公用"3个复选框，再单击"下一步"按钮，如下图所示。

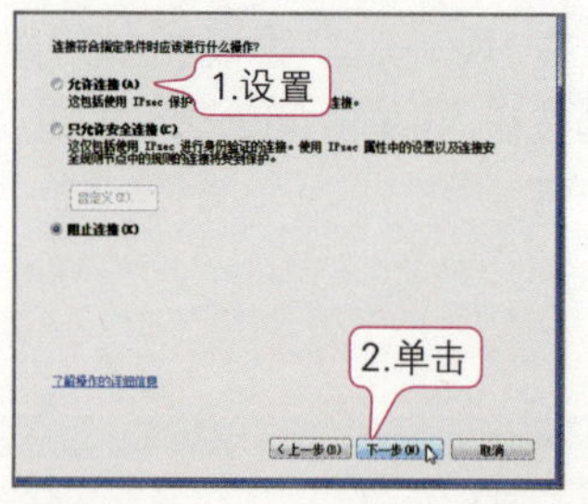

步骤9 设置规则名称。

进入"名称"面板，在"名称"文本框中输入规则名称，再单击"完成"按钮，如下图所示。

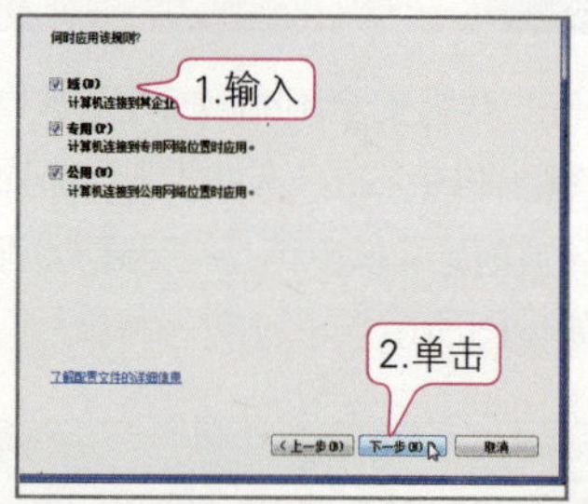

步骤10 打开规则属性对话框。

返回"高级安全Windows防火墙"窗口，在"入站规则"列表框中右击新创建的规则，从弹出的快捷菜单中选择"属性"命令，如右图所示。

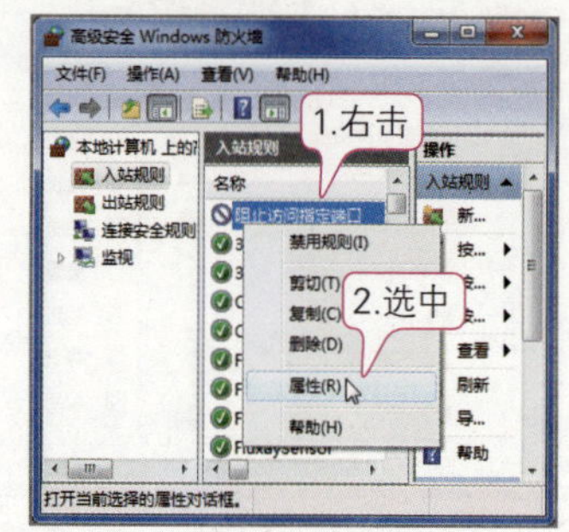

步骤11 修改规则参数。

弹出如右图所示的对话框，在各个选项卡中重新调整规则参数，最后单击“确定”按钮，保存修改即可。

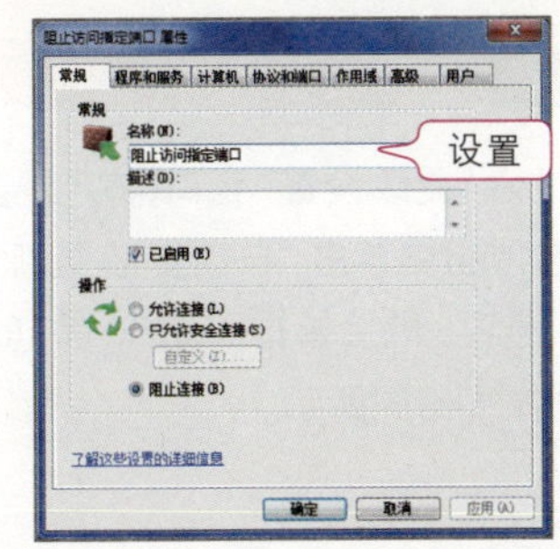

11.4.4 使用Windows Update更新系统补丁

在Windows 操作系统中，用户可以使用Windows Update程序安装系统补丁程序，具体操作步骤如下。

步骤1 打开Windows Update窗口。

在电脑桌面上选择“开始”/“所有程序”/Windows Update命令，如下图所示。

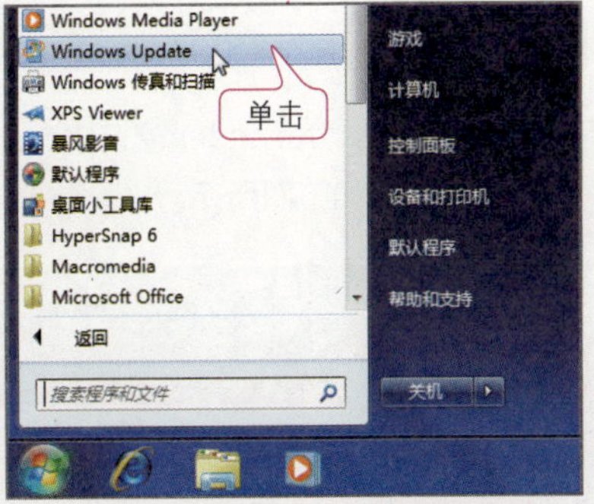

步骤2 打开“更改设置”窗口。

在打开的Windows Update窗口中，单击“更改设置”文字链接，如下图所示。

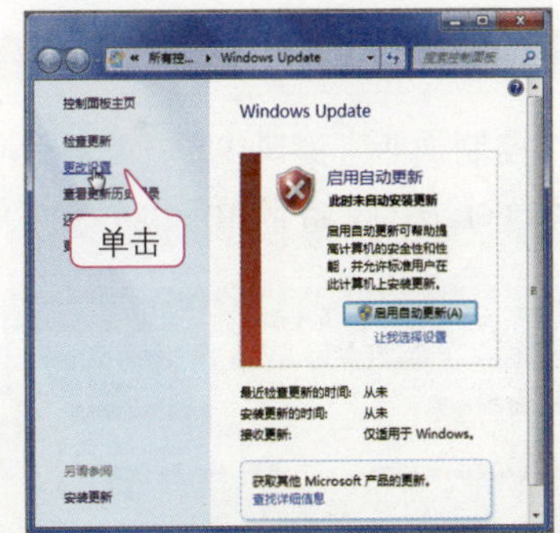

技巧：手动更新系统。

还可以随时通过手动更新系统，方法是在Windows Update窗口中单击“启用自动更新”按钮，即可开始检查更新，然后根据提示进行操作即可。

步骤3 设置Windows Update。

进入“更改设置”窗口，在“重要更新”选项组中单击“自动安装更新（推荐）”选项，最后单击“确定”按钮，保存设置，如右图所示。

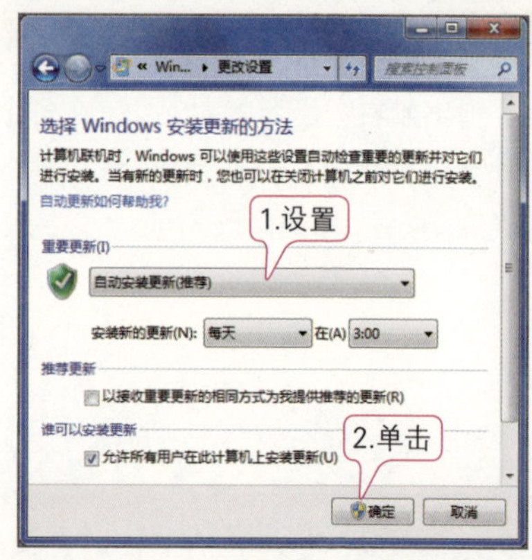

11.4.5 使用Windows Defender扫描计算机

Windows Defender是Windows 7系统中附带的一种反间谍软件，当它打开时会自动运行。使用该软件可帮助保护用户的计算机免受间谍软件和其他可能不需要的软件的侵扰。

使用Windows Defender扫描计算机的操作步骤如下。

步骤1 打开Windows Defender窗口。

在“控制面板”窗口中单击Windows Defender 图标，如下图所示。

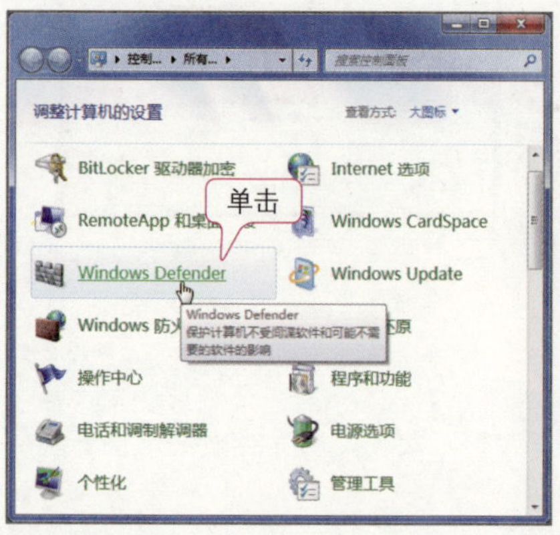

步骤2 执行“扫描”命令。

在Windows Defender窗口中单击“扫描”按钮，如下图所示。

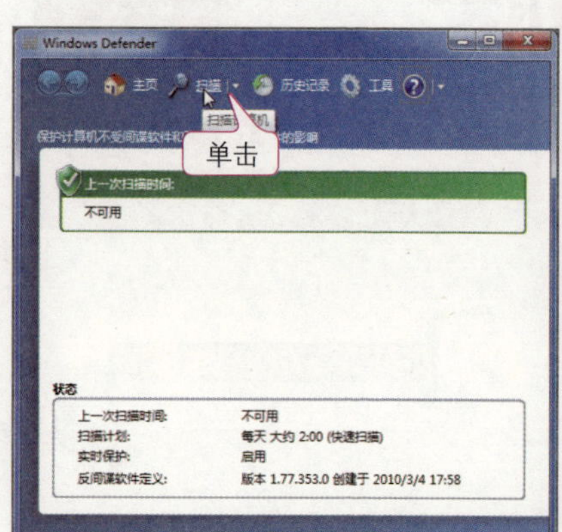

步骤3 快速扫描计算机。

开始快速扫描计算机，并弹出如下图所示的进度对话框。

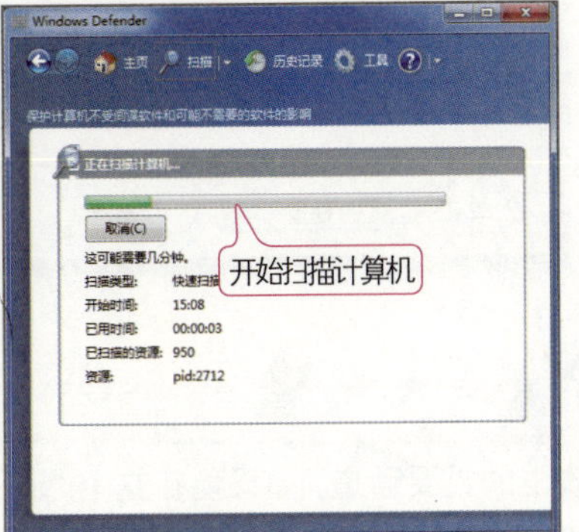

步骤4 完成计算机扫描操作。

计算机扫描结束后，会在窗口中列出扫描统计信息，如下图所示。

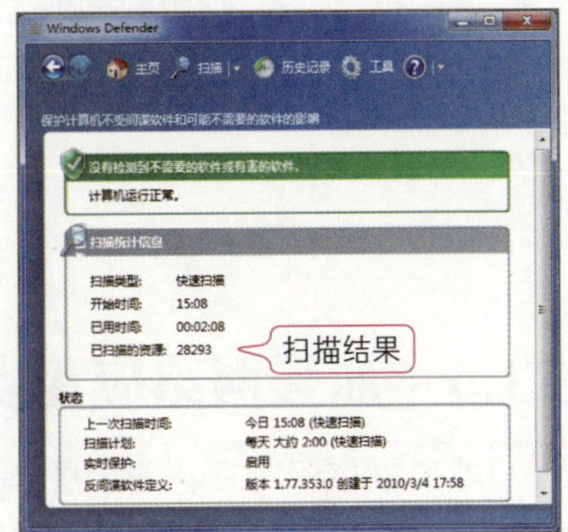

提示：自定义扫描。

如果用户想快速扫描某个程序或文件夹，可以通过Windows Defender程序的“自定义扫描”命令来实现，具体操作步骤如下。

步骤1 执行“自定义扫描”命令。

在Windows Defender窗口中单击“扫描选项”按钮，从打开的菜单中选择“自定义扫描”命令，如下图所示。

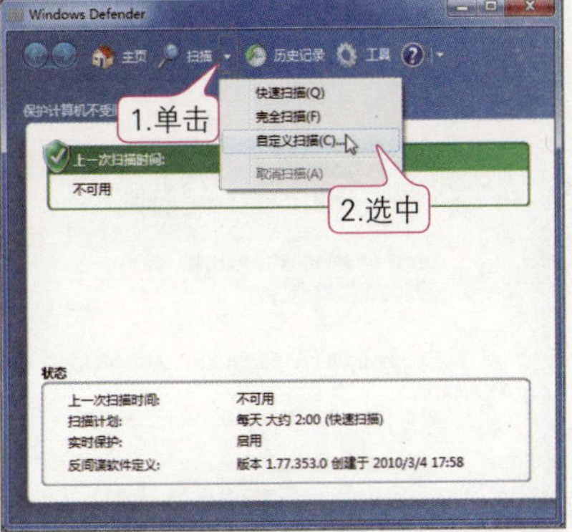

步骤2 设置扫描选项。。

在打开的“扫描选项”面板中选中“扫描选定的驱动器和文件夹”单选按钮，然后单击“选择”按钮，如下图所示。

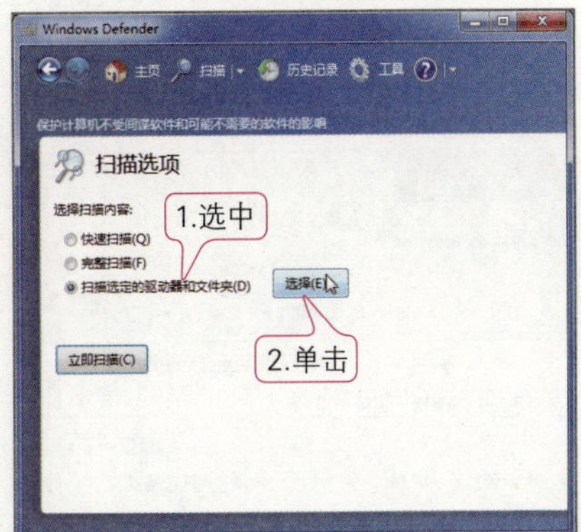

步骤3 选择扫描文件。

弹出Windows Defender对话框，选择要扫描的文件夹，然后单击“确定”按钮，如右图所示，返回“扫描选项”面板，再单击“立即扫描”按钮，即可扫描指定的文件夹了。

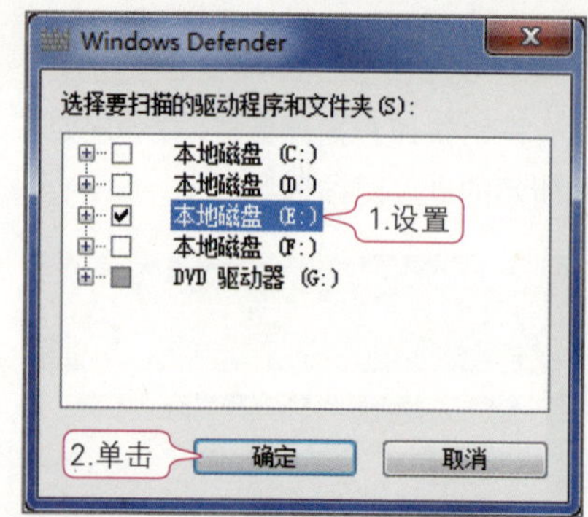

11.5 加强网络应用安全★★★★

我们知道，网络是病毒传播、黑客攻击的重要通道，如果能在这个“通道”中设置一些安全防护，例如进行隐私保护、设置IE安全级别以及启动内容审查程序等，相信你的计算机会更加安全。

11.5.1 删除上网浏览的历史记录

在默认情况下，浏览器会自动记录用户的上网痕迹，例如浏览过的网页、登录密码等重要资料，一旦被黑客获取，将会带来不可预料的损失。因此，建议用户在退出浏览器时应及时清除IE中的临时文件，具体操作步骤如下。

步骤1 打开“Internet选项”对话框。

启动IE浏览器，然后在工具栏中选择“工具”/“Internet选项”命令，打开“Internet选项”对话框，如下图所示。

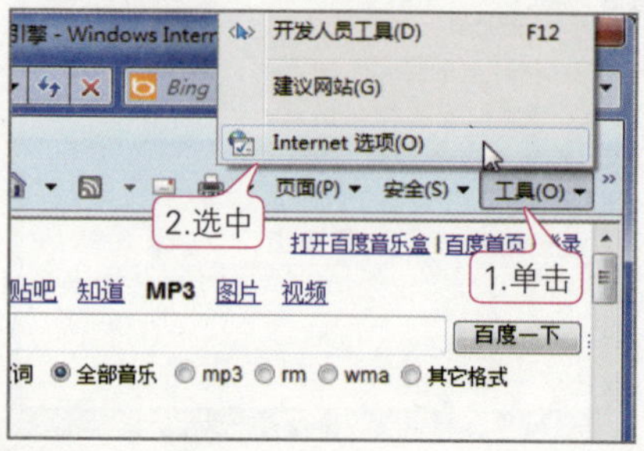

步骤2 打开“删除浏览的历史记录”对话框。

单击“常规”选项卡，然后在“浏览历史记录”组中单击“删除”按钮，如下图所示。

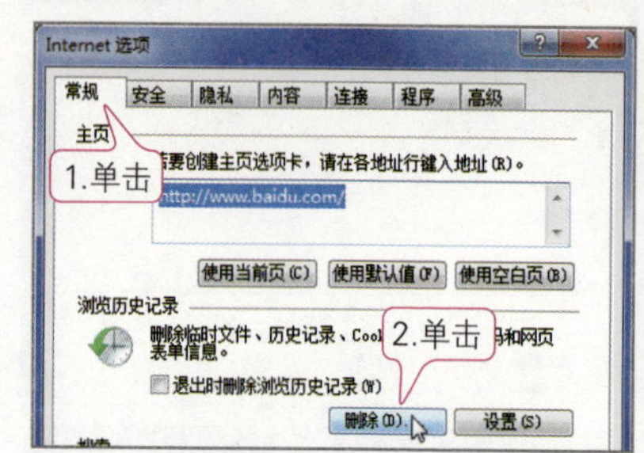

技巧：让浏览器自动删除浏览历史记录。

如果在“常规”选项卡下的“浏览历史记录”组中选中“退出时删除浏览历史记录”复选按钮，则在退出IE浏览器时程序会自动删除上网记录。

步骤3 删除历史记录。

弹出“删除浏览的历史记录”对话框，选中所有复选框，再单击“删除”按钮，即可删除浏览的历史记录，如下图所示。

步骤4 调整历史记录保存天数。

返回“常规”选项卡，然后在“浏览历史记录”组中单击“设置”按钮，接着在弹出的对话框中修改历史记录保存天数，再单击“确定”按钮即可，如下图所示。

技巧：打开“删除浏览的历史记录”对话框的其他方法。

在IE浏览器窗口中选择“安全”/“删除浏览的历史记录”命令，也可以打开“删除浏览的历史记录”对话框。

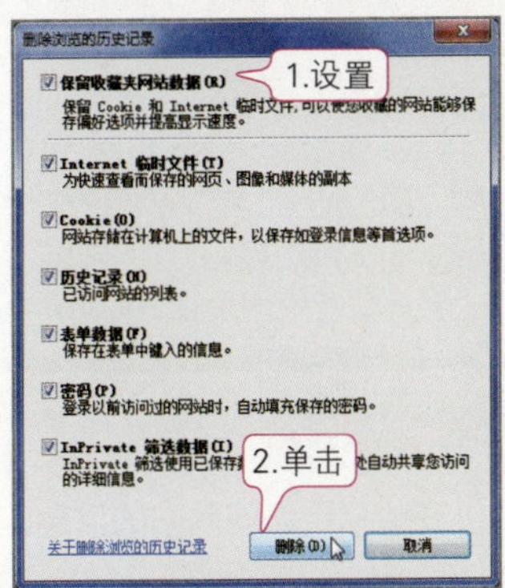

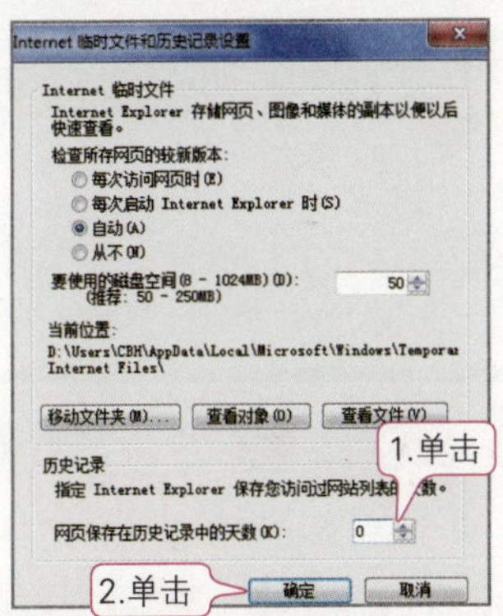

11.5.2 保护用户隐私

在Internet Explorer 8中提供了一些新功能用于保护用户在联机时的隐藏，包括InPrivate浏览、InPrivate筛选、SmartScreen筛选器以及隐私设置等，下面将逐一进行介绍。

1. InPrivate浏览

使用InPrivate浏览打开网页不会在浏览器中记录历史记录，其使用方法如下。

步骤1 启用InPrivate浏览。

首先打开Internet Explorer 8窗口，然后在工具栏中选择“安全”/“InPrivate浏览”命令，启用InPrivate浏览，如下图所示。

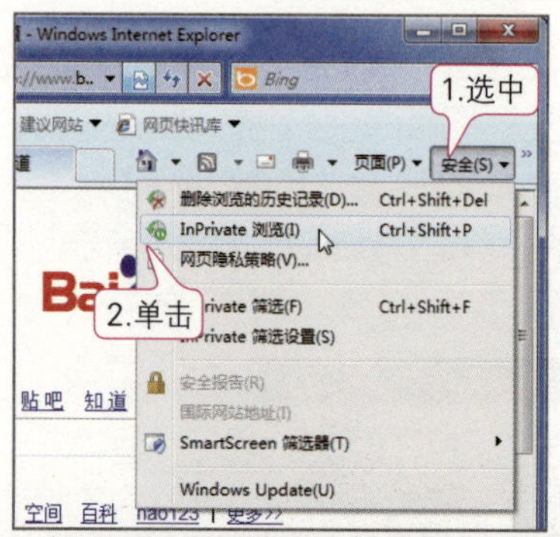

步骤2 在InPrivate浏览状态下浏览网页。

这时将弹出如下图所示的网页，然后使用地址栏或“新选项卡”按钮浏览需要的网页即可。

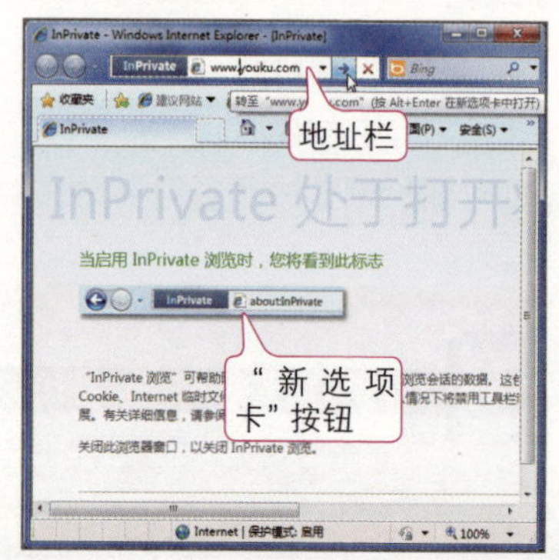

注意：计算机上网防护流程。

在启用InPrivate 了浏览功能的窗口中，打开的选项卡或新窗口都将受到InPrivate浏览保护。但是，如果用户通过执行Internet Explorer命令重新启动了另一个浏览器窗口，则该窗口不受InPrivate浏览保护。若要结束InPrivate浏览，只需要关闭启用InPrivate 浏览功能的网页窗口即可。

2. InPrivate筛选

InPrivate筛选可帮助用户控制是否与内容提供商共享所访问网站的信息，其使用方法如下。

步骤1 打开“防御监控”面板。

首先启动金山毒霸程序，然后在左侧单击“防御监控”选项，打开“防御监控”面板，如右图所示。

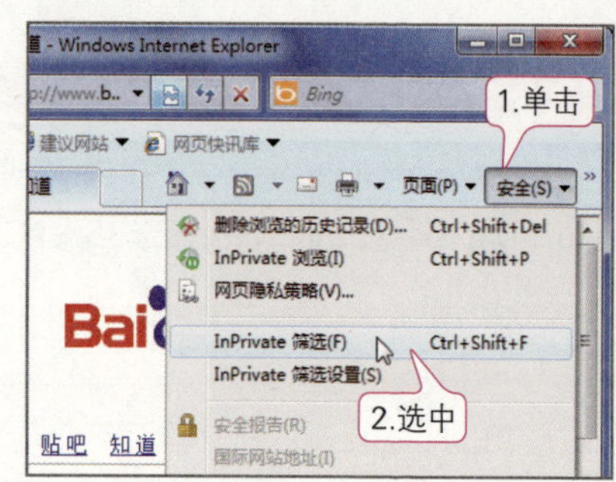

步骤2 执行“InPrivate筛选”命令。

在IE浏览器窗口中选择“安全”/“InPrivate筛选”命令，如下图所示。

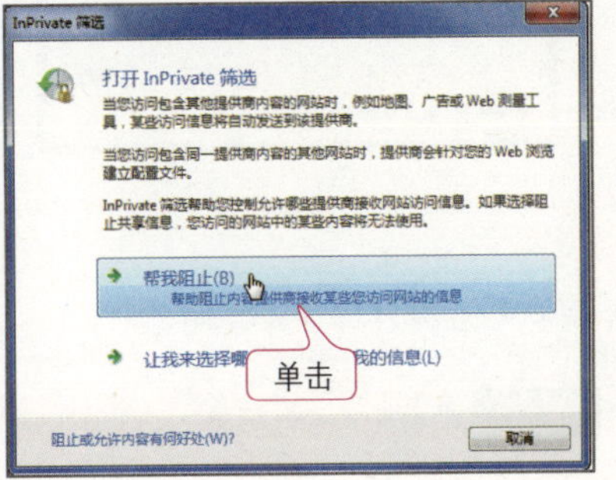

步骤3 打开“InPrivate筛选”对话框。

在Internet Explorer 8窗口中选择“安全”/“InPrivate筛选设置”命令，打开“InPrivate筛选”对话框，如下图所示。

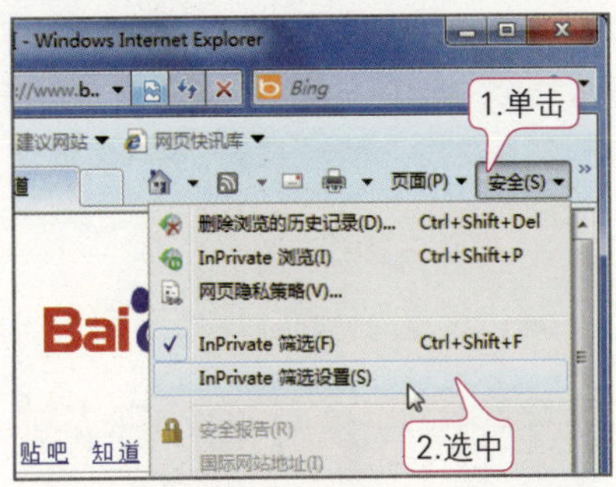

步骤4 设置InPrivate筛选的方法。

在这里可以设置“自动组织”、“选择要阻止或允许的内容”以及关闭InPrivate筛选等选项，如右图所示。设置完毕后单击“确定”按钮即可。

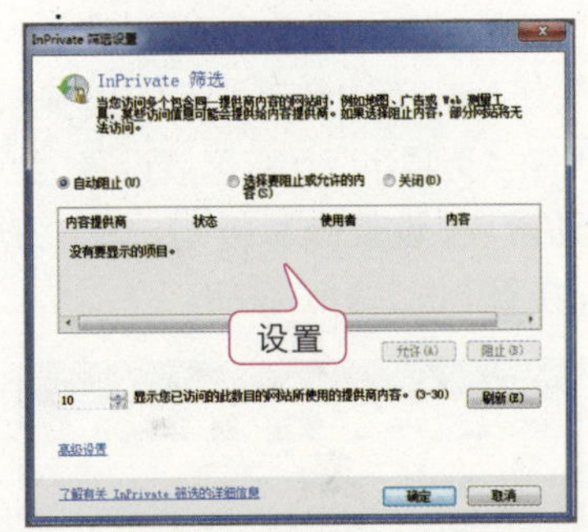

3. 启用SmartScreen筛选器

启动SmartScreen筛选器，有助于保护您的计算机免受欺骗性网站和网络钓鱼网站的侵害，同时还可防范其他威胁，具体操作步骤如下。

步骤1 打开“每个站点的隐私操作”对话框。

参考前面方法打开“Internet选项”对话框，并切换到“隐私”选项卡，然后在“选项Internet区域设置”组中拖动滑块，设置隐私级别，如右图所示，接着单击“站点”按钮。

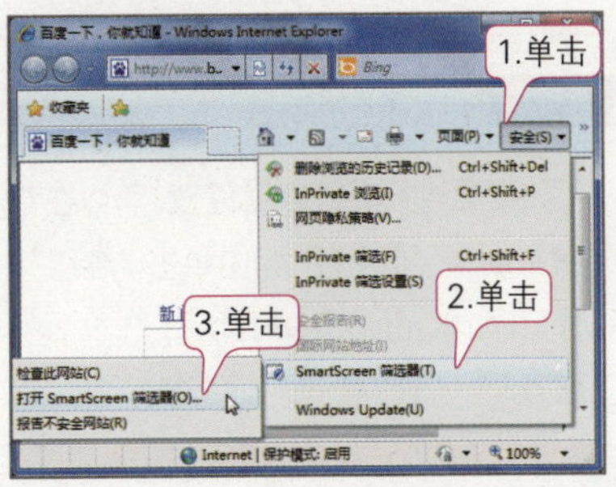

步骤2 管理站点的隐私操作。

在"网站地址"文本框中输入站点地址，然后单击"阻止"或"允许"按钮来设置该站点的隐藏操作，如右图所示。若要从"托管网站"列表中删除站点，可以在选中站点后单击"删除"按钮，然后单击"确定"按钮，保存设置。

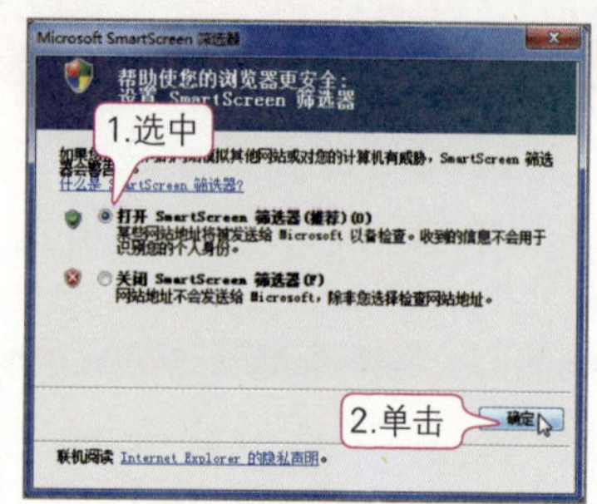

4. 隐私设置

通过设定隐私，可以指定计算机如何处理Cookie，具体操作步骤如下。

步骤1 打开"每个站点的隐私操作"对话框。

参考前面方法打开"Internet选项"对话框，并切换到"隐私"选项卡，然后在"选项Internet区域设置"组中拖动滑块，设置隐私级别，如下图所示，接着单击"站点"按钮。

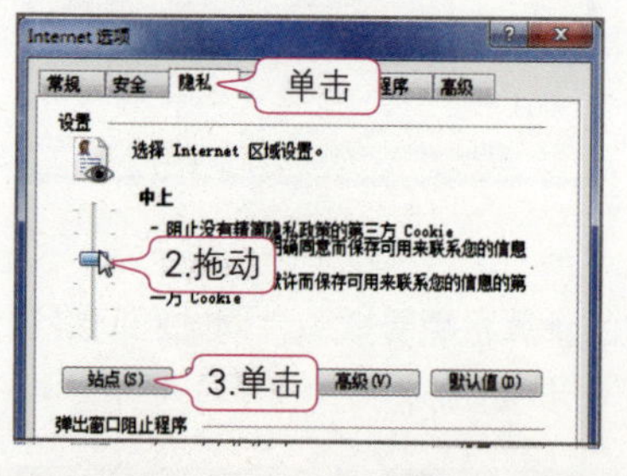

步骤2 管理站点的隐私操作。

在"网站地址"文本框中输入站点地址，然后单击"阻止"或"允许"按钮来设置该站点的隐藏操作，如下图所示。若要删除托管的网站，可以在选中站点后单击"删除"按钮即可，最后单击"确定"按钮，保存设置。

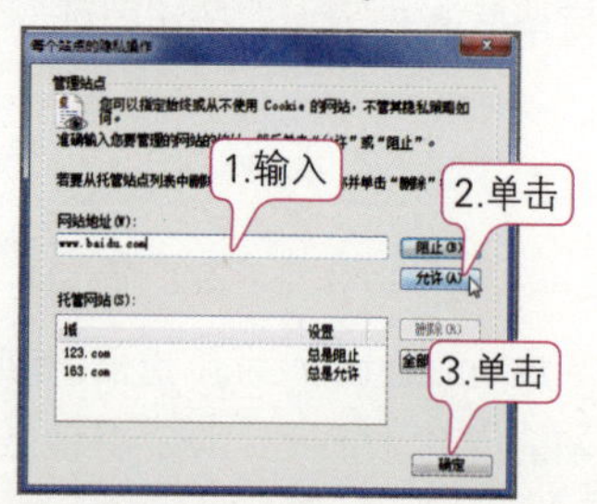

步骤3 高级隐私设置。

如果要进行高级隐私设置，可以在"选项Internet区域设置"组中单击"高级"按钮，打开如右图所示的对话框，选中"替代自动Cookie处理"复选框，接着设置Cookie的处理方法，最后单击"确定"按钮即可。

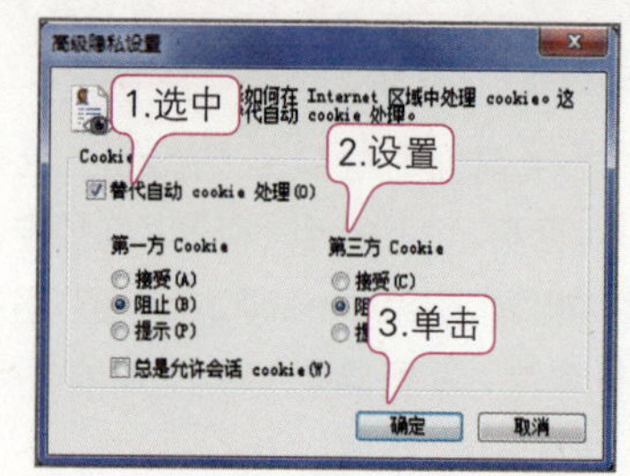

提示：什么是第一方Cookie和第三方Cookie。

第一方Cookie来自用户正浏览的网站，它可以是永久的或临时的。网站可能使用这些 Cookie 存储下次转至此站点时将重新使用的信息。而第三方Cookie来自用户正浏览的网站上的其他网站的广告（例如，弹出窗口或标题广告）。

11.5.3 启用内容审查程序

使用内容审查程序可以帮助用户控制通过计算机可访问的网络信息的类型，让只有满足或超过标准的已分级的健康内容显示出来，具体操作步骤如下。

步骤1 打开“内容审查程序”对话框。

参考前面方法，打开“Internet”对话框，然后单击“内容”选项卡，接着在“内容审查程序”组中单击“启用”按钮，如下图所示。

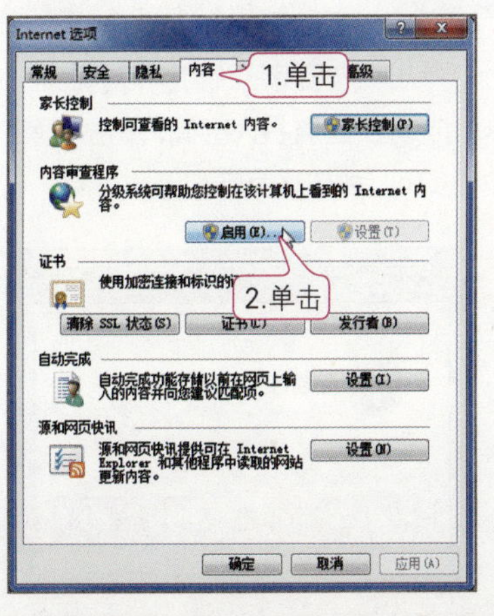

步骤2 设置分级级别。

单击“分级”选项卡，然后在“请选择类别，查看分级级别”列表框中选择分级级别，这里选择“暴力”选项，接着调节滑块，指定用户可以查看的内容，如下图所示。

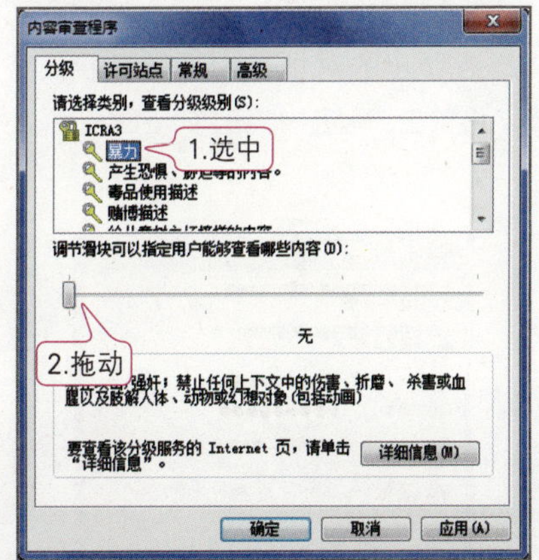

技巧：打开“内容审查程序”对话框的其他方法。

如果不是第一次启用内容审查程序，单击“启用”按钮只能启动内容审查程序，若要打开“内容审查程序”对话框，可以在“内容审查程序”组中单击“设置”按钮即可。

步骤3 设置许可站点。

单击“许可站点”选项卡，然后在“允许该网站”文本框中输入网站地址，单击“始终”按钮表示允许访问该网站；若要禁止访问该网站，可以单击“从不”按钮，如下图所示。

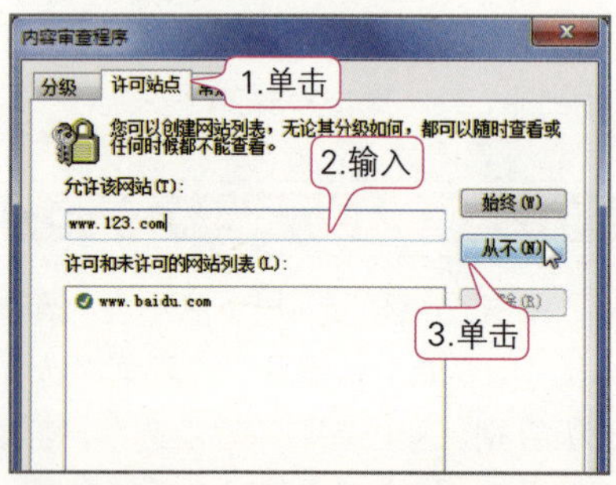

步骤4 打开“创建监护人密码”对话框。

单击“常规”选项卡，然后在“用户选项”组中选中“监控人可以键入密码允许用户查看受限制的内容”复选框，接着单击“创建密码”按钮，如下图所示。

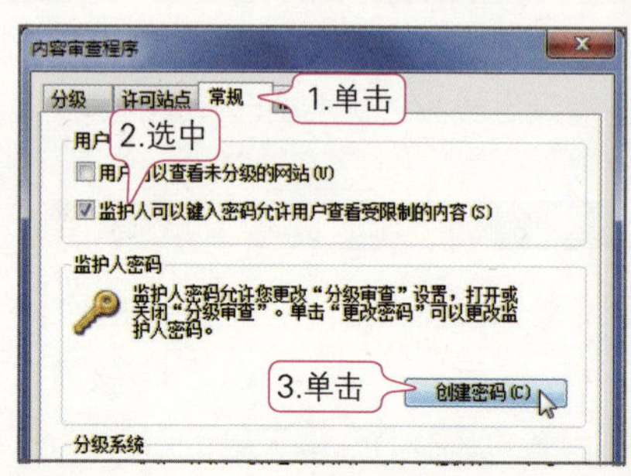

步骤5 设置监护人密码。

在弹出的对话框中设置监护人密码，再单击“确定”按钮，如下图所示。

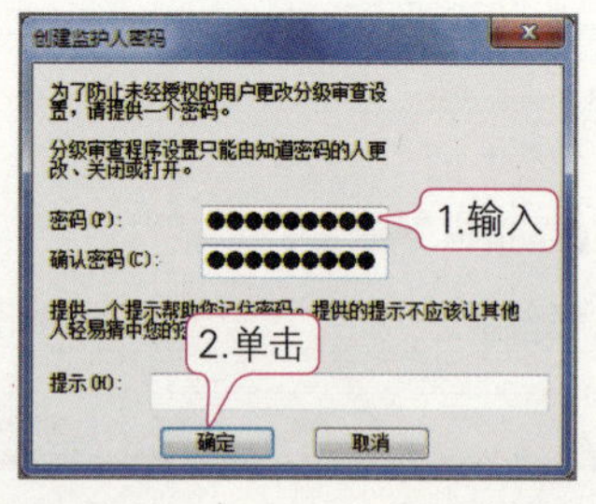

步骤6 成功创建监护人密码。

弹出“内容审查程序”对话框，提示已成功创建监护人密码，单击“确定”按钮即可，如下图所示。

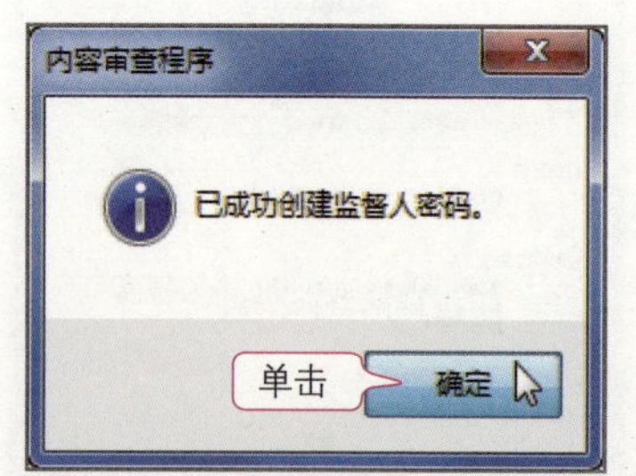

步骤7 关闭“内容审查程序”对话框。

返回“内容审查程序”对话框，单击“确定”按钮，弹出如右图所示的对话框，单击“确定”按钮即可。

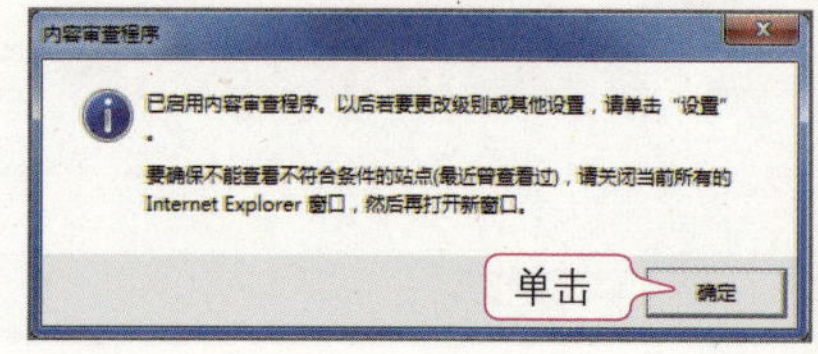

11.5.4 设置IE安全级别

在Windows 7操作系统中加强了网络安全管理，它将Internet划分为4个区域，分别为：Internet、本地Intranet、可信站点和受限站点。每一个区域都有自己的安全级别，这样用户可以根据不同的安全级别来设置活动的区域，下面以设置Internet区域和可信站点为例进行介绍，具体操作步骤如下。

步骤1 设置Internet区域的安全级别。

参考前面方法打开“Internet选项”对话框，并单击“安全”选项卡，然后在“选择要查看的区域或更改安全设置”列表框中单击Internet选项，接着在“该区域的安全级别”组中设置安全级别，如下图所示。

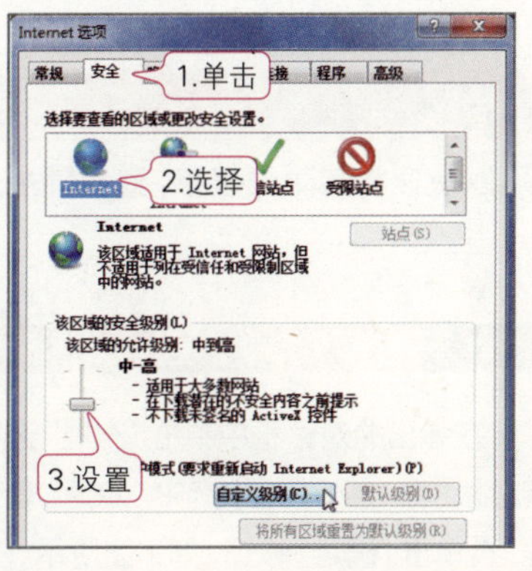

步骤2 打开“安全设置-Internet区域”对话框。

在“防御监控”面板中开启监控防御功能，方法是在各选项右侧单击“开启”超链接即可，如下图所示。

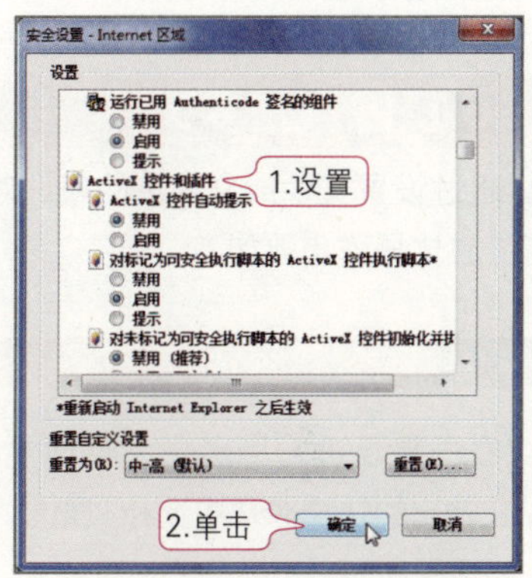

步骤3 打开“可信站点”对话框。

返回“安全”选项卡，然后在“选择要查看的区域或更改安全设置”列表框中单击“可信站点”选项，接着设置该区域的安全级别，再单击“站点”按钮，如右图所示。

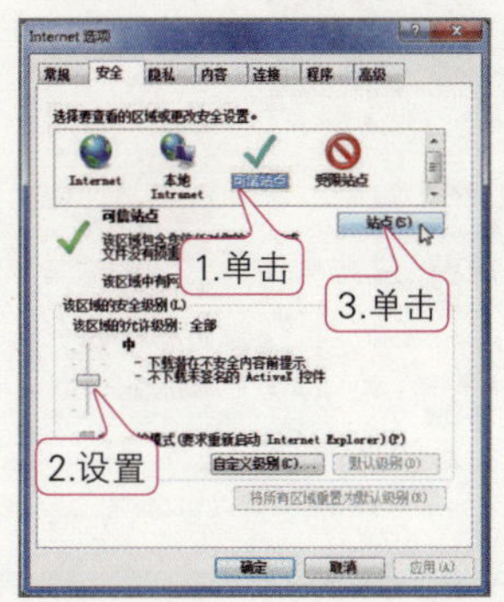

步骤4 添加网站到区域。

弹出“可信站点”对话框，在“将该网站添加到区域”文本框中输入可信站点的网址，然后单击“添加”按钮，如右图所示，最后单击“关闭”按钮即可。

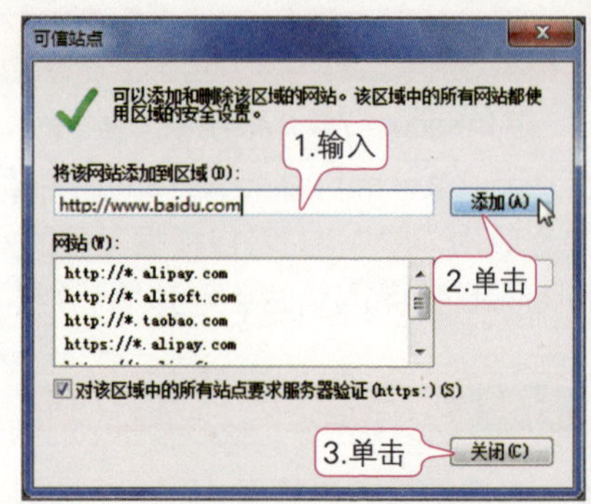

11.6 文件安全防护★★★★

接下来将为大家介绍文件安全防护的方法，包括隐藏文件、加密文件、以及压缩备份重要文件等。

11.6.1 隐藏重要文件

通过设置文件或文件夹的属性对话框，可以快速将其隐藏起来，避免陌生人查看，具体操作步骤如下。

步骤1 选择“属性”命令。

右击需要进行隐藏的文件或文件夹，在弹出的快捷菜单中选择“属性”命令，如下图所示。

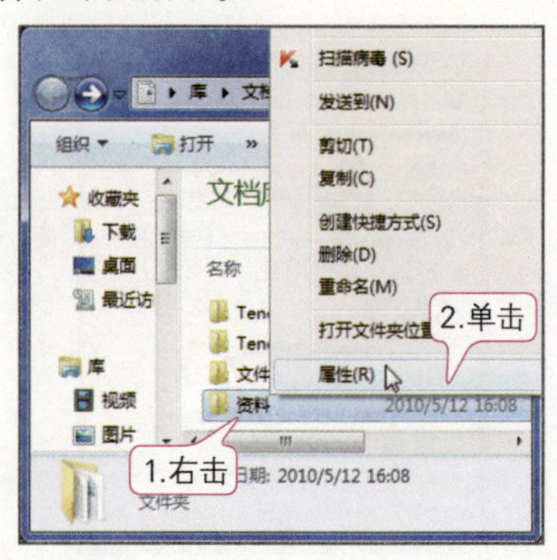

步骤2 打开“确认属性更改”对话框。

在弹出的对话框中单击“常规”选项卡，然后在“属性”组中选中“隐藏”复选框，再单击“确定”按钮，如下图所示。

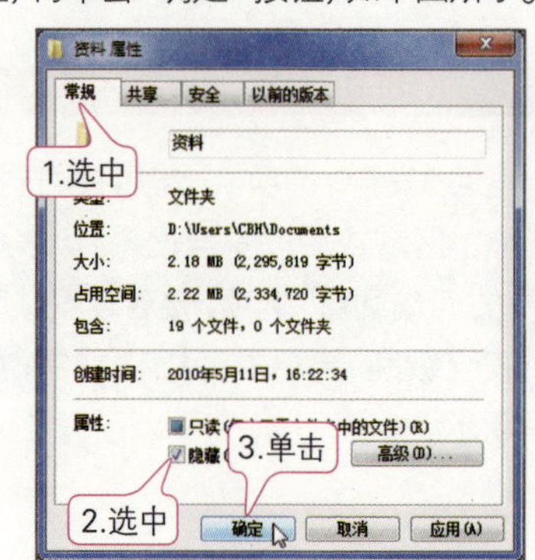

步骤3 设置属性更改。

弹出“确定属性更改”对话框，选中“将更改应用于此文件夹、子文件夹和文件”单选按钮，再单击“确定”按钮，如下图所示。

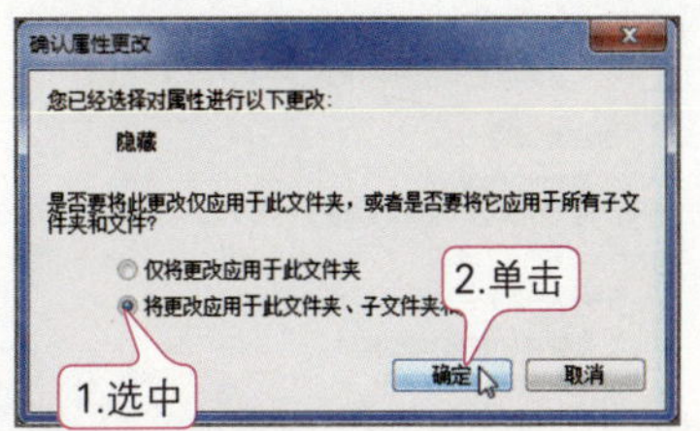

步骤4 查看文件夹。

这时即可发现设置隐藏属性的文件夹以半透明的方式显示，如下图所示。

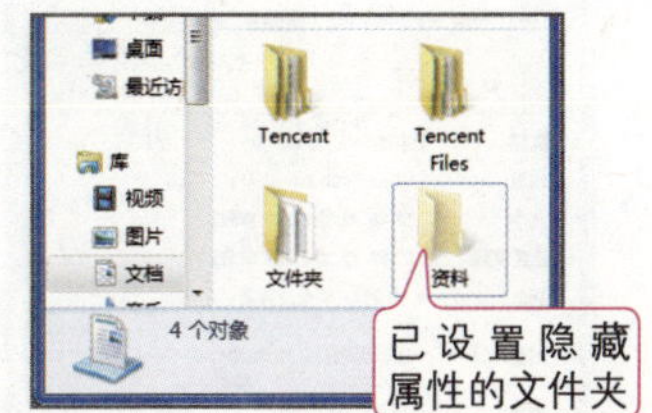

步骤5 打开“文件夹选项”对话框。

在工具栏中选择“组织”/“文件夹和搜索选项”命令，打开“文件夹选项”对话框，如下图所示，

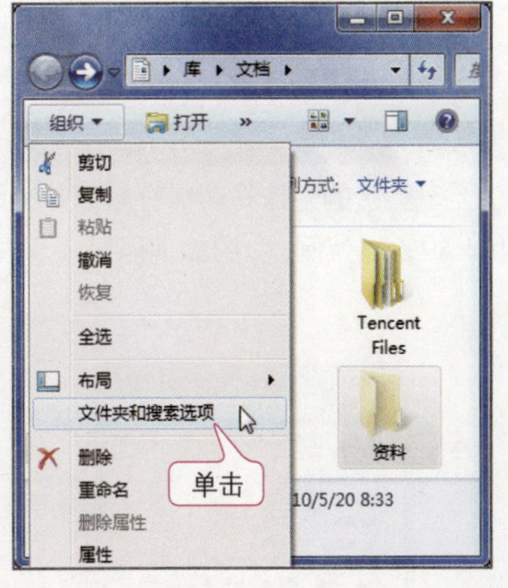

步骤6 设置文件夹属性。

单击“查看”选项卡，然后在“高级设置”列表框中选中“不显示隐藏的文件、文件夹或驱动器”单选按钮，再单击“确定”按钮即可隐藏设置隐藏属性的文件了，如下图所示。

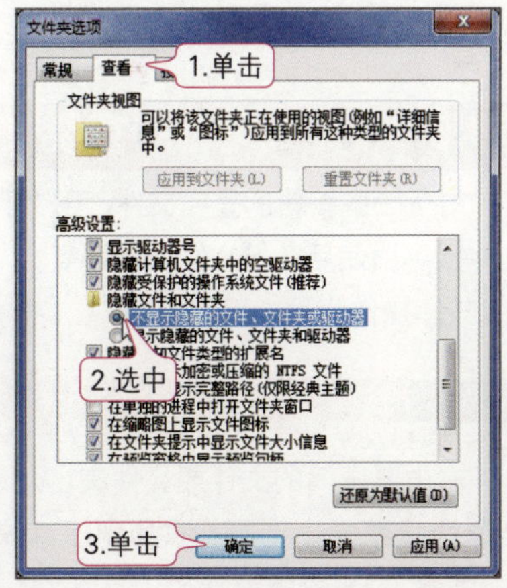

11.6.2 加密文件或文件夹

通过文件或文件夹的属性对话框，还可以加密文件，具体操作步骤如下。

步骤1 打开“高级属性”对话框。

参考上述方法打开要加密的文件或文件夹的属性对话框，然后在“常规”选项卡中单击“高级”按钮，如下图所示。

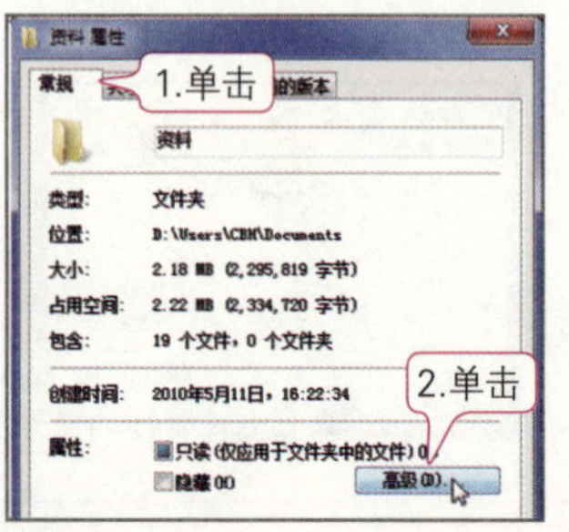

步骤2 设置加密属性。

在“压缩或加密属性”组中选中“加密内容以便保护数据”复选框，再单击“确定”按钮，如下图所示。

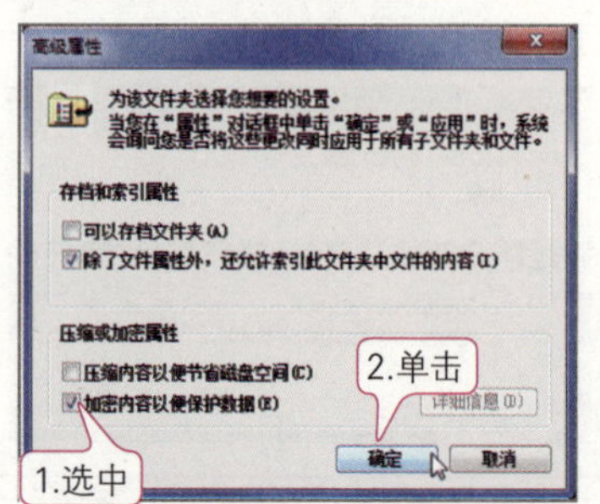

步骤3 确认属性更改。

返回“常规”选项卡，单击“确定”按钮，弹出“确认属性更改”对话框，选中“将更改应用于此文件夹、子文件夹和文件”单选按钮，再单击“确定”按钮即可，如右图所示。

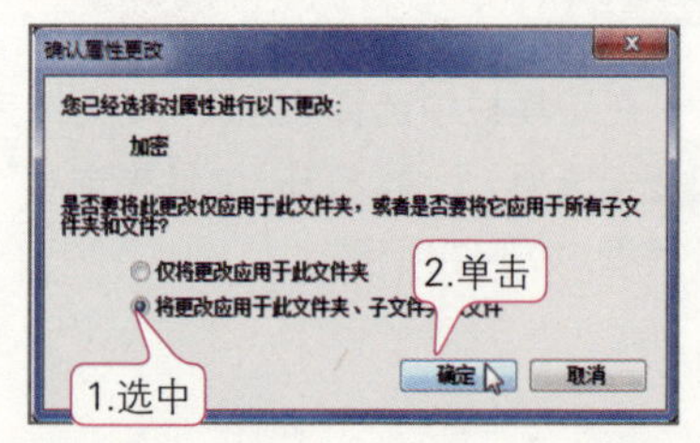

11.6.3 压缩与备份重要文件

对于一些编辑的重要文件，用户可以通过压缩备份的方法将其保存起来，以便文件损坏后使用备份文件进行恢复。下面以WinRAR软件为例，介绍如何压缩备份文件，具体操作步骤如下。

步骤1 选择“添加到压缩文件”命令。

右击要压缩的文件或文件夹，从弹出的快捷菜单中选择“添加到压缩文件”命令，如右图所示。

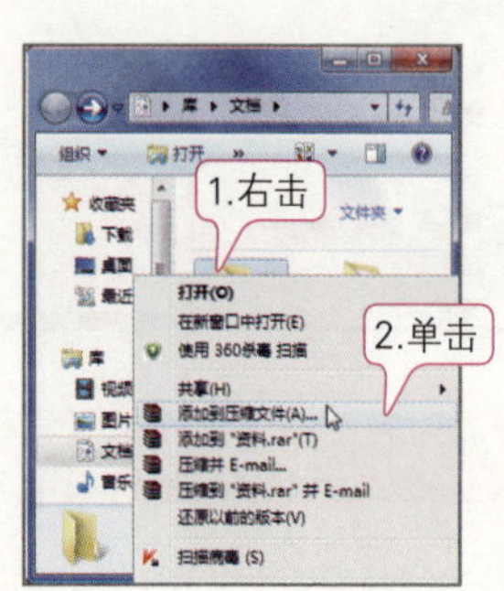

步骤2 设置常规参数。

弹出“压缩文件名和参数”对话框，然后在“常规”选项卡下设置压缩文件名、压缩文件格式以及压缩方式等参数，如下图所示。

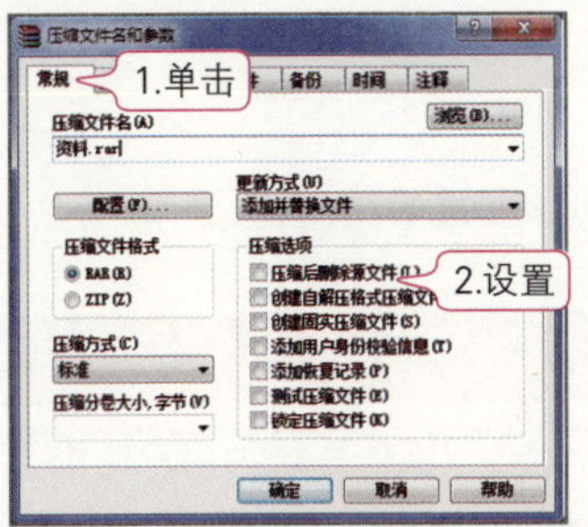

步骤3 打开“带密码压缩”对话框。

单击“高级”选项卡，然后单击“设置密码”按钮，如下图所示。

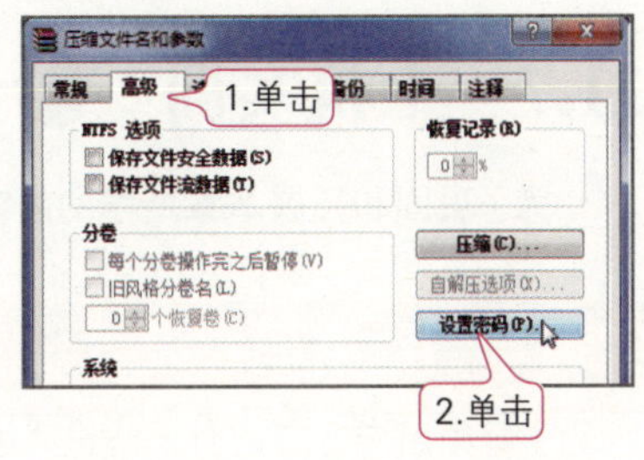

步骤4 设置压缩文件密码。

在弹出的对话框中输入压缩密码及确认密码，再单击“确定”按钮，如下图所示。

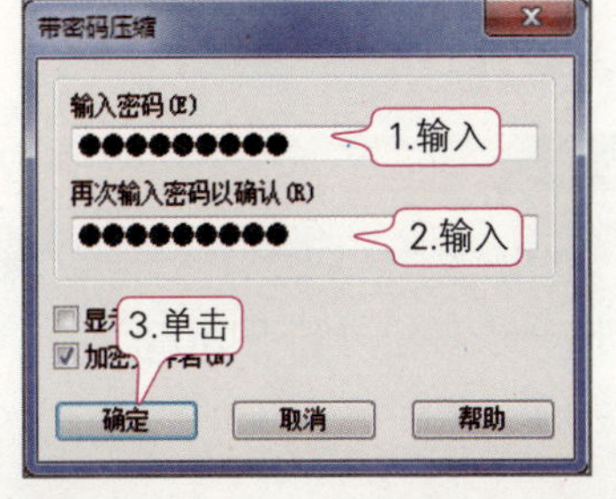

步骤5 设置备份选项。

单击“备份”选项卡，然后设置备份选项，再单击“确定”按钮，如下图所示。

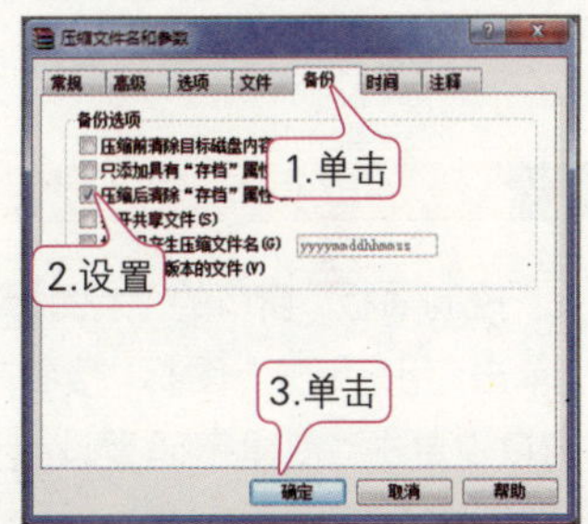

步骤6 显示压缩文件。

这时在F盘中即可显示WinRAR创建的压缩文件，如右图所示。

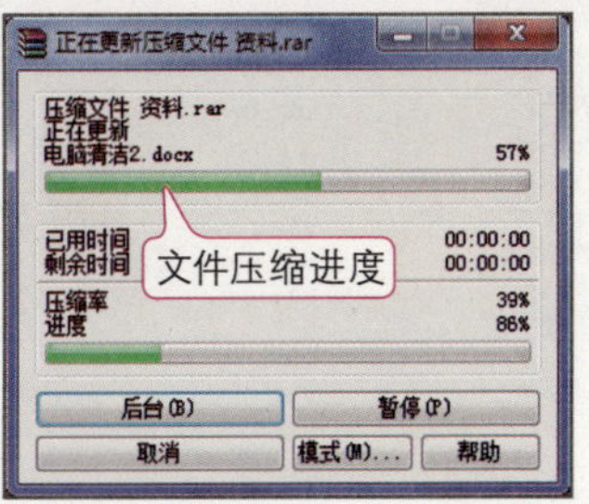

提示：使用WinRAR解压缩文件。

经过压缩后的文件，只有进行解压后才能使用。解压的步骤与创建压缩包的方法类似，唯一不同的是在右击要解压的文件时，它的快捷菜单中显示的是有关“解压文件”的命令，只要选择相应的解压命令，参照压缩文件的步骤，即可完成解压。

11.7 上机实训

为了巩固和拓展本章所学的内容，下面就来实战演练，自己操作一下。

实训1. 创建密码重设盘

为了避免用户在忘记时无法进入系统，Windows 7操作系统为用户提供了密码还原功能，使用此功能可以通过创建密码重设盘，在用户忘记密码时，使用密码重设盘可以重新设置或删除密码。

1. 创建密码重置盘

创建密码重置盘需要一个移动存储设备，例如U盘、MP3、MP4，然后登录需要设置密码重置盘的用户账户，接着将移动存储器接入计算机，再根据下述步骤进行设置即可。

步骤1 打开“用户账户”窗口。

在“控制面板”窗口的“大图标”类别下，单击“用户账户”图标，接着在打开的窗口中单击“创建密码重设盘”超链接，如下图所示。

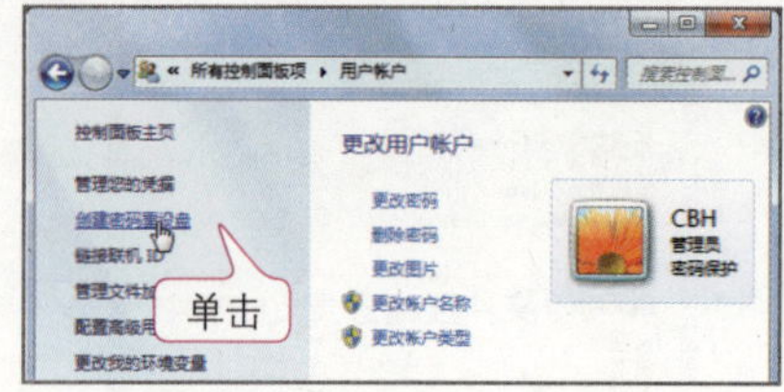

步骤2 打开“忘记密码向导”对话框。

弹出“忘记密码向导”对话框，单击“下一步”按钮，如下图所示。

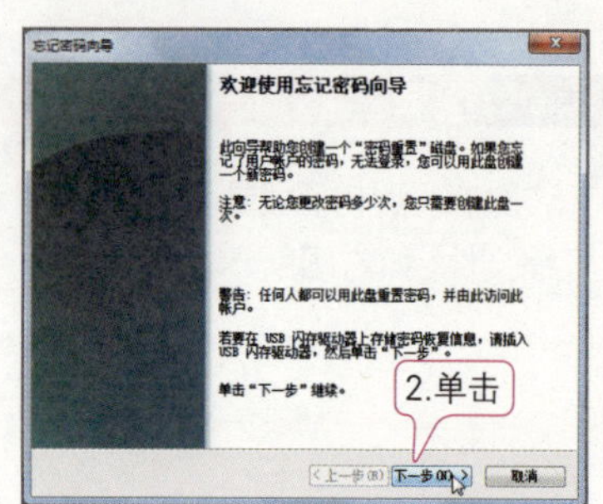

步骤3 创建密码重置盘。

接着在对话框中选择用于存放密码的移动存储器，再单击“下一步”按钮，如下图所示。

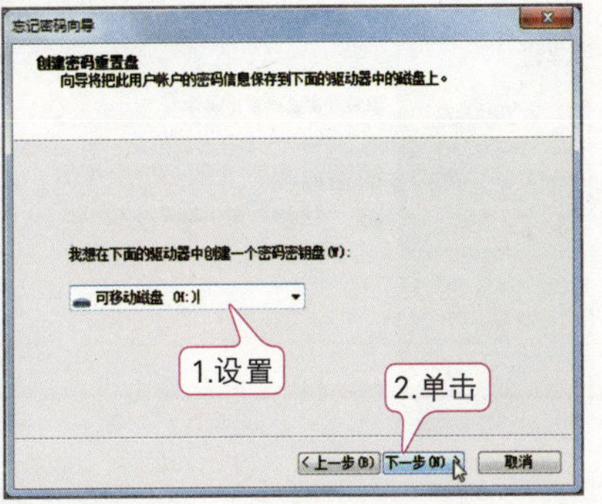

步骤4 输入当前用户账户密码。

在“当前用户账户密码”文本框中输入当前账户的密码，再单击“下一步”按钮，如下图所示。

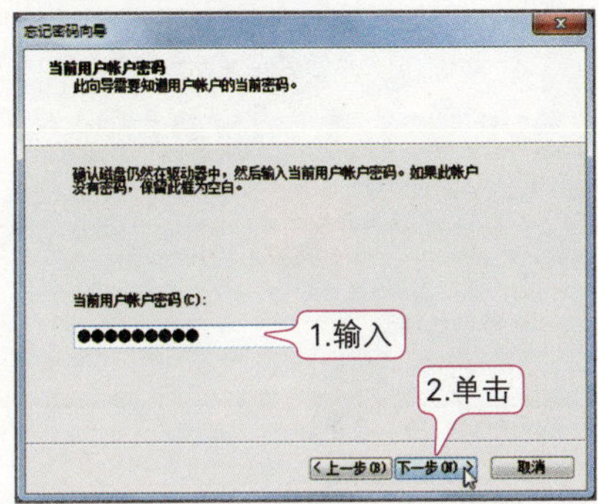

步骤5 开始创建密码重置磁盘。

开始创建密码重置磁盘，并弹出如下图所示的进度对话框。当密码重置磁盘创建完成后单击“下一步”按钮。

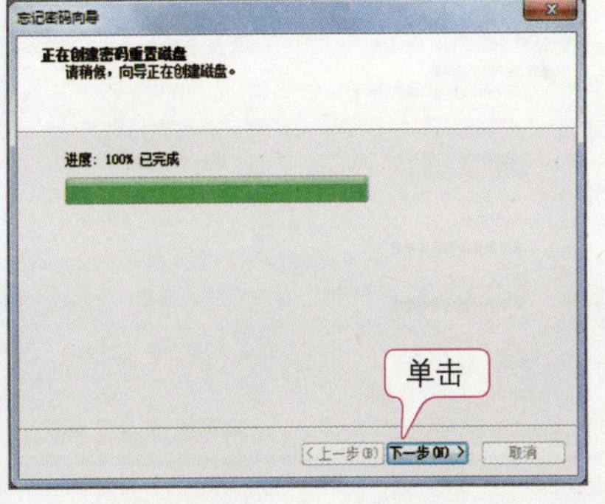

步骤6 完成忘记密码向导。

单击“完成”按钮，完成创建密码重置盘操作，如下图所示。

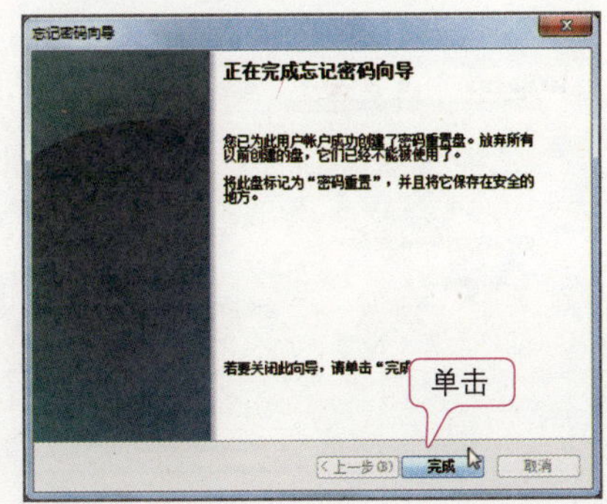

2. 还原密码

在启动系统时，如果在登录界面中输入的账户密码不正确，则会在窗口中出现“重设密码”超链接，单击该链接，即可打开“重设密码向导”对话框，接着使用创建的密码重置盘重新设定密码，具体操作步骤如下。

步骤1 进入用户登录界面。

返回用户登录界面，单击“重设密码”超链接，如下图所示，即可打开“重设密码向导”对话框。

步骤2 连接移动存储器。

将存储有密码重置盘的移动设备接入计算机，然后在“重设密码向导”对话框中单击“下一步”按钮，如下图所示。

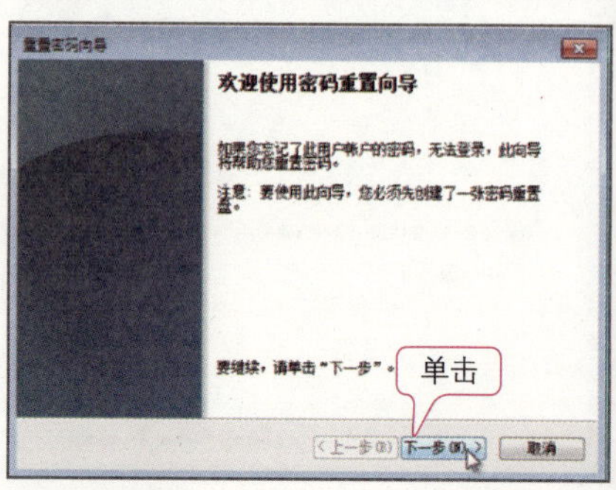

步骤3 选择密码密钥盘。

在“密码密钥盘在下面的驱动器中”下拉列表中选择移动存储器，再单击“下一步”按钮，如下图所示。

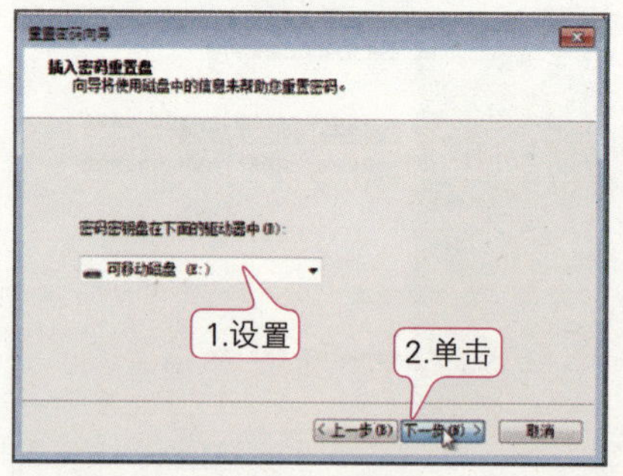

步骤4 重置用户账户密码。

在对话框中输入新密码及确认密码，然后设置密码提示问题，接着单击“下一步”按钮，如下图所示。

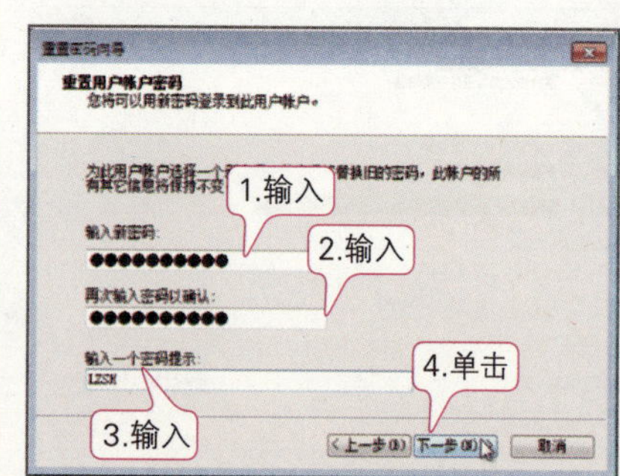

步骤5 使用新密码登录系统。

这时将返回系统登录界面，输入新设置的密码，再按Enter键确认，就可登录Windows 7操作系统了。

实训2. 导出/导入加密证书

在Windows 7系统中，当用户使用系统功能对文件或文件夹进行加密后，会在任务栏通知区弹出一个“备份文件加密密钥”对话框，提示用户备份加密证书，以便在重装系统后利用备份的证书加密文件，如下图所示，用户只要单击该对话框，然后根据提示进行操作即可。

除了上述方法外，用户还可以通过certmgr窗口来备份加密证书，具体操作步骤如下。

步骤1 打开certmgr窗口。

在“运行”对话框中输入certmgr.msc命令，再单击“确定”按钮，打开certmgr窗口，如下图所示。

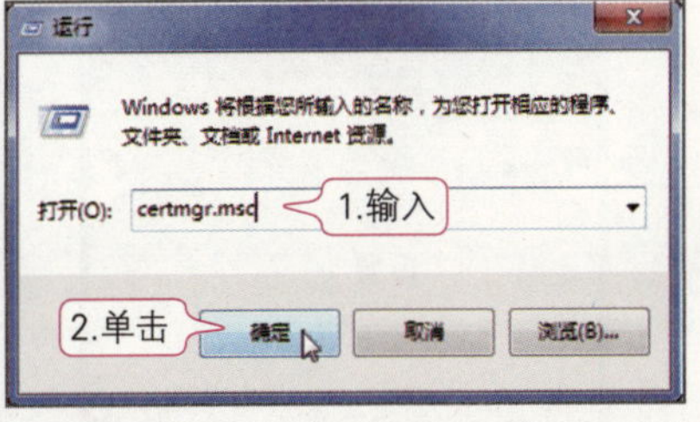

步骤2 打开“证书导出向导”对话框。

在左侧窗格中单击“个人”/“证书”选项，然后在右侧窗格中右击要导出的证书，并从弹出的快捷菜单中选择“所有任务”/“导出”命令，如下图所示。

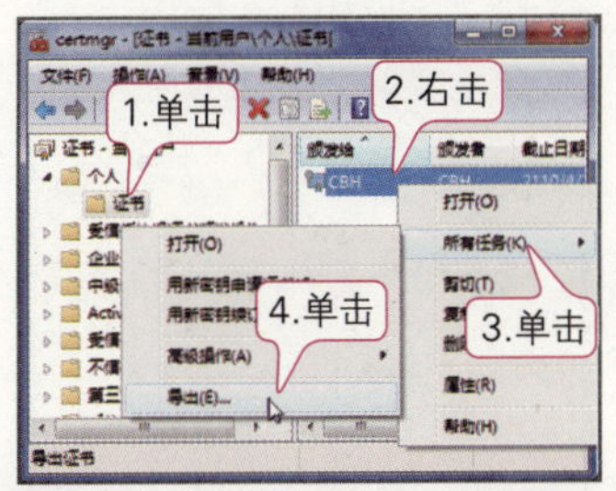

步骤3 单击“下一步”按钮。

弹出“证书导出向导”对话框，直接单击“下一步”按钮，如右图所示。

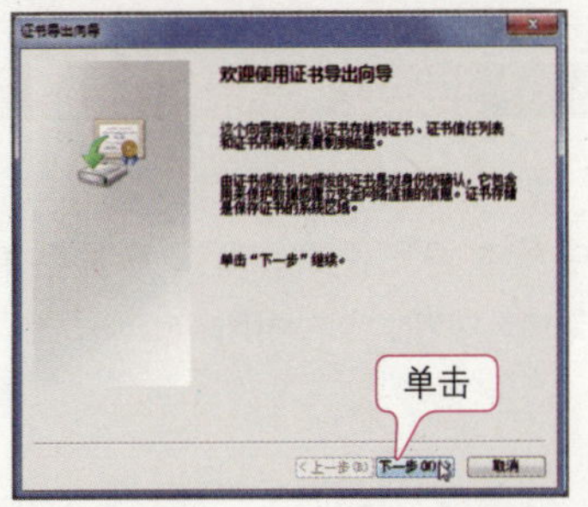

步骤4 进入“导出私钥”对话框。

选中“是，导出私钥”单选按钮，再单击“下一步”按钮，如下图所示。

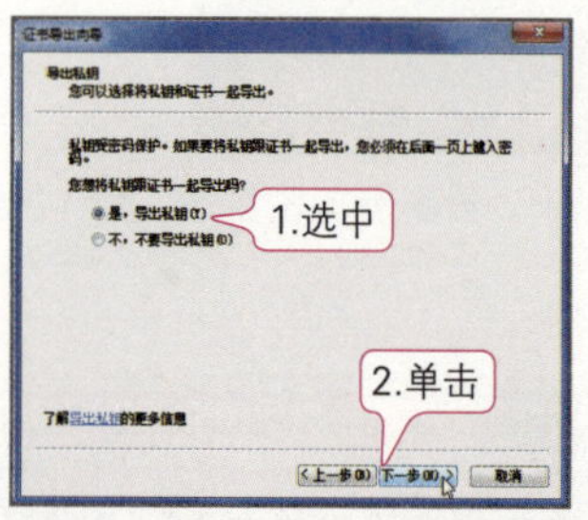

步骤5 进入“导出文件格式”对话框。

选择要使用的格式，这里选中“个人信息交换-PKCS#12(.PFX)”单选按钮和“如果可能，则数据包括证书路径中的所有证书”复选框，再单“下一步”按钮，如下图所示。

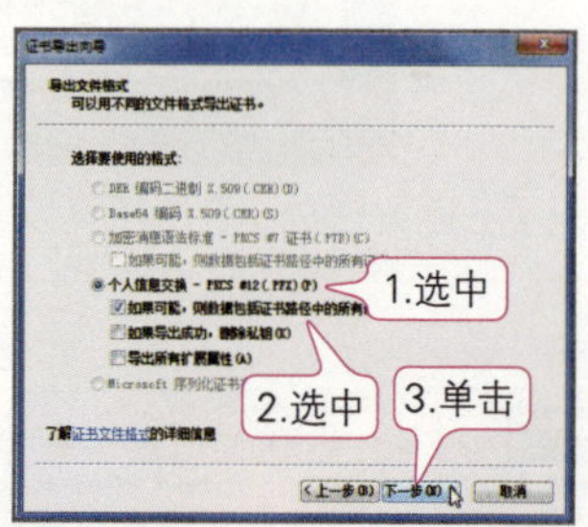

步骤6 进入“密码”对话框。

输入保护密码并确认密码，再单“下一步”按钮，如下图所示。

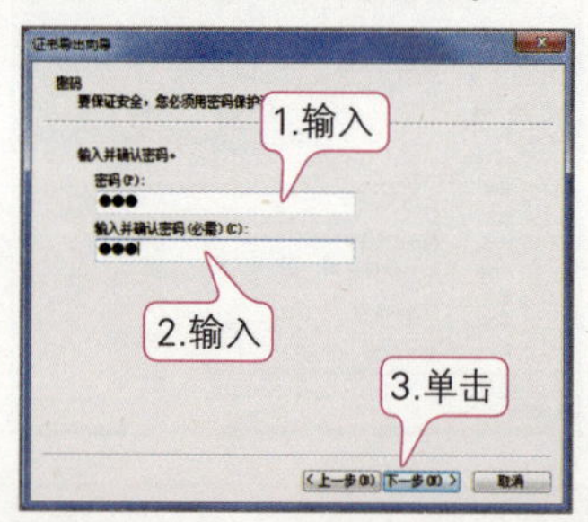

步骤7 进入“要导出的文件”对话框。

设置要导出的文件的名称，再单击“下一步”按钮，如下图所示。

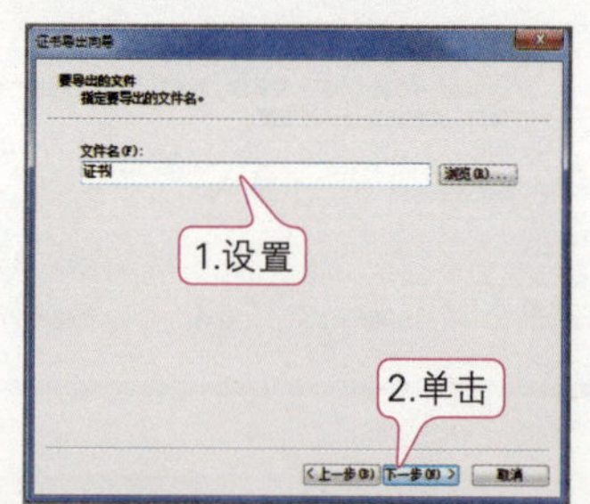

步骤8 完成证书导出操作。

在“正在完成证书导出向导”对话框中检查导出设置，确认无误后单击“完成”按钮，如右图所示。

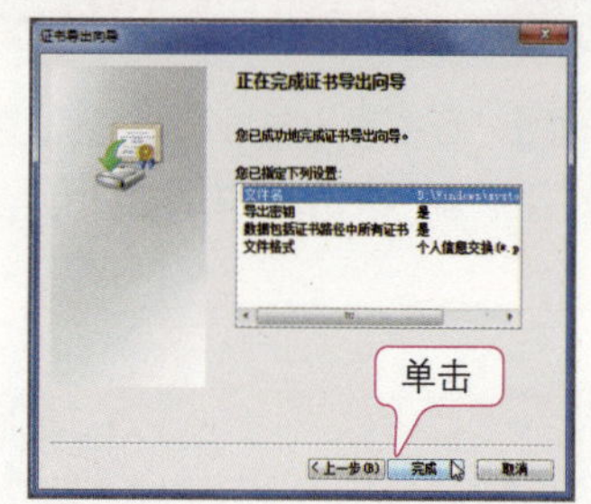

步骤9 关闭“证书导出向导”对话框。

成功导出证书后，单击“确定”按钮，关闭“证书导出向导”对话框，如右图所示。

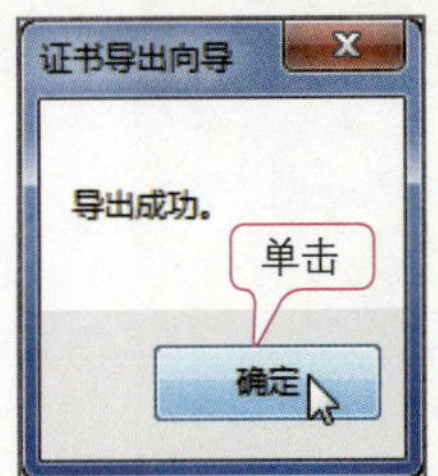

提示：导入证书。

当用户重装系统后，需要导入加密证书才能打开加密文件，其操作步骤是在certmgr窗口中右击“个人”选项，并从弹出的快捷菜单中选择“所有任务”/“导入”命令，如下图所示，然后根据弹出的“证书导入向导” 对话框进行操作即可。

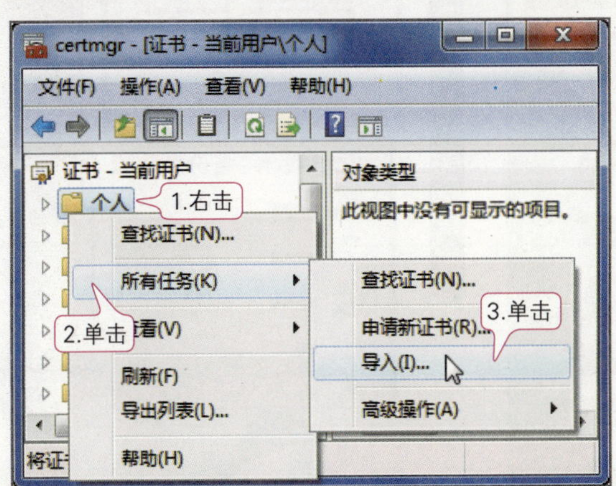

第12章 备份与还原系统

本章学习要点

√使用系统自带的备份与还原工具

√使用其他工具备份系统

√还原系统状态数据

当系统被损坏后，很多用户都是采取重新安装操作系统的方法来解决问题，这样不仅费时又麻烦。其实，用户可以在安装系统后备份系统文件，当系统被损坏后可以使用备份文件修复系统，或者使用系统还原功能将操作系统还原到以前的某个正常时间点。那么，如何备份系统最方便呢？这就是本章要介绍的内容，一起来看看吧。

本章重点实例展示

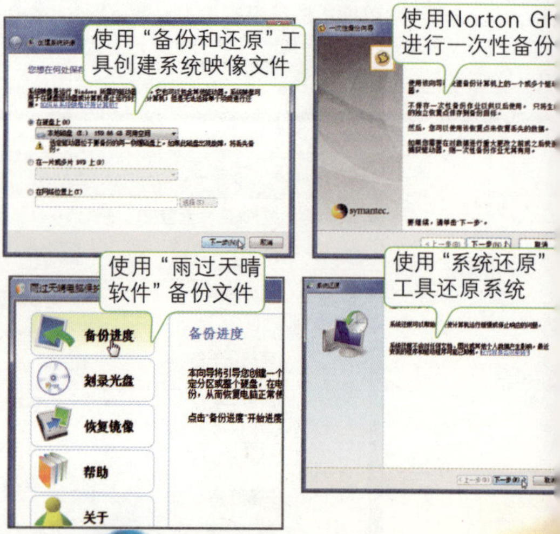

使用"备份和还原"工具创建系统映像文件

使用Norton Gh进行一次性备份

使用"雨过天晴软件"备份文件

使用"系统还原"工具还原系统

Chapter 12

12.1 使用系统自带的备份与还原工具★★★

使用Windows操作系统中自带的备份和还原工具，可以进行文件备份、系统映像备份、早期版本备份和系统还原，下面将详细讲解如何进行这些备份和还原操作。

12.1.1 创建系统映像

系统映像是驱动器的精确映像，包含 Windows 和用户的系统设置、程序及文件。如果硬盘或计算机无法工作，则可以使用系统映像来还原计算机的内容。创建系统映像的操作步骤如下。

步骤1 打开“备份和还原”窗口。

在“控制面板”窗口的“大图标”方式下，单击“备份和还原”图标，打开“备份和还原”窗口，如下图所示。

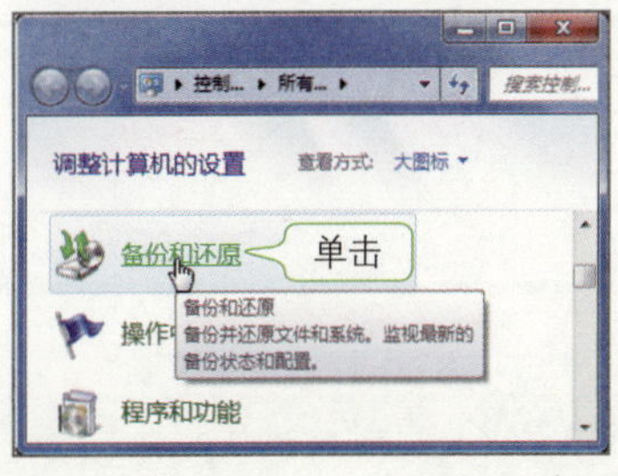

步骤2 打开“创建系统映像”对话框。

在左侧导航窗格中单击“创建系统映像”超链接，如下图所示。

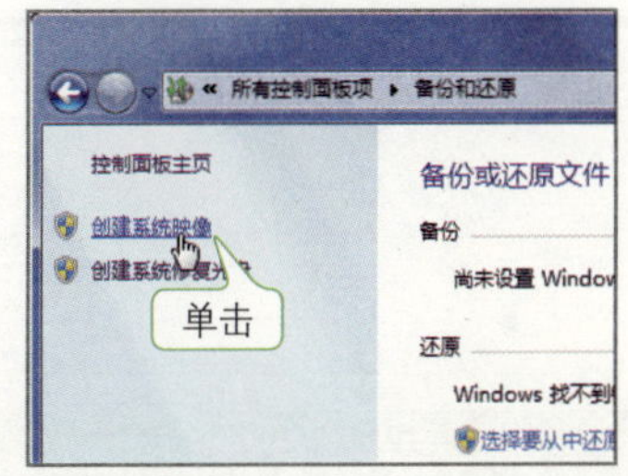

步骤3 设置系统映像保存位置。

进入“您想在何处保存备份？”对话框，设置系统映像的保存位置，再单击“下一步”按钮，如右图所示。

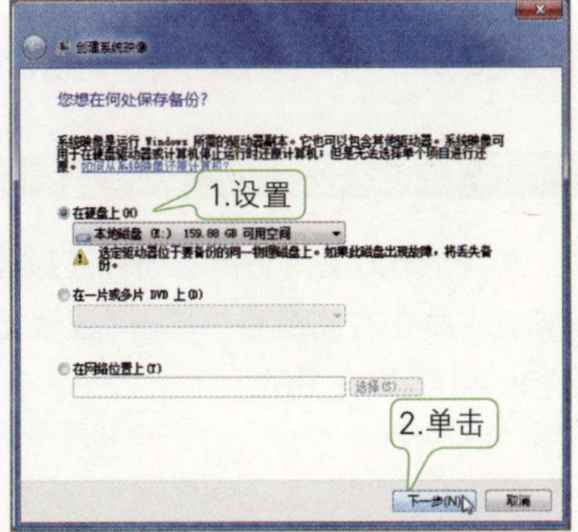

步骤4 选择备份系统。

进入"您要在备份中包括哪些驱动器? "对话框，选择要备份的驱动器，再单击"下一步"按钮，如下图所示。

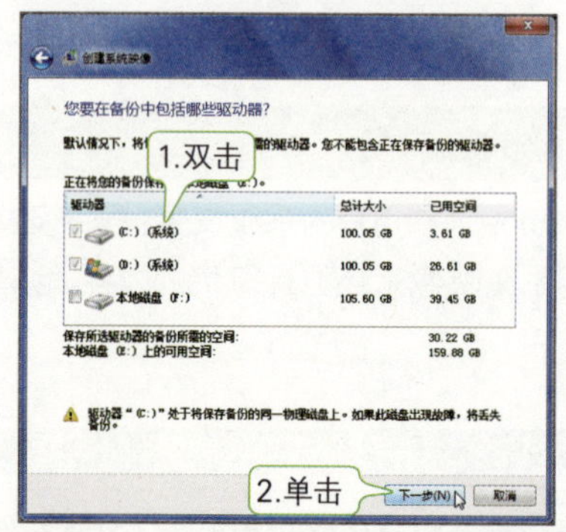

步骤5 确认备份设置。

进入"确认您的备份设置"对话框，确认无误后单击"开始备份"按钮，如下图所示。

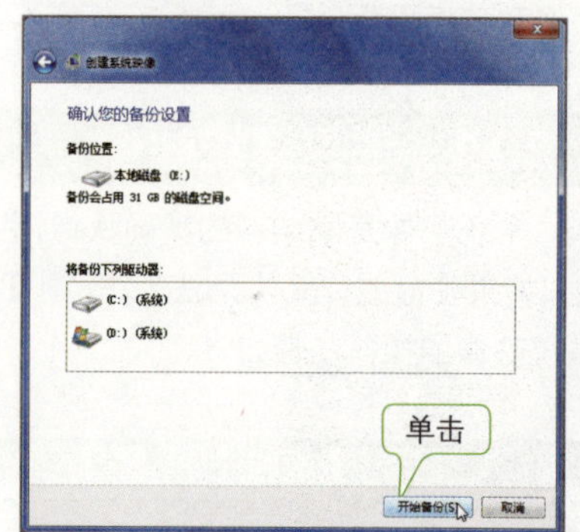

步骤6 开始创建系统映像。

开始备份驱动器，并弹出如右图所示的进度对话框，稍等片刻。

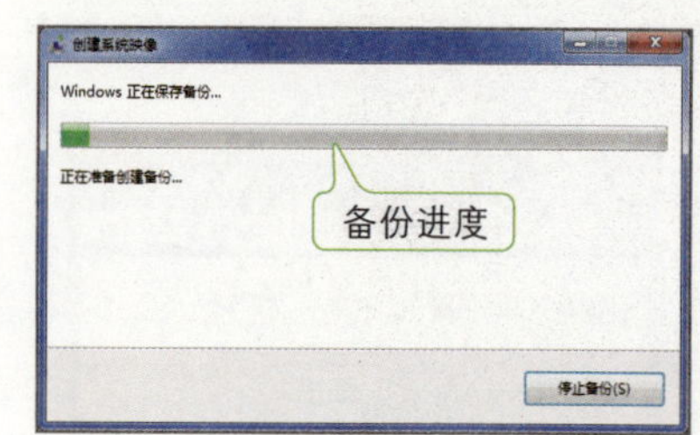

12.1.2 备份文件

Windows备份允许用户选择要备份的文件。在默认情况下，将定期创建备份，也可以更改计划，并且可以随时手动创建备份。

步骤1 打开"设置备份"对话框。

参考上节方法，打开"备份和还原"窗口，然后在右侧窗格中单击"设置备份"超链接，如右图所示。

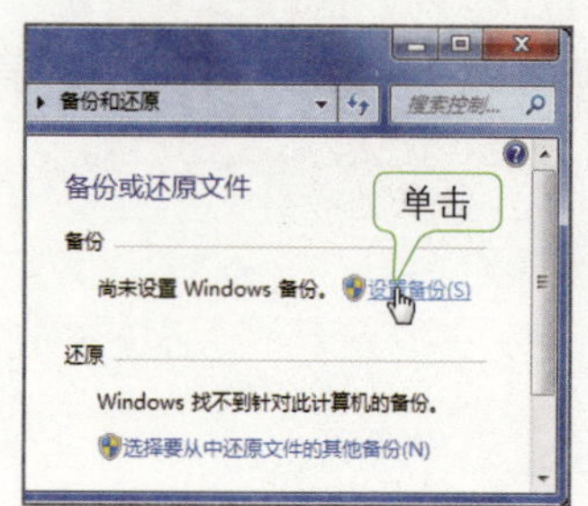

步骤2 选择保存备份的位置。

进入“选择要保存备份的位置”对话框，然后在列表框中选择保存位置，再单击“下一步”按钮，如下图所示。

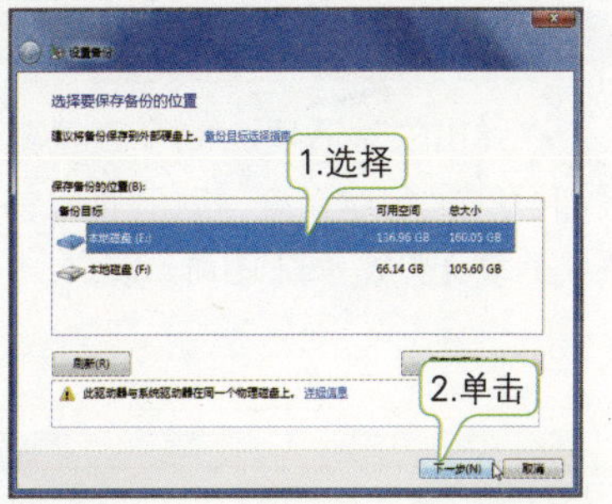

步骤3 选中“让我选择”单选按钮。

进入“您希望备份哪些内容？”对话框，然后选中“让我选择”单选按钮，再单击“下一步”按钮，如下图所示。

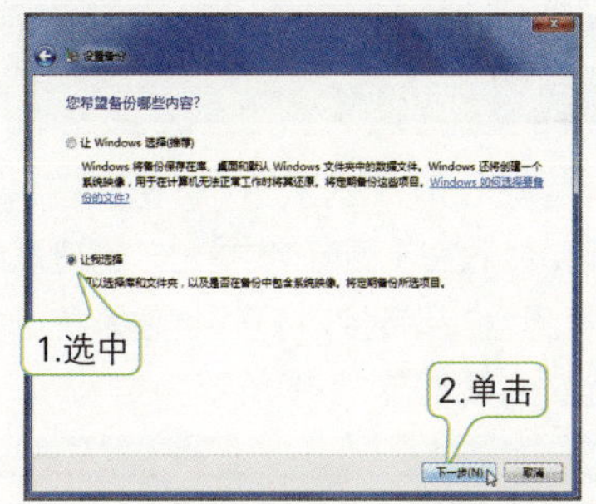

步骤4 选择备份文件。

接着在进入的对话框中选择备份文件，再单击“下一步”按钮，如下图所示。

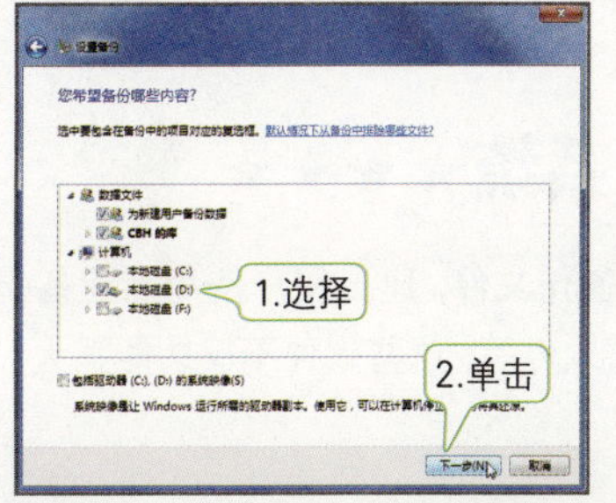

步骤5 查看备份设置。

进入“查看备份设置”对话框，确认无误后单击“保存设置并运行备份”按钮，如下图所示。

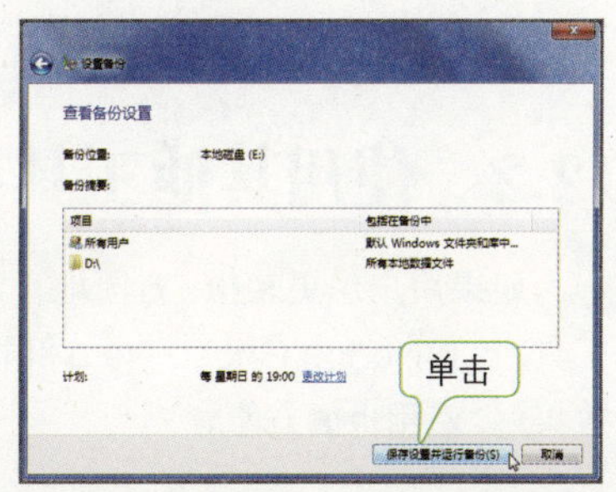

步骤6 开始创建系统映像。

开始备份驱动器，用户可以在“备份和还原”窗口的右侧窗格中查看备份进度，如右图所示。

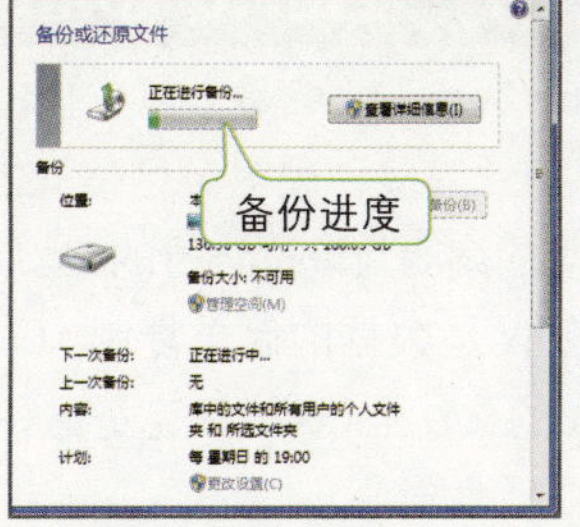

12.1.3 创建系统恢复光盘

准备一个空白光盘，然后根据下述步骤即可创建系统恢复光盘了。

步骤1 打开“创建系统修复光盘”对话框。

参考上节方法，打开“备份和还原”窗口，然后在左侧窗格中单击“创建系统修复光盘”超链接，打开“创建系统修复光盘”对话框，如下图所示。

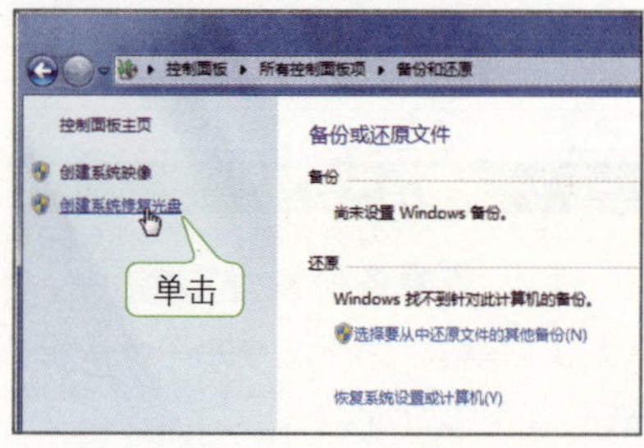

步骤2 创建系统修复光盘。

在弹出的对话框zhon个设置驱动器，再单击“创建光盘”按钮，即可创建系统修复光盘了，如下图所示。

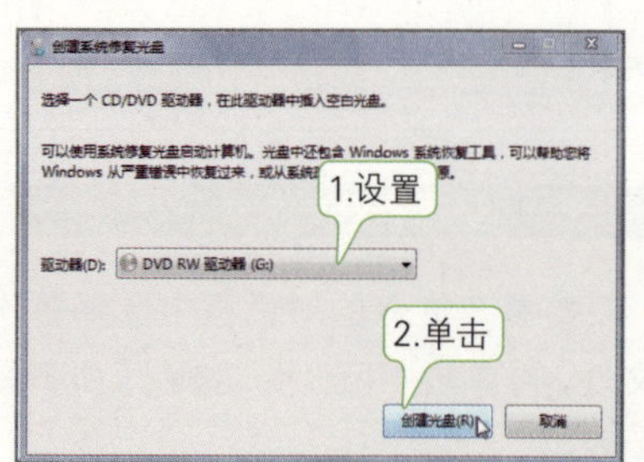

12.2 使用其他工具备份系统★★★★

如果用户想更轻松、方便地管理系统备份文件，建议用户使用专业备份工具，比如Norton Ghost、Nero和雨过天晴软件等，这些软件不仅功能强大、效果好，使用也很方便。

12.2.1 使用Norton Ghost对系统进行备份

Norton Ghost是一款出色的硬盘备份还原工具，可以实现FAT16、FAT32、NTFS、OS2等多种硬盘分区格式的分区及硬盘的备份还原。Ghost的备份还原是以硬盘的扇区为单位进行的，也就是说可以将一个硬盘上的物理信息完整复制，而不仅仅是数据的简单复制。Ghost支持将分区或硬盘直接备份到一个扩展名为.gho的文件里（赛门铁克把这种文件称为镜像文件），也支持直接备份到另一个分区或硬盘里。

步骤1 选择备份任务。

首先下载安装Norton Ghost程序，然后运行该程序，接着单击“任务”选项，最后单击“一次性备份”超链接，如下图所示。

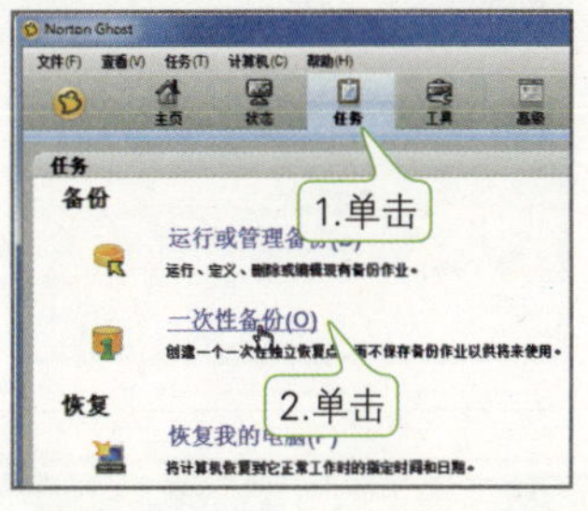

步骤2 弹出“一次性备份向导”对话框。

弹出“一次性备份向导”对话框，单击“下一步”按钮，如下图所示。

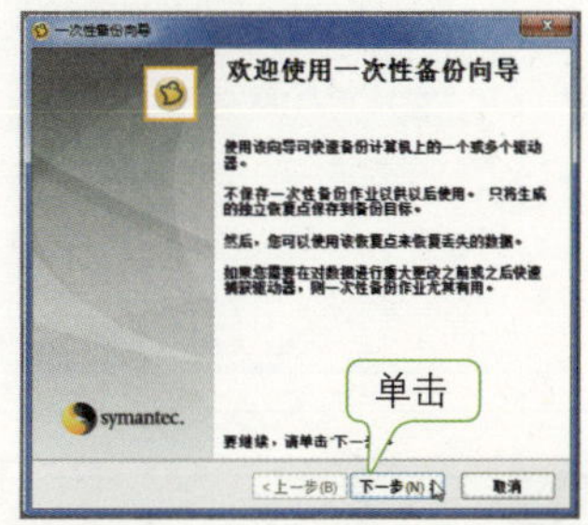

步骤3 选择驱动器。

在进入的对话框中选择要备份的驱动器，再单击“下一步”按钮，如下图所示。

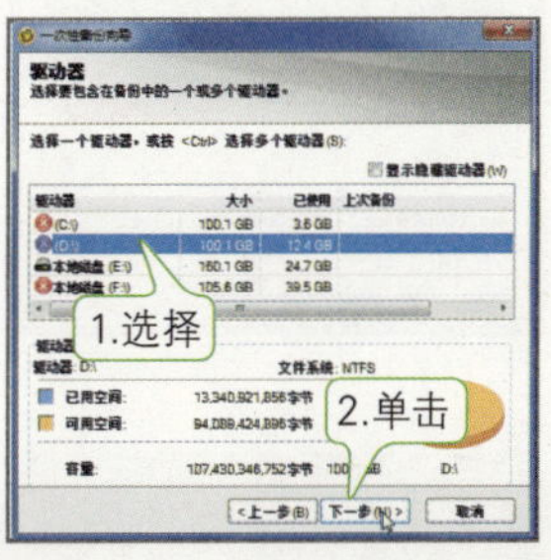

步骤4 选择相关驱动器。

在进入的对话框中选择相关驱动器，例如选择“添加所有相关驱动器”单选按钮，再单击“下一步”按钮，如下图所示。

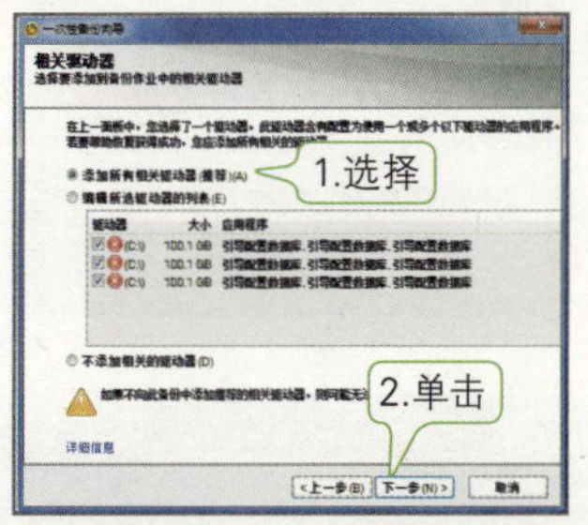

步骤5 选择备份目标。

在进入的对话框中选择用于存储备份数据的目标位置，再单击“下一步”按钮，如右图所示。

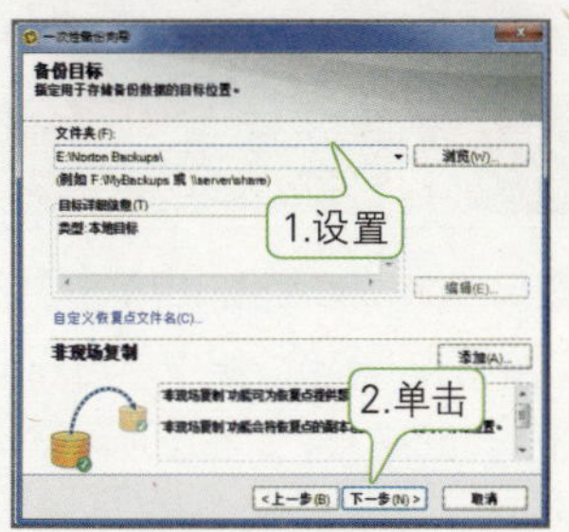

步骤6 指定恢复点选项。

在进入的对话框中设置恢复点选项，再单击"下一步"按钮，如下图所示。

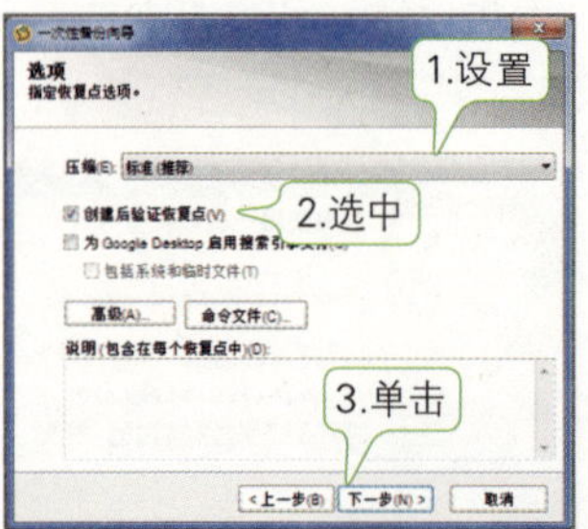

步骤7 查看设置的备份信息。

在进入的对话框中查看设置的备份信息，再单击"完成"按钮，如下图所示。

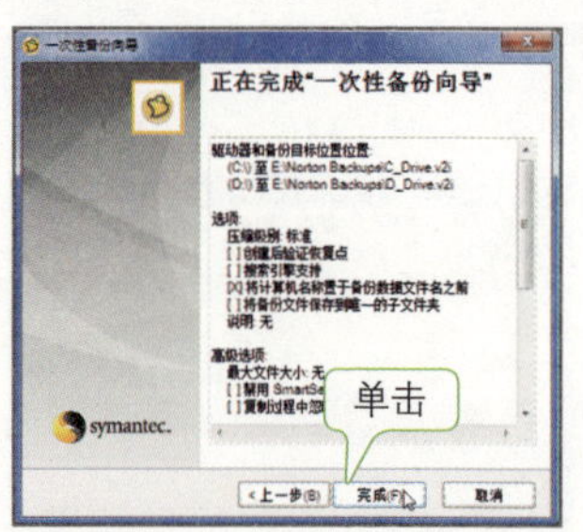

步骤8 开始备份驱动器。

开始备份指定的驱动器及相关内容，并弹出如下图所示的进度对话框。

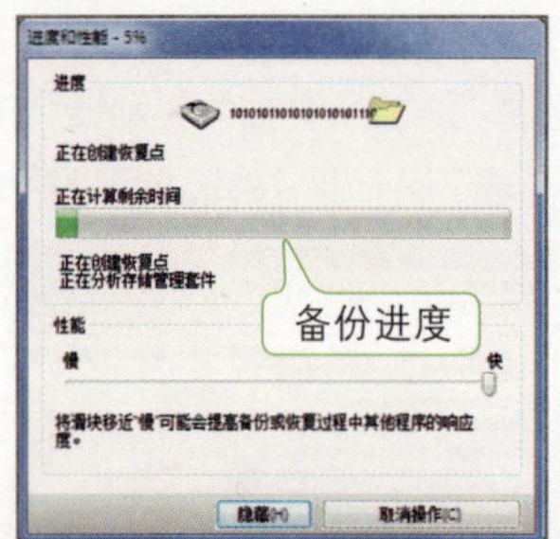

步骤9 成功备份驱动器。

备份完成后，单击"关闭"按钮，如下图所示。

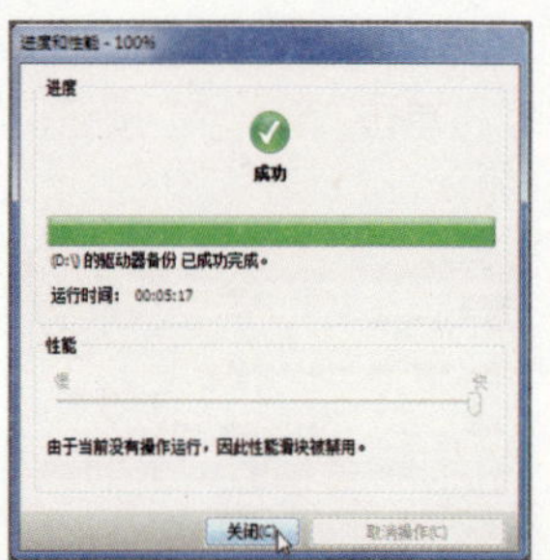

提示：管理备份。

如果用户创建了多个备份作业，可以通过下述方法运行、删除或编辑现有的备份作业，具体操作步骤如下。

步骤1 打开"运行或管理备份"对话框。

在Norton Ghost窗口中单击"任务"选项，接着在"备份"组中单击"运行或管理备份"超链接，如右图所示。

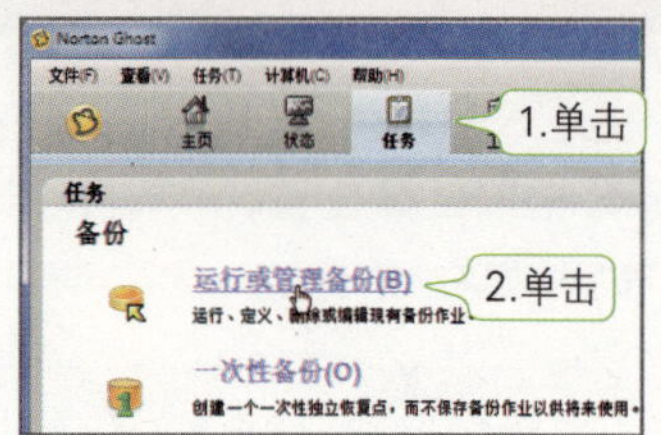

步骤2 管理备份作业。

在列表框中选择现有的备份作业，然后在工具栏中单击相应的按钮，接着根据提示进行操作即可，如右图所示。

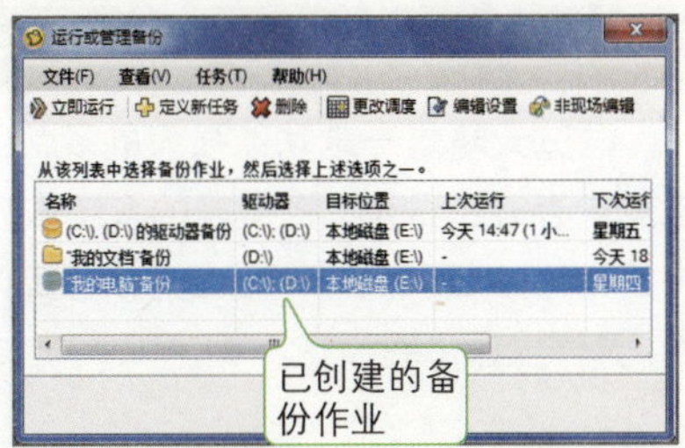

12.2.2 使用Nero备份系统

Nero是一款光碟烧录程序，使用该软件可以轻松快速地制作用户专属的CD和DVD，具体操作步骤如下。

步骤1 启动Nero程序。

首先下载安装Nero程序，并启动该软件，然后单击“数据可录”选项卡，接着在右侧窗格中单击“添加”按钮，如下图所示。

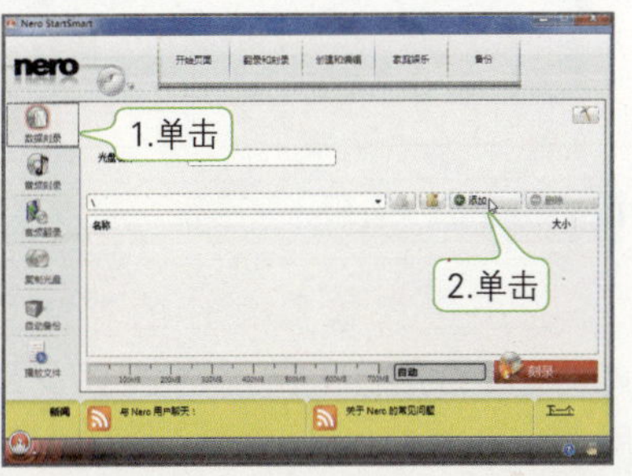

步骤2 添加备份文件。

弹出“添加文件和文件夹”对话框，选择要刻录的文件，再单击“添加”按钮，如下图所示。

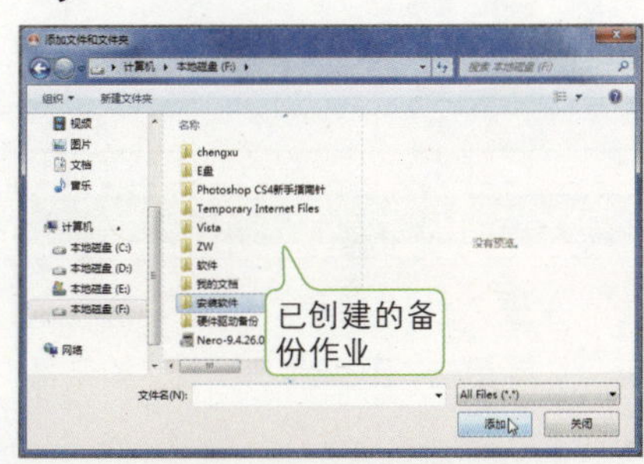

步骤3 备份文件。

返回Nero窗口，单击“自动”按钮将可以创建映像文件，单击“刻录”按钮，则可以将文件刻录到光盘中，如右图所示。

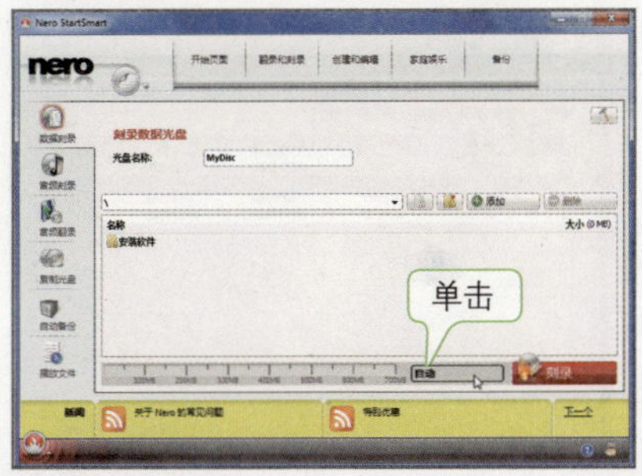

12.2.3 使用雨过天晴软件备份文件

雨过天晴是一款功能强大的多点还原系统保护和恢复软件，它可以迅速清除电脑中存在的故障，将瘫痪的系统恢复到正常的工作状态，还可以恢复损坏和丢失的文件，以及保护用户的电脑免受病毒的侵害。下面介绍如何使用该软件备份文件，具体操作步骤如下。

步骤1 启动雨过天晴软件。

首先下载雨过天晴软件，然后运行该程序，接着在窗口中单击“备份进度”选项，如下图所示。

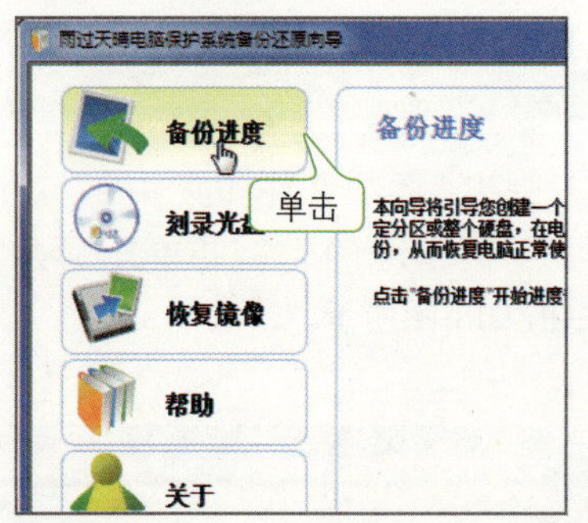

步骤2 弹出“进度备份向导”对话框。

弹出“进度备份向导”对话框，单击“下一步”按钮，如下图所示。

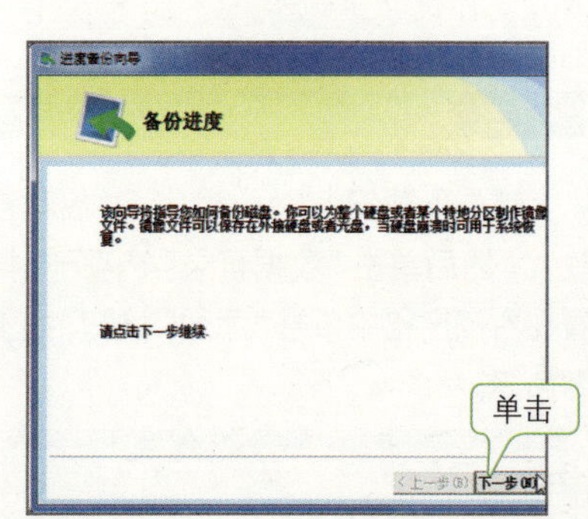

步骤3 选择备份分区。

在进入的对话框中选择要备份的分区，再单击“下一步”按钮，如下图所示。

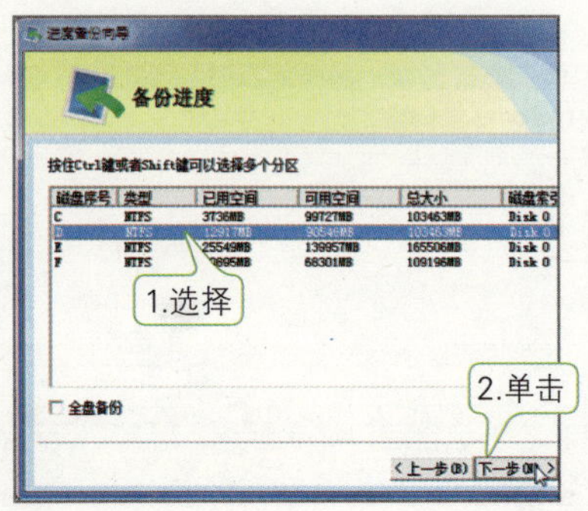

步骤4 选择目标位置。

选择选择镜像文件的存储位置，再单击“下一步”按钮，如下图所示。

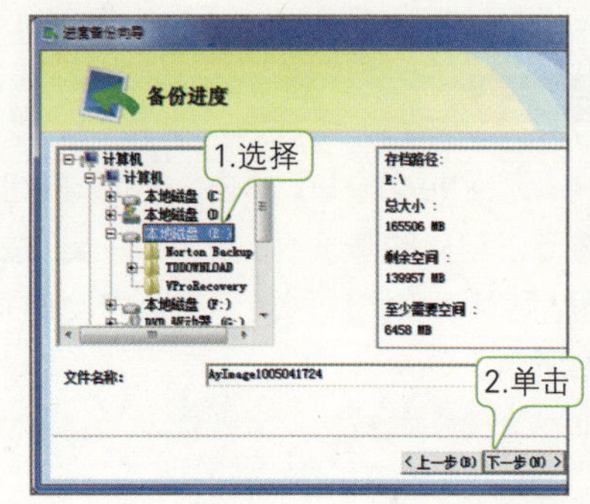

步骤5 选择还原点。

进入"将计算机还原到所选事件之前的状态"对话框，在列表框中选择要还原点，再单击"下一步"按钮，如下图所示。

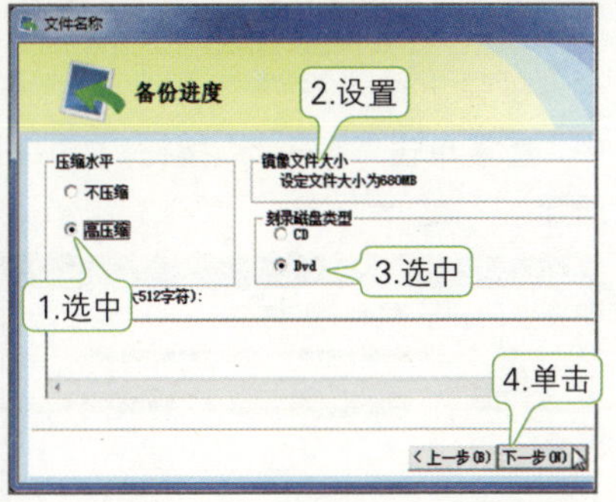

步骤6 确认选择的还原点。

进入"确认还原点"对话框，查看还原设置，确认无误后单击"完成"按钮，如下图所示。

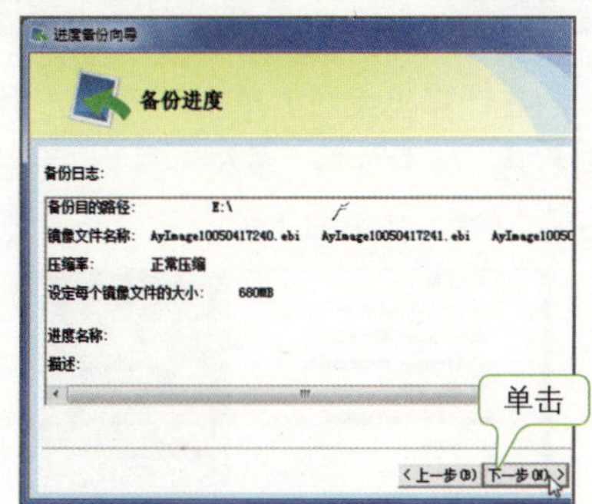

步骤7 打开"系统还原"对话框。

在弹出的对话框中，提示启动后，系统还原不能中断，单击"是"按钮，确认还原系统，如下图所示。

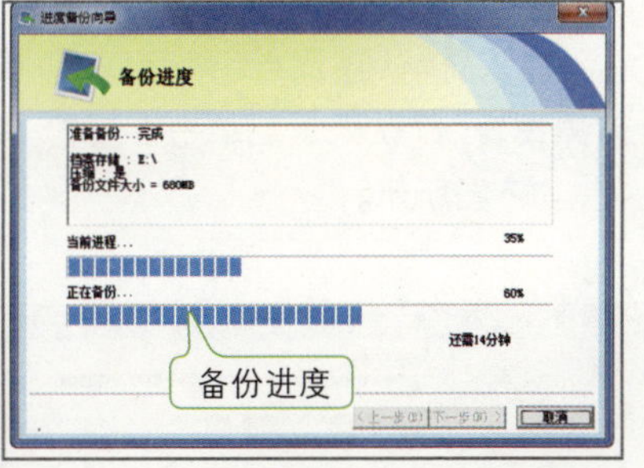

步骤8 准备还原系统。

准备还原系统，并弹出如下图所示的对话框，稍候将执行系统还原操作。

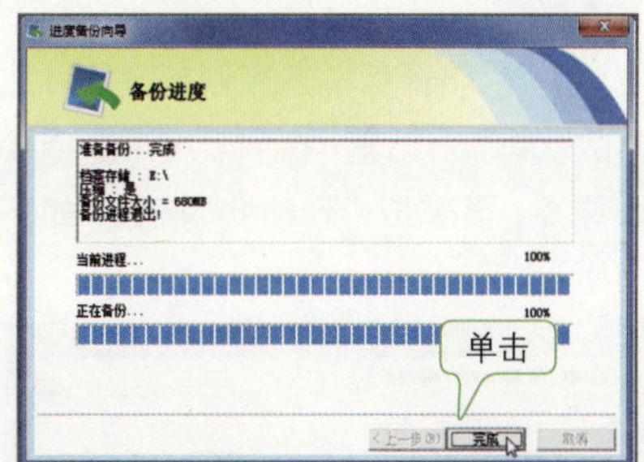

12.3 还原系统状态数据★★★★★

在用户备份好系统后，一旦系统出现问题，就可以使用备份文件修复还原系统，将系统恢复到以前没有问题时的状态。

12.3.1 使用系统还原工具还原系统

在遇到系统出现问题不能正常使用时，用户可以尝试使用Windows自带的还原功能将计算机系统还原到之前的任意正常运行日期。具体操作步骤如下。

步骤1 打开“系统还原”对话框。

在计算机桌面上单击“开始”/“所有程序”/“附件”/“系统工具”/“系统还原”命令，如下图所示。

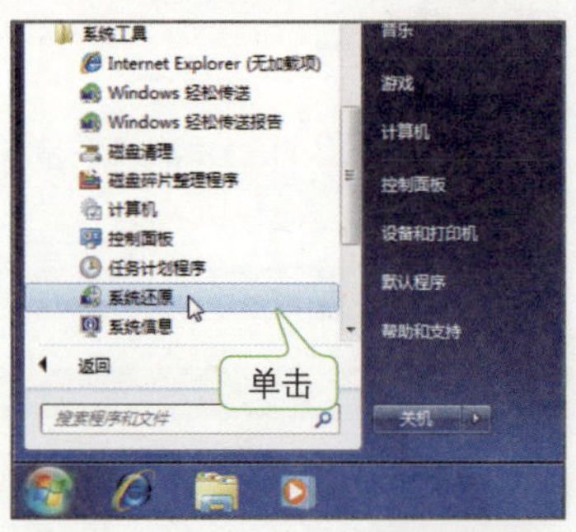

步骤2 还原系统文件和设置。

在弹出的“系统还原”对话框中，直接单击“下一步”按钮，如下图所示。

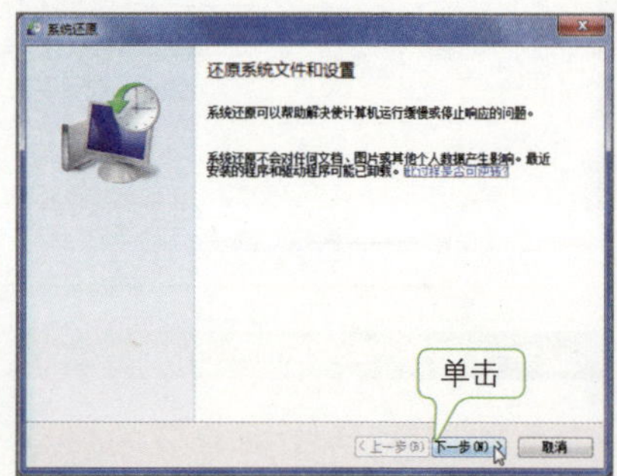

步骤3 选择还原点。

进入“将计算机还原到所选事件之前的状态”对话框，在列表框中选择要还原点，再单击“下一步”按钮，如下图所示。

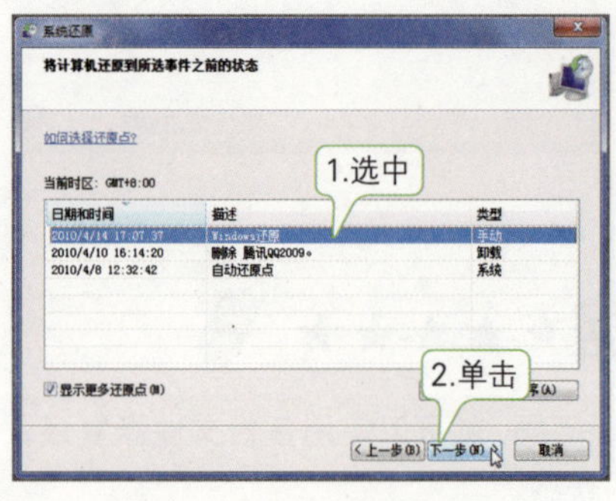

步骤4 确认选择的还原点。

进入“确认还原点”对话框，查看还原设置，确认无误后单击“完成”按钮，如下图所示。

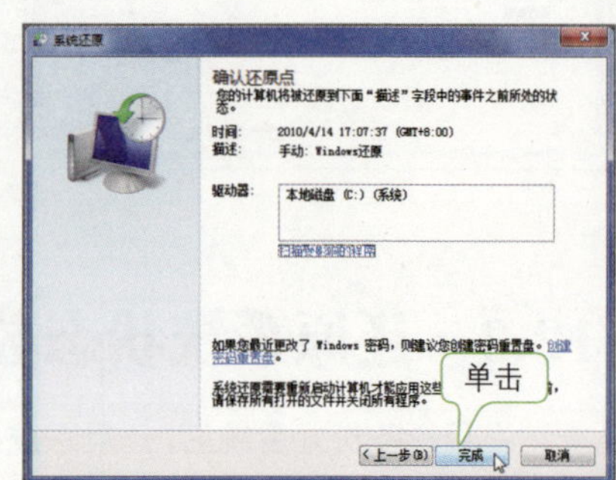

步骤5 打开“系统还原”对话框。

在弹出的对话框中，提示启动后，系统还原不能中断，单击“是”按钮，确认还原系统，如下图所示。

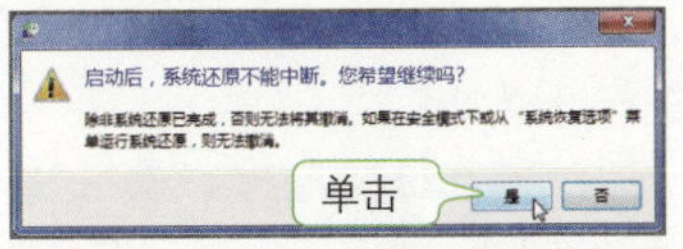

步骤6 准备还原系统。

准备还原系统，并弹出如下图所示的对话框，稍候将执行系统还原操作。

步骤7 开始还原系统。

在系统还原过程中，将自动重启计算机，并提示正在还原系统，如下图所示。

步骤8 确认选择的还原点。

系统还原完成后，则会弹出“系统还原”对话框，提示成功还原系统，单击“关闭”按钮即可，如下图所示。

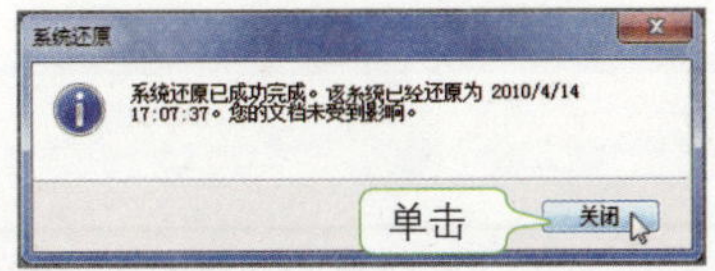

注意：使用系统还原功能。

并不是每次还原系统都是成功的，若还原系统不成功，则会在“系统还原”对话框提示未成功还原系统，用户可以选择其他还原点，再次还原系统。

12.3.2 使用Norton Ghost对系统进行还原

如果用户使用Norton Ghost备份了系统，可以在系统遇到问题时使用备份文件进行还原，具体操作步骤如下。

步骤1 选择还原任务。

在Norton Ghost窗口中单击“任务”选项，接着在“恢复”组中单击“恢复我的电脑”超链接，如右图所示。

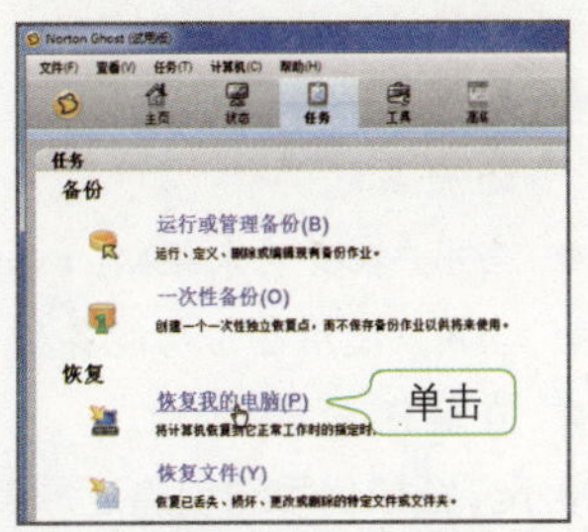

步骤2 选择恢复点。

弹出“恢复我的电脑”对话框，设置“查看方式”为“日期”，接着在列表框中选择恢复点，再单击“立即恢复”按钮即可恢复系统了，如下图所示。

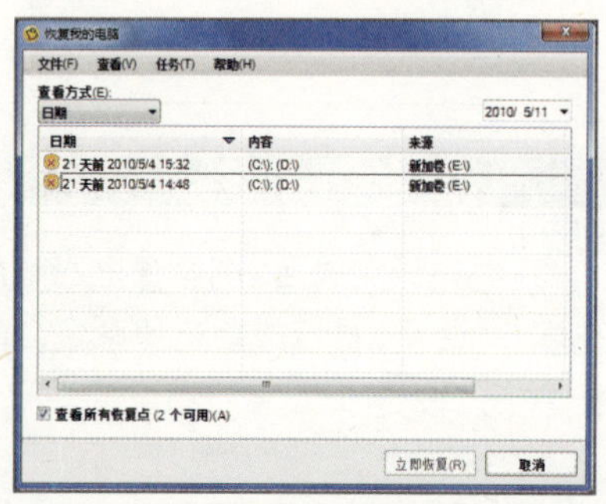

步骤3 还原文件。

如果要使用备份文件还原以前的文件，可以在“任务”面板下的“恢复”组中，单击“恢复文件”超链接，如下图所示，接着在弹出的“恢复文件”对话框中进行设置即可。

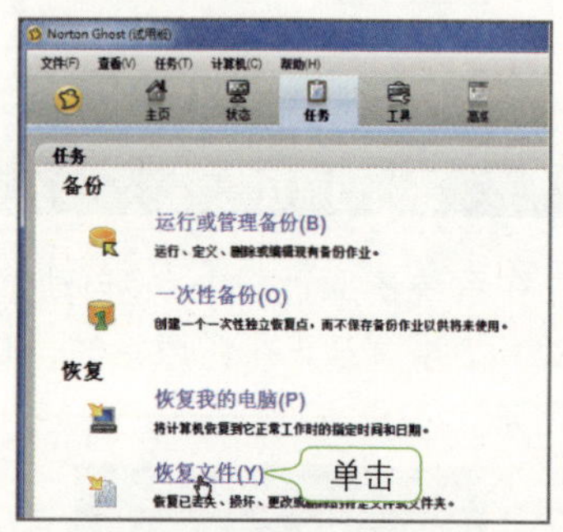

12.4 上机实训

为了巩固和拓展本章所学的内容，下面就来实战演练，自己操作一下。

实训1. 创建还原点

在Windows操作系统中，还原点包括自动创建还原点和手动创建还原点两种，下面先来了解一下在哪些情况中系统会自动为用户创建还原点。

- Windows 7安装完成后的第一次启动。
- 当用户连续开机时间达到24小时，或关机时间超过24小时再开机时。
- 通过Windows Update（系统更新）安装软件.
- 软件在安装过程中运用了系统所提供的还原技术，在安装过程中也会创建还原点。
- 当用户在安装未经Microsoft签署认可的驱动程序时。
- 当用户使用备份功能备份和还原文件时。
- 在运行还原功能时。

接下介绍如何手动创建还原点，具体操作步骤如下。

步骤1 打开“系统”窗口。

在电脑桌面上右击“计算机”图标，从弹出的快捷菜单中选择“属性”命令，打开“系统”窗口，如下图所示。

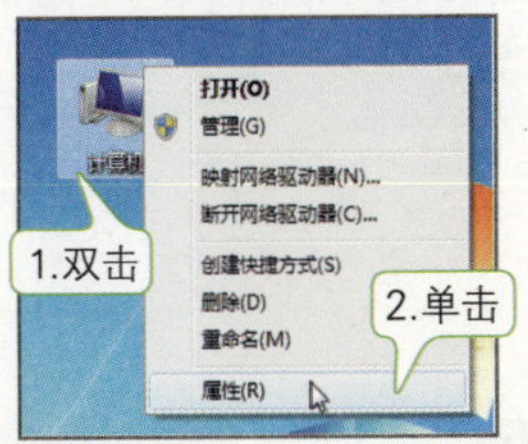

步骤2 打开“系统属性”对话框。

在左侧导航窗格中单击“系统保护”超链接，打开“系统属性”对话框，如下图所示。

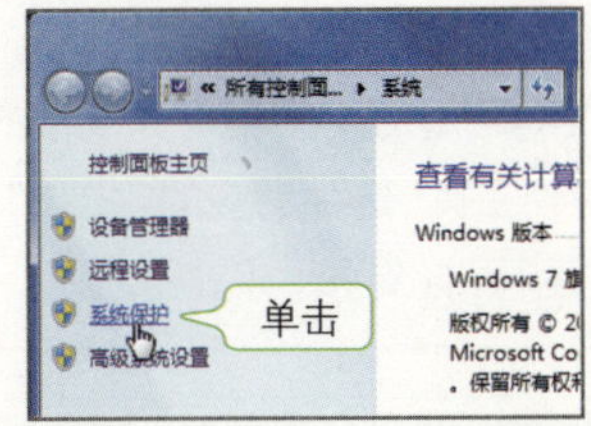

步骤3 打开“系统保护”对话框。

单击“系统保护”选项卡，然后在“保护设置”窗格中选择驱动器，再单击“创建”按钮，如下图所示。

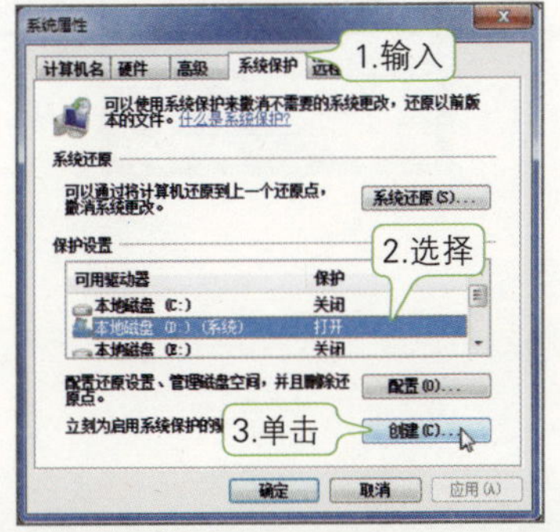

步骤4 输入还原点名称。

弹出“系统保护”对话框，输入对还原点的描述，再单击“创建”按钮，如下图所示。

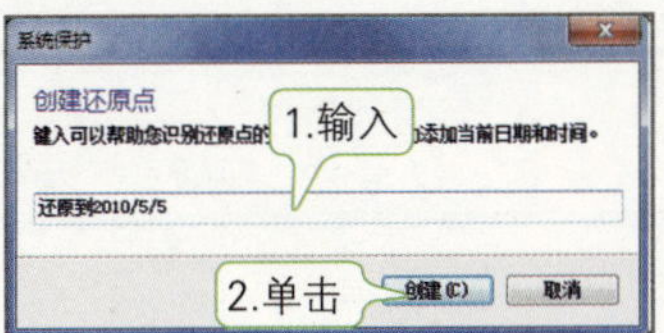

步骤5 开始创建还原点。

这时系统开始创建还原点，并弹出如下图所示的提示对话框，稍等片刻即可。

步骤6 成功创建还原点。

还原点创建成功后，则会弹出如下图所示的提示对话框，单击“关闭”按钮即可。

实训2. 使用瑞星杀毒软件备份引导区备份

在瑞星杀毒软件中提供了引导区备份工具，具体操作步骤如下。

步骤1 启动瑞星杀毒软件。

首先启动安装瑞星杀毒软件，然后单击“工具”选项，接着在列表框的“引导区备份工具”选项对应的“操作”列中单击“运行”超链接，如右图所示。

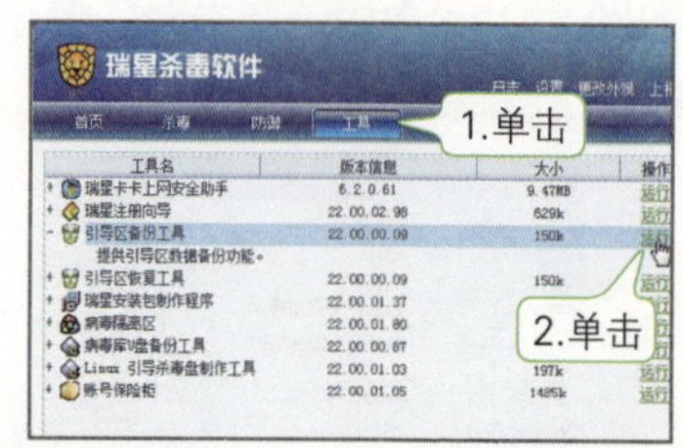

步骤2 弹出“引导区备份”对话框。

在弹出的对话框中选择保存目录，再单击“确定”按钮，如下图所示。

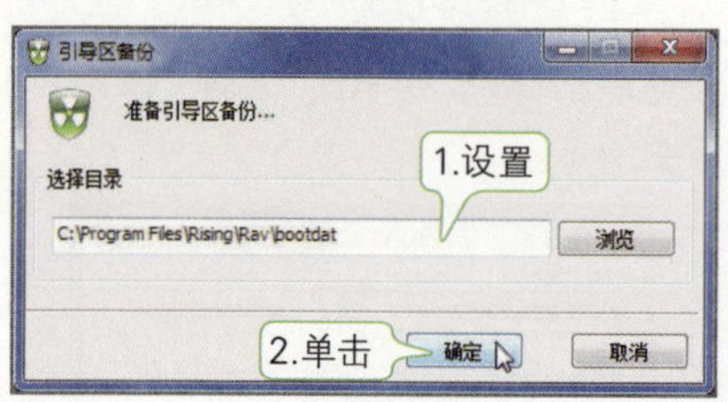

步骤3 成功备份引导区。

弹出“提示信息”对话框，提示备份成功，单击“确定”按钮即可，如下图所示。

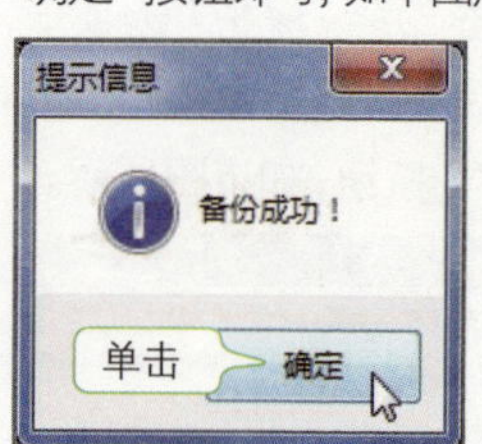

本章学习要点

日常硬件清洁

日常软件清洁

第13章 电脑的日常维护与保养

Chapter 13

电脑在使用一段时间后，灰尘等污染物会在主机内部积淀，特别是机箱的进风口和电源排风口附近，这些灰尘将会对电脑的稳定运行产生一定的影响。所以，在平时使用时要注意电脑保养，并且在每隔一段时间后对电脑进行清洁是十分有必要的。

本章重点实例展示

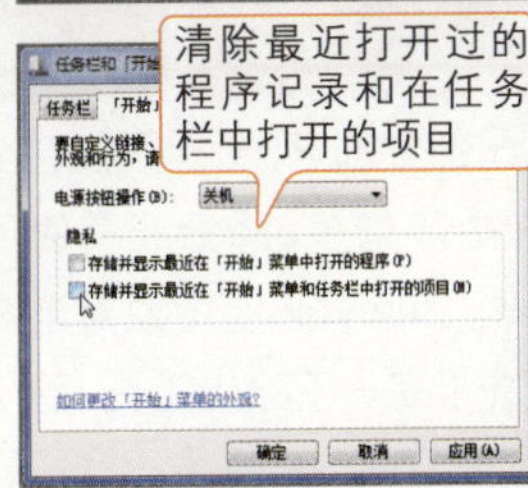

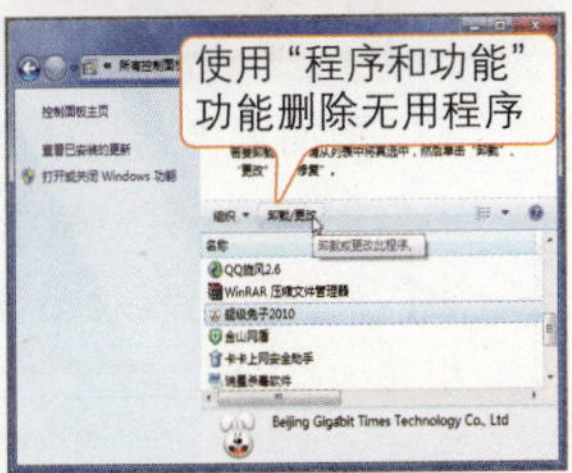

13.1 日常硬件清洁★★★

电脑的稳定运行需要各部件的协调工作，一旦某部件出现故障就会降低电脑的整机工作效率，影响电脑的正常工作，甚至导致无法开机，经常死机等严重问题。因此，下面将介绍普通用户如何对电脑硬件进行日常维护。

13.1.1 机箱内部除尘

电脑使用一段时间后，显示器、显示器内部（散热孔多向上，很容易落入尘埃）、主机箱内以及主机箱中的电脑部件会积聚尘埃，如下图所示。

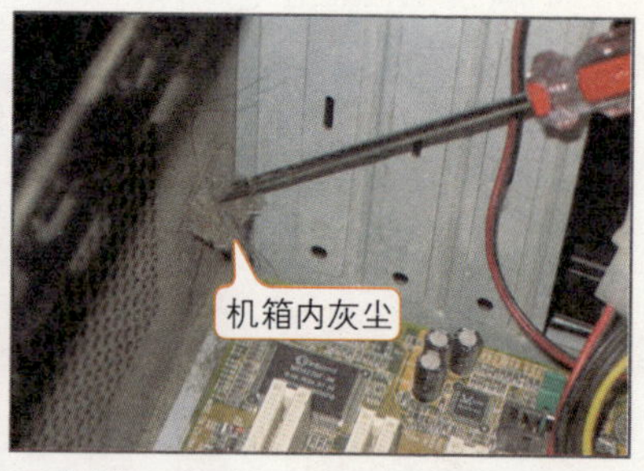

再加潮湿，会引起高压部分放电，干扰图像甚至影响显示器的正常工作；主机箱内积聚尘埃，会引起潜在故障增多，降低正常使用寿命。元器件之间结有尘垢，还会因受潮而引起短路故障。因此有必要定期对电脑进行除尘。下面介绍一下如何对机箱内部除尘，在此之前先准备一下除尘工具：除尘器（如下图所示）、橡皮、牙签、干抹布等。

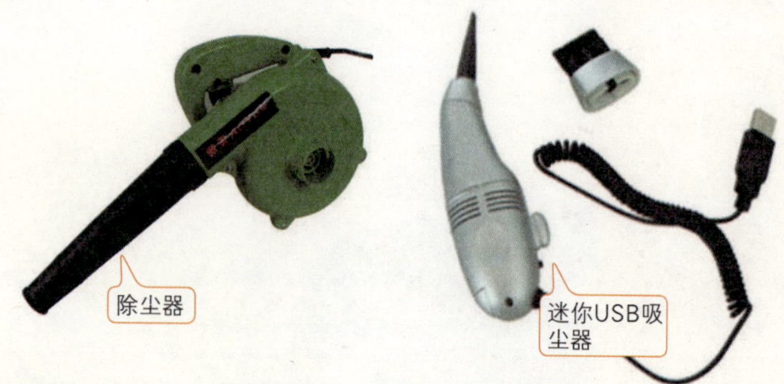

清除机箱内容灰尘的方法：先拆开机箱，并将机箱中的元件拆除，然后使用除尘器清除机箱内的灰尘，对于一些空隙中的灰尘，可以使用牙签将起清除，接着使用抹

布抹去各元件的表面，并注意查看内存条、声卡、网卡等带有金手指的元件，用橡皮擦去金手指表面的氧化物。擦试时，不可用力过猛，更不可用刀片、硬物擦、刮。

消除主机箱内尘埃时，为保障安全，最好请专业人员。在掉电状态下，将显示器后盖或机箱打开，借助清洁球、打气筒或吸尘器等将尘埃除去。对于滞留时间长，堆积较厚的尘垢，辅以毛刷或排笔轻轻刷去。附在显示器行输出变压器、高压包、高压边线及显像管高压嘴上的尘埃或炭粒不易吹落、刷落的，可用干燥、清洁的棉布抹去。

除尘时的注意事项。

(1) 千万不要碰撞显像管或使其尾部受力，不然容易引起显像管损坏甚至炸裂。

(2) 清洁高压嘴边的尘埃或炭粒时尤其要仔细，清除要彻底，同时不要将显像管上的石墨层擦落。切勿用棉花或带毛绒的布清洁该部位，因为毛头落在高压嘴旁，开机使用时会引起放电现象。

(3) 不要将高压包帽头剥开清洁，因为其内蓄高压电，以防击伤。

(4) 不可用纱布等清洁主机板及显示电路板，以免纱线钩损元器件。

(5) 在清洁过程中，注意不要移动显像管尾部的偏转线圈、校正磁片以及主机板跳线等部件，否则，会影响图像质量，或者造成人为故障，同时也不要拨歪元件进行清洁，造成元件间的短路，引发事故。

13.1.2 电脑外部清洁

这里要介绍的外部清洁主要是对显示器、键盘、鼠标和机箱外壳的清洁，下面将分别进行介绍。

1. 清洁显示器

显示器的清洁主要分为显示器外壳清洁和显示屏清洁两部分，在准备清洁显示器之前需要先准备专用的屏幕清洁液，如左下图所示。

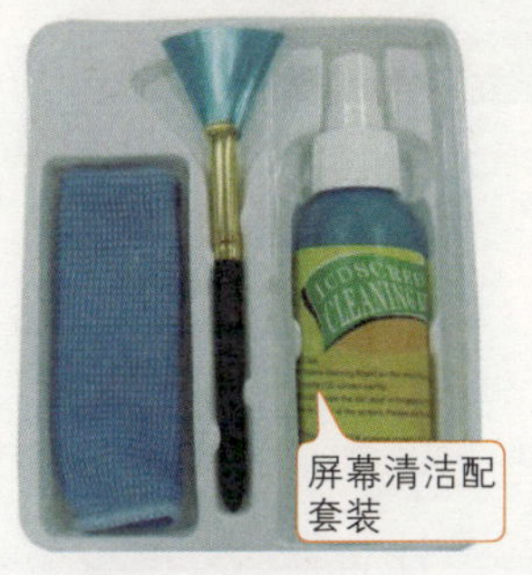

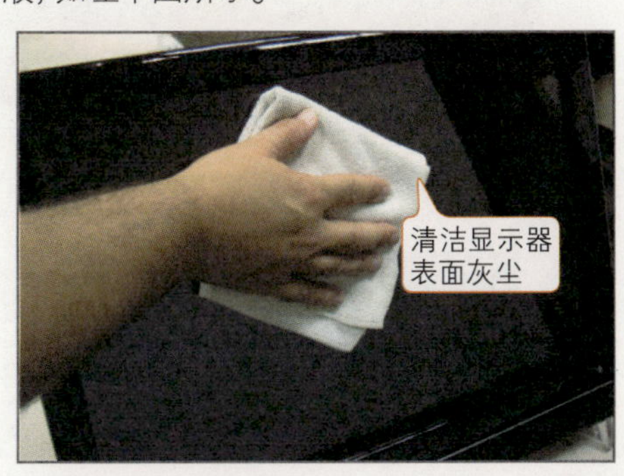

准备好上述工具后即可清洁显示器了，注意要先切断显示器电源，然后用拧干的湿布擦拭显示器外壳（主要是清除显示器四周和背后灰尘），使用毛刷清洁显示器背部散热孔中的灰尘；接着将屏幕清洁液均匀地喷洒在显示器屏幕上，再使用软抹布按一定顺序进行擦拭 ，如右上图所示。

注意：清洁显示器屏幕注意事项。

千万不要用酒精等有机溶剂清洁显示器屏幕，因为现在一些较高档的显示器屏幕上都会涂有增透膜，使显示器具有更好的显示效果，若使用酒精等有机溶剂擦拭显示器屏幕，可能会溶解增透膜，对显示效果造成不好的影响。

2. 清洁键盘和鼠标

键盘和鼠标是用户平时在使用电脑的过程中经常接触的东西，由于日积月累地使用，键盘和鼠标的内部会积有很多的灰尘，下面将介绍如何清洁键盘和鼠标。

清洁键盘时可以先将键盘底朝上在桌上轻轻敲一敲，敲出掉入键帽缝隙间的脏物，或者使用迷你USB吸尘器清洁按键之间的空隙，如下图所示。如果键盘不是太脏的话，使用湿布擦擦即可。

清洁鼠标时主要是外部打理，可以先使用牙签清除鼠标外壳缝隙中的脏物，然后用湿布擦拭鼠标外壳即可，最多再用点清洁剂就可以解决了。

技巧：清洁机械鼠标。

如果用户使用的是老旧的机械鼠标，则需要拆卸鼠标底部，取出小球，清洁小球表面污渍以提高灵敏度。滚轮一类的结构，建议用户用毛巾擦拭一周即可。

3. 清洁机箱外壳

对于机箱外壳上的大面积灰尘，可以先用毛刷将其刷去，然后使用拧干的湿布进行擦拭，

湿布应尽量拧干，擦拭完毕应该用电吹风吹干水渍。各种插头插座、扩充插槽、内存插槽及板卡一般不要用水擦拭。

由于机箱通常都是放在电脑桌下面，平时不是太注意清洁卫生，机箱外壳上很容易附着灰尘和污垢，如下图所示。大家可以先用干布将浮尘清除掉，然后用沾了清洗剂的布蘸水将一些顽渍擦掉，最后用毛刷轻轻刷掉机箱后部各种接口表层的灰尘即可。

13.1.3 运行环境的维护

计算机正常运行需要一个良好的运行环境，因此我们也应该对运行环境进行维护。这样可以有效地防止计算机出现硬件故障，延长计算机的使用寿命。计算机适宜的工作环境应具备以下条件。

1. 温度条件

20~25℃是计算机工作的理想工作环境温度。过高的温度会使计算机工作时产生的热量散不出去，导致CUP过热而死机，甚至烧毁部件。温度过低则会使各部件之间产生接触不良的毛病，还会使风扇润滑油作用减弱，增加噪音。因此有条件的话，最好把计算机安放在有空调的房间里。

2. 湿度条件

计算机工作比较理想的湿度条件为30%~80%。湿度过高，容易造成计算机内的线路板腐蚀，使板卡过早老化。湿度过低，容易产生静电。

3. 环境清洁

如果计算机工作在较多灰尘的环境下，很容易使灰尘进入计算机内部，长期堆积会严重影响计算机的运行。因此要保持房间清洁，使用防尘罩等。

4. 电源要求

电压不稳容易对计算机电路和器件造成损害，如果在电压经常波动的环境下，最好能配备一个稳压器。另外，如果突然停电，则有可能会造成计算机内部数据的丢失，严重时还会造成计算机系统不能启动等各种故障，所以可以配备一个UPS电源。

5. 远离电磁干扰和静电环境

计算机放在磁场较强的环境下，有可能造成硬盘数据丢失，显示器抖动等问题，因此计算机不宜放置在音箱设备、大功率设备附近。而且计算机部件释放静电高压时很容易烧毁，因此还应该做好防静电工作。

此外，还应防止震动。震动可能造成板卡松动，接触不良。在计算机运行时，受到撞击或震动，对硬盘来说是很危险的。

13.1.4 电脑主要部件的维护

保持干净卫生的工作环境也并非难事，可以分为两个方面，一是养成良好的使用习惯，二是定期清洁电脑键盘。除了键盘之外，与人相接处的物品都应该定期清洁，包括鼠标，比起键盘而言，鼠标清洁更加简单，本次仅给大家介绍一些电脑主要部件的维护方法。

1. 主板的维护

主板是各种板卡的装载平台，一旦损坏可能就是致命的，因此对主板的保养非常重要。其日常维护主要包括以下几个方面。

（1）外部电压应在200~250V之间。过高将会导致烧坏电路，过低容易死机。突然停电时应立即关机，以防突然来电时产生瞬时高压击坏主板。

（2）注意防尘。环境中的灰尘会过多会附着在主板上，主板上一些对灰尘敏感的部件可能会无法正常工作。

（3）在接触主板时，不要用手直接触摸电路板上的铜线及集成电路的引脚，防止人身所带静电击坏某些部件。

（4）不要在主板带电的情况下拔插板卡。

（5）注意防潮。在潮湿环境下，主板工作不稳定，甚至造成某些部件损坏。如果长时间不使用电脑，也应该过一段时间开机除潮。

2. 硬盘的维护

硬盘工作起来一般比较稳定，但是目前电脑的许多故障都是由于硬盘损坏引起的，因此必须正确做好硬盘维护工作，否则会出现故障或缩短使用寿命，甚至殃及所存储的信息，将会给工作带来不可挽回的损失。硬盘在使用中应注意以下问题。

(1) 电脑工作时，不要移动或撞击机箱。因为这样有可能使硬盘磁头和盘片发生碰撞，引起硬盘磁头和盘片损伤。

(2) 硬盘读写时，不要突然断电。因为硬盘在读写时，处于高速旋转状态。如果突然断电，会导致磁头和盘片发生剧烈摩擦，严重损坏硬盘。

(3) 远离强磁场，以免硬盘里的数据丢失。

(4) 不要经常对硬盘进行低级格式化，否则会造成读写不可靠，缩短其寿命。高级格式化对硬盘损伤小，但也不宜经常进行。

(5) 经常整理硬盘，定期清理磁盘碎片，保持清晰的储存结构，避免过多浪费硬盘空间，影响硬盘的运行速度。

(6) 定期清理病毒，尽量避免硬盘数据被破坏。

3. 光驱的维护

光驱是使用较频繁，也是出现故障较多的部件。而平时做好光驱的维护与保养，可以减少故障的发生。光驱在使用中应注意以下问题。

(1) 避免光盘久置光驱内。光盘在光驱内，所有组件随时准备读取数据。经常如此会加速组件老化，较少使用寿命。

(2) 使用光盘播放视频时，应将内容复制到硬盘上再看。这样避免反反复复读取数据，损害光驱组件，影响其性能。

(3) 注意防震和防尘。光驱是精密器械，经不起撞击和震动。而且根据光驱读取数据的原理，其光学系统对灰尘是很敏感的。

(4) 使用质量好的光盘，避免使用粘有灰尘、油渍和有划痕的光盘。

(5) 读盘时，不要突然打开光驱仓门。光驱忽然停止或忽然转动，对激光头的损伤都很大。

4. 电源的维护

电源是整个主机的源动力，但是它的散热和噪音问题常常令人头疼。我们可以从以下方面注意电源的维护。

(1) 电源除尘。风扇排出电源盒内的热量，造成盒内气压较低，使得电源的各个部分都易积聚灰尘，特别是风扇的叶片会堆积大量灰尘，这样会严重影响散热，还可能烧毁电源。因此应该定期对电源进行除尘维护。

(2)添加润滑油。一般电源风扇运转稳定，工作中不会发出杂音。如果构件震动，风扇扇叶不平衡、转轴偏心或润滑不良等就会造成很大的噪音。噪声高的电源使用中也很容易出现故障。如果定期为风扇添加润滑油，可以减少风扇震动、转轴偏心的机会，明显减小噪音。

5. 显示器的维护

如今使用液晶显示器已经成为主流，它具有重量轻、体积小、电子辐射少等特点。但是使用液晶显示器也有很多地方是值得注意的。

(1)避免进水。要尽量避免在潮湿的环境中使用液晶显示器，防止任何水分进入液晶显示器。因为水分会腐蚀液晶显示器元件，导致永久性损害。

(2)避免长时间工作，否则会使晶体老化或烧坏，而且一旦损坏就是不可修复的。因此应该避免连续使用显示器72小时以上。在不用的时候，关掉显示器或者运行屏幕保护程序。

(3)液晶显示器是非常脆弱的，因此应该避免撞击、重压和划伤。

(4)不要私自拆卸液晶显示器。液晶显示器的内部会产生高电压，因此私自拆卸液晶显示器有一定的危险性，还容易导致液晶显示器发生故障。

显像管显示器价格较低，也在被广泛使用着。显像管显示器的维护，也应注意以下问题。

(1)防潮。潮湿的环境不利于显示器的使用。在高电压下可以会出现漏电的危险。

(2)防尘。由于显示器内有高电压，很容易吸附灰尘。灰尘长期积累，会影响电子元件散热。而且灰尘会吸收空气中的水分，腐蚀显示器的电子线路。在不使用显示器时，可以罩上防尘罩。

(3)防磁。在强磁场中，显示器的元器件会被磁化，发现局部颜色变色或者整体颜色显示偏差、显示混乱等。这时应该及时排除强磁场，对显示器进行消磁，否则可能会造成永久损害。

(4)避免高温环境。显示器是发热量很大的设备，在高温环境下不易散发热量，加速元件老化，缩短使用寿命。

(5)避免强光照射。显像管显示器是依靠电子束打在荧光粉上显示图像的。显像管的荧光粉在强光照射下容易老化，降低发光效率。

6. 键盘和鼠标的维护

键盘和鼠标是用户最经常使用的设备，也是最容易忽视其维护的设备。但是如果使用不当，也会出现键盘和鼠标不灵的故障。在使用中应注意以下问题。

(1)定期进行清洁。经常擦拭键盘，可用吸尘器吸出灰尘；保持鼠标垫和鼠标底部感光板清洁，避免污垢附着在发光二级管或光级管上。

(2)避免粗暴使用。不要用力击打键盘和鼠标，以免损坏。

(3)键盘注意防水。一旦有大量水撒在键盘上，应该立即使用鼠标操作关机，把键盘翻过去，空出内部积水，在通风处自然晾干。

(4)不要使用反光较强的鼠标垫，否则会操作造成鼠标指针不准。

13.2 日常软件“清洁”★★★★

软件故障在电脑故障中占有很大的比例，特别是频繁地安装和卸载软件，对软件系统的影响非常大，因此需要经常对软件进行维护。

13.2.1 清除系统使用痕迹

熟悉的电脑用户都知道，在电脑的使用过程中，系统会自动记录电脑的使用痕迹，包括用户在“开始”菜单中记录运行过的程序、在任务栏中记录打开的项目、在IE浏览器中记录上网痕迹等。而在前面的学习中，我们已经知道如何清除上网痕迹，下面介绍如何清除最近打开过的程序记录和在任务栏中打开的项目，具体操作步骤如下。

步骤1 打开“任务栏和「开始」菜单属性”对话框。

在任务栏空白处中右击，从弹出的快捷菜单中选择“属性”命令，打开“任务栏和「开始」菜单属性”对话框，如下图所示。

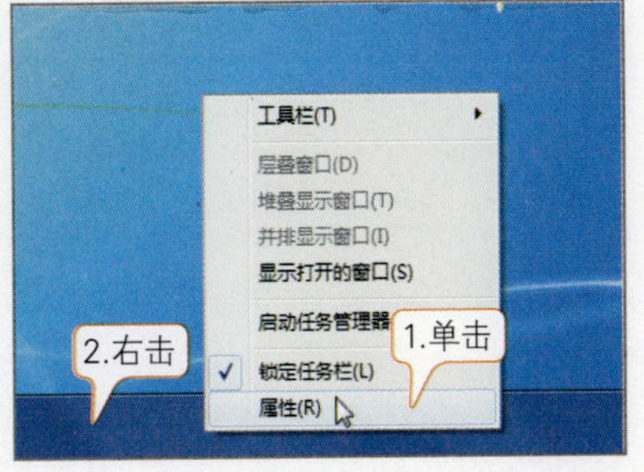

步骤2 清除系统使用痕迹。

单击“「开始」菜单”选项卡，然后在“隐私”组中取消选中“存储并显示最近在「开始」菜单中打开的程序”和“存储并显示最近在「开始」菜单和任务栏中打开的项目”两个复选框，再单击“确定”按钮即可，如下图所示。

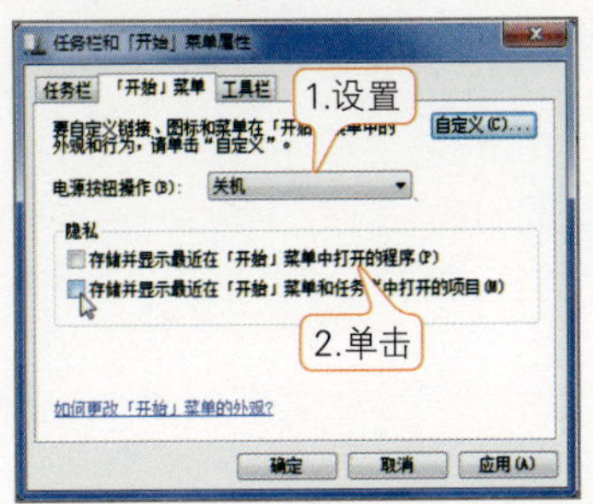

13.2.2 卸载无用软件

对于系统中不需要的软件，建议用户将其删除，以释放其占有的磁盘空间。但是，在卸载文件时不能直接将其删除，因为这样无法删除程序关联的快捷方式以及注册表中的信息。这时，用户可以使用系统自带的“程序和功能”工具进行卸载，具体操作步骤如下。

注意：卸载软件的注意事项。

如果要卸载的程序正在运行，必须先退出程序才能卸载软件；卸载软件时，切记不能用直接删除该软件所在的文件夹的方法。因为在安装应用程序的过程中，安装程序会向注册表中登记信息，并在程序列表中建立程序组，而简单的删除文件夹是不能完成这些卸载工作。

步骤1 打开“控制面板”窗口。

在电脑桌面上单击“开始”/“控制面板”命令，打开“控制面板”窗口，如下图所示。

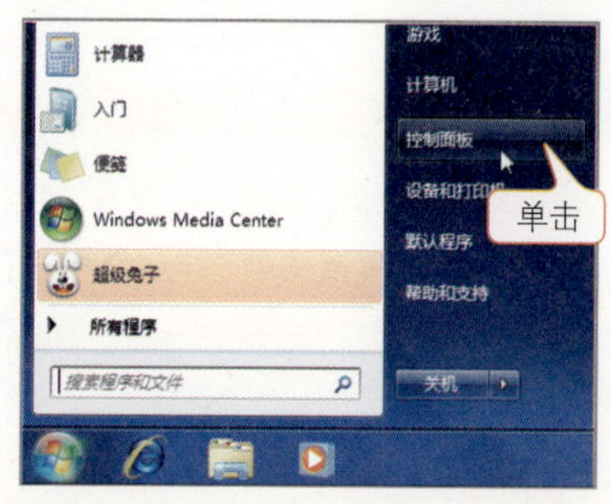

步骤2 打开“程序和功能”窗口。

在“控制面板”窗口中，单击“程序和功能”文字链接，如下图所示。

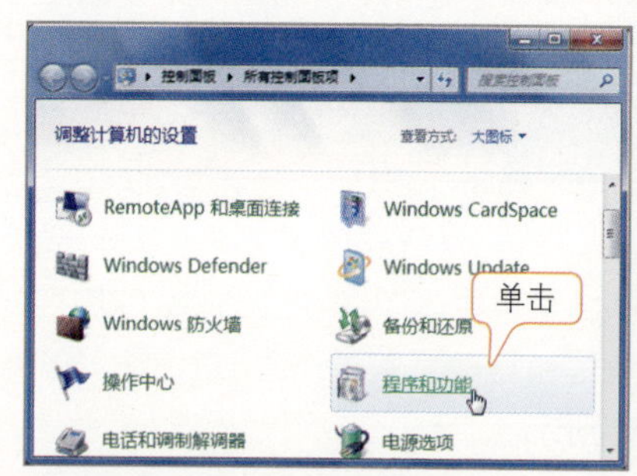

步骤3 卸载软件。

在弹出的“程序和功能”窗口中，选择要卸载的软件，然后单击“卸载/更改”按钮，如右图所示。

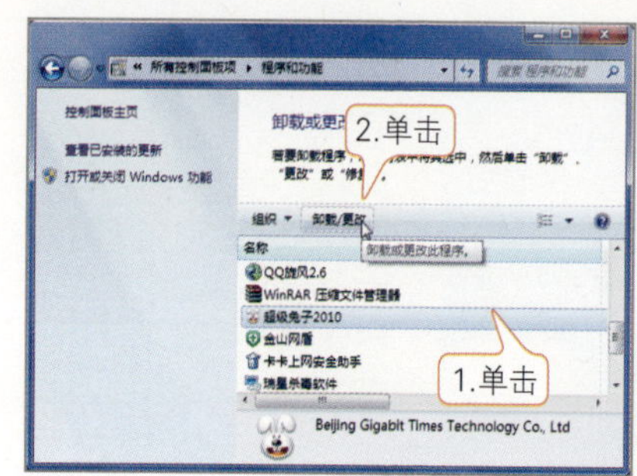

步骤4 确认卸载。

在弹出的对话框中，单击“是”按钮，确认卸载，如下图所示。

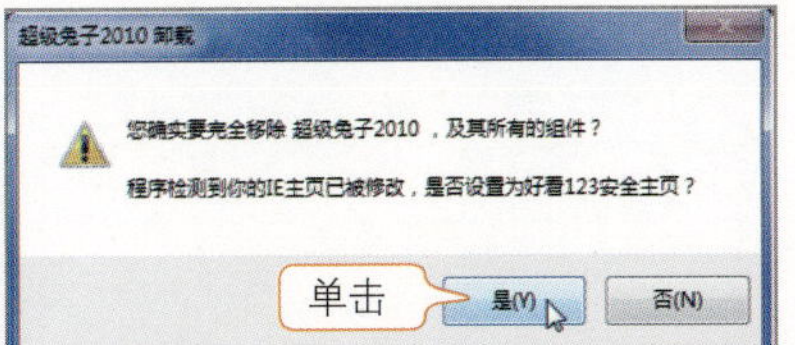

步骤5 完成卸载。

接着弹出提示对话框，提示“超级兔子”已经从计算机中移除，部分文件需要在重启后删除，单击“确定”按钮即可，如下图所示。

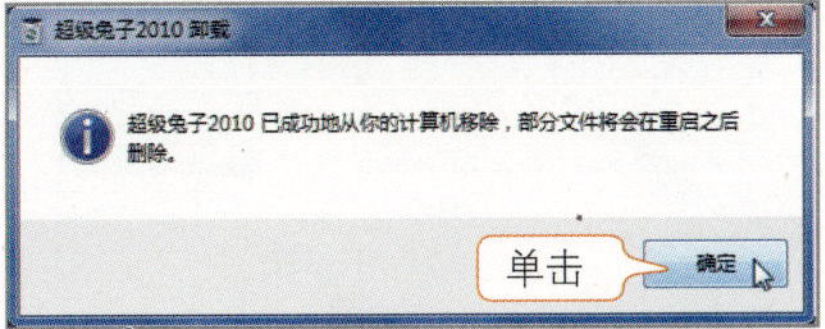

技巧：卸载软件的其他方法。

还可以使用下述方法卸载软件。

(1) 大多数软件都带有卸载程序，执行该程序即可将安装的软件彻底删除。

(2) 在Windows优化大师或者超级兔子等系统优化软件中，都具有卸载软件的功能。而且还具有智能卸载的功能，可以分析出与软件相关的所有文件，并彻底删除。

(3) 有些软件在安装时会自动安装一些辅助工具，使用通常的卸载方法很难卸载这些软件，这时可以针对辅助工具的功能，使用一些系统优化软件进行优化。

13.2.3 维护注册表

注册表实质上是一个庞大的数据库，它存储着软、硬件有关配置和状态信息；计算机整个系统的设置和各种关联；计算机性能纪录和底层的系统状态信息等数据。由于操作系统非常复杂，注册表损坏是不能完全避免的。因此注册表的维护也是非常必要的。

1. 注册表清理

随着系统的使用，注册表的体积会越来越大。这样不仅浪费存储空间，还会影响系统的启动速度以及程序运行中对注册表的存取效率。因此，有必要对注册表进行清理，删除失效的文件关联、已卸载软件的残留键值、多余的DLL文件等。下面以超级兔子程序为例，介绍如何清理注册表。

步骤1 打开"超级兔子清理天使"窗口。

启动超级兔子程序，然后在工具栏中单击"兔子工具"按钮，接着在"常用必备工具"组中单击"清理天使"选项，如下图所示。

步骤2 清理注册表。

打开"超级兔子清理天使"窗口，然后在工具栏中单击"清理注册表"按钮，接着单击"开始扫描"按钮，开始扫描注册表，如下图所示。

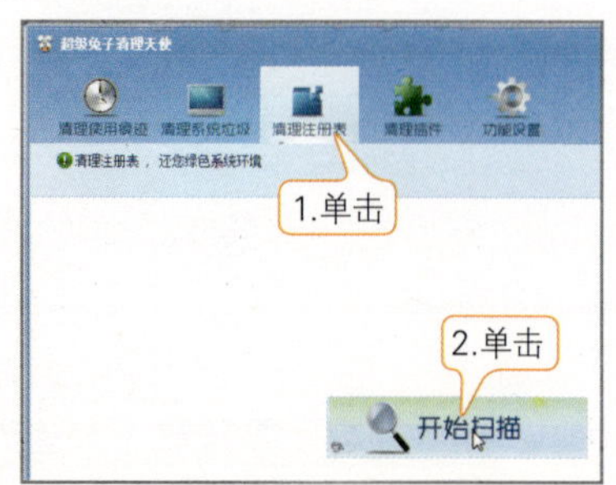

步骤3 成功清理注册表。

扫描完成后单击"全选"超链接，然后单击"清理"按钮开始清理注册表。清理完成后会弹出提示对话框，提示清理完毕，单击"确定"按钮即可，如下图所示。

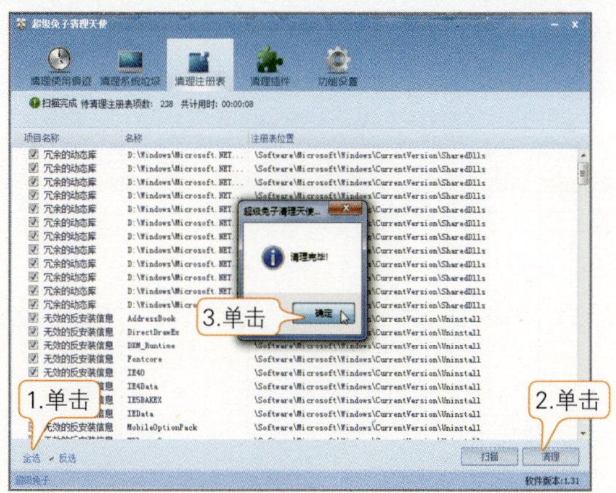

2. 备份和还原注册表

病毒感染、频繁安装卸载软件，修改注册表键值，甚至注册表的清理和修复都有可能会损坏注册表。因此在进行注册表操作之前，应该备份注册表或者备份注册表分支。一旦出现问题，就可以还原注册表了。

(1)备份注册表

步骤1 打开“注册表编辑器”窗口。

在“运行”对话框输入regedit命令，按Enter键，打开“注册表编辑器”窗口，然后在菜单栏中选择“文件”/“导出”命令，如下图所示。

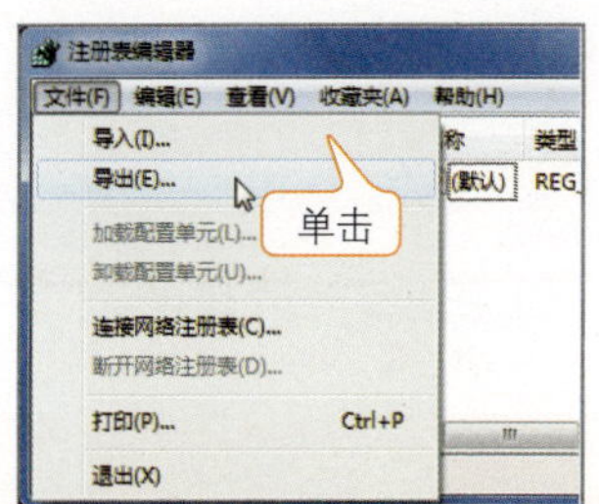

步骤2 备份注册表。

弹出“另存为”对话框，选择备份文件的保存位置，然后在“导出范围”组中选中“全部”单选按钮，接着在“文件名”文本框中输入备份文件名称，再单击“保存”按钮，如下图所示。

注意：备份注册表分支。

除了备份整个注册表外，还可以备份注册表中的分支数据，方法是在“注册表编辑器”窗口选择要备份的注册表分支，然后在菜单栏中选择“文件”/“导出”命令，接着在弹出的对话框“导出范围”组中，选中“所选分支”单选按钮，再单击“保存”按钮即可。

(2)还原注册表

步骤1 打开“导入注册表文件”对话框。

在“注册表编辑器”窗口中的菜单栏中选择“文件”/“导入”命令，打开“导入注册表文件”对话框，如下图所示。

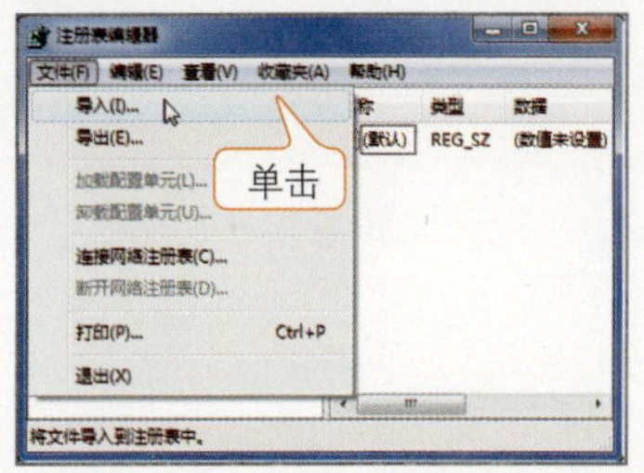

步骤2 选择要导入的注册表备份文件。

选择要导入的注册表备份文件，再单击“打开”按钮， 如下图所示。

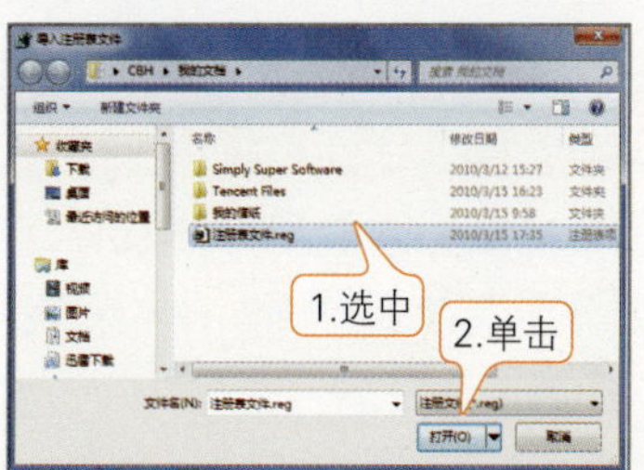

步骤3 还原注册表。

开始导入注册表备份文件，并弹出如下图所示的进度对话框。

步骤4 成功还原注册表。

成功还原注册表后，将会弹出如下图所示的对话框，单击“确定”按钮即可。

13.3 上机实训

为了巩固和拓展本章所学的内容，下面就来实战演练，自己操作一下。

实训1. 清洁主板

计算机使用较长时间，就会在机箱内积聚很多灰尘，主板也是重灾区之一。下面就来实际操作清洁主板，具体步骤如下。

步骤1 准备清洁工具。准本螺丝刀、毛刷、油画笔、橡皮、吹气球、清洁剂、棉球、软布等。准备好就可以打开机箱了，注意一定要切断电源。

步骤2 拆除机箱内各部件的连线。拔下扩展卡、内存以及接线等。进行操作时，应该避免静电，将手上的静电释放掉或者戴防静电护腕等。

步骤3 拆下主板。拆除固定主板的螺丝，取下主板。用毛刷先将主板表面的灰尘清理干净。然后用油画笔清洁各种插槽、驱动器接口插头。再用吹气球或者电吹风吹尽灰尘。

步骤4 清洁主板上的污渍。如果主板上（例如插槽内）有污渍，可用脱脂棉球沾电脑专用清洁剂或无水乙醇去除。但要注意不要划伤主板。

实训2. 禁止使用注册表编辑器

通过禁止使用注册表编辑器，可以更彻底地杜绝一些恶意软件和网络攻击者通过注册表入侵计算机，具体操作步骤如下。

步骤1 展开Policies项。

在“注册表编辑器”窗口的左侧窗格展开“HKEY_CURRENT_USER\Software\Microsoft\Windows\CurrentVersion\Policies”项，如下图所示。

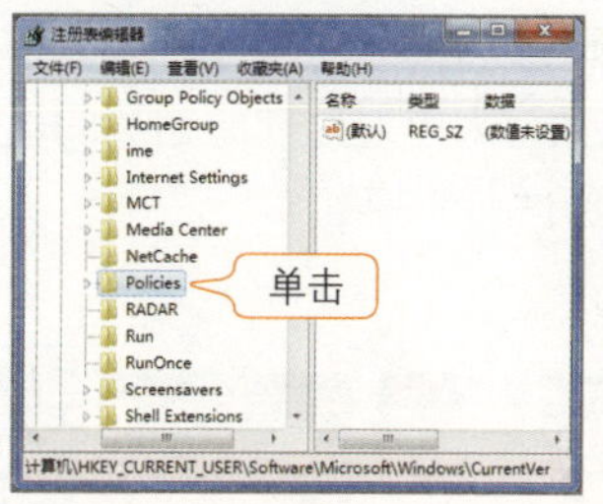

步骤2 新建System项。

右击Policies项，从弹出的快捷菜单中选择“新建”/“项”命令，如下图所示，然后修改项名称为System。

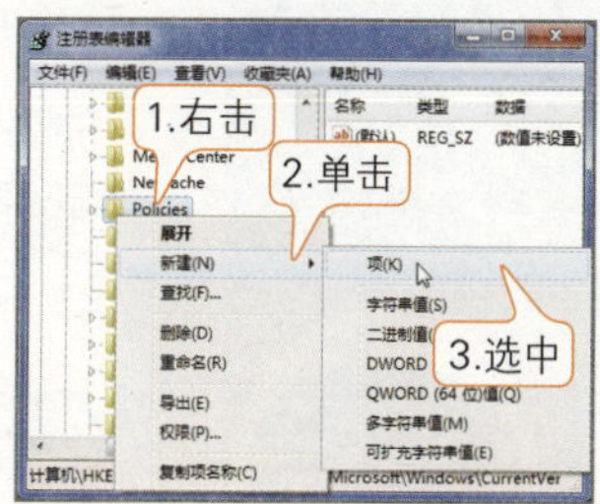

步骤3 新建DisabledRegistryTools键值项。

在右侧窗格中右击，从弹出的快捷菜单中选择“新建”/“DWORD(32位)值”命令，如下图所示，然后修改键值项的名称为DisabledRegistryTools。

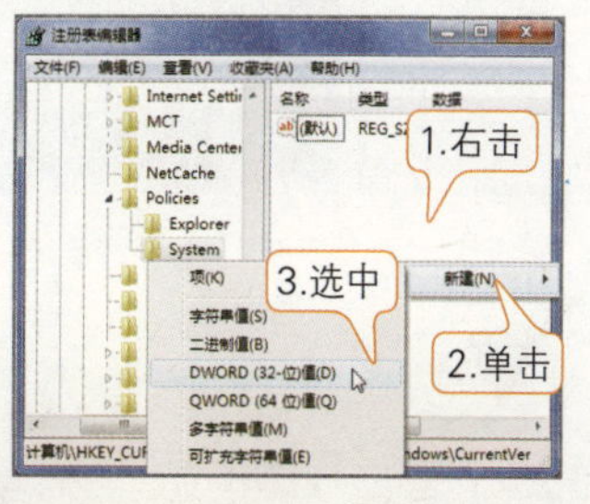

步骤4 打开“编辑DWORD(32位)值”对话框。

右击DisabledRegistryTools键值项，从弹出的快捷菜单中选择“修改”命令，打开“编辑DWORD(32位)值”对话框，如下图所示。

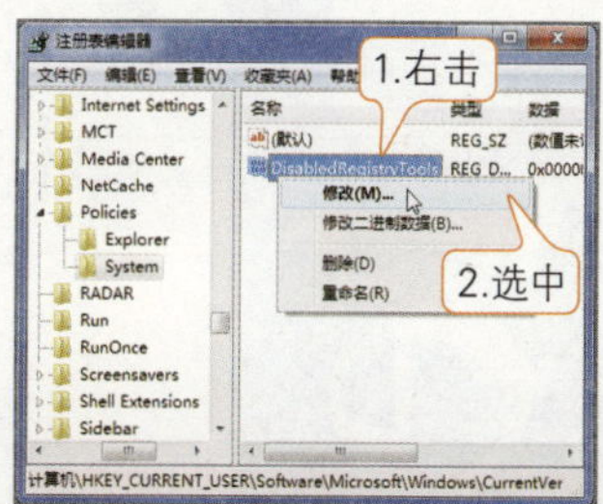

步骤5 修改DisabledRegistryTools键值项值。

在“数值数据”文本框中输入1，再单击“确定”按钮，如右图所示，最后关闭“注册表编辑器”窗口，重新启动计算机即可。

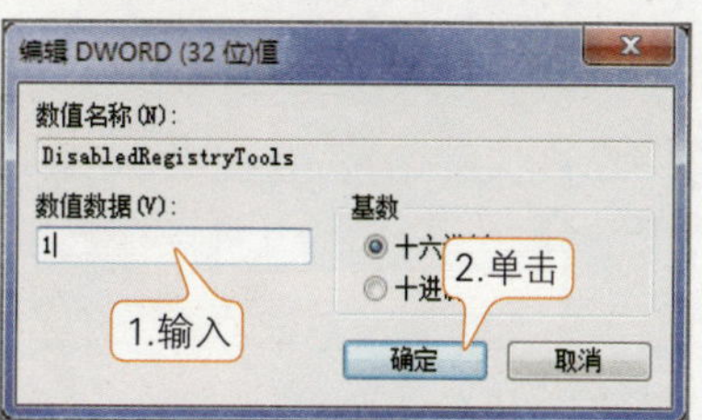

本章学习要点

√掌握电脑故障的检测
√和排除方法
√硬件故障处理
√软件故障处理
√其他故障处理

第14章 诊断与处理电脑常见故障

电脑由于操作不当或者其他种种问题，很容易出现这样或那样的故障，这对一些初学者来讲是非常头痛的事情。那么，该如何来应对处理所遇到的电脑故障呢？这就是本章要介绍的内容。

本章重点实例展示

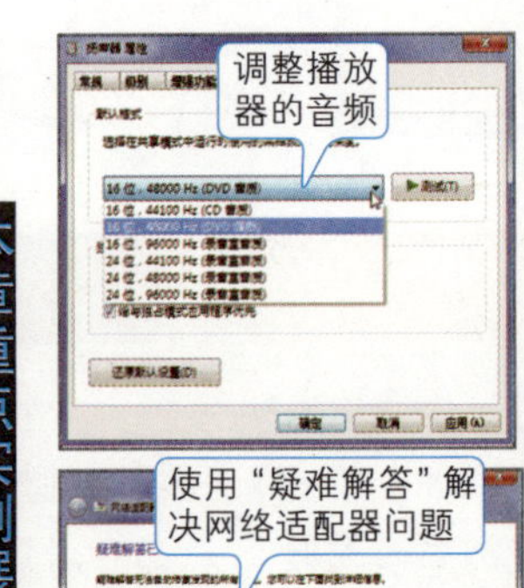

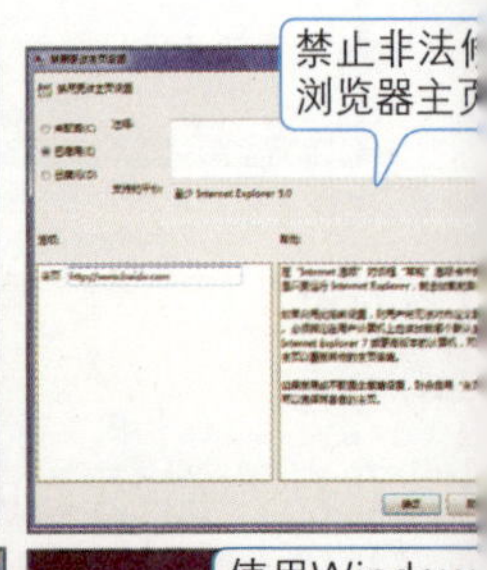

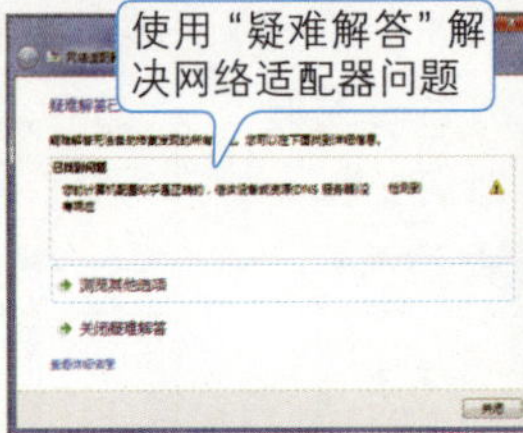

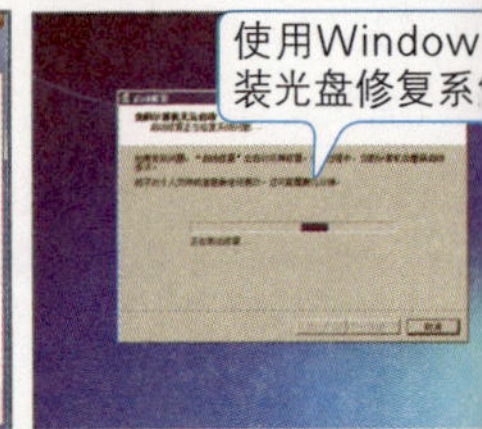

Chapter 14

14.1 掌握电脑故障的检测和排除方法★★

随着电脑的普及,电脑在人们的日常生活和工作中所扮演的角色越来越重要。但由于电脑配件众多、质量良莠不齐、病毒感染以及误操作等原因,电脑的故障也频频发生,在一定程度上给日常生活和工作带来诸多的不便。因此,当电脑出现故障时,应首先判断故障的位置及产生的原因,这样才能根据实际情况采取相应的方法排除故障。

14.1.1 电脑故障形成的原因

电脑产生故障的原因多种多样,产生的现象也不尽相同,主要有以下几个方面。

1. 环境因素

电脑能够正常工作,需要一个较严格的工作环境。如果长时间在恶劣环境中工作,就可能引起电脑故障。其中以下几种因素对电脑影响较大:温度、湿度、灰尘、电源、电磁波等。比如过高过低或忽高忽低的交流电压,会对电脑系统造成很大危害;电脑的工作环境温度过高,会加速其老化损坏,使芯片插脚焊点脱焊等。

2. 硬件质量因素

电脑需要各个硬件部件协同工作才能发挥作用,任何一个部件出了问题,都有可能导致电脑不能正常运行。但是电脑硬件的生产厂商众多,产品质量良莠不齐。尤其是组装机,很难保证每一个部件的质量。

3. 兼容性因素

电脑是由众多硬件组成的,这其中就有兼容性的问题。由于各个硬件的生产厂商不尽相同,因而出现不兼容问题的可能性比较大。电脑内部的硬件与硬件之间、硬件与操作系统之间、硬件与驱动程序之间都有可能出现不兼容。这都会影响电脑的正常运行,甚至造成不能开机等严重故障。

4. 人为因素

用户不好的使用习惯和错误操作都有可能造成电脑故障的出现。

5. 电脑病毒

电脑病毒的危害众所周知。尤其如今网络高度发展,更加大了感染病毒的几率。一旦感染了病毒,就可能会破坏数据、改写电脑的BIOS,造成频繁死机或者根本无法使用等故障。

6. 软件因素

电脑中不仅要安装操作系统，还要安装大量的应用软件。一旦操作系统和应用软件方面出现问题，也会造成电脑无法正常使用。比如CMOS设置不当，硬件设备安装设置不当，硬件设备不为系统所识别和使用，出现设备资源冲突，造成系统不能正常运行甚至死机；软件升级后造成系统不兼容等。

14.1.2 电脑故障的处理原则

电脑故障的处理也是有章可循的。下面是总结的电脑故障处理原则。

1. 从最简单做起

在进行故障判断时，首先应该注意观察电脑周围的环境情况，包括位置、电源、连接、其他设备、温度与湿度等；观察电脑故障的表象，与正常情况下的异同；观察电脑的软硬件配置，包括安装了何种硬件，使用的哪种操作系统，安装了哪些应用软件，硬件的设置驱动程序版本等。

其次还应该在一个简单的环境下开始故障检测。使用最小系统，仅包括基本的运行设备/软件，和被怀疑有故障的设备/软件，逐步添加软硬件进行分析判断。

从简单的事情做起，有利于精力的集中，有利于进行故障的判断与定位。一定要注意，必须通过认真的观察后，才可进行判断与维修。

2. 遵循“先软后硬”

先排除软件方面的原因再排除硬件问题，这是处理电脑故障的一个重要原则。在维修过程中会发现，出现的大多数问题中都是由于软件方面原因造成的。因此在检修时应该从软件着手，一定不要盲目的拆卸硬件，以免走弯路。

3. 分清主次

电脑出现故障时，可能不止有一个故障现象。此时应该先判断、维修主要的故障现象，当修复后，再维修次要故障现象，有时可能次要故障现象已不需要维修了。

4. 应该“先清洁，后检修”

在检查机箱内部配件时，如果发现机箱内积聚的灰尘较多，在元器件上有油渍等，就应先对硬件进行清洁，这样既可减少自然故障，又可取得事半功倍的效果。而且许多故障都是由于脏污引起的，一经清洁，故障往往会自动消失。

当发生电脑故障时，不要慌乱，要保持清醒的头脑，细致观察，冷静判断，耐心寻找解决办法，大多数故障是完全可以自己解决的。

14.1.3 电脑故障的检测方法

1. 常规检测方法

(1)直接观察法(看、听、闻、摸)

- "看"即观察系统板卡的插头、插座是否歪斜,电阻、电容引脚是否相碰,表面是否烧焦,芯片表面是否开裂,主板上的铜箔是否烧断。还要查看是否有异物掉进主板的元器件之间(造成短路),也可以看看板上是否有烧焦变色的地方,印刷电路板上的走线(铜箔)是否断裂等等。
- "听"即监听电源风扇、软/硬盘电机或寻道机构、显示器变压器等设备的工作声音是否正常。另外,系统发生短路故障时常常伴随着异常声响。监听可以及时发现一些事故隐患和帮助在事故发生时即时采取措施。
- "闻"即辨闻主机、板卡中是否有烧焦的气味,便于发现故障和确定短路所在地。
- "摸"即用手按压管座的活动芯片,看芯片是否松动或接触不良。另外,在系统运行时用手触摸或靠近CPU、显示器、硬盘等设备的外壳根据其温度可以判断设备运行是否正常;用手触摸一些芯片的表面,如果发烫,则为该芯片损坏。

(2)清洁法

对于机房使用环境较差,或使用较长时间的机器,应首先进行清洁。可用毛刷轻轻刷去主板、外设上的灰尘,如果灰尘已清扫掉,或无灰尘,就进行下一步的检查。另外,由于板卡上一些插卡或芯片采用插脚形式,震动、灰尘等其他原因,常会造成引脚氧化,接触不良。可用橡皮擦擦去表面氧化层,重新插接好后开机检查故障是否排除。

2. 典型故障检测方法

(1)拔插法

PC机系统产生故障的原因很多,主板自身故障、I/O总线故障、各种插卡故障均可导致系统运行不正常。采用拔插维修法是确定故障在主板或I/O设备的简捷方法。该方法就是关机将插件板逐块拔出,每拔出一块板就开机观察机器运行状态,一旦拔出某块后主板运行正常,那么故障原因就是该插件板故障或相应I/O总线插槽及负载电路故障。若拔出所有插件板后系统启动仍不正常,则故障很可能就在主板上。

拔插法的另一含义是:一些芯片、板卡与插槽接触不良,将这些芯片、板卡拔出后在重新正确插入可以解决因安装接触不当引起的微机部件故障。

(2)交换法

将同型号插件板,总线方式一致、功能相同的插件板或同型号芯片相互交换,根据故障现象的变化情况判断故障所在。此法多用于易拔插的维修环境,例如内存自检出错，可交换相同的内存芯片或内存条来判断故障部位，无故障芯片之间进行交换，故障现象依旧，若交换后故障现象变化，则说明交换的芯片中有一块是坏的，可进一步通过逐块交换而确定部位。如果能找到相同型号的微机部件或外设，使用交换法可以快速判定是否是元件本身的质量问题。

交换法也可以用于以下情况：没有相同型号的微机部件或外设，但有相同类型的微机主机，则可以把微机部件或外设插接到该同型号的主机上判断其是否正常。

（3）比较法

运行两台或多台相同或相类似的微机，根据正常微机与故障微机在执行相同操作时的不同表现可以初步判断故障产生的部位。

（4）敲击法

用手指轻轻敲击机箱外壳，有可能解决因接触不良或虚焊造成的故障问题。然后可进一步检查故障点的位置排除之。

（5）升温降温法

人为升高微机运行环境的温度，可以检验微机各部件（尤其是CPU）的耐高温情况，因而及早发现事故隐患。

人为降低微机运行环境的温度，如果微机的故障出现率大为减少，说明故障出在高温或不能耐高温的部件中，此举可以帮助缩小故障诊断范围。

事实上，升温降温法是采用故障促发原理，以制造故障出现的条件来促使故障频繁出现以观察和判断故障所在的位置。

（6）最小系统法

最小系统是指从维修判断的角度能使电脑开机或运行的最基本的硬件和软件环境。最小系统有两种形式。

- 硬件最小系统：由电源、主板和CPU组成。在这个系统中，没有任何信号线的连接，只有电源到主板的电源连接。在判断过程中是通过声音来判断这一核心组成部分是否可正常工作。
- 软件最小系统：由电源、主板、CPU、内存、显示卡/显示器、键盘和硬盘组成。这个最小系统主要用来判断系统是否可完成正常的启动与运行。

14.1.4 电脑故障的处理方法

根据以上电脑故障处理的原则，结合实际操作经验，人们总结出了一系列电脑故障处理的基本方法。

1. 观察法

观察法是通过看、听、闻、摸等手段来判断故障的位置和原因的方法。观察贯穿于整个维修过程中。用户应该认真全面地观察：周围的环境；硬件环境，包括接插头、座和槽等；软件环境；用户操作的习惯、过程等。

2. 替换法

替换法是替换相同或相近型号的板卡、电源、硬盘、显示器以及外部设备等部件来判断故障的一种维修方法。替换部件后如果故障消失，就表示被替换的部件有问题。

- 替换时应该注意以下问题。
- 根据故障的现象进行替换；
- 按先简单后复杂的顺序进行替换；
- 先替换怀疑有故障的设备相连接的连接线、信号线等，然后替换怀疑有故障的设备，再后是替换供电设备，最后是与之相关的其他设备。
- 先替换故障率高的设备，再替换故障率低的设备。

3. 最小系统法

最小系统是指能使电脑开机或运行的最基本的硬件和软件环境。如果在最小系统（主板上插入CPU、内存和显卡，连接有显示器和键盘）时电脑能正常稳定运行，则故障应该发生在没有加载的部件上或有兼容性问题。如果不能正常工作，即可判定最基本的软、硬件设备有故障，从而起到故障隔离的作用。最小系统法与逐步添加法结合，能较快速地定位发生在其他硬软件的故障，提高维修效率。

4. 逐步添加/去除法

逐步添加法是指以最小系统为基础，每次只向系统添加一个设备或软件，来检查故障现象是否消失或发生变化，以此来判断并定位故障的部位。逐步去除法，正好与逐步添加法的操作相反。

5. 振动敲击法

如果怀疑故障是由于电脑部件接触不良引起的，可以通过振动和敲打特定的部件来判断。如果振动之后，发现故障排除，说明这个部件接触不良，这时一定要重新安装这个部件。

6. 清除尘埃法

有些电脑故障往往就是由于电脑内部灰尘积聚过多引起的。因此先进行除尘，往往可以清除故障。如果不能排除，也可以排除是由于灰尘引起故障的可能。除尘

一定要彻底，要小心，避免造成新的损伤。在除尘时，还应该同时仔细观察各个元器件是否正常。

7. 升温降温法

升温降温法主要用于电脑在运行时，时而正常、时而不正常的故障检测。通过人为对可疑部件升温和降温，促使故障提前出现，从而找出故障的原因，证明此部件热稳定性差。

8. 程序检测法

通过测试卡、测试程序的诊断以及其他一些方法的诊断来判断电脑故障所在。使用这种方法可以快速、准确地诊断故障，但不易掌握。

14.2 硬件故障处理★★★★

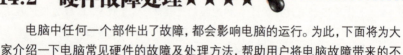

电脑中任何一个部件出了故障，都会影响电脑的运行。为此，下面将为大家介绍一下电脑常见硬件的故障及处理方法，帮助用户将电脑故障带来的不便和损失降到最低。

14.2.1 CPU故障

CPU是电脑的核心部件，它在电脑中的作用是勿庸置疑的。一旦CPU出现故障，会严重影响电脑的运行，甚至导致电脑瘫痪。根据故障发生的原因，CPU故障可分为：散热类故障、超频类故障、接触不良类故障和设置类故障。

1. 热类故障

散热类故障的现象一般为黑屏、重启、死机等，严重的可以造成CPU的烧毁。而引起该故障的原因一般是由于CPU散热不良造成的。造成散热不良的原因可能是灰尘过多、CPU风扇安装不当、性能降低，甚至风扇停转。

根据这些原因，散热类故障的解决办法是：选择性能好的风扇，注意风扇的保养。彻底清洁CPU和风扇的灰尘和油泥，加些润滑油，减少风扇转动阻力。注意CPU风扇是否安好，否则拆开重新安装。

2. 超频类故障

超频类故障一般都是由于对CPU进行了不合理的“超频”，从而造成CPU无法正常工作，以至于计算机无法启动。虽然CPU超频可以尽可能地发挥CPU的性能，但是超频也是有极限的，超过了正常范围，会出现开机时就死机的现象。有时CPU在超频后，其他外部设备特别是内存却不能承受如此高的频率，会出现无法通过自检的故障。

这类故障的解决方法是：将CPU的频率降低一些，或者改回原始频率。

3. 接触不良类故障

接触不良类故障一般是由于CPU的针脚氧化或者断裂等，造成CPU与主板CPU插槽接触不良，从而造成计算机无法启动。虽然CPU针脚为铜材料制造，外层镀金，但是长期使用，尤其在湿度较大的环境下使用，会使CPU的针脚均发黑、发绿，有氧化的痕迹和锈迹，从而造成接触不良。还有些是因为主板的CPU插座不合格，造成CPU插座易被氧化，导致接触不良。

这类故障的解决方法是：清理CPU针脚和CPU插槽，除去上面的氧化膜和锈迹。重新安装CPU，并且安装时要小心，不要损坏CPU的针脚。

4. 设置类故障

设置类故障一般是由于关于CPU功能的设置不当造成的。随着技术的发展，CPU具备了一些新功能，而且一般需要通过一些简单的设置来实现。但是很多用户对此并不清楚，造成了一些看似很复杂其实很简单的CPU故障。

14.2.2 内存故障

内存同样是电脑的3大核心之一，当启动电脑、运行操作系统或应用软件时，经常会因为内存出现异常而导致操作失败。质量较差或被打磨过的内存会影响整个电脑的性能，不同品牌、不同型号和不同容量的内存混插也会造成系统故障。

1. 由于接触不良引起的故障

内存条与主板内存插槽接触不良，可能会导致开机无显示。当然也有可能是内存或插槽损坏导致。所以重新安装内存，清理内存的金手指部分和内存插槽，一般可以解决这类故障。

此外，有随机性死机的现象产生时，也可以尝试以上方法处理。

2. 由于内存质量不良引起的故障

由于内存质量不良可能会引起无法安装操作系统，系统不稳定而产生非法错误，注册表经常无故损坏，系统出现随机性显示器花屏等故障。如果确定是内存的问题，就只能更换内存条了。

3. 由于主板和内存不兼容引起的故障

主板和内存不兼容可能会导致系统经常自动进入安全模式，内存加大后系统资源反而降低等。此时可以通过主板某些设置解决，如若不行，就只有更换内存了。

4. 使用多种不同芯片内存条引起的故障

由于各内存条速度不同产生时间差，而导致随机性死机，对此可以在CMOS设置中降低内存速度来解决。否则，更换成同一型号内存。

5. 打磨内存导致电脑无法开机

有时刚买来的新内存却无法使用，插到其他电脑上却是好的。此时应该注意了，这个内存是不是被打磨过的，根本不是要买的型号。因此购买内存条时不要买被打磨过的。

以上是总结了几类常见内存故障，但是就其故障的表现来看，很多都是交叉在一起的。因此不能仅仅通过现象就判断是否是内存故障，而应该结合其他方法来诊断。

14.2.3 主板故障

电脑是通过主板把各个部件结合成为一个有机的整体。因此一旦主板出现严重错误，电脑就无法工作了。造成主板故障的因素很多，主要有：环境因素、元器件质量、人为因素等。

1. 主板运行环境差

如果主板运行环境太差，比如温度高、灰尘多、电压不稳、过于干燥，都会引起主板故障。如果主板上布满了灰尘，可以造成接触不良、短路等故障；如果电网电压瞬间过高，就会使主板供电插头附近的芯片损坏；空气太干燥，静电太高，常常会造成主板上芯片被击穿。

2. 主板本身质量问题

如果主板本身存在质量问题，会出现主板工作不稳定，元器件过早老化损坏等问题。

3. 人为故障

不良的使用习惯也会损坏主板。比如许多主板故障都是热插拔引起的，最常见的就是烧毁了键盘、鼠标口，严重的还会烧毁主板。在安装板卡和插头时用力不当，可能造成对接口、芯片等的损害。

下面介绍一些主板的常见故障及解决方法。

(1) CMOS故障

在开机自检时如果总是出现“CMOS checksum error-Defaults loaded”的提示，而且必须按F1键，Load BIOS default才能正常开机。通常发生这种状况都是因为主板上给CMOS供电的电池没电了，因此建议先换电源看看。如果没有改善，那就有可能是CMOS RAM有问题了。

(2) BIOS设置不能保存

这种故障一般是因主板电池电压不足造成，更换主板电池即可，如果更换后故障还存在，则要看是不是主板CMOS跳线设置不正确，也可能是人为的将主板上CMOS跳线设为清除选项，使得BIOS数据无法保存，将跳线重新设置正确即可。如果跳线设置无问题就要考虑主板的电路是否有问题，更换主板即可。

(3) 主板元器件及接口损坏

主板上面布满了插槽、芯片、电阻、电容等，其中任何元器件的损坏都会导致主板不能正常工作。比如北桥芯片坏了，CPU与系统的主界面交换就会出现问题；南桥芯片出现问题，电脑就会失去磁盘控制器功能。其次，主板接口损坏是很常见的，这主要是由于不恰当的带电热拔插造成的。比如键盘、鼠标、打印机等端口均是故障的高发区。

(4) 主板兼容性故障

主板的兼容性故障是用户经常要遇到的问题之一，比如无法使用大容量硬盘、无法使用某些品牌的内存或RAID卡、不识别新CPU等。导致这类故障的主要原因：一是主板的自身用料和做工存在问题；二是主板BIOS存在问题，一般通过升级新版的BIOS就能够解决。

(5) 主板稳定性故障

主板的稳定性故障也是比较常见的，经常出现电脑的运行时好时坏，无故死机或者设备无反映。这种故障一般是由于接触不良、元器件性能变差以及主板过热等引起的。因此一定要注意主板的清洁，避免堆积过多灰尘，清除针脚、插槽等的氧化层，维持一个良好的计算机运行环境。

(6) 芯片组与操作系统的兼容问题

如今主板芯片组的更新换代速度越来越快，这导致了很多主板芯片组无法被操作系统正确识别，造成了本来能够支持的新技术不能正常使用以及大量的兼容性问题。解决这类故障的方法是，及时下载升级补丁，在Windows升级包中集成诸多芯片组的驱动程序。

14.2.4 硬盘故障

硬盘是电脑最主要的存储设备，操作系统、数据库和个人资料都存放在硬盘里。一旦硬盘出现故障，就可能导致系统无法运行、数据丢失等，所造成的损失是巨大的。下面介绍一些常见的硬盘故障以及解决方法。

1. 硬盘的常见引导错误故障

硬盘引导错误一般在启动时出现，造成这种故障的原因很多，有可能是系统本身的原因，也可能是病毒引起的。一般我们可以根据出错提示来判断故障原因。

- 显示“HDD controller failure”。这很可能是硬盘已经损坏。
- 显示“Invalid Drive Specification”。这种问题一般出在分区表，可以重新给硬盘分区来解决。
- 显示“Error Loading Operation System”。这可能是因为分区表指示的分区起始物理地址不正确；也可能是因为分区引导扇区所在磁道的磁道标志和扇区ID损坏；或者可能是驱动器读电路故障。
- 显示“HD Controller fail”。这可能是控制器损坏或电缆没有接好，也有可能是硬盘参数设置错误。

2. 找不到硬盘

这种故障的症状是在BIOS里突然无法识别硬盘，或即使能识别，在操作系统里也无法找到硬盘。这种故障有两方面的原因：一是可能病毒破坏了分区表和引导表；二是可能连线松了或灰尘太多导致硬盘启动故障。此外在硬盘加电时，留意听硬盘转动时是否有异响。如果出现不规则的声音伴随死机，或者根本不运转，就说明硬盘出现了物理故障。

3. 硬盘出现吃力的读盘声

在打开某些文件时，能听见硬盘吃力的读盘声。这可能是存储该文件的一些磁道发生了物理损伤。此时，可用Windows自带的磁盘检查工具，全面扫面硬盘。系统会找出损坏磁道，并做标记，该磁道将不再存储数据。

4. 系统启动文件被破坏，0磁道损坏

开机自检完成后，不能进入操作系统。此时可用启动盘启动硬盘，然后修复系统启动文件。如果无效，可以考虑是否是因为感染病毒引起的。如还是不能解决问题，就可能是0磁道被损坏，可以用修复工具修复引导扇区和0磁道。

5. 硬盘过热引起死机

如果出现这样的问题：在电脑使用过程中突然黑屏，或者蓝屏提示硬件故障，按复位键后也不能重启，要关闭电源等几分钟才恢复正常。这时就要检查一下硬盘是否过热了。如果硬盘或者某个芯片过热，就必须采取一些降温措施了。

6. 硬盘无法读写或不能辨认

这种故障一般是由于CMOS设置引起的。如果CMOS中的硬盘类型设置不正确，

可能无法启动系统，即使能够启动，但也会发生读写错误。比如CMOS中的硬盘类型小于实际的硬盘容量，那么硬盘后面的扇区将无法读写。

14.2.5 光驱故障

光驱是用户经常要使用的设备，而且光驱也是相对脆弱的，比较容易出现故障。常见的故障有：

1. 开机检测不到光驱或者检测失败

这种故障可能是由于光驱数据线接头松动、硬盘数据线损毁或光驱跳线设置错误引起的。因此要首先检查光驱的数据线接头是否松动。如果这样仍不能解决故障，那么可以更换数据线试一试。如果还是不能解决，就很可能是光盘跳线设置的问题了，将其更改即可。

2. 光驱不能读取数据

首先可能是光盘的问题。但是往往同样的光盘在其他光驱里却能正常读取。这类情况很可能是因为光驱的激光头脏了，此时用专业清洗剂清洗激光头，一般就可以解决问题。

3. 光驱出盒不正常

光驱使用较长时间后，有可能出现光驱门弹出一般就马上收回去的故障。这是因为光驱某些机械部件出了问题，比如齿条磨损或齿轮错位等。当出盒受阻时，光驱会自动收回。

4. 光驱的指示灯亮着但不读盘

这种故障的症状是，把光盘放入光驱内，光驱的指示灯亮着但不读盘，双击光驱盘符时显示“不能访问”。这种故障有以下几种原因：数据线有问题；数据线未接好；主板或光驱的接口损坏；光驱损坏；或者感染病毒所致。用户可以根据以上原因一一排查。

14.2.6 电源故障

电源是电脑运行的动力所在。当遇到CPU、内存、硬盘等部件异常或出现故障时，都应该检查一下电源是否正常。因为电源发生故障时，常常会引起一些莫名其妙的故障。下面介绍几种由于电源出现问题而引起的故障。

（1）计算机无法开机。这可能是由于主板上的开机电路损坏或者计算机开机电源损坏，这要根据具体测量结果来判断。

(2) 接通电源后就自动开机。这可能是由于电源抗干扰能力差、"+5V" SB电压低，或者 "PS-ON" 信号质量较差导致的。

(3) 主机经常莫名奇妙地重新启动。这有可能是由于电源的功率不够，不足以带动电脑所有设备正常工作，导致系统软件运行错误、硬盘、光驱不能读写、内存丢失等，使得机器重新启动。

(4) 硬盘电路、显示器等设备烧毁。

(5) 光驱读盘性能不好。新购买的计算机或新买的CD-ROM，却在读盘时声音很大。排除光驱的故障之后，很可能是电源有问题，有必要检查一下。

(6) 显示屏上有水波纹。这种现象有可能是电源的电磁辐射外泻，受电源磁场的影响，干扰了显示器的正常显示，如果长期不注意，显示器有可能被磁化。

这里只列举出了一些常见故障，其实很多故障都可能是有电源故障引起的，在诊断和排除故障时，电源故障是一定不能忽略的。

14.2.7 显示系统故障

显示系统主要由显卡和显示器组成。显卡的性能直接影响着计算机所能呈现的视觉效果。而显示器会随着使用时间的增加，问题也将接踵踏来。下面将分别介绍显卡和显示器的故障。

1. 显卡故障

(1) 显卡接触不良引起的故障

这种故障就表现为开机无显示，而且有 "一长两短" 的警告声。一般是由于显卡与主板接触不良所致，此时需要清洁显卡及主板，然后重新安装显卡即可。

(2) 显卡工作不稳定

显卡升级为最新型号，结果使用时工作不稳定，经常出现死机现象。虽然显卡技术在不断进步，但这并未根本解决主板和显卡之间的兼容问题。如果驱动程序不能很好地解决兼容问题，就容易出现问题。如果显卡工作时不能得到稳定充足的电流，也会造成显卡工作不稳定，从而导致死机。

(3) 显示花屏的故障

如果开机显示就花屏的话，首先应检查显卡是不是存在散热问题，其次要检查AGP插槽里是否有灰尘，显卡的金手指是否被氧化。如果是在玩游戏或做3D时出现花屏，就有可能由于显卡驱动与程序本身不兼容或驱动存在BUG造成的，可以换一个版本的显卡驱动试一试。

2. 显示器故障

(1)图像模糊

这表明显示器已经严重老化了。

(2)显示器屏幕上出现色斑

这一般是由于显示器被磁化了。显示器被磁化表现在一些区域出现水波纹路和色偏。此时首先消除磁场源，然后使用显示器的“消磁”功能来消磁。

(3)显示器色变

显示器色变有几种情况，如全屏蓝色或全屏粉红色。多数是显示器信号线接口的指针被弄弯曲了，或者显示器信号线接口松动了。

(4)开机时，显示器抖动的厉害

这种现象常见于潮湿的环境中，是显示器内部受潮的缘故。

14.2.8 声卡故障

声卡与音箱是多媒体电脑的必要部件，当出现故障时，一般会出现无声、有杂音或音量无法调解等现象。

1. 声卡无声

这一般是由于声卡与其他板卡有冲突所致，此时可以换一个插槽安装声卡。如果在安装了Direct X后，声卡不能发声了，这说明此声卡与Direct X不兼容，需要更新声卡驱动程序。

2. 声卡有杂音或爆音

这可能是由于声卡与PCI插槽接触不良所致，只要稍有干扰，声卡就会发出噪音。还有可能是因为音箱是通过声卡的Speaker输出的。声卡的Line out端是没有经过功放放大的，将声音箱接到Line out端比连接到Speaker输出的端口噪音要小得多。此外，还有可能是因为驱动程序兼容性不好。

3. 无法播放CD

如果完全无声，则可以使用一条4芯音频线连接CD-ROM的模拟音频输出和声卡上的CD-In即可。如果只有一个声道出声，可能是声卡上的接口与音频线不匹配造成的，调换它们的位置，让其匹配就行了。

4. 音量无法调节

这种故障可能是由于音量控制器丢失造成的。检查在系统文件夹中的“System32”文件夹中是否有“sndvol32”文件。如果没有，可以复制过来这个文件即可。

14.2.9 键盘故障

键盘和鼠标是电脑进行人机交互的必要设备，当键盘或鼠标出现故障，将严重影响用户对电脑的使用。常见的键盘及鼠标故障有：

1. 电脑开机时显示找不到键盘

出现这种故障电脑在开机时会提示"Keyboard error or no keyboard present"。这一般是由于键盘与主机接触不好、键盘或主板接口损坏、键盘接口的插针弯曲等。

2. 键盘和鼠标接反引起黑屏

计算机主板上的鼠标和键盘接口是一样的，如果接反了会导致开机就黑屏。因此在连接鼠标与键盘时要注意区分。

3. 键盘某些按键失灵

这种故障是比较常见的，主要是由于键盘太脏引起的。打开键盘，首先应该检查按键是否能够将触点压在一起。然后把这些按键及相关部位清洗干净，一般就可以排除故障。

4. 光电鼠标定位不准或反应迟钝

光电鼠标在使用的过程中，经常发生飘移的现象，而且光标定位也不准。通常是由以下几种原因引起的：外界的杂散光干扰、晶振或IC质量问题、电路虚焊等。

如果鼠标不听使唤了，移动鼠标时光标反应很迟钝，则是典型的光电鼠标灵敏度变差的故障了。一般这是由于透镜通路有污染；光电接收系统偏移，焦距没有对准；发光管或光敏管老化；外界光线影响等原因造成的。

14.2.10 鼠标故障

鼠标故障主要分为机械、电路和软件3大类，下面介绍几种常见的鼠标故障。

1. 找不到鼠标

电脑开机后，找不到鼠标。

遇到这种现象有以下几种可能。

(1)鼠标彻底损坏，需要更换新鼠标。

(2)鼠标与主机连接串口或PS/2口接触不良，仔细接好线后，重新启动即可。

(3)主板上的串口或PS/2口损坏，这种情况很少见，如果是这种情况，只得更换主板或使用多功能卡上的串口。

（4）鼠标线路接触不良，这种情况最为常见。接触不良的点多在鼠标内部的电线与电路板的连接处。故障只要不在PS/2接头处，一般维修起来不难。通常是由于线路比较短或比较杂乱而导致鼠标线被用力拉扯，解决方法是将鼠标打开，再使用电烙铁将焊点焊好。

（5）再一种情况就是鼠标线内部接触不良，是由于时间长老化而引起的，这种故障通常难以查找，更换鼠标是最快的解决方法。

2. 鼠标按键失灵

电脑开机进入系统后，鼠标按键失灵。

表现是鼠标的灵活程度下降、鼠标指针不灵活、定位不正常，主要是因为机械定位轴承上积聚过多的脏物导致传动失灵。用酒精棉球将一切脏物清除后，鼠标的灵活程序就会恢复正常。

3. 鼠标无法移动

开机进入系统后，鼠标能显示，但无法移动。

这种情况主要是因为鼠标积聚过多污垢而导致失灵，造成移动不灵活。可用酒精进行擦洗，将污垢清除，鼠标的灵活性恢复如初。

14.2.11 音箱故障

当今，电脑正在向多媒体、智能化推进，而音箱是多媒体设备中的重要组成部分，可以说音箱是除显示器外与我们感观接触最为直接的电脑外设，它的好坏直接影响多媒体电脑的效果。

1. 系统无法播放CD

在电脑中播放CD时无声音。

这种情况一般是因为用户没有接入声卡与光驱之间的音频线导致，接入音频线即可。

2. USB音箱不能播放音频CD

新购的USB音箱不能播放音频CD，其他均正常。

这是因为许多电脑中的CD-ROM播放器并不支持将CD盘中的数字音频直接用音箱播放。因此，在使用USB音箱前，要看清CD-ROM驱动器的兼容性。有些也可通过设置让播放器支持将CD盘中的数字音频。

3. 声音输出质量不佳

音箱的输出质量不佳，常出现沙哑或其他不正常的声音。

此类故障一般出现在主板自带的声卡上，如主板自带的AC97声卡，对此只能将其Line in、Mic等输入设备的音量调小即可解决问题。

14.2.12 打印机故障

打印机已是我们现代办公必备的设备。可是由于各种原因，打印机在使用一段时间后经常出现这样或那样的故障，下面就来介绍打印机几种经常出现的故障。

1. 打印机输出空白纸

对于喷墨打印机，大多是由于喷嘴堵塞、墨盒没有墨水等原因，应清洗喷头或更换墨盒；而对于激光打印机，可能是由于显影辊未吸到墨粉，或者感光鼓未接地所致。

2. 打印字迹偏淡

对于喷墨打印机，可能是由于喷嘴堵塞、墨水过干、输墨管内进空气、打印机工作温度过高等引起的，应对喷头、墨水盒等进行检测维修；对于激光打印机，当墨粉盒内的墨粉较少，显影辊的显影电压偏低和墨粉感光效果差时，也会造成打印字迹偏淡现象。

3. 打印机卡纸或不能走纸

打印机最常见的故障是卡纸。出现这种故障时，操作面板上指示灯会发亮，并向主机发出一个报警信号。出现这种故障的原因有很多，例如纸张输出路径内有杂物、输纸辊等部件转动失灵、纸盒不进纸、传感器故障等，排除这种故障，只需打开机盖，取下被卡的纸即可。

4. 打印出现乱字符

无论是喷墨打印机还是激光打印机都会出现打印乱码的现象，大多是由于打印接口电路损坏或主控单片机损坏所致。一旦接口带电拔插产生瞬间高压静电，就很容易击穿接口芯片，一般只要更换接口芯片即可排除。另外，字库还没有正确载入打印机也会出现这种现象。

14.3 软件故障处理★★★★

软件故障是指由于软件出错或不正常的操作引起的电脑故障，大部分软件故障均是由于系统故障、程序故障、病毒感染、操作失误等原因引起的。

14.3.1 处理操作系统故障

用户的误操作、感染电脑病毒、与其他软件或设备不兼容等都会引起操作系统故障，这也是经常要处理的电脑故障。下面就来介绍一些常见的操作系统故障。

1. 激活问题

Windows 7系统中加入了激活的设置防止盗版。有的人安装的是30天要激活的版本，如果你的主板电池掉电了，开机的日期不正常，在快速开机的“欢迎使用”之后，Windows 7可能会提示你必须激活才能使用。因为有的人贪图方便，可能会在没保存或转移某些重要文档的情况下就用了挂起到硬盘的功能，遇到激活提示的时候，因为激活功能锁定了系统，不能再进入图形界面处理未完成的文档而损失工作的成果。这虽不算快速开机的真正故障，也不算很普遍，还是要提醒大家的，如果你不想激活产品，那么注意你的日期哦——因为快速开机毕竟也是一种重新启动，Windows 7是会检测的。

2. DVD音频问题

在Windows 7操作系统中播放DVD时，发现音量很小甚至没有声音，这是可以通过下述步骤进行解决。

步骤1 打开“声音”对话框。

在“控制面板”窗口中单击“声音”图标，打开“声音”对话框，如下图所示。

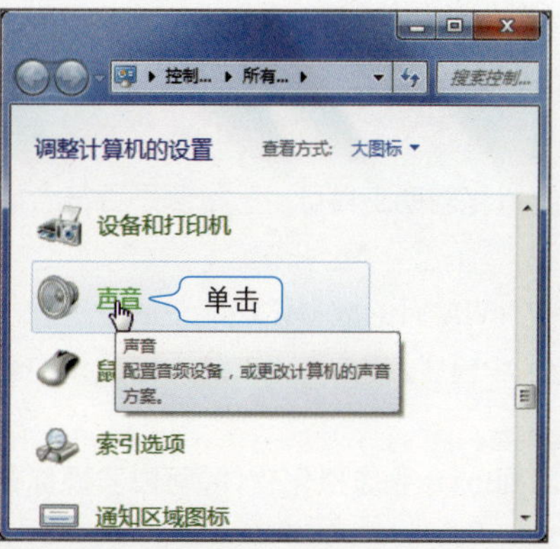

步骤2 打开“扬声器属性”对话框。

单击“播放”选项卡，然后在列表中选择默认播放器，这里选择“扬声器”，再单击“属性”按钮，如下图所示。

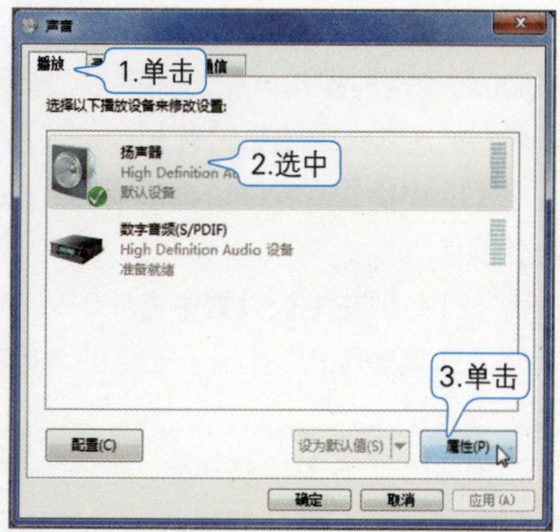

技巧：打开"扬声器属性"对话框的其他方法。

在"声音"对话框中单击"播放"选项卡，然后在列表中右击默认播放器，这里右击"扬声器"选项，接着从弹出的快捷菜单中选择"属性"命令，也可以打开"扬声器属性"对话框。

步骤3 设置播放器音频。

在弹出的对话框中单击"高级"选项卡，然后在"默认格式"组中单击下拉按钮，从弹出的列表中选择音频选项，再单击"确定"按钮即可，如右图所示。

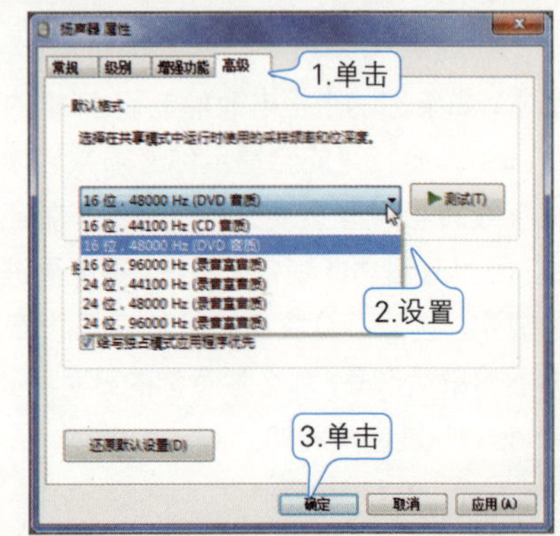

3. 丢失系统故障文件

尽管Windows7令人印象深刻，但是它不可避免的会出现崩溃的情况。有时候，你想通过Windows诊断软件查看崩溃记录，但是发现Memory.dmp文件中并没有查到相关记录。

解决方案：右键我的电脑，选择属性，进入高级选项卡，在启动和故障恢复项选中"系统失败"栏里的"将事件写入系统日志"。如此一来，今后可能出现的每次系统故障都会被自动记录下来。

4. Windows XP模式失效

Windows 7中的XP虚拟模式是其一大创新，可以为用户提供Windows XP和Windows 7两种操作体验。既解决了旧版软件的兼容性问题，又能发挥Windows 7的新特性。通常失效的原因有3个：

（1）XP模式需要CPU支持，微软的硬件虚拟化辅助工具可用于检测是否符合虚拟化要求。

（2）必须在主板设置中将AMD-V、Intel VT、VIA VT的虚拟化功能激活。

（3）某些OEM厂商出于安全的考虑禁止了XP模式，用户可以在防火墙记录中查看是否被禁止。

如果上述方案都被排除，建议下载VirtualBox专业虚拟化软件，可以实现你在Windows 7中运行XP的愿望。

5. 在Windows中运行应用程序时提示内存不足

这也是较常见的系统故障，一般有以下3种原因：磁盘剩余空间不足，同时运行了多个应用程序，电脑感染了病毒。此时应该关掉一些无关的程序，进行全面的杀毒，并清理磁盘空间。

14.3.2 处理IE浏览器故障

下面介绍一些常见的IE浏览器故障及排除方法。

1. 禁止非法修改浏览器主页

有时候会遇到IE浏览器的主页被修改了，即使设置了“使用默认值”仍然无效，这是因为IE起始页的默认值也被篡改了。这时，用户可以通过设置组策略，禁止非法修改IE浏览器主页，具体操作步骤如下。

步骤1 选择Internet Explorer选项。

在“本地组策略编辑器”窗口的左侧窗格中选择“用户配置”/“管理模板”/“Windows组件”/Internet Explorer选项，然后在右侧窗格中双击“禁用更改主页设置”选项，如下图所示。

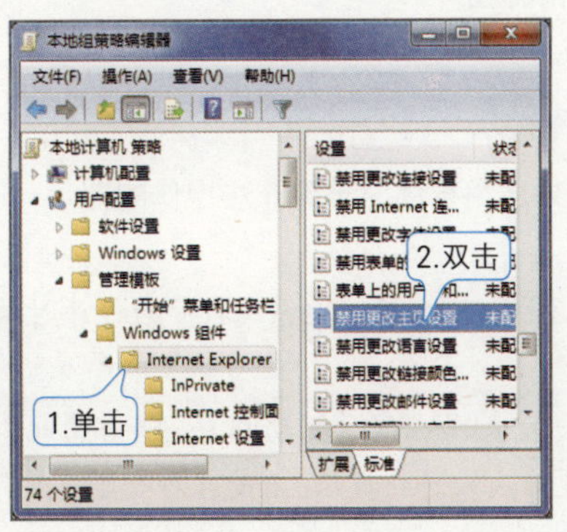

步骤2 禁止修改浏览器主页。

弹出“禁用更改主页设置”对话框，选中“已启用”单选按钮，接着在“选项”组中的“主页”文本框中输入浏览器主页网址，再单击“确定”按钮即可，如下图所示。

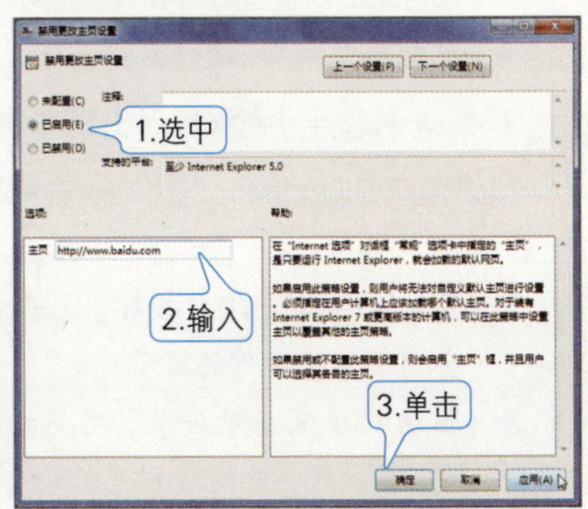

2. 不断打开IE窗口

如果用户遇到不断打开IE窗口的情况，这说明用户的网络遭受了IE炸弹攻击，解决的步骤如下。

步骤1 处理弹出网页。当遇到IE浏览器不断弹出网页的情况时，不要试图一个一个地关闭弹出的网页，因为关闭网页的速度远远比不上自动弹出网页窗口的速度。这时可以通过按Ctrl+Shift+Esc组合键打开“Windows任务管理器”对话框，然后单击“进程”选项卡，接着在列表框中单击iexplore.exe选项，再单击“结束任务”按钮来关闭IE浏览器。

步骤2 重新启动电脑。在受到攻击时，不要立即按电脑主机箱上的Reset按钮热启动计算机，应先拔掉网络线，再按下电源开关关闭电脑，避免丢失数据。

步骤3 升级IE浏览器。由于IE炸弹攻击是用浏览器自身存在的漏洞实现攻击的，所以要避免收到轰炸，可以在微软官方网上更新IE浏览器。

14.3.3 处理应用软件故障

使用应用软件时，也会出现这样那样的故障。有些是因为应用软件本身存在问题，有些是因为病毒破坏或者用户的错误操作。这样不仅会给用户带了麻烦。还有可能会影响系统的稳定。应用软件的种类太多了，因此应用软件故障更是五花八门。这里仅举几个例子说明一下。

1. 在windows 7下运行Word程序时自动关闭重启程序

当用户在Windows 7操作系统下运行Word时，如果遇到Word窗口自动关闭并自动重新启动的情况，一般是内存不足引起的，而出现内存不足原因有以下几种。

- 磁盘剩余空间不足，进行磁盘清理或删除无用文件。
- 同时运行了多个应用程序，关闭暂不用的程序。
- 电脑感染病毒，进行查毒杀毒。

2. 系统下运行应用程序时出现非法操作提示

如果用户在Windows 7操作系统中运行某应用程序时出现非法操作的提示，可能有以下几种原因。

- 系统文件被更改或损坏。倘若由此引发，则打开一些系统自带的程序时就会出现非法操作的提示。
- 驱动程序未正确安装，此类故障一般表现在显卡驱动程序，倘若由此引发，则打开一些游戏程序时均会产生非法操作的提示，有时在打开某些网页时也出现非法操作的提示。
- 内存条质量不佳引起。
- 有时程序运行时倘若未安装声卡驱动程序亦会产生此类故障，倘若未安装声卡驱动程序，运行时就会产生非法操作错误。
- 软件之间不兼容。

14.4 其他故障处理★★★

除了以上介绍的硬件故障、软件故障之外，还有一些故障也是经常遇到的，下面就来介绍一些其他故障的知识。

14.4.1 BIOS故障

BIOS是计算机系统启动和正常运行的基石。对于普通用户来说，一旦BIOS出现问题，则是带来了大麻烦。下面来介绍一些常见的BIOS故障，以便查阅借鉴。

(1) Bios Rom checksum error—System halted，是指BIOS信息检查时发现错误，无法开机。这样通常是刷新BIOS错误造成的，也有可能是BIOS芯片损坏。只有BIOS对进行修理了。

(2) CMOS battery failed，是指没有CMOS电池。这时更换主板上的电池即可。

(3) CMOS checksum error—Defaults loaded，是指CMOS信息检查时发现错误，因此恢复到出场默认状态。这种故障大多是因为电力供应造成的，应该立刻保存CMOS设置，继续观察来判断问题所在。如果不能解决，建议更换主板电池。如果还没有改观，就可能是BIO S芯片已经损坏了。

(4) HARD DISK INSTALL FAILURE，是指硬盘安装失败。这时应该检测与硬盘有关的硬件设置，包括电源线、数据线，硬盘的跳线设置等等。以及硬盘与主板是否兼容等。

(5) Hard disk diagnosis fail，是指执行硬盘诊断时发生错误。这种信息一般说明硬盘本身出现故障。

(6) Floppy disk(s) fail，是指软驱检测失败。此时应该检查软驱线、电源线是否插好，如果这些没问题，那就是软驱本身出问题了。

(7) Memory test fail，是指内存测试失败。应该检测每条内存，检查内存是否兼容或存在故障。

(8) Override enable-Defaults loaded，是指目前的CMOS组态设定如果无法启动系统，则载入BIOS预设值以启动系统。这一般是由于BIOS内的设定不适合电脑导致的，进入BIOS设定程序，把设定值改为预设值即可。

(9) 若电脑总是提示“Missing Operation System”，这可能是由CMOS病毒或CMOS电池电量不足引起的。可以进行全面杀毒，或更换主板电池。

(10) 开机提示“CMOS Battery State Low”，有时可启动，但使用一段时候后死机。此提示即说明CMOS电池电量低，更换电池即可。若更换后不久，又出现这种情况，就要检查主板是否漏电了。

14.4.2 网络故障

如今上网已经成为人们生活的一部分了。网络出现故障会给人们的工作和生活带了很多不便。因此我们应该了解一些网络故障处理的基本知识和方法。

1. 网卡“连接指示灯”不亮

这时一般考虑存在连接故障，即网卡自身是否正常，安装是否正确，网线、集线器是否有故障。

首先观察RJ45接头是否有问题，是否存在接线故障或接触不良。例如，双绞线的头是否顶到RJ45接头顶端，绞线是否按照标准脚位压入接头，以及接头是否符合规格或者是内部的绞线是否已经断开等。

如果不能发现问题，那么可用替换法排除网线和集线器故障。使用通信正常的网线来连接故障机，如能正常通信，就说明是网线或集线器的故障；如果对应端口的集线器指示灯不亮，就说明集线器可能存在故障。

2. 网卡“信号传输指示灯”不亮

一般考虑是由于网卡导致没有信息传送造成的故障。首先应该检查网卡安装是否正常、IP设置是否错误，可以尝试测试一下本机的IP地址，如果能够测试通则说明网卡没有太大问题。如果不通，则可以尝试重新安装网卡驱动来解决。

3. 网络不通

造成网络不通的原因较多。首先可能是网路存在问题。其次如果是一个较大的网络整个网络都不通，就很有可能是病毒所致。还有可能是网络配置不当造成的，如果网关设置错误，那么计算机只能在局域网内部访问；如果DNS设置错误，那么访问外部网站时不能进行解析。这时只需打开本地连接的属性窗口，在“Internet协议(TCP/IP)”属性窗口中，设置正确的默认网关和DNS服务器地址即可。此外，组策略设置不当也会造成网络不通。

4. ADSL经常掉线

很多使用ADSL上网的用户，都为ADSL经常掉线而苦恼过。下面就来分析一下可能造成这种故障的原因。

(1) ADSL Modem或分离器的质量有问题，会造成频繁的掉线故障。

(2) 住宅距离局方机房较远，或线路附近有严重的干扰源，可能会导致经常掉线。

(3) 室内的电磁干扰比较严重可能会导致通信故障。

(4) 网卡的质量有缺陷，或者驱动程序与操作系统的版本不匹配，也能导致频繁掉线。

(5) PPPoE软件安装不合理或软件兼容性不好可能会引起的这种问题。一般来说，Windows XP建议使用系统本身提供的PPPoE协议和拨号程序。

网络故障的表象很多，要及时排除故障，就要详细了解故障的症状和潜在的原因。一般网络故障不排除以下几点：网卡有问题、水晶头做得不规范、网线有问题、网卡驱动或网络协议有问题等。用户可以一一排查，如能排除硬件故障，就应把注意力放在网络配置等软件故障上。

14.4.3 病毒引起的故障

由病毒引起的故障几乎会涉及到电脑使用的任何方面。当出现电脑故障时，无论是硬件故障，还是软件故障，是否感染病毒都是应该考虑的。下面举例说明病毒引起的常见故障。

1. 杀毒软件和防火墙无法启用

这种故障的症状是杀毒软件和防火墙突然退出，随后便不能在启动，甚至不能在访问反病毒网站。除了软件本身存在的问题外，很有可能是中了“command.com”或“SXS.EXE”病毒。

2. 硬盘双击无法打开

这种故障是指双击无法打开硬盘或U盘、移动硬盘等，只能在右键菜单中打开。这可能是由于中了“auto”病毒，可以使用专杀工具来查杀病毒。也有可能是中了“SXS.EXE”病毒，此时即使重装系统，格式化C盘，当双击其他硬盘时还会激发病毒。可以尝试使用专杀工具。

3. Svchost 进程导致系统虚拟内存不足

系统提示“虚拟内存不足”，打开“任务管理器”后，发现Svchost 进程占用了大量内存资源，而且无法关闭。这是系统中病毒的一般表现，应该全面查杀病毒。

病毒引起的电脑故障还有很多，以下不加说明地罗列一些有可能是病毒引起的系统异常故障：

- 屏幕显示异常，显示出不是由正常程序产生的特殊画面或字符串，或屏幕显示混乱等现象。
- 电源正常的情况下，系统突然自行重新引导。
- 内存空间不应有的减少。
- 程序的运行时间显著加长。
- 扬声器发出不是由正常程序产生的异常声响或乐曲。

- 文件发生不应有的变化(主要是可执行文件),如文件长度突然增加,日期、时间被改变等,有时是文件莫名其妙地丢失或被破坏。
- 磁盘坏区突然增多,卷标自行变化。
- 本来可以工作的软件突然不能工作或工作不正常,字库或数据库无故不能使用。
- 磁盘上出现用户不能识别的文件。

如今网络高度发达,用户常常感到病毒已经到了防不胜防的地步。主要平时做好防护措施,安装正版杀毒软件和防火墙,及时升级,定时杀毒,养成良好的上网习惯,还是可以很好的防范病毒的。

14.5 上机实训

为了巩固和拓展本章所学的内容,下面就来实战演练,自己操作一下。

实训1. 通过故障诊断平台解决Windows系统问题

在Windows 7操作系统中提供了,如果计算机出现问题,会通过通知区的“操作中心”图标进行提示,如下图所示,以便用户快速解决问题。

除了提示用户系统有问题外,还会在故障诊断平台中提供解决的方法,其使用步骤如下。

步骤1 打开“系统和安全”窗口。

在“控制面板”窗口中设置“查看方式”为“类别”,然后单击“系统和安全”超链接,如下图所示。

步骤2 打开“疑难解答”窗口。

在“系统和安全”窗口中的“操作中心”组中单击“常见计算机问题疑难解答”超链接,如下图所示。

步骤3 打开“硬件和声音”窗口。

在“疑难解答”窗口中单击“硬件和声音”超链接，如下图所示。

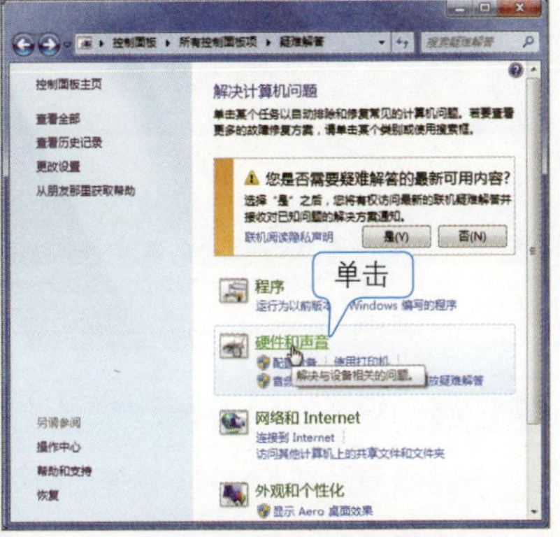

步骤4 查看硬件和声音的疑难问题。

在打开的窗口中列出常用电脑硬件和声音设备信息，如下图所示。单击可能存在问题的硬件，这里单击“网络适配器”选项。

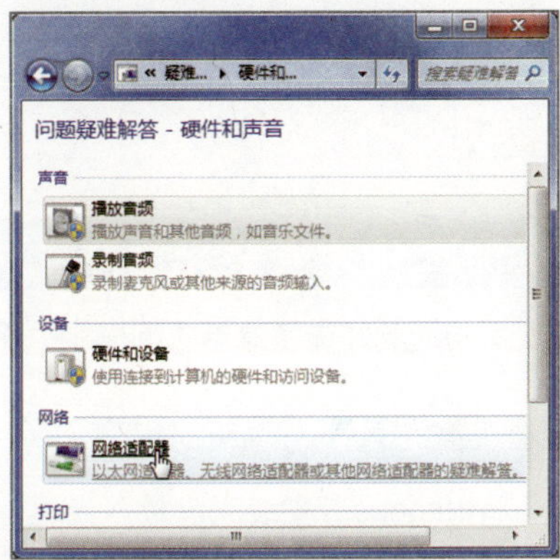

技巧：查看全部信息。

在“疑难解答”窗口中，单击左侧导航窗格中的“查看全部”超链接，将会在打开的对话框中显示程序系统中的所有程序和系统设置信息。

步骤5 设置“网络适配器”对话框。

弹出“网络适配器”对话框，单击“下一步”按钮，如下图所示。

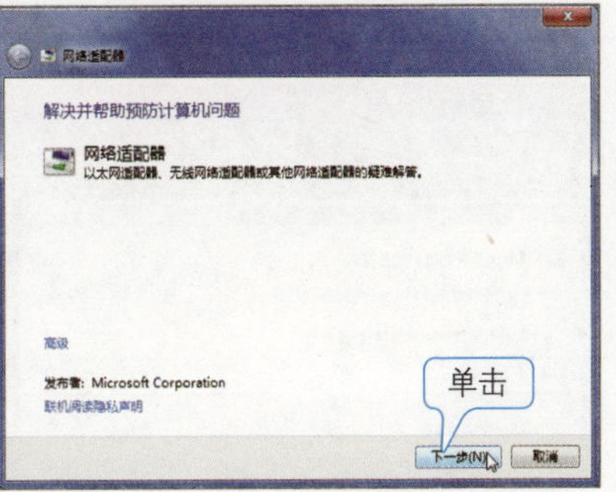

步骤6 检测网络问题。

开始检测网络适配器，并弹出如下图所示的进度对话框。

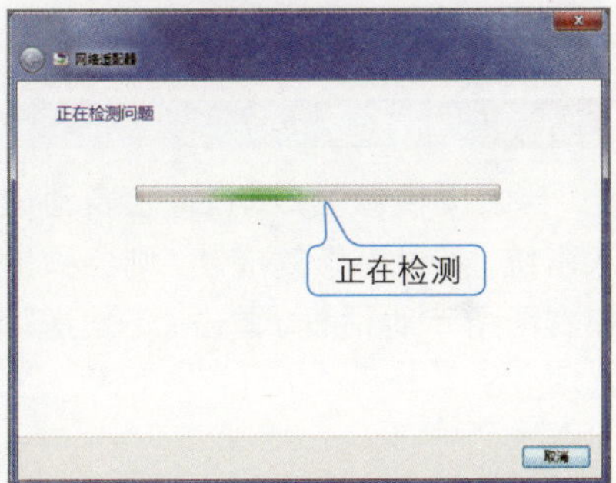

步骤7 完成疑难解答。

检测完成后将弹出如右图所示的对话框，在这里列出了检测到的问题，如果问题没有解决，用户可以再次进行检测或者通过手动设置进行解决，最后单击“关闭”按钮即可。

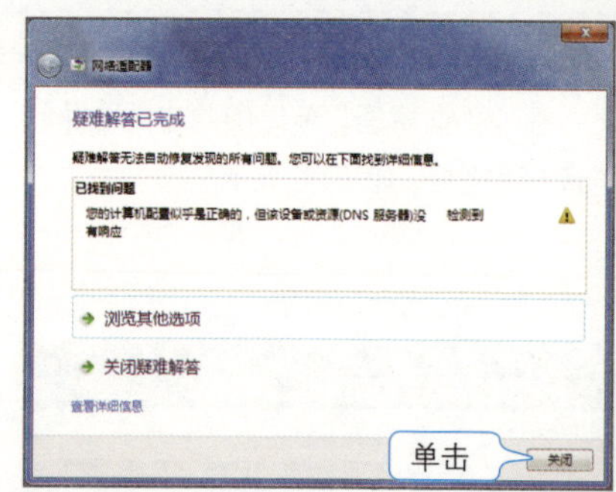

实训2. 使用安装光盘修复系统

使用安装光盘修复系统的操作步骤如下。

步骤1 运行Windows 7安装光盘。

将Windows 7安装光盘放入光驱，然后重新启动电脑，当进入如下图所示的界面时单击“修复计算机”超链接。

步骤2 进行启动修复。

开始修复系统启动项，并弹出如下图所示的进度对话框。

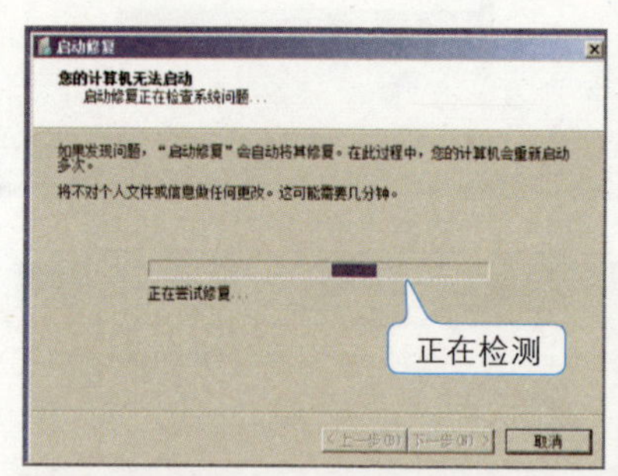

步骤3 查看修复结果。

当启动项修复成功后，会自动进入系统，若没有修复成功，则会弹出如右图所示对话框，单击“不发送”选项。

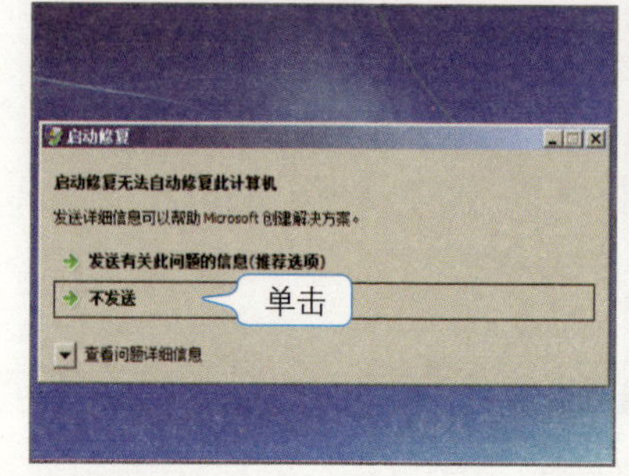

步骤4 打开“系统修复选项”对话框。

返回“启动修复”对话框，然后单击“查看系统还原和支持的高级选项”超链接，如下图所示。

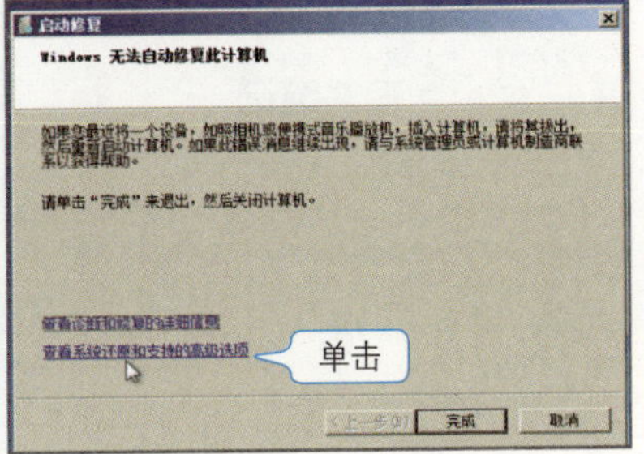

步骤5 选择恢复工具。

在“系统恢复选项”对话框中选择需要的恢复工具，然后根据提示进行修复系统即可，如下图所示。

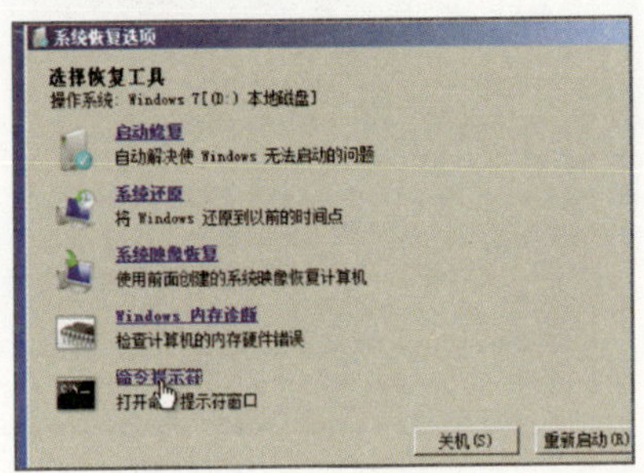

读书笔记

亲爱的读者：

您好！感谢您对希望图书的爱护与支持，请您抽出宝贵时间填写本表。我们将在今后的工作中针对您提供的关于内容、编排、装帧、定价等各方面的宝贵意见和建议不断改进。同时，我们也诚邀写作精英参与希望图书出版工程。感谢您的参与，谢谢！

书名：　　　　　　　　　　　　　　　　　　ISBN：

姓　　名		性　　别	□男　□女	年　　龄		文化程度	
职　　业		电　　话		E-mail		邮　　编	
通信地址							

1.您如何获知本书：

□网上书店　□书店　□书店网站　□网络搜索

□报纸/杂志　□图书目录　□他人推荐　□其他

2.您从哪里购买本书：

□新华书店　□专业书店　□其他

□网上书店（请注明网址：________________________）

3.您对电脑的掌握程度：

□不懂　□基本掌握　□熟练应用　□专业水平

4.您想学习哪些电脑知识：

□基础入门　□操作系统　□办公软件　□图像设计

□网页设计　□三维设计　□数码照片　□视频处理

□编程知识　□黑客安全　□网络技术　□硬件维修

5.您学习本书的目标：

□工作需要　□获取证书　□兴趣爱好　□课程补充

6.决定您购买图书有哪些因素：

□书名 □作者 □出版社 □定价
□封面版式 □印刷装帧质量 □封面介绍 □内容简介
□目录 □前言 □名家、学者或技术专家推荐
□书店宣传 □网站宣传 □其他

7.您认为那些形式使学习更有效：

□图书 □上网 □语音视频 □多媒体光盘 □培训班

8.您认为合理的价格：

□<20元 □20~29元 □30~39元 □40~49元
□50~59元 □60~79元 □80~99元 □>100元

9.您对本书评价：

内容质量：□满意 □较满意 □一般 □不满意
文字水平：□满意 □较满意 □一般 □不满意
实例水平：□满意 □较满意 □一般 □不满意
易学程度：□满意 □较满意 □一般 □不满意
封面版式：□满意 □较满意 □一般 □不满意
印刷质量：□满意 □较满意 □一般 □不满意
图书定价：□满意 □较满意 □一般 □不满意

10.您对配套光盘的建议：

光盘内容：□实例素材 □源代码 □视频教学 □多媒体教学
□试用软件 □无需配盘________

11.您的建议：________________

请寄：北京市海淀区上地3街9号嘉华大厦C座610 北京希望电子出版社
综合编室收 邮编：100085 电话：(010)62978181-516
传真：(010)82702698 E-mail：reader@bhp.com.cn
网址：www.bhp.com.cn